Statistische Versuchsplanu

Karl Siebertz · David van Bebber ·
Thomas Hochkirchen

Statistische Versuchsplanung

Design of Experiments (DoE)

Springer

Dr. Karl Siebertz
Am Schwanenkamp 38
52457 Aldenhoven
Deutschland
statistische.versuchsplanung@gmx.de

Dr. David van Bebber
Nizzaallee 5
52072 Aachen
Deutschland
DvanBebber@gmx.de

Dr. Thomas Hochkirchen
Koperstraat 12
6291AJ Vaals
Niederlande
statistische.versuchsplanung@gmx.de

ISBN 978-3-642-05492-1 e-ISBN 978-3-642-05493-8
DOI 10.1007/978-3-642-05493-8
Springer Heidelberg Dordrecht London New York

Die Deutsche Nationalbibliothek verzeichnet diese Publikation in der Deutschen Nationalbibliografie; detaillierte bibliografische Daten sind im Internet über http://dnb.d-nb.de abrufbar.

Einbandentwurf: WMXDesign GmbH, Heidelberg

Gedruckt auf säurefreiem Papier

Springer ist Teil der Fachverlagsgruppe Springer Science+Business Media (www.springer.com)

Für unsere Familien,
die sehr viel Verständnis für unser Hobby aufgebracht haben und bereit waren, auf viele Stunden gemeinsamer Freizeit zu verzichten.
Ohne die hervorragende Unterstützung durch unsere Familien hätten wir das Buch niemals schreiben können.

Geleitwort

Nur wenige Methoden haben eine so langfristige Bedeutung für das Arbeitsleben eines Ingenieurs wie die statistische Versuchsplanung. CAD-Programme ändern sich schnell, so dass gelerntes Wissen schnell veralten kann. Auch Berechnungsverfahren ändern sich im Laufe der Zeit, allein durch die Verfügbarkeit immer schnellerer Rechner. Prüfstände sehen heute anders aus als vor zehn Jahren. Oft ändert sich im Verlauf der beruflichen Tätigkeit auch das Arbeitsgebiet, was neues spezifisches Fachwissen verlangt. Nach insgesamt 25 Jahren praktischer Erfahrung mit der statistischen Versuchsplanung in der industiellen Anwendung fällt die Bilanz sehr positiv aus. Die Investition hat sich gelohnt. Es gab viele persönlich erlebte Beispiele für eine erfolgreiche Anwendung. Wissen wurde nicht wertlos, sondern hat sich vermehrt. Natürlich ändern sich auch hier die Grenzen. Dinge sind nun möglich, die noch vor zehn Jahren kaum vorstellbar waren. Mit den Möglichkeiten steigt der methodische Anspruch und auch das Risiko, die Methode falsch anzuwenden.

Wir haben uns entschlossen, die Erfahrungen aufzuschreiben, neues Wissen zu sammeln und die Expertise aus verschiedenen Bereichen zusammenzutragen. So entstand die Idee zu diesem Buch. Ein Buch aus der Praxis für die Praxis. Keiner der Autoren ist an einer Hochschule tätig. Alle mussten nach Feierabend und am Wochenende auf dieses Ziel hin arbeiten. Vielen unserer Leser wird es genauso gehen. Deshalb ist dieses Buch anders geschrieben als ein Hochschulskript. Es geht nicht um wilde Gleichungen und aufwendige Herleitungen, auch nicht um Klausuraufgaben. Es geht um einen fundierten Einblick in eine mathematische Methode, die zur Zeit noch nicht zur üblichen Ingenieursausbildung gehört, obwohl viele Ingenieure im Laufe ihres Arbeitslebens dieses Wissen brauchen.

Design of Experiments wird auch in anderen Disziplinen eingesetzt, zum Beispiel Sozialwissenschaften. In der Chemie ist die statistische Versuchsplanung mittlerweile etabliert. Die in diesem Buch vermittelten Grundlagen sind natürlich in allen Bereichen gültig. Allerdings wollten wir dem Buch ein klares Profil verleihen und haben uns auf die Anwendung im Bereich der klassischen Ingenieurwissenschaften konzentriert. Dort kennen wir uns aus und können dem Leser mitten aus der Praxis berichten.

Stoffauswahl und didaktische Aufarbeitung sind über die Jahre gereift, als Ergebnis vieler selbst durchgeführter Schulungsmaßnahmen und Beratungen für Ingenieure. Ein Teil des Erfolges hängt mit der cleveren Anwendung der Methode zusammen. Clever heißt in diesem Zusammenhang, den technischen Sachverhalt passend aufzuarbeiten, den besten unter mehreren Lösungswegen zu wählen und die richtigen Schlüsse aus den Ergebnissen zu ziehen. Wir haben uns bemüht, den Anwender hier möglichst viel zu unterstützen und nicht einfach die DoE-Methode mathematisch neutral auszurollen. Dieser Anwendungsbezug ist naturgemäß anwendungsspezifisch.

Was erwartet Sie?

Kapitel 1 liefert die Grundlagen für den Einstieg in die Methode der statistischen Versuchsplanung. Hierbei geht es um die Klärung der Fachbegriffe und den groben Überblick. **Kapitel 2** ist den Versuchsplänen gewidmet, mit Beschreibung der gängigen Feldkonstruktionen und ihren spezifischen Eigenschaften. Ziel ist die Unterstützung des Anwenders bei der Auswahl des für sein Problem am besten geeigneten Versuchsplans.

Statistik spielt natürlich bei diesem Verfahren eine zentrale Rolle, insbesondere bei experimentellen Anwendungen. Wie groß muss die Stichprobe sein? Welcher Effekt ist real? Wie genau ist die Vorhersage? Dies sind nur wenige der Fragen die sich immer wieder stellen. Die gängige Ingenieursausbildung kann nur begrenzt darauf eingehen. Es gibt viele Statistikbücher. Leider setzen diese Bücher oft so viel voraus, dass viele Ingenieure im Selbststudium nicht bis zum Ende des Buches durchhalten. Im Rahmen dieses Buches wird ein passendes Bündel geschnürt, quasi ein statistischer *survival kit*. Interessierte Leser seien aber dennoch dazu aufgefordert, weitere Quellen zu nutzen. Statistik lohnt sich.

Bei der Darstellung der Statistik haben wir uns entschlossen, zwei sich ergänzende Kapitel zu schreiben. **Kapitel 3** vermittelt einen Einstieg in die verfügbaren Kontrollverfahren und orientiert sich dabei am Ablauf der praktischen Anwendung. Die vertiefende Betrachtung in **Kapitel 4** geht im Detail auf Teststreuung ein und ist in der Reihenfolge dargestellt, die sich aus der statistischen Theorie ergibt.

Kapitel 5 stellt einige Varianten und Erweiterungen der statistischen Versuchsplanung vor. Hierzu gehören Parameterdesign und Toleranzdesign, aber auch der Umgang mit mehreren Qualitätsmerkmalen.

Ergänzend zur klassischen DoE geht das Buch in der zweiten Hälfte sehr ausführlich auf Computersimulationen ein. Dies erscheint uns notwendig, denn wir sehen in der Praxis eindeutig die Entwicklung zum Metamodeling. Computermodelle werden nicht länger als einfacher virtueller Test verwendet. In der Zukunft geht es um strukturierte Parametervariationen, die Bündelungen zahlreicher Rechnungen zu kompaktem Wissen und die vom Computermodell losgelöste Beschreibung der Ergebnisgrößen als Funktion der Eingangsgrößen. Dies ist ein Modell des Modells, das Metamodell. Hier tritt die DoE in Konkurrenz zu anderen Verfahren, kann sich in vielen Fällen behaupten, muss aber in anderen Fällen Platz machen für völlig andere methodische Ansätze. Der zuständige Berechnungsingenieur muss wissen, wo die Grenzen des Verfahrens liegen und welche Alternativen möglich sind.

Nach dem einführenden **Kapitel 6** liefert **Kapitel 7** die Versuchspläne für komplexe Zusammenhänge. **Kapitel 8** stellt Metamodelle vor und geht dabei auf unterschiedliche Verfahren ein, damit der Anwender die Alternativen zur DoE mit ihren Stärken und Schwächen kennenlernt. Die **Kapitel 9** und **Kapitel 10** behandeln Optimierung und Sensitivitätsanalyse mit Schwerpunkt auf nichtlinearen Methoden.

Kapitel 11 schließt den Hauptteil des Buches mit einer Betrachtung der Strategie ab. Hierbei geht es um praktische Tipps und eine Hilfestellung bei der konkreten Umsetzung. Im Anhang befindet sich ein mathematisches Modell mit vollständiger Dokumentation, als erstes eigenes Anwendungsbeispiel für engagierte Leser. Außerdem enthält der Anhang noch zahlreiche Berechnungsergebnisse, zum Vergleich der klassischen DoE mit anderen multivariaten Analyseverfahren.

Eine einzelne Person hätte dieses Buch nicht schreiben können. Wir haben uns die Kapitel aufgeteilt und jeder konnte sich in seinem Spezialgebiet einbringen. Die Basiskapitel bilden in erweiterter Form einen Trainingskurs ab, den Karl Siebertz seit vielen Jahren hält. Thomas Hochkirchen hat sich als erfahrener Statistiker der statistischen Modellbildung gewidmet. Der Forschungsingenieur David van Bebber hat zahllose Literaturquellen durchforstet und das noch junge Gebiet des Metamodeling von Computersimulationen aufgearbeitet. Dem Leser fällt vermutlich auf, dass jeder Autor seinen eigenen Stil hat. Die Inhalte sind natürlich aufeinander abgestimmt, aber wir hielten es für sinnvoll, das Buch nicht auf einen gemeinsamen Stil weichzuspülen.

DoE ist universell einsetzbar und eine sehr robuste Methode. Bereits mit wenigen Grundkenntnissen kann man das Verfahren erfolgreich anwenden. Auf der anderen Seite steckt eine enorme Komplexität hinter dem Gesamtgebilde DoE + Metamodeling. Dieser Spagat zwischen einer leicht verständlichen Einführung und einer exakten Darstellung des gesamten Leistungsspektrums ist nur mit einer progressiv ansteigenden Stoffdichte zu bewerkstelligen. Der Schwierigkeitsgrad steigt daher zu den hinteren Kapiteln stark an. Dies ist leider unvermeidbar.

In der Praxis zeigt sich eine anwachsende Kluft zwischen den Wissensständen von Berechnungsingenieuren und Projektkoordinatoren. Testingenieure befinden sich im Mittelfeld, aber die Grenzen zwischen Test und Simulation beginnen zu verschwimmen. Klassisches Ingenieurwissen wird bei Projektkoordinationen häufig nicht mehr abgefragt und klingt ab. Computersimulationen wagen sich hingegen in immer schwierigeres Terrain. In der Praxis treten Kommunikationsprobleme auf. Statistische Versuchsplanung und Metamodeling können einen wertvollen Beitrag zur Kommunikation und zur Speicherung des Wissens innerhalb eines Unternehmens leisten, weil Ablauf und Ergebnisdarstellungen strukturiert sind.

Viele Leser werden die Methode über lange Jahre benutzen können und ihr Wissen kontinuierlich erweitern. Daher ist es vermutlich kein ernstes Problem, wenn man nicht beim ersten Durchblättern alle Kapitel verständlich findet. Schön ist mitunter ja auch ein Ausblick für fortgeschrittene Anwendungen. Wichtig sind der gefahrlose Einstieg, Erfolgserlebnisse und die Motivation zur weiteren Vertiefung. Dieses Buch soll dafür ein geeigneter Begleiter sein.

Lang ist die Liste derer, die uns unterstützt haben. In der Tat wurde dieses Buch zu einem internationalen Projekt. Softwarehersteller haben ihre Programme zur Verfügung gestellt, um die Analysen anzufertigen und um den aktuellen Leistungsstand der verfügbaren Programme auszuloten. An dieser Stelle möchten wir uns bedanken bei: Caroline Chopek und Cathy Higgins (Statgraphics), Heidi Hansel Wolfe und Tryg Helseth (Design Expert), Dr. Ian Cox und Win LeDinh (JMP). Ohne diese hervorragenden Programme hätte sich das Buch in die Richtung einer (der vielen) trockenen und theoretischen Abhandlungen bewegt, die dem Leser viel Vorstellungskraft abverlangen. Die Erstellung des Manuskripts erfolgte parallel auf drei Rechnern und zwei völlig verschiedenen Betriebssystemen mit TEX. Eine ungezählte Schar ehrenamtlicher Programmierer hat dies ermöglicht. Dank gebührt auch Christel Siebertz, Anne van Bebber, Susanne Blömer, Christian Gudrian und Bernd Tück für die sorgfältige Durchsicht des Manuskripts. Dr. Alois Mauthofer hat viele wertvolle Anregungen beigesteuert, die in die Konzeption des Buches eingeflossen sind. Unser besonderer Dank gilt dem Springer-Verlag, für das entgegengebrachte Vertrauen und die professionelle Umsetzung unseres Manuskripts in ein schönes Buch.

Aachen, Januar 2010

Dr. Karl Siebertz, *Dr. David van Bebber,* *Dr. Thomas Hochkirchen*

Inhaltsverzeichnis

Kapitel 1
Grundlagen

1.1 Einleitung

Die statistische Versuchsplanung – als Methode zur effizienten Planung und Auswertung von Versuchsreihen – wurde bereits in den 20er Jahren des vergangenen Jahrhunderts entwickelt, ist also älter als vielfach angenommen. 1935 schrieb R. A. FISHER das erste Fachbuch darüber [56]. Frühe deutschsprachige Literatur zu diesem Thema erschien in den 70er Jahren [9]. Erst in den 80er Jahren hat sich die Methode weltweit durchgesetzt, ist aber immer noch nicht standardisierter Bestandteil einer Ingenieursausbildung.

Dieses Buch möchte die Lücke schließen und dem in der Praxis tätigen Ingenieur eine fundierte, aber gleichzeitig leicht verständliche Einführung an die Hand geben. Die mathematischen Herleitungen sind auf das erforderliche Minimum reduziert, damit genug Raum bleibt, um auch komplexere Fälle behandeln zu können, die in der Praxis auch durchaus auftreten.

Kaum eine andere Methode ist derart universell in allen Ingenieursdisziplinen einsetzbar. Allerdings erwachsen daraus auch Unterschiede in Bezug auf die mathematischen Anforderungen. Reale Versuche sind häufig sehr aufwändig und die Zahl der kontrolliert einstellbaren Parameter hat enge Grenzen. Die verwendeten Versuchspläne sind in der Regel einfach, aber dafür erschwert die Teststreuung die Interpretation der Versuchsergebnisse. Typische Fragestellungen betreffen hier die notwendige Stichprobengröße oder die Unterscheidung von realen und scheinbaren Effekten. Anwendungen in der Verfahrenstechnik erfordern oft maßgeschneiderte Versuchspläne, um kritischen Einstellungen aus dem Weg zu gehen. Im Gegensatz dazu ermöglichen Computersimulationen mittlerweile sehr große Versuchspläne mit vielen Faktoren. Dies erfordert leistungsfähige Beschreibungsmodelle, um auch die nichtlinearen Zusammenhänge zu erfassen. Alle oben genannten Fälle sind praxisrelevant und die statistische Versuchsplanung bietet das nötige Rüstzeug, um die spezifischen Probleme zu lösen.

Auf CAE-Anwendungen geht dieses Buch bewusst sehr detailliert ein, da diese Anwendungen in Zukunft aller Voraussicht nach an Bedeutung gewinnen wer-

K. Siebertz et al., *Statistische Versuchsplanung*, VDI-Buch,
DOI 10.1007/978-3-642-05493-8_1, © Springer-Verlag Berlin Heidelberg 2010

den. Dies liegt an der stetigen Leistungssteigerung der Computer, dem allgemeinen Trend zur Einsparung von Prototypen und an der Notwendigkeit zur Kommunikation [63] des Modellverhaltens. Letzteres wird von Berechnungsingenieuren oft unterschätzt. Bei komplexen Anwendungsfällen tritt die statistische Versuchsplanung in Konkurrenz zu anderen Verfahren der multivariaten Datenanalyse [1], kann sich aber nach wie vor gut behaupten. Einfache Handhabung, Effizienz, Stabilität und klare Darstellung der Ergebnisse sind die Gründe dafür. Berechnungsingenieure sind in der Regel sehr versiert in Mathematik, daher setzen die entsprechenden Kapitel des Buches im Vergleich zu den übrigen Kapiteln etwas mehr voraus.

Wegen der standardisierten Vorgehensweise wird die statistische Versuchsplanung mittlerweile von zahlreichen Auswerteprogrammen unterstützt. Dies trägt natürlich zur weiteren Verbreitung des Verfahrens bei. Der Anwender hat daher im Regelfall nichts mehr mit der Konstruktion von Versuchsplänen oder der Lösung von Gleichungssystemen zu tun. Allerdings ist es von Vorteil, wenn man die spezifischen Eigenschaften der zur Auswahl stehenden Versuchspläne kennt und die automatisch erstellten Diagramme korrekt interpretieren kann. In diesem Buch wird ganz bewusst eine neutrale Darstellung verfolgt, die den Leser nicht an eine bestimmte Software bindet.

Wer sich einmal mit der statistischen Versuchsplanung vertraut gemacht hat, wird diese über viele Jahre mit Erfolg einsetzen können und mit der Zeit auch komplexe Anwendungen beherrschen. Ähnlich wie bei etablierten Ingenieurwissenschaften, zum Beispiel Mechanik oder Thermodynamik, bleibt das Grundlagenwissen zeitlos aktuell. Daher lohnt sich die Mühe der Einarbeitung in die statistische Versuchsplanung und Fachwissen lässt sich in Ruhe ansammeln. Die Kapitel 1-6 bieten das nötige Rüstzeug, um mit der Methode zu beginnen. Die folgenden Kapitel decken auch schwierigere Fälle ab, damit dieses Buch auch langfristig als Nachschlagewerk dienen kann.

1.2 Grundbegriffe

Ein Grund für den durchschlagenden Erfolg der statistischen Versuchsplanung liegt in der weltweit standardisierten [118, 186, 59] Vorgehensweise, insbesondere der Darstellung der Ergebnisse. Dieser Normierungseffekt begünstigt eine effiziente Kommunikation innerhalb und zwischen den beteiligten Unternehmen. Die Grundbegriffe, wie zum Beispiel *Faktor, Effekt* oder *Wechselwirkung*, bilden sozusagen das Vokabular der Methode. Gleichzeitig verdeutlicht dieses Kapitel einige Unterschiede zur traditionellen Vorgehensweise bei der Versuchsplanung und geht auf die Vorbereitung einer Versuchsreihe ein.

---

[1] zum Beispiel: neuronale Netze, Kriging oder multivariate adaptive regression splines

1.2.1 Systemgrenzen

Das System ist das zu untersuchende Gebilde. Es muss klar definierte Grenzen haben, die Systemgrenzen. Eingangsgrößen gehören entweder zum System oder liegen außerhalb des Systems. Dies ist ein entscheidender Unterschied, denn nur für die zum System gehörigen Größen kann im Rahmen der Untersuchung eine optimale Einstellung gefunden werden. Bei allen übrigen Eingangsgrößen muss man mit Variationen rechnen, kann also in der Praxis keine feste Einstellung voraussetzen. Das System muss sozusagen mit einer beliebigen Kombination der übrigen Einstellgrößen zurechtkommen. Bei der Abgrenzung des Systems kann ein Blockschaubild sehr hilfreich sein. Das Blockschaubild zeigt an, mit welchen benachbarten Systemen das untersuchte System in Verbindung steht und wie die Verbindung im konkreten Fall aussieht.

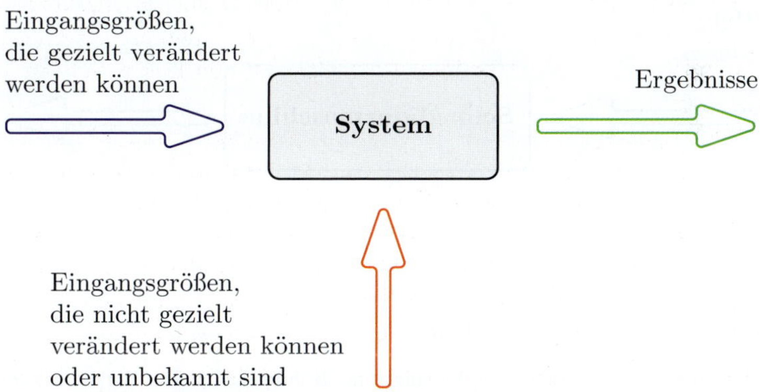

Abb. 1.1 Schematische Darstellung des untersuchten Systems. Eine Fülle von Eingangsgrößen wirkt darauf ein. Jedes System hat Grenzen und erzeugt Ergebnisse.

In der Praxis taucht an dieser Stelle auch ein nicht zu unterschätzendes psychologisches Moment auf. Nur selten bleibt die Bearbeitung eines Versuchsplanes innerhalb einer Abteilung, mitunter sind auch mehrere Unternehmen beteiligt. Die Abgrenzung des Systems entscheidet darüber, wer unmittelbar betroffen ist. Wird das System zu weit abgesteckt, fällt der Wirkungsgrad der Untersuchung, wegen der großen Anzahl beteiligter Parteien. Ist das System zu eng abgegrenzt, bleiben viele Einflussfaktoren ungenutzt. Möglicherweise verlieren dann potentiell wichtige Teammitglieder das Interesse an der Untersuchung. All dies hat zunächst nichts mit Statistik zu tun, aber die statistische Versuchsplanung erzwingt eine frühzeitige Festlegung, was sich in der Praxis oft als das eigentliche Erfolgsgeheimnis entpuppt.

1.2.2 Qualitätsmerkmal

Jedes System hat eine oder mehrere Funktionen. Die Erfüllung der Funktionen äußert sich in messbaren Ergebnissen, mit Hilfe derer sich gute von schlechten Systemen eindeutig unterscheiden lassen. Daher werden diese (positiven) Ergebnisse auch Qualitätsmerkmale genannt. Im weiteren Verlauf wird das System nur noch hinsichtlich des Qualitätsmerkmals untersucht. Selten genügt in der Praxis ein einziges Qualitätsmerkmal, um alle Anforderungen auszudrücken. Mehrere Qualitätsmerkmale sind unkritisch, denn sie lassen sich unabhängig voneinander erfassen und auswerten. Sogar eine gemeinsame Optimierung (Multiple Response Optimisation) ist mit geringem Aufwand möglich.

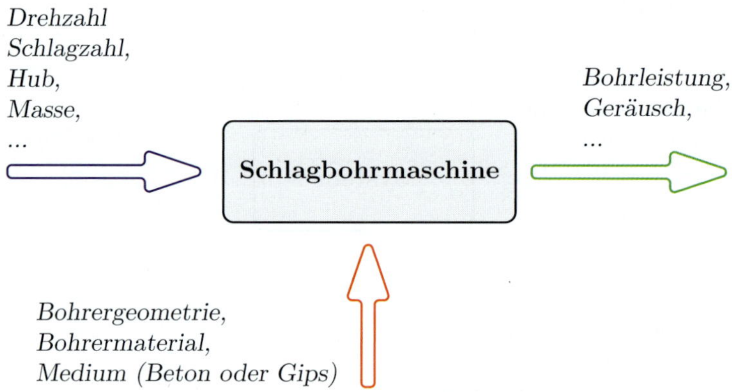

Abb. 1.2 Schematische Darstellung am Beispiel einer Bohrmaschine. Der Hersteller kann die konstruktiven Parameter der Bohrmaschine festlegen, jedoch wählt der Kunde die Bohrer aus. Hohe Bohrleistung und möglichst moderate Lärmentwicklung gehören zu den Qualitätsmerkmalen.

Qualitätsmerkmale müssen kontinuierliche Größen sein, sonst gelingt keine Effektberechnung. Notfalls muss man Hilfsgrößen einführen, um ein digitales Systemverhalten beschreiben zu können. (Zum Beispiel die Zahl der im Prüfzeitraum ausgefallenen Prototypenteile.)

Auch wenn es zunächst erstaunen mag, die Definition der Systemgrenzen und der Qualitätsmerkmale entscheidet über den späteren Erfolg der gesamten Untersuchung. Gelingt dieser Schritt, dann bringen auch einfache Versuchspläne einen deutlichen Erkenntnisgewinn. Ist im Gegensatz dazu das System falsch abgegrenzt oder wird die Systemleistung durch unklug gewählte Qualitätsmerkmale nicht ausreichend erfasst, scheitert jeder Versuchsplan.

1.2.3 Parameter und Faktoren

Die Menge aller Eingangsgrößen nennt man Parameter. Selbst wenn zunächst nur die Möglichkeit besteht, wenige Einflussgrößen zu untersuchen, ist es sinnvoll, von Anfang an eine möglichst vollständige Parameterliste zusammenzustellen, um die Prioritäten festlegen zu können und eventuelle spätere Versuchsreihen zu unterstützen. Die Parameterliste hat auch einen gruppendynamischen Aspekt, denn es fördert die konstruktive Zusammenarbeit, wenn alle Experten des Teams ihre favorisierten Parameter beisteuern können. Die nachfolgenden Untersuchungen führen immer zu einer Selektion, also bleiben Einflussgrößen unerkannt, wenn sie nicht von Anfang an in Betracht gezogen werden.

Die im Versuchsplan enthaltenen Parameter heißen Faktoren, stellen also eine sorgfältig ausgewählte Teilmenge dar. Natürlich bieten sich zunächst die Faktoren an, die nach den verfügbaren Informationen einen großen Einfluss auf das System haben. Im Zweifelsfall sollte man aber immer eine höhere Zahl von Faktoren testen. Der statistischen Versuchsplanung genügt eine grobe Einteilung der Parameter in zwei Gruppen: Faktoren, die untersucht werden und übrige Parameter, die beobachtet und möglichst konstant gehalten werden. Eine weitere Prioritisierung muss nicht erfolgen. Dies ist ein Vorteil, denn es erspart dem Team lange Diskussionen

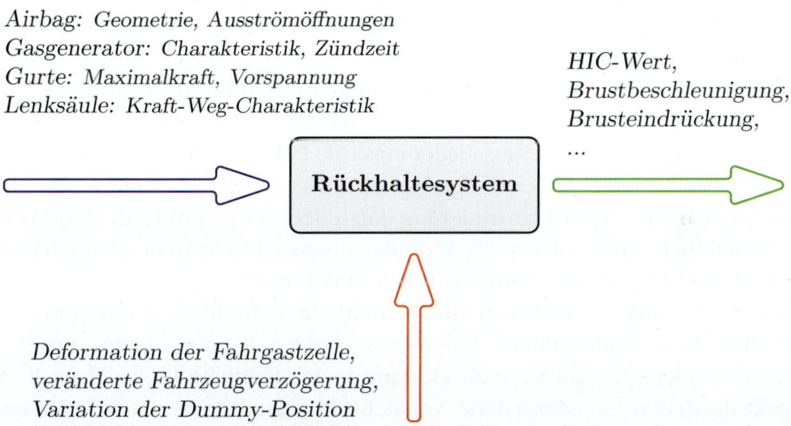

Abb. 1.3 Schematische Darstellung am Beispiel eines Pkw-Rückhaltesystems. Aufgabe des Systems ist es, die Insassenbelastungen im Falle eines Aufpralls zu minimieren. Üblicherweise zählt die Frontstruktur nicht zum Rückhaltesystem, liegt also außerhalb der Systemgrenzen. Die Fülle der Einflussgrößen erfordert hier häufig eine sorgfältige Auswahl der untersuchten Faktoren, zumindest solange kein passendes Berechnungsmodell vorliegt.

Faktoren müssen gezielt und reproduzierbar eingestellt werden. Der Versuchsplan sieht viele verschiedene Einstellungskombinationen vor und es ist wichtig, dass sich die Kombinationen nicht im konkreten Fall gegenseitig ausschließen. Im Bedarfsfall lassen sich spezielle Versuchspläne erzeugen, um einzelne Kombinationen zu vermeiden. Diese haben in der Regel jedoch Nachteile. Mit der Zahl der Faktoren steigt natürlich auch der Aufwand. Außerdem verlangt die statistische Versuchsplanung eine lückenlose Abarbeitung des Versuchsplans. Erfolgsentscheidend ist nun die geschickte Auswahl der Faktoren, wobei sich in der Praxis oft eine Gruppierung in mehrere voneinander unabhängige Versuchspläne anbietet, um Kompatibilitätsprobleme zu umgehen.

1.2.4 Stufen

Die Einstellungen der Faktoren nennt man *Stufen* oder *Level*. Jeder Faktor wird auf mindestens zwei unterschiedlichen Stufen getestet. Die Stufen sind festgelegte Zustände oder Sachverhalte für die jeweilige Faktoreneinstellung. Der Effekt eines Faktors hängt natürlich von der Einstellungsvariation ab, also dem Stufenabstand. Die Stufenabstände der Faktoren eines Versuchsplans müssen demnach aufeinander abgestimmt sein. Sofern feste Sachverhalte die Stufenwahl vorgeben, existiert kein Handlungsspielraum. In vielen Fällen gehört es jedoch zu den vorbereitenden Arbeiten, die möglichen Stufenabstände auszuloten. Geringe Stufenabstände gehen mit kleinen Effekten einher. Das ist nicht mathematisch, sondern physikalisch begründet. Kleine Änderungen haben in der Regel kleine Auswirkungen. Ist die Änderung zu klein, wird die Messung der Wirkung schwierig sein. Extrapolationen sind grundsätzlich riskant, weil sich außerhalb des untersuchten Parameterbereichs das Systemverhalten mitunter sprunghaft ändert.

Gerade in frühen Phasen der Untersuchung sind große Stufenabstände ratsam. Begrenzt werden die Stufenabstände durch die Forderung nach einem funktionstüchtigem System. Zunächst muss jeder einzelne Faktor in einem realistischen Einstellbereich bleiben. Die gleichzeitige Variation vieler Faktoren kann darüber hinaus für das System eine drastische Änderung darstellen. Im Zweifelsfall sind Vorversuche sehr nützlich, um zu überprüfen, ob das untersuchte System auch wirklich bei allen geplanten Einstellungskombinationen funktioniert.

Unter Kodierung versteht man eine einheitliche Schreibweise mit dem Ziel, die Faktorenstufen zu kennzeichnen. Es gibt verschiedene Konventionen, zum Beispiel $-/+$, $-1/1$ oder $1/2$. Ein Versuchsplan mit vielen Faktoren lässt sich kodiert sehr kompakt darstellen. Standardisierte Versuchspläne sind immer kodiert angegeben, auch in kommerziellen Auswerteprogrammen.

1.2.5 Vergleich zu traditionellen Verfahren

Bei einem vollfaktoriellen Versuchsplan (Vollfaktorplan) werden alle Kombinationen getestet. Der Versuchsaufwand n_r ergibt sich aus der Zahl der Faktoren n_f und der Zahl der Stufen n_l [88].

$$n_r = n_l^{\,n_f} \tag{1.1}$$

A	B	C	y
$-$	$-$	$-$	y_1
$+$	$-$	$-$	y_2
$-$	$+$	$-$	y_3
$+$	$+$	$-$	y_4
$-$	$-$	$+$	y_5
$+$	$-$	$+$	y_6
$-$	$+$	$+$	y_7
$+$	$+$	$+$	y_8

Tabelle 1.1 Einfacher Versuchsplan mit drei Faktoren und acht Versuchsläufen. Jeder Faktor wird in zwei unterschiedlichen Einstellungen getestet. Die beiden Stufen sind mit $-$ und $+$ kodiert. Acht Versuche erlauben es, alle Kombinationen zu testen.

Bei 7 Faktoren auf 2 Stufen ergeben sich also 128 Kombinationen. Die statistische Versuchsplanung bietet effektive Möglichkeiten, um den Versuchsaufwand zu verringern, damit viele Faktoren oder nichtlineare Zusammenhänge mit vertretbarem Aufwand untersucht werden können.

Der Umgang mit vielen Variablen erfordert immer große Sorgfalt bei der Versuchsplanung und Versuchsdurchführung. In der Schulphysik gilt der Grundsatz, dass immer nur eine Einflussgröße verändert werden darf, während die anderen Einflussgrößen konstant bleiben müssen. Es geht um die eindeutige Zuordnung der Effekte zu den jeweiligen Faktoren. Diese Motivation ist absolut richtig, allerdings bietet die statistische Versuchsplanung eine alternative Strategie an, bei der trotz gleichzeitiger Variation mehrerer Faktoren ebenfalls eine eindeutige Zuordnung möglich ist. Die "ein Faktor nach dem anderen Methode" der Schulphysik hat einen gravierenden Nachteil, der in der Praxis oft zu Fehlinterpretationen führt.

Grundsätzlich wird genau ein Ausgangspunkt im Einstellbereich der Faktoren gewählt, typischerweise eine Ecke im Faktorraum [2]. Alle Variationen beziehen sich auf diesen Ausgangspunkt. Unklar bleibt, wie das System reagiert, wenn man einen anderen Ausgangspunkt wählt. Letztlich wird bei der Interpretation der Ergebnisse vorausgesetzt, dass die Wirkung eines Faktors unabhängig von der Einstellung der anderen Faktoren ist. Reale Systeme verhalten sich jedoch oft anders. Hier liegt eine wesentliche Stärke der statistischen Versuchsplanung, denn sie untersucht gleichmäßig den gesamten Faktorraum. Jeder Faktor durchläuft mehrere Umstellvorgänge, ausgehend von unterschiedlichen Randbedingungen.

Wie stellt nun die statistische Versuchsplanung sicher, dass die Wirkungen der jeweiligen Faktoren getrennt voneinander untersucht werden können? Die Antwort steckt im der Konstruktion der Versuchspläne. *Orthogonal* ist ein Versuchsplan dann, wenn keine Kombination aus jeweils zwei Spalten miteinander korreliert. Anders ausgedrückt, die Einstellungsmuster aller Faktoren sind voneinander unabhängig. *Ausgewogen* ist ein Versuchsplan dann, wenn für die Faktorstufen jedes beliebigen Faktors die Einstellungen der anderen Faktoren gleichmäßig aufgeteilt sind. Sortiert man zum Beispiel alle Einstellungen des Versuchsplans nach $A-$ und $A+$, dann taucht $B-$ auf beiden Seiten gleich oft auf, $B+$ ebenfalls usw. . Daher ist

[2] Unter Faktorraum ist in diesem Zusammenhang ein mehrdimensionales Gebilde zu verstehen, das den Einstellbereich aller untersuchten Faktoren abbildet.

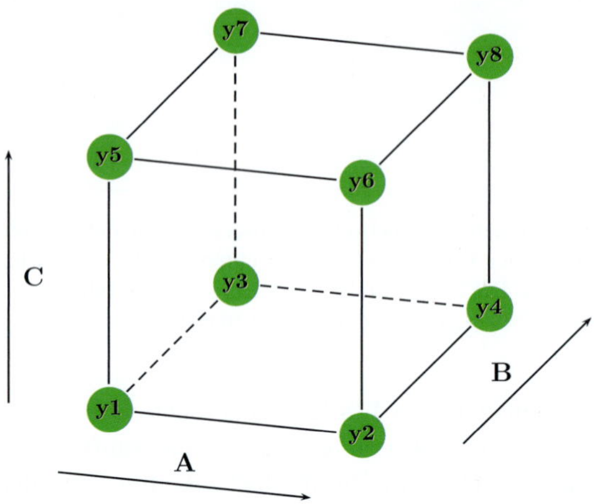

Abb. 1.4 Grafische Darstellung eines vollfaktoriellen Versuchsplans für drei Faktoren auf jeweils zwei Stufen.

es aus mathematischer Sicht kein Problem, eine kleine Wirkung eines Faktors zu erkennen, auch wenn die übrigen Faktoren eine wesentlich größere Wirkung haben. Standardisierte Versuchspläne erfüllen die beiden oben genannten Bedingungen [3]. Problematischer sind Spezialkonstruktionen oder Fälle, bei denen in der konkreten Durchführung nicht exakt der Versuchsplan eingehalten wurde. Das Kapitel Kontrollverfahren wird darauf noch näher eingehen.

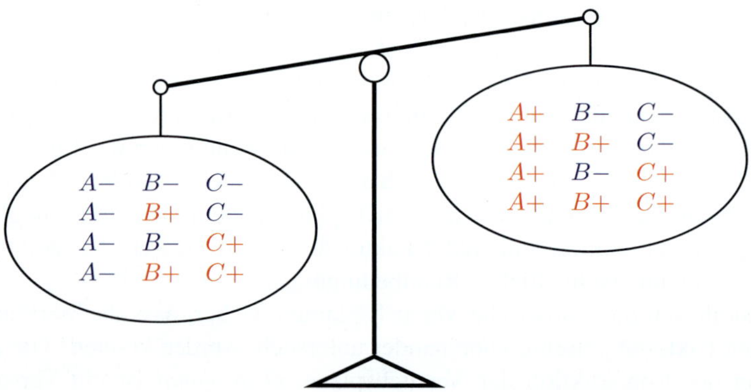

Abb. 1.5 Symbolische Darstellung der Ausgewogenheit eines Versuchsplans. Auf beiden Seiten tauchen alle Einstellungen der Faktoren *B* und *C* gleich häufig auf, daher kann auch ein kleiner Effekt von *A* sicher erkannt werden.

---

[3] Versuchspläne für nichtlineare Zusammenhänge gewichten die Neutralstellung oft höher als die Randwerte, sind aber in jedem Fall orthogonal konstruiert.

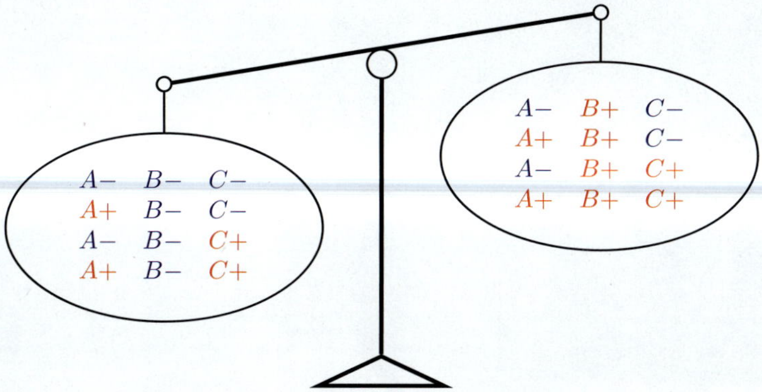

Abb. 1.6 Der gleiche Versuchsplan, sortiert nach den Einstellungen des Faktors *B*

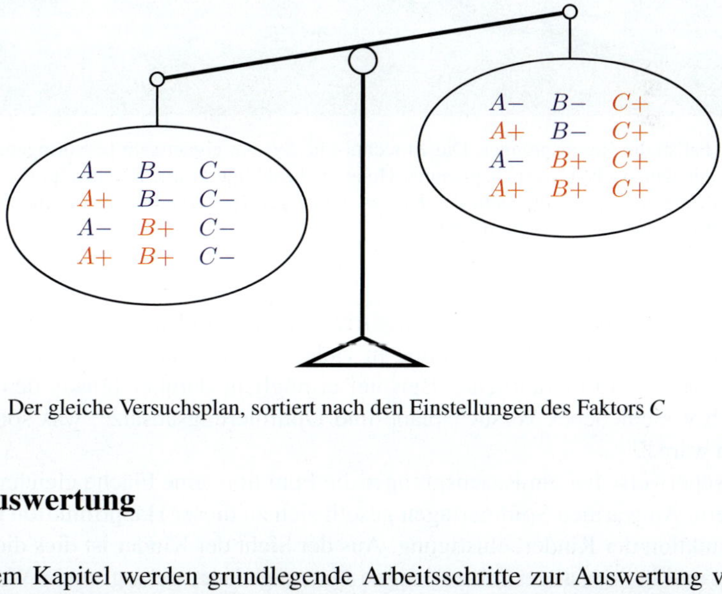

Abb. 1.7 Der gleiche Versuchsplan, sortiert nach den Einstellungen des Faktors *C*

1.3 Auswertung

In diesem Kapitel werden grundlegende Arbeitsschritte zur Auswertung von Versuchsplänen dargestellt. Effektendiagramme und Wechselwirkungsdiagramme sind standardisierte graphische Darstellungen der aus den Versuchsergebnissen abgeleiteten Beschreibungsfunktion. Die Vorgehensweise bei der Erstellung dieser Diagramme ist für alle Versuchspläne im Prinzip gleich und wird anhand einer Fallstudie erörtert.

1.3.1 Fallstudie

Um die Auswertung der Versuchsreihe zu verdeutlichen, dient im weiteren Verlauf eine Fallstudie. Dieses ist so gewählt, dass es auch aufwändige Untersuchungen

Abb. 1.8 Fallstudie Rasensprenger. Dieses technische System eignet sich hervorragend zur Anwendung der statistischen Versuchsplanung. Hohe Drehzahl und grosse Reichweite sind wichtige Kundenanforderungen aus der Sicht des Kindes. Niedriger Wasserverbrauch ist eine zusätzliche Kundenanforderung aus der Sicht der Eltern.

gestattet. Das Fallbeispiel *Rasensprenger* wird in diesem Buch durchgängig eingesetzt, um dem Leser die Einarbeitung in viele, voneinander unabhängige Beispiele zu ersparen. Ein einheitliches Beispiel ermöglicht darüber hinaus den Direktvergleich verschiedener Versuchspläne und Optimierungsansätze, was sonst nicht möglich wäre.

Typischerweise hat ein Rasensprenger die Funktion, eine Fläche gleichmäßig zu bewässern. An warmen Sommertagen gesellt sich zu dieser Hauptfunktion noch die Nebenfunktion der Kinderbelustigung. Aus der Sicht der Kinder ist dies die Hauptfunktion und bei der angestrebten langen Nutzungsdauer gelangt mehr Wasser auf den Rasen, als eigentlich nötig wäre. Insgesamt lassen sich drei unabhängige Qualitätsmerkmale identifizieren: große Reichweite, hohe Drehzahl und geringer Wasserverbrauch. Betrachtet wird das System *Rasensprenger* ab Zuleitung hinter dem Absperrhahn. Die konstruktiven Parameter sind: vertikaler Düsenwinkel α, tangentialer Düsenwinkel β, Düsenquerschnitt A_q, Durchmesser, Reibung (trocken und flüssig) sowie der Wasserdruck. Bis auf die Faktorenauswahl und Stufenfestlegung ist nun alles Nötige definiert. Die Fallstudie kann mit elementaren Gleichungen der Strömungsmechanik und einigen vereinfachenden Annahmen numerisch gelöst werden. Die dargestellten Ergebnisse resultieren aus diesem nichtlinearen Simulationsmodell, was jedoch den Arbeitsablauf bei der Anwendung der statistischen Versuchsplanung in keinster Weise im Vergleich zu realen Experimenten verändert.

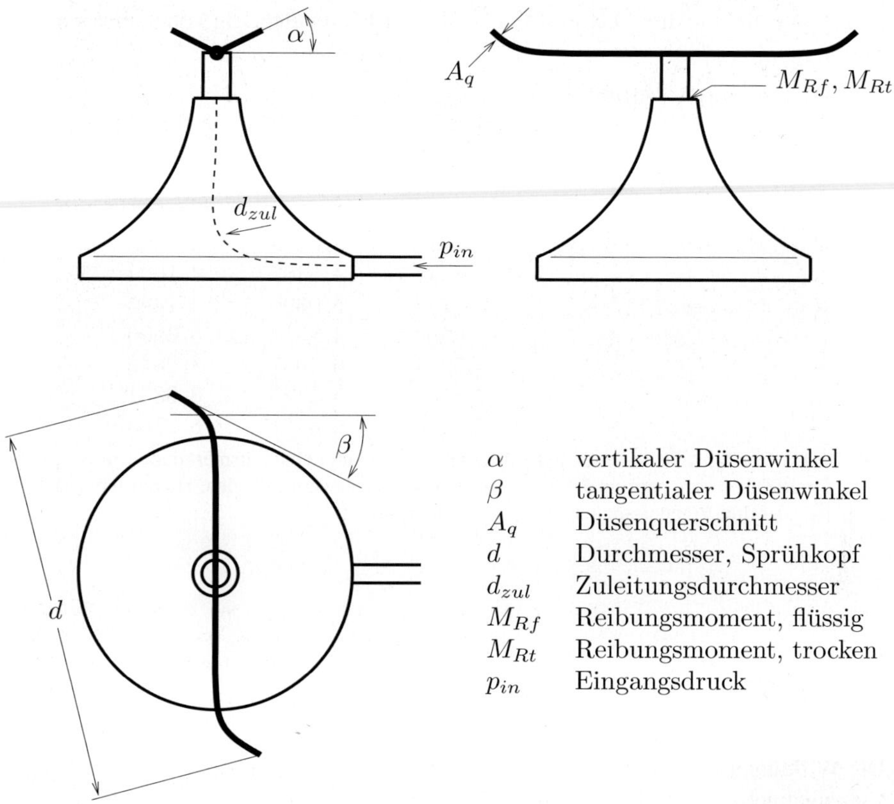

Abb. 1.9 Schematische Darstellung eines Rasensprengers. Bis zu acht Parameter sind frei einstellbar. Die verwendeten Gleichungen finden sich im Anhang. Ein eigens erstelltes Matlab/Octave Programm löst die Gleichungen numerisch und liefert Ergebnisse für jede Parameterkombination.

Faktor / Parameter		Symbol	Einstellung −	Einstellung +	Einheit
vertikaler Düsenwinkel	α	**A**	15	45	°
tangentialer Düsenwinkel	β	**B**	0	30	°
Düsenquerschnittsfläche	A_q	**C**	2	4	mm^2
Durchmesser, Sprühkopf	d	-	150		mm
Reibungsmom., trocken	M_{Rt}	-	0,015		Nm
Reibungsmom., flüssig	M_{Rf}	-	0,015		$\frac{Nm}{s}$
Eingangsdruck	p_{in}	-	1,5		bar
Zuleitungsdurchmesser	d_{zul}	-	7,5		mm

Tabelle 1.2 Einstellungstabelle für die erste Untersuchung. Als Faktoren variiert werden die Düsenwinkel und die Düsenquerschnittsfläche. Alle weiteren Parameter bleiben in einer mittleren Einstellung.

In der ersten Untersuchung beschränkt sich die Faktorenauswahl auf die Düsenwinkel und die Düsenquerschnittsfläche, wobei die übrigen Parameter konstant bleiben. Der einfache Vollfaktorplan besteht aus acht Kombinationen der drei Faktoren mit jeweils zwei Stufen. Jedes Qualitätsmerkmal ist eine kontinuierliche, skalare

Kenngröße und die drei Qualitätsmerkmale werden unabhängig voneinander ausgewertet.

A (α)	B (β)	C (A_q)	Drehzahl $[1/s]$	Reichweite $[m]$	Verbrauch $[l/min]$
$-$	$-$	$-$	$4,1286$	$4,4088$	$4,1690$
$+$	$-$	$-$	$2,7671$	$5,0178$	$4,1535$
$-$	$+$	$-$	$3,4447$	$4,5387$	$4,1604$
$+$	$+$	$-$	$2,2742$	$5,0691$	$4,1495$
$-$	$-$	$+$	$8,0984$	$4,8512$	$8,3900$
$+$	$-$	$+$	$5,5804$	$6,4937$	$8,2846$
$-$	$+$	$+$	$6,8151$	$5,2425$	$8,3321$
$+$	$+$	$+$	$4,6980$	$6,6427$	$8,2565$

Tabelle 1.3 Ergebnistabelle der ersten Untersuchung. Die drei Qualitätsmerkmale wurden gleichzeitig ermittelt, müssen aber unabhängig voneinander ausgewertet werden. Hierzu wird nacheinander jede der drei Ergebnisspalten als $y_1, ..., y_8$ interpretiert.

1.3.2 Effekt

Die Wirkung eines Faktors auf das System wird durch den sogenannten *Effekt* gekennzeichnet. Als Effekt gilt die Differenz zweier Mittelwerte, dem Mittelwert bei der Einstellung $+$ und dem Mittelwert bei der Einstellung $-$ [64]. Der Effekt quantifiziert also die mittlere registrierte Veränderung des Qualitätsmerkmales, beim Wechsel der Faktoreneinstellung von $-$ nach $+$. Dieses Verfahren heißt Kontrastmethode. Bereits bei diesem einfachen Versuchsplan erfolgen vier unabhängige Umschaltvorgänge für jeden Faktor, also hat der Effekt eine gewisse Stabilität in Bezug auf eventuelle Versuchsstreuungen und repräsentiert gleichzeitig mehrere Startbedingungen.

Der Effekt des Faktors A berechnet sich aus:

$$E_A = \frac{y_2 + y_4 + y_6 + y_8}{4} - \frac{y_1 + y_3 + y_5 + y_7}{4} \tag{1.2}$$

Für die Effektberechnung des Faktors B werden die gleichen Versuchsdaten herangezogen, allerdings in einer anderen Gruppierung:

$$E_B = \frac{y_3 + y_4 + y_7 + y_8}{4} - \frac{y_1 + y_2 + y_5 + y_6}{4} \tag{1.3}$$

Analog ergibt sich der Effekt des Faktors C:

$$E_C = \frac{y_5 + y_6 + y_7 + y_8}{4} - \frac{y_1 + y_2 + y_3 + y_3}{4} \tag{1.4}$$

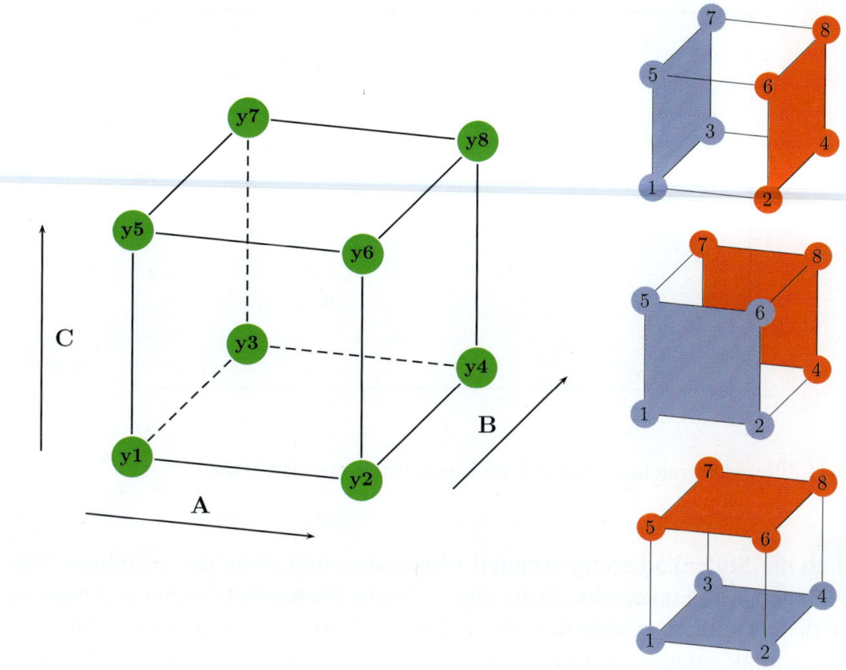

Abb. 1.10 Grafische Darstellung der Effektberechnung. Die Haupteffekte jedes Faktors berechnen sich aus der Differenz der jeweiligen Stufenmittelwerte. Die gleichen Versuchsdaten werden für jeden Faktor anders gruppiert, entsprechend der Faktoreinstellung.

	A (α)	B (β)	C (A_q)	Drehzahl $[1/s]$
	$-$	$-$	$-$	$4,1286$
	$+$	$-$	$-$	$2,7671$
	$-$	$+$	$-$	$3,4447$
	$+$	$+$	$-$	$2,2742$
	$-$	$-$	$+$	$8,0984$
	$+$	$-$	$+$	$5,5804$
	$-$	$+$	$+$	$6,8151$
	$+$	$+$	$+$	$4,6980$
MW $+$	$3,83$	$4,31$	$6,30$	
MW $-$	$5,62$	$5,14$	$3,15$	
Effekt	$-1,79$	$-0,84$	$3,14$	

Tabelle 1.4 Effektberechnung für das Qualitätsmerkmal Drehzahl. MW steht für *Mittelwert bei der jeweiligen Einstellung*

Das Effekt-Diagramm ist eine standardisierte Darstellung der Effekte. Alle Auswerteprogramme bieten diese Darstellung an und im Laufe der Jahre hat sich die Darstellung nur kosmetisch verändert. Auf der horizontalen Achse werden die Faktoren der Reihe nach aufgeführt, jeweils mit den untersuchten Stufen. Die Einheit

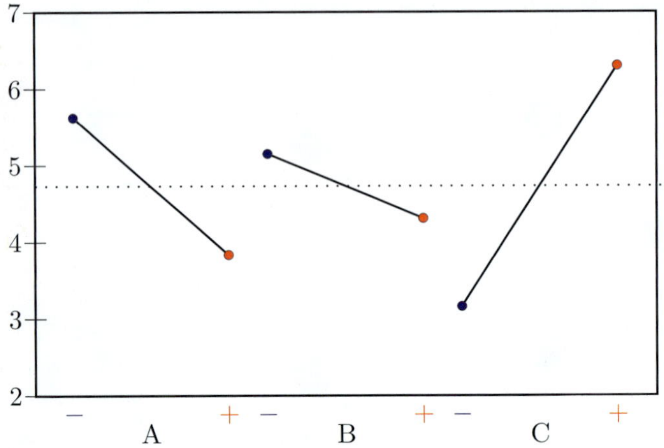

Abb. 1.11 Effekt-Diagramm am Beispiel des Qualitätsmerkmals Drehzahl.

ist durch die Stufenkodierung normiert (dimensionslos), denn die jeweiligen Faktoren können völlig unterschiedliche physikalische Einheiten besitzen und nur eine normierte Darstellung erlaubt den übersichtlichen Direktvergleich der Effekte.

Die vertikale Achse zeigt den Wert eines Qualitätsmerkmals in der jeweiligen Einheit. Bei mehreren Qualitätsmerkmalen ist es erforderlich, voneinander unabhängige Effekt-Diagramme zu erstellen. Nach passender Aufteilung der Achsen werden die Stufenmittelwerte eingetragen und für jeden Faktor getrennt mit einer direkten Linie verbunden. Die Steigung dieser Linie kennzeichnet den Effekt. Zur Kontrolle dient eine gestrichelte Linie auf der Höhe des Gesamtmittelwertes. Der Mittelwert der jeweiligen Stufenmittelwerte muss für jeden Faktor dem Betrag des Gesamtmittelwertes entsprechen, denn in beiden Berechnungen sind alle Versuchswerte enthalten. Mit anderen Worten: Alle Effektlinien müssen die gestrichelte Linie des Gesamtmittelwertes schneiden und zwar genau in der Mitte der jeweiligen Effektlinie. Auswerteprogramme arbeiten hierbei in der Regel fehlerfrei, deshalb kann die gestrichelte Hilfslinie bei automatisierter Auswertung wegfallen.

Die Fallstudie zeigt deutlich, wie unterschiedlich die Effekte der gleichen Faktoren auf verschiedene Qualitätsmerkmale sein können. Der steilere vertikale Düsenwinkel reduziert die Drehzahl, erhöht die Reichweite und hat nur einen geringen Einfluss auf den Wasserverbrauch. Bezüglich des optimalen Düsenquerschnitts zeichnet sich ein Zielkonflikt ab, denn ein großer Querschnitt bewirkt gleichzeitig eine hohe Drehzahl und einen hohen Wasserverbrauch [4].

[4] Der Wasserverbrauch soll jedoch möglichst niedrig sein.

	A (α)	B (β)	C (A_q)	Reichweite [m]
	−	−	−	4,4088
	+	−	−	5,0178
	−	+	−	4,5387
	+	+	−	5,0691
	−	−	+	4,8512
	+	−	+	6,4937
	−	+	+	5,2425
	+	+	+	6,6427
MW +	5,81	5,37	5,81	
MW −	4,76	5,19	4,76	
Effekt	1,05	0,18	1,05	

Tabelle 1.5 Effektberechnung für das Qualitätsmerkmal Reichweite.

	A (α)	B (β)	C (A_q)	Verbrauch [l/min]
	−	−	−	4,1690
	+	−	−	4,1535
	−	+	−	4,1604
	+	+	−	4,1495
	−	−	+	8,3900
	+	−	+	8,2846
	−	+	+	8,3321
	+	+	+	8,2565
MW +	6,21	6,22	8,32	
MW −	6,26	6,25	4,16	
Effekt	−0,05	−0,02	4,16	

Tabelle 1.6 Effektberechnung für das Qualitätsmerkmal Wasserverbrauch.

1.3.3 Wechselwirkung

Der Effekt kennzeichnet die mittlere Veränderung des Qualitätsmerkmals in Folge einer Stufenvariation. Dies schließt aber nicht aus, dass eine Abhängigkeit vom Ausgangszustand [5] bestehen kann. In der Tat ist dies in der Praxis oft zu beobachten. Bereits im einfachen Beispiel des Rasensprengers ergibt sich eine derartige Abhängigkeit. Hier hängt der Einfluss des Düsenquerschnitts auf die Drehzahl von den Düsenwinkeln ab. Wenn der Effekt eines Faktors von der Einstellung eines anderen Faktors abhängt, nennt man dies eine Wechselwirkung oder einen Wechselwirkungseffekt. Um den Effekt eines Faktors begrifflich davon abzugrenzen, wird dieser auch Haupteffekt genannt.

Ohne die Grenzen der Physik zu überschreiten, lässt sich ein drastisches Beispiel für starke Wechselwirkungen konstruieren. In diesem Fall besteht das System aus einem umbauten Raum, mit dem Ziel einer möglichst guten Schallabsorption exter-

5 also der Einstellung der übrigen Faktoren

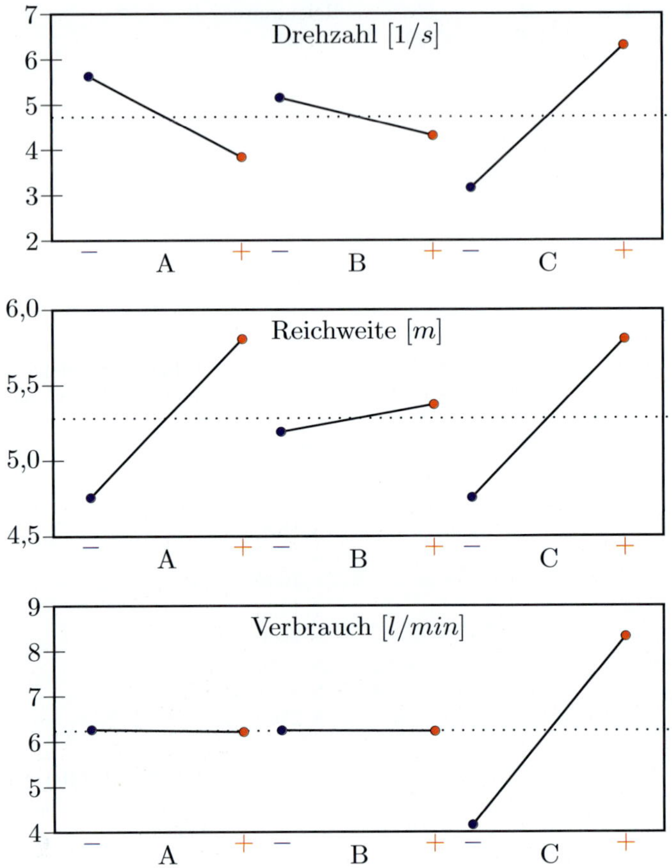

Abb. 1.12 Effekt-Diagramm für alle Qualitätsmerkmale im Direktvergleich. Die Effekte der jeweiligen Faktoren auf die Qualitätsmerkmale können völlig unterschiedlich sein.

ner Geräusche. Nehmen wir an, dieser Raum habe zwei Fenster, dann lassen sich daraus zwei Faktoren ableiten: Fenster 1 und Fenster 2, jeweils mit den Einstellungen *offen* und *geschlossen*. Die subjektive Beurteilung der Schalldämmung auf einer Skala von 1 bis 10 könnte bei guten Fenstern ein klares Ergebnis liefern.

A	B	QM
-	-	1
+	-	2
-	+	2
+	+	10

Tabelle 1.7 Ergebnistabelle einer fiktiven Fallstudie. Das Qualitätsmerkmal *Schallabsorption* hängt von den beiden Faktoren *Fenster 1* und *Fenster 2* ab. Nur wenn beide Fenster geschlossen sind, bleibt der Lärm draußen.

In dieser Konstellation hängt die Wirkung der Faktoren stark von der Einstellung des jeweiligen anderen Faktors ab. Ist das andere Fenster offen, bleibt die erreichte

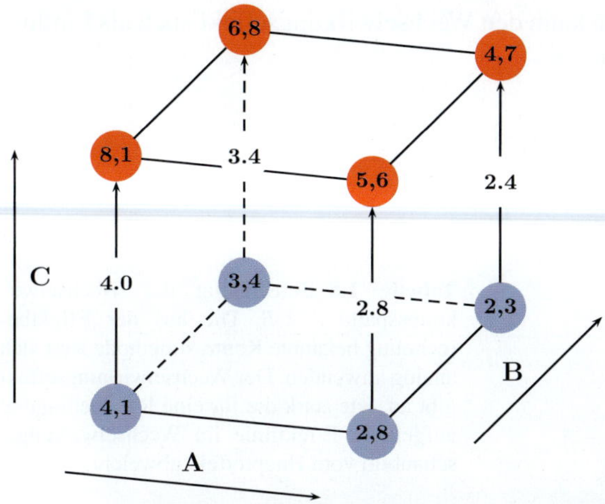

Abb. 1.13 Einfluss des Düsenquerschnitts auf die Drehzahl des Rasensprengers. In Abhängigkeit von den Randbedingungen ergibt sich ein unterschiedlicher Wert. Es liegen sogenannte Wechselwirkungen vor.

Abb. 1.14 Gedankenexperiment zur Verdeutlichung einer starken Wechselwirkung. Ausgehend vom Ziel einer guten Schallabsorption, gibt es nur eine Lösung: beide Fenster müssen geschlossen bleiben. (The Sims 3 ©2009 Electronic Arts Inc. The Sims is a trademark or registered trademark of Electronic Arts Inc. in the U.S. and/or other countries. All Rights Reserved. Used with permission.)

Schalldämmung nahezu gleich. Bei geschlossenem zweiten Fenster hingegen ändert sich das Qualitätsmerkmal Schalldämmung signifikant. Die Berechnungsmethode ist unkompliziert. Zunächst erzeugt man die *Wechselwirkungsspalte*, also eine neue Spalte zur Berechnung des Wechselwirkungseffekts. Die Effekte der Faktoren werden nun zur besseren Abgrenzung *Haupteffekte* genannt. Die Wechselwirkungsspalte zeigt an, ob die Faktoren auf gleicher (+) oder ungleicher (−)Stufe stehen. Der Wechselwirkungseffekt berechnet sich analog zum Haupteffekt aus der Differenz der Stufenmittelwerte. Ein großer Wechselwirkungseffekt lässt auf eine starke

Wechselwirkung schließen. Man kann den Wechselwirkungseffekt auch als Einfluss der Randbedingungen interpretieren.

	A	B	AB	QM
	$-$	$-$	$+$	1
	$+$	$-$	$-$	2
	$-$	$+$	$-$	2
	$+$	$+$	$+$	10
MW +	6,0	6,0	5,5	
MW −	1,5	1,5	2,0	
Effekt	4,5	4,5	3,5	

Tabelle 1.8 Berechnung der Wechselwirkungsspalte $A \times B$. Die aus der Effektberechnung bekannte Kontrastmethode lässt sich analog anwenden. Der Wechselwirkungseffekt gibt an, wie stark die für eine Randbedingung aufgeteilte Effektlinie im Wechselwirkungsschaubild vom Haupteffekt abweicht.

Im konkreten Beispiel beträgt der Haupteffekt von A 4,5. Dies ist der gemittelte Wert für beide Randbedingungen (Fenster B offen und Fenster B geschlossen). Bezogen auf die einzelnen Randbedingungen berechnet sich der Effekt von A aus dem mittleren Effekt und der Wechselwirkung mit dem jeweiligen Vorzeichen.

$$E_{A(B-)} = E_A - E_{AB} = 4,5 - 3,5 = 1 \quad (1.5)$$

$$E_{A(B+)} = E_A + E_{AB} = 4,5 + 3,5 = 8 \quad (1.6)$$

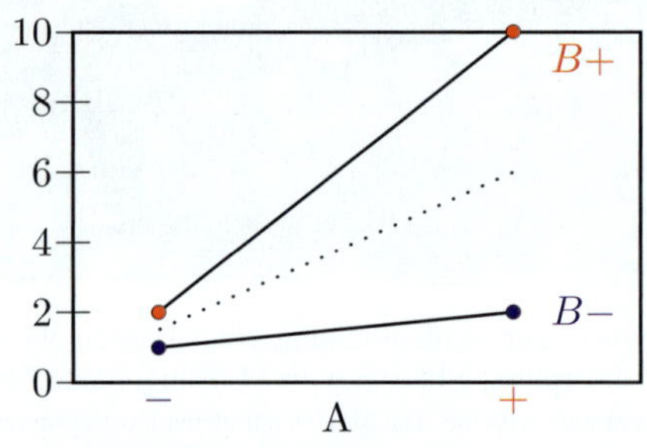

Abb. 1.15 Schematische Darstellung eines Wechselwirkungsdiagramms. Der Effekt eines Faktors (hier A) wird für zwei unterschiedliche Randbedingungen dargestellt, in diesem Fall $B-$ und $B+$. Die punktierte Hilfslinie zeigt den Haupteffekt von A und dient hier nur zur Orientierung. Die Wechselwirkung entspricht der Steigungsänderung. Sind die eingezeichneten Linien parallel, gibt es keine Wechselwirkung. Bei starken Wechselwirkungen können sich die Linien auch kreuzen.

In der konkreten Anwendung ist es oft hilfreich, die Stufen in Richtung der zu erwartenden Veränderung zu kodieren, zum Beispiel $-$ für die derzeitige Standardeinstellung und $+$ für die nach Experteneinschätzung bestmögliche neue Einstellung des Faktors. Dies hat den Vorteil, dass die Vorzeichen der Haupteffekte sofort interpretierbar sind. Auch die Vorzeichen der Wechselwirkungseffekte kann man in diesem Fall klar zuordnen. Hat der Wechselwirkungseffekt das gleiche Vorzeichen wie die Haupteffekte, wirkt die Wechselwirkung verstärkend, ansonsten abschwächend. Letzteres ist in der Praxis häufiger zu beobachten und bedeutet, dass sich bei gleichzeitiger Umstellung mehrerer Faktoren insgesamt ein geringerer Effekt einstellt, als es die Summe der Haupteffekte vermuten lässt.

Angenommen, es gäbe zwei konstruktive Maßnahmen zur Verringerung der Insassenbelastung beim Frontalaufprall und jede einzelne Maßnahme reduziert den Belastungskennwert *HIC* um 100, dann ist es sehr wahrscheinlich, dass beide Maßnahmen bei gleichzeitigem Einsatz einen etwas geringeren Effekt bringen, zum Beispiel 160. Dies steht auch im Einklang mit physikalischen Überlegungen, denn ein gutes Rückhaltesystem bietet im Vergleich zum schlechten Rückhaltesystem ein geringeres Verbesserungspotential. In anderen Bereichen der Technik gibt es analoge Beobachtungen, zum Beispiel in der Motorenentwicklung.

Bei zweistufigen Versuchsplänen ist die Konstruktion der " Wechselwirkungsspalten" einfach und ohne Auswerteprogramm möglich. Hierzu interpretiert man eine Stufeneinstellung als -1, die andere als $+1$. Nun müssen lediglich die Werte der ausgewählten Spalten zeilenweise miteinander multipliziert werden. Sind die Einstellungen gleichsinnig (also $-/-$ oder $+/+$) erscheint ein $+$, ansonsten (also $-/+$ oder $+/-$) ein $-$.

Bei drei Faktoren entsteht möglicherweise eine Dreifachwechselwirkung. Die zugehörige Kontrastspalte ergibt sich analog zur Zweifachwechselwirkung durch Multiplikation der betroffenen Spalten. Für alle Spalten ist die Kontrastmethode zur Auswertung anwendbar. Das aus den Spalten gebildete Feld ist bei Vollfaktorplänen immer orthogonal, da alle neu gebildeten Spalten weder untereinander noch mit den bereits existierenden Spalten korrelieren.

A	B	C	AB	AC	BC	ABC	y
$-$	$-$	$-$	$+$	$+$	$+$	$-$	y_1
$+$	$-$	$-$	$-$	$-$	$+$	$+$	y_2
$-$	$+$	$-$	$-$	$+$	$-$	$+$	y_3
$+$	$+$	$-$	$+$	$-$	$-$	$-$	y_4
$-$	$-$	$+$	$+$	$-$	$-$	$+$	y_5
$+$	$-$	$+$	$-$	$+$	$-$	$-$	y_6
$-$	$+$	$+$	$-$	$-$	$+$	$-$	y_7
$+$	$+$	$+$	$+$	$+$	$+$	$+$	y_8

Tabelle 1.9 Erzeugung der Wechselwirkungsspalten bei einem Versuchsplan mit drei Faktoren und acht Versuchsläufen. Es entstehen vier neue Spalten, drei Spalten für die Zweifachwechselwirkungen und eine für die Dreifachwechselwirkung.

Tabelle 1.10 zeigt das Ergebnis des Qualitätsmerkmals *Reichweite*. Nur die Wechselwirkung $A \times C$ erreicht einen deutlichen Betrag, ist aber kleiner als die Haupteffekte der beteiligten Faktoren. Zur Erstellung eines Wechselwirkungsdiagramms muss zunächst der vorhandene Versuchsplan auf einen Vollfaktorplan der beiden untersuchten Faktoren zurückgeführt werden. Am Beispiel $A \times B$ wird deut-

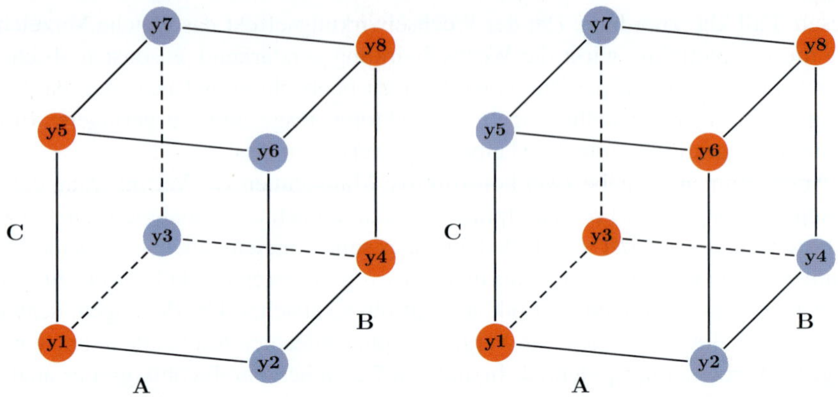

Abb. 1.16 Graphische Darstellung der Wechselwirkungen $A \times B$ und $A \times C$. Die Punkte gleichen Vorzeichens liegen auf einer Diagonalen in der Ebene AB (links) bzw. AC (rechts).

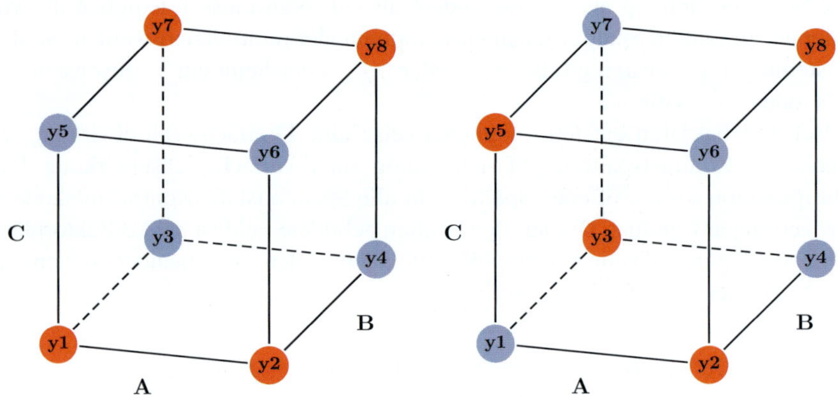

Abb. 1.17 Graphische Darstellung der Wechselwirkungen $B \times C$ und $A \times B \times C$. Die Punkte gleichen Vorzeichens liegen auf einer Diagonalen in der Ebene BC (links) bzw bilden einen Tetraeder (rechts).

lich, dass alle Kombinationen von A und B im Versuchsplan mit acht Versuchsläufen doppelt auftauchen, jeweils für $C-$ und $C+$. Für die Auswertung interessieren nun die Mittelwerte aus den beiden Einstellungen. Das Wechselwirkungsdiagramm bildet genau diese vier Punkte ab, also $A-/A+$ bei $B-$ und $A-/A+$ bei $B+$. Auswerteprogramme erstellen diese Schaubilder automatisch.

Jede Zweifachwechselwirkung lässt sich auf zwei verschiedene Weisen darstellen. Entweder ist der Effekt des ersten Faktors bei zwei verschiedenen Randbedingungen des zweiten Faktors aufgetragen oder der Effekt des zweiten Faktors bei verschiedenen Randbedingungen des ersten Faktors. Welche Darstellung gewählt wird, hängt vom Anwendungsfall ab. Bei automatisierter Auswertung ist der Aufwand so gering, dass man im Zweifelsfall für die signifikanten Wechselwirkungen immer beide Darstellungen produziert, um den Sachverhalt zu veranschaulichen.

Versuch	*A*	*B*	*C*	*AB*	*AC*	*BC*	*ABC*	*Reichweite*
1	−	−	−	+	+	+	−	4,409
2	+	−	−	−	−	+	+	5,018
3	−	+	−	−	+	−	+	4,539
4	+	+	−	+	−	−	−	5,069
5	−	−	+	+	−	−	+	4,851
6	+	−	+	−	+	−	−	6,494
7	−	+	+	−	−	+	−	5,243
8	+	+	+	+	+	+	+	6,643
MW +	5,81	5,37	5,81	5,24	5,52	5,33	5,26	
MW −	4,76	5,19	4,76	5,32	5,05	5,24	5,30	
Effekt	1,05	0,18	1,05	−0,08	0,48	−0,09	−0,04	

Tabelle 1.10 Auswertung des Qualitätsmerkmals *Reichweite*.

1.3.4 Lineares Beschreibungsmodell

Haupteffekte und Wechselwirkungen quantifizieren die Wirkung der Faktoren auf das Qualitätsmerkmal. Letztlich entsteht eine beschreibende Gleichung, die das zu Grunde liegende physikalische Phänomen zwar nicht erklärt, aber die Zusammenhänge quantifiziert. In vielen Fällen reicht dies in der Praxis völlig aus. Experten haben oft bereits eine sehr gute qualitative Vorstellung der Zusammenhänge "ihres" Systems. Häufig sind die Systeme viel zu komplex für analytische Verfahren oder man hat nur eine geringe Aussicht darauf, alle erforderlichen Eingangsdaten für die exakte analytische Modellierung zu bekommen.

Ein lineares Beschreibungsmodell mit drei Faktoren sieht folgendermaßen aus:

$$y = c_0 + c_1x_1 + c_2x_2 + c_3x_3 + c_{12}x_1x_2 + c_{13}x_1x_3 + c_{23}x_2x_3 + \varepsilon \qquad (1.7)$$

Es liefert für jede Kombination der Eingangsgrößen x_1, x_2, x_3 einen Näherungswert des Qualitätsmerkmals y. $c_0 ... c_{23}$ sind Modellkonstanten, in der Literatur oft mit β bezeichnet, jedoch ist c in der Ingenieurswelt gebräuchlicher. Die Abweichung ε ist bei einem passenden Modell klein, im Vergleich zur Variation des Qualitätsmerkmals. Für eine beliebige Zahl von Faktoren ergibt sich die Gleichung für das Beschreibungsmodell analog. Bei der Summation ist die Symmetrie der Koeffizientenmatrix entlang der Hauptdiagonale zu beachten. [6] Ferner dürfen die Wechselwirkungen nicht doppelt aufsummiert werden.

$$y = c_0 + \sum_{i=1}^{n_f} c_i x_i + \sum_{i=1}^{n_f-1} \sum_{j=i+1}^{n_f} c_{ij} x_i x_j + \varepsilon \qquad (1.8)$$

---

6 $c_{ij} = c_{ji}$

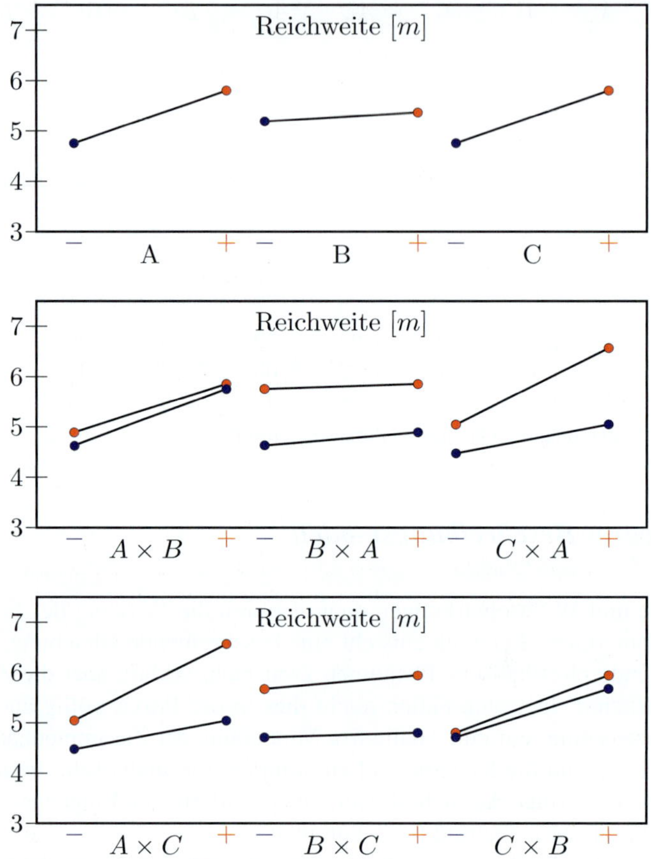

Abb. 1.18 Haupteffekte und Zweifachwechselwirkungen der Fallstudie für das Qualitätsmerkmal *Reichweite*. Die Wechselwirkungen zeigen den Effekt des erstgenannten Faktors bei den verschiedenen Einstellungen des zweitgenannten Faktors, also unter verschiedenen Randbedingungen.

Die Zahl der Modellkonstanten erhöht sich mit jedem Faktor um die aktuelle Zahl der Faktoren. Die Summation über alle Faktoren ergibt dann die Gesamtzahl der Modellkonstanten

$$n_m = 1 + \sum_{i=1}^{n_f} i \qquad \text{mit} \qquad n_{m_i} = n_{m_{i-1}} + n_{f_i} \tag{1.9}$$

Im linearen Beschreibungsmodell sind alle Haupteffekte und Wechselwirkungseffekte enthalten. Darüber hinaus taucht als Konstante der Gesamtmittelwert des Qualitätsmerkmals über die Versuchsreihe auf. Bei normierten Wertebereichen der Faktoren von -1 bis 1 durchläuft jeder Faktor in der Beschreibungsgleichung die Stufenbreite 2, also müssen alle Effekte durch 2 dividiert werden, um von den Effekten zu den Modellkonstanten zu kommen. Alle Konstanten haben dann die phy-

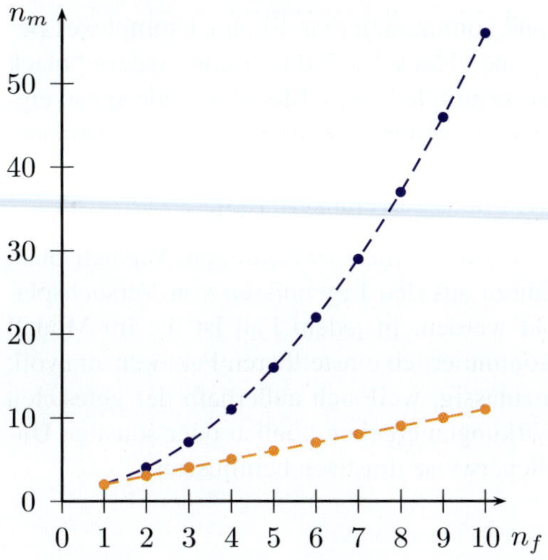

Abb. 1.19 Anstieg der Zahl der Modellkonstanten mit der Anzahl der Faktoren. Unter Berücksichtigung der Wechselwirkungen ist der Anstieg progressiv (dunkle Kurve), ansonsten linear. In jedem Fall bleibt die Zahl unter der Anzahl der Versuche eines Vollfaktorplans. Bei 10 Faktoren auf jeweils zwei Stufen verlangt dieser 1024 Versuche.

sikalische Einheit des Qualitätsmerkmals. $\hat{y}$ bezeichnet die Vorhersage des Qualitätsmerkmals für die gewählte Einstellung, $\bar{y}$ den Gesamtmittelwert.

$$\hat{y} = \bar{y} + \frac{E_A}{2}x_1 + \frac{E_B}{2}x_2 + \frac{E_C}{2}x_3 + \frac{E_{AB}}{2}x_1x_2 + \frac{E_{AC}}{2}x_1x_3 + \frac{E_{BC}}{2}x_2x_3 \quad (1.10)$$

Auch eine nicht normierte Beschreibung ist möglich, verliert aber an Übersichtlichkeit, weil die Konstanten unterschiedliche physikalische Einheiten bekommen können und sich die Werte der Konstanten wegen der individuellen Stufenbreiten mitunter schlecht vergleichen lassen. Auswerteprogramme bieten beide Varianten an. Man muss sich bei der Versuchsplanerstellung im Programm für eine der beiden Varianten entscheiden.

Trotz des einfachen Aufbaus ist das lineare Beschreibungsmodell im praktischen Einsatz erstaunlich leistungsfähig. Dies hat verschiedene Gründe:

1. Die statistische Versuchsplanung setzt auf die Strategie, die Wirkung vieler Faktoren möglichst einfach zu beschreiben. Im Gegensatz dazu konzentrieren sich andere Verfahren [7] auf wenige Faktoren und beschreiben deren Einfluss komplex. In der Praxis wird die zulässige Zahl der Modellkonstanten schnell durch die maximal mögliche Zahl der Versuchsläufe beschränkt, also wird man selten viele Faktoren komplex beschreiben können.
2. Die Nichtlinearität der Zusammenhänge wird oft überschätzt. Wenn die Stufenabstände nicht allzu groß sind, liefert die Linearisierung oft überraschend gute Ergebnisse.
3. Die Wechselwirkungseffekte werden oft unterschätzt. In fast allen technischen Systemen spielen Wechselwirkungen eine beträchtliche Rolle und sind häufig viel dominanter als Nichtlinearitäten der Effekte einzelner Faktoren.

---

[7] Zum Beispiel die Methode der neuronalen Netze. [13]

4. Das lineare Modell ist anschaulich und kommunizierbar. Ein hochkomplexes Beschreibungsmodell ersetzt letztlich eine "black box" durch eine andere "black box", während sich das vergleichsweise simple lineare Modell hervorragend eignet, um das Systemverhalten jedermann verständlich zu machen, insbesondere den Entscheidungsträgern. Dies ist ein wertvoller Beitrag, um wissenschaftliche Methoden auch in Zukunft fest in der Praxis zu verankern [63].

Das lineare Beschreibungsmodell erfordert einen zweistufigen Versuchsplan, kann aber auch über Regressionsverfahren aus den Ergebnissen von Versuchsplänen mit mehr als zwei Stufen gebildet werden. In jedem Fall ist die im Modell vorgenommene Interpolation nur bei kontinuierlich einstellbaren Faktoren sinnvoll. Extrapolationen sind grundsätzlich unzulässig, weil sich außerhalb der getesteten Einstellbereiche neue physikalische Wirkungen ergeben können oder sonstige Unstetigkeiten das Systemverhalten möglicherweise drastisch beinflussen.

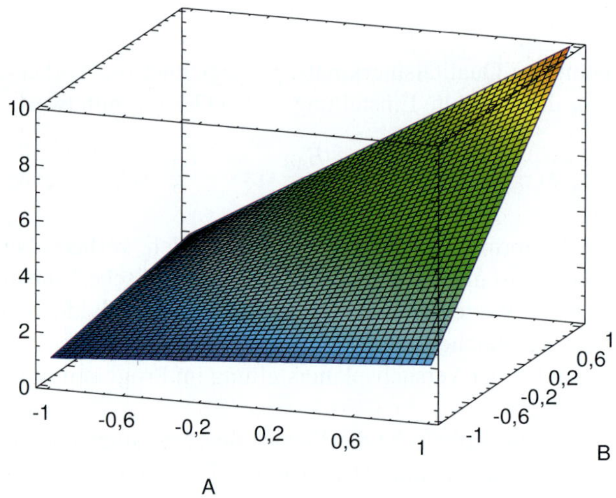

Abb. 1.20 Darstellung des linearen Beschreibungsmodells am Beispiel: Abhängigkeit des Qualitätsmerkmals *Schalldämpfung* von den Faktoren A und B.

Bei nichtlinearen Zusammenhängen arbeitet das Modell ungenau. Allerdings kann ein zweistufiger Versuchsplan nachträglich erweitert werden, um die nötigen Informationen für ein quadratisches Modell zu liefern. Schnelle Abhilfe bringt immer ein reduzierter Stufenabstand, sofern die Kontraste dann noch ausreichend genau messbar sind und die Stufenabstände der Faktoren noch immer zueinander passen. Als Behelfslösung kann eine Achsentransformation sehr wirksam sein, insbesondere dann, wenn für einzelne Faktoren der physikalische Zusammenhang zum Qualitätsmerkmal analytisch ableitbar oder anderweitig bekannt ist. In diesem Fall bildet man die Faktoreinstellung x auf eine Zwischengröße $\tilde{x}$ ab und berechnet das lineare Modell mit $\tilde{x}$.

Kapitel 2
Versuchspläne

2.1 Einleitung

Oft wird die statistische Versuchsplanung fast ausschließlich mit der Konstruktion von Versuchsplänen in Verbindung gebracht. In der Tat ist dies ein sehr wichtiger und eigenständiger Teil der Methode. Im Gegensatz zu den Anfängen der statistischen Versuchsplanung, bieten die verfügbaren Auswerteprogramme eine hervorragende Unterstützung mit vorkonfektionierten Feldern und beherrschen vielfach auch die Erstellung maßgeschneiderter Versuchspläne für den speziellen Anwendungsfall. Wichtig ist nach wie vor die Vermittlung der Strategien hinter den jeweiligen Feldkonstruktionen, damit der Anwender weiß, welche Auswahlmöglichkeit besteht.

Nach Anwendungsfall gruppiert, behandelt dieses Kapitel alle gängigen Feldkonstruktionen. Zunächst stehen Screening-Versuchspläne auf dem Programm, mit denen eine hohe Zahl von Faktoren untersucht werden kann. Detailuntersuchungen werden oft mit einem quadratischen Beschreibungsmodell durchgeführt, um den vorhandenen Nichtlinearitäten Rechnung zu tragen. Auch diese Modelle haben Grenzen, was in einem eigenen Abschnitt diskutiert wird. Mischungspläne verwendet man oft in der Verfahrenstechnik, denn sie berücksichtigen die Randbedingung, dass bei Mischungen die Summe aller Anteile der beteiligten Komponenten 100% ergibt. In Sonderfällen sind maßgeschneiderte Versuchspläne erforderlich. Für die automatische Erstellung dieser Versuchspläne gibt es mehrere Optimierungskriterien, die in einem eigenen Abschnitt vorgestellt werden. Als kleiner Exkurs in die Geschichte der Versuchsplanung bilden die umstrittenen Latin Squares den Abschluss dieses Kapitels.

K. Siebertz et al., *Statistische Versuchsplanung*, VDI-Buch,
DOI 10.1007/978-3-642-05493-8_2,

2.2 Screening Versuchspläne

Zu den wesentlichen Stärken der statistischen Versuchsplanung gehört Effizienz, also die Möglichkeit, mit minimalem Versuchsaufwand viele Faktoren zu untersuchen. Hierzu gibt es speziell konstruierte Versuchspläne, die nahezu alle in der Praxis auftretenden Anforderungen abdecken und eine sichere Analyse gewährleisten. Nur in Ausnahmefällen ist eine Sonderkonstruktion nötig. In diesem Abschnitt wird zunächst die grundsätzliche Strategie dieser Versuchspläne erläutert. Anschließend erfolgt eine Vorstellung der gebräuchlichen Feldkonstruktionen mit Direktvergleich der Ergebnisse anhand eines Fallbeispiels.

2.2.1 Konzept

Bei einer hohen Zahl von Faktoren ist der Vollfaktorplan nicht mehr durchführbar. Screening Versuchspläne haben die Aufgabe, bei minimalem Informationsverlust mit möglichst wenigen Versuchen auszukommen. In der Literatur finden sich dafür verschiedene Bezeichnungen, unter anderem: screening designs, fractional factorial designs, Screening Versuchspläne, teilfaktorielle Versuchspläne, Teilfaktorpläne oder fraktionelle faktorielle Versuchspläne.

Grundsätzlich stellt der Versuchsplan ein lineares Gleichungssystem dar. Jeder Versuch liefert eine Gleichung. Daher ist es möglich, Beschreibungsmodelle anzupassen, deren Parameterzahl der Zahl der Versuchsläufe entspricht. Günstiger ist jedoch ein Überschuss an Gleichungen. Dies hat den Vorteil, dass eine Kontrolle des Beschreibungsmodells möglich ist. Einzelheiten dazu finden sich im Kapitel *Kontrollverfahren*.

Ausgehend von einem Vollfaktorplan für vier Faktoren auf jeweils zwei Stufen, lässt sich ein Beschreibungsmodell mit 16 Konstanten aufstellen. Eine Konstante ist der Gesamtmittelwert, vier Konstanten entfallen auf die Haupteffekte, sechs Konstanten auf die Zweifachwechselwirkungen, vier auf die Dreifachwechselwirkungen und eine auf die Vierfachwechselwirkung. Unter der Annahme, dass die Terme höherer Ordnung keine signifikanten Werte erreichen, sind letztlich nur zehn Modellkonstanten relevant. Die Feldkonstruktion liefert jedoch 15 [1] orthogonale Spalten.

Nur vier dieser 15 Spalten werden als Einstellungsmuster für die Faktoren genutzt, und zwar die Spalten mit den Haupteffekten. Die verbleibenden Spalten dienen zunächst nur dazu, die Modellkonstanten höherer Ordnung zu berechnen. Hier setzt die Strategie der Teilfaktorpläne an und deklariert eine für das Beschreibungsmodell unbedeutende Spalte zur Einstellungsvorschrift für den nächsten Faktor. Dieser Strategie folgend, besteht ebenso die Möglichkeit, von einem kleineren Feld auszugehen und es mit einem zusätzlichen Faktor zu belegen.

---

[1] Zur Berechnung des Gesamtmittelwertes könnte man eine 16. Spalte bilden, die vollständig mit + kodiert ist.

A	B	AB	C	AC	BC	ABC	D	AD	BD	ABD	CD	ACD	BCD	$ABCD$	y
−	−	+	−	+	+	−	−	+	+	−	+	−	−	+	y_1
+	−	−	−	−	+	+	−	−	+	+	+	+	−	−	y_2
−	+	−	−	+	−	+	−	+	−	+	+	−	+	−	y_3
+	+	+	−	−	−	−	−	−	−	−	+	+	+	+	y_4
−	−	+	+	−	−	+	−	+	+	−	−	+	+	−	y_5
+	−	−	+	+	−	−	−	−	+	+	−	−	+	+	y_6
−	+	−	+	−	+	−	−	+	−	+	−	+	−	+	y_7
+	+	+	+	+	+	+	−	−	−	−	−	−	−	−	y_8
−	−	+	−	+	+	−	+	−	−	+	−	+	+	−	y_9
+	−	−	−	−	+	+	+	+	−	−	−	−	+	+	y_{10}
−	+	−	−	+	−	+	+	−	+	−	−	+	−	+	y_{11}
+	+	+	−	−	−	−	+	+	+	+	−	−	−	−	y_{12}
−	−	+	+	−	−	+	+	−	−	+	+	−	−	+	y_{13}
+	−	−	+	+	−	−	+	+	−	−	+	+	−	−	y_{14}
−	+	−	+	−	+	−	+	−	+	−	+	−	+	−	y_{15}
+	+	+	+	+	+	+	+	+	+	+	+	+	+	+	y_{16}

Tabelle 2.1 Vollfaktorieller Versuchsplan mit vier Faktoren auf zwei Stufen und 16 Versuchen. Jede Zeile liefert eine Gleichung und in jeder Spalte steht eine Unbekannte.

A BCD	B ACD	AB CD	C ABD	AC BD	BC AD	ABC D	y
−	−	+	−	+	+	−	y_1
+	−	−	−	−	+	+	y_2
−	+	−	−	+	−	+	y_3
+	+	+	−	−	−	−	y_4
−	−	+	+	−	−	+	y_5
+	−	−	+	+	−	−	y_6
−	+	−	+	−	+	−	y_7
+	+	+	+	+	+	+	y_8

Tabelle 2.2 Teilfaktorieller Versuchsplan mit vier Faktoren auf zwei Stufen und 8 Versuchen. Jede Zeile liefert eine Gleichung und in jeder Spalte steht eine Summe aus zwei Unbekannten.

Der Vollfaktorplan für drei Faktoren auf jeweils zwei Stufen besteht aus acht Versuchsläufen und liefert sieben orthogonale Spalten. Drei dieser Spalten sind durch Haupteffekte besetzt, drei durch Zweifachwechselwirkungen. In der siebten Spalte befindet sich die als vernachlässigbar klein eingestufte Dreifachwechselwirkung. Nutzt man diese Spalte als Einstellungsvorschrift für den vierten Faktor, dann erhöht sich natürlich auch die Zahl der Unbekannten. Durch Multiplikation der entsprechenden Spalten lässt sich leicht nachweisen, dass Haupteffekte und Dreifachwechselwirkungen in den gleichen Spalten stehen. In den übrigen Spalten befinden sich jeweils zwei Zweifachwechselwirkungen. Letztlich entsteht ein Gleichungssystem mit 16 Unbekannten und 8 Gleichungen, bei dem jeweils zwei Unbekannte auf der linken Seite stehen. Eine Trennung der jeweiligen Zweiergruppen ist unmöglich, die Zweiergruppen sind miteinander vermengt. In der Praxis ist dies jedoch weniger schwerwiegend, als es zunächst erscheint, da die Terme höherer Ordnung in guter Näherung zu Null gesetzt werden können. Gesamtmittelwert und Haupteffekte las-

Die Auflösungsstufen (engl. resolution) sind international genormt und alle Auswerteprogramme kennzeichnen die zur Auswahl stehenden Felder entsprechend. Der Versuchsplan nach dem YATES-Standard mit acht Versuchen und vier Faktoren hat die Auflösungsstufe IV. Bei einer Belegung mit sieben Faktoren reduziert sich die Auflösung auf Stufe III. Das Feld mit 16 Versuchen hat bei einer Belegung mit fünf Faktoren die Auflösungsstufe V.

Einen Hinweis auf die Auflösungsstufe liefert der sogenannte Generator des Feldes. Der Generator ist die Kombination der Faktorspalten, die bei einer Multiplikation eine Spalte erzeugt, die nur $+$ enthält [118]. Beim Feld mit 8 Versuchsläufen und vier Faktoren ist dies die Kombination *ABCD*. Multipliziert man eine Spalte mit sich selbst, entsteht ebenfalls diese "Identitätsspalte" *I*. Daraus lässt sich eine Rechenregel ableiten, um die vermengten Effekte zu finden: Multiplikation mit dem Generator und Kürzung der doppelt auftretenden Spalten. In unserem Beispiel ist *A* mit *BCD* vermengt, denn *AABCD* entspricht *BCD*. Dieser Generator liefert die Auflösungsstufe IV. Je nach Belegung gibt es mehrere Generatoren. Der kürzeste Generator bestimmt die Auflösungsstufe.

In der Literatur finden sich verschiedene Bezeichnungen für die gleichen Versuchspläne. Üblich ist die Bezeichnung nach Zahl der möglichen Kombinationen mit Angabe der Reduktionsstufe. 2^{7-4} beispielsweise kennzeichnet einen Versuchsplan für sieben Faktoren auf zwei Stufen, mit der Reduktionsstufe 4, also werden $2^{7-4} = 2^3 = 8$ Versuchsläufe nötig sein. 2^{5-1} kennzeichnet einen Versuchsplan für fünf Faktoren, mit 16 Versuchsläufen und der Reduktionsstufe 1. Hierbei werden 50% aller Kombinationen getestet.

Oft werden die Felder auch einfach nach ihrer Größe benannt, mit dem Zusatz *L* als Symbol für die vorhandene Orthogonalität. *L8* beispielsweise bezeichnet den Versuchsplan nach YATES mit acht Zeilen und sieben Spalten, unabhängig von der Belegung. Die nächst größere Konstruktion heißt *L16*, gefolgt von *L32*, *L64* usw. .

2.2.2 Reguläre Felder nach dem Yates-Standard

Die bislang vorgestellten Felder sind nach dem YATES-Standard aufgebaut. Frank Yates hat in den Dreißigerjahren des vorigen Jahrhunderts eine leicht erlernbare Systematik entwickelt, um beliebig große orthogonale Felder zu konstruieren. Das Prinzip erinnert ein wenig an die ineinander verschachtelten russischen Holzpüppchen, denn in jedem größeren Feld sind kleinere Felder enthalten. Die Verdopplung erfolgt durch Addition einer Zusatzspalte und vierfacher Kopie des Ausgangselementes, wobei eine Kopie invertiert wird. Die Zusatzspalte ist in der oberen Hälfte mit $-$ besetzt und in der unteren Hälfte mit $+$.

Auch dieses Feld lässt sich schnell verdoppeln, wenn man es als neues Ausgangselement auffasst und die gleichen Verdopplungsregeln anwendet. Je nach Bedarf entstehen auf diese Weise beliebig große Felder, die alle orthogonal und ausgewogen sind. Versuchspläne nach diesem Standard haben lediglich den Nachteil, dass die Größenabstufung recht grob ist (4, 8, 16, 32, 64, ...).

Das Ausgangsfeld:

−	−	+
+	−	−
−	+	−
+	+	+

Das vergrößerte Feld:

−	−	+	−	+	+	−
+	−	−	−	−	+	+
−	+	−	−	+	−	+
+	+	+	−	−	−	−
−	−	+	+	−	−	+
+	−	−	+	+	−	−
−	+	−	+	−	+	−
+	+	+	+	+	+	+

Abb. 2.1 Verdopplung der Feldgröße von vier auf acht Versuche durch Kopie des Basisfeldes. Der YATES-Standard stellt sicher, dass auch das vergrößerte Feld orthogonal ist.

−	−	+	−	+	+	−
+	−	−	−	−	+	+
−	+	−	−	+	−	+
+	+	+	−	−	−	−
−	−	+	+	−	−	+
+	−	−	+	+	−	−
−	+	−	+	−	+	−
+	+	+	+	+	+	+

→

−	−	+	−	+	+	−	−	+	+	−	+	−	−	+
+	−	−	−	−	+	+	−	−	+	+	+	+	−	−
−	+	−	−	+	−	+	−	+	−	+	+	−	+	−
+	+	+	−	−	−	−	−	−	−	−	+	+	+	+
−	−	+	+	−	−	+	−	+	+	−	−	+	+	−
+	−	−	+	+	−	−	−	−	+	+	−	−	+	+
−	+	−	+	−	+	−	−	+	−	+	−	+	−	+
+	+	+	+	+	+	+	−	−	−	−	−	−	−	−
−	−	+	−	+	+	−	+	−	−	+	−	+	+	−
+	−	−	−	−	+	+	+	+	−	−	−	−	+	+
−	+	−	−	+	−	+	+	−	+	−	−	+	−	+
+	+	+	−	−	−	−	+	+	+	+	−	−	−	−
−	−	+	+	−	−	+	+	−	−	+	+	−	−	+
+	−	−	+	+	−	−	+	+	−	−	+	+	−	−
−	+	−	+	−	+	−	+	−	+	−	+	−	+	−
+	+	+	+	+	+	+	+	+	+	+	+	+	+	+

Abb. 2.2 Verdopplung der Feldgröße von acht auf 16 Versuche durch Kopie des vergrößerten Basisfeldes.

2.2.3 *Irreguläre Felder nach Plackett-Burman*

PLACKETT und BURMAN haben 1946 eine neue Feldkonstruktion veröffentlicht, die bis heute äußerst erfolgreich ist. Ernsthafte Konkurrenz dazu ist im Bereich der zweistufigen Felder nicht in Sicht. Die PLACKETT-BURMAN-Konstruktion erzeugt sogenannte irreguläre Felder der Auflösungsstufe III. Irregulär heißt, dass das Produkt zweier Spalten nur zu diesen Spalten orthogonal ist, aber nicht zu den anderen Spalten des Feldes. Die Haupteffekte sind daher mit Anteilen der Zweifachwechselwirkungen vermengt. Wechselwirkungen schlagen also nicht zu 100% in die Haupteffektberechnung durch, verfälschen aber alle Haupteffekte der nicht an der jeweiligen Zweifachwechselwirkung beteiligten Faktoren. $A \times B$ beispielsweise findet sich abgeschwächt in allen Haupteffekten, außer in A und B.

PLACKETT-BURMAN-Felder entstehen durch zyklische Vertauschung der Kodierungskette von Spalte zu Spalte. Im abgebildeten Beispiel fällt das dadurch entstehende diagonale Streifenmuster auf. Die letzte Zeile wird jedoch für alle Spalten auf - gesetzt. Die Länge der Kodierungskette bestimmt die Feldgröße. PLACKETT-BURMAN-Felder gibt es in sehr feinen Abstufungen von 8 - 96 Versuchsläufen mit

A	B	C	D	E	F	G	H	I	J	K	y
+	−	+	−	−	−	+	+	+	−	+	y_1
+	+	−	+	−	−	−	+	+	+	−	y_2
−	+	+	−	+	−	−	−	+	+	+	y_3
+	−	+	+	−	+	−	−	−	+	+	y_4
+	+	−	+	+	−	+	−	−	−	+	y_5
+	+	+	−	+	+	−	+	−	−	−	y_6
−	+	+	+	−	+	+	−	+	−	−	y_7
−	−	+	+	+	−	+	+	−	+	−	y_8
−	−	−	+	+	+	−	+	+	−	+	y_9
+	−	−	−	+	+	+	−	+	+	−	y_{10}
−	+	−	−	−	+	+	+	−	+	+	y_{11}
−	−	−	−	−	−	−	−	−	−	−	y_{12}

Tabelle 2.6 Versuchsplan nach PLACKETT-BURMAN mit 12 Versuchen und bis zu 11 Faktoren. Alle Spalten sind orthogonal, also bleiben die Haupteffekte auch bei voller Belegung eindeutig trennbar. Die Wechselwirkungen sind jedoch abgeschwächt mit den Haupteffekten vermengt.

dem Inkrement 4. Sehr gängig sind die Felder für 12, 20 und 24 Versuche, offenbar weil diese Größe in der Praxis am häufigsten benötigt wird. Die grundsätzlichen Eigenschaften der Felder sind jedoch von der Größe unabhängig.

TAGUCHI hat sich oft der PLACKETT-BURMAN-Felder bedient, diese aber umsortiert, um die Versuchsdurchführung zu vereinfachen[59]. Orthogonale Felder bleiben orthogonal, auch wenn man Zeilen und Spalten vertauscht. Diese Regel lässt sich ausnutzen, um die Zahl der Stufenwechsel zu minimieren. Oft sind einzelne Faktoren nur mit hohem Aufwand zu verstellen, andere hingegen mit wenig Mühe. Die vorsortierten Versuchspläne tragen dem Rechnung und bieten eine von links nach rechts ansteigende Zahl von Stufenwechseln an. Aufwändige Faktoren kommen in die erste Spalte und müssen nur noch ein einziges Mal verstellt werden.

Ein PLACKETT-BURMAN-Feld mit 12 Versuchen wird auch *L12* genannt und lässt sich mit bis zu 11 Faktoren belegen. In diesem Fall testet man weniger als 0,6% aller möglichen Kombinationen, kann aber in der Regel die signifikanten Faktoren entdecken. Empfehlenswert ist, 1-3 Spalten unbelegt zu lassen, um die auftretende Verfälschung durch kummulierte Wechselwirkungsanteile abschätzen zu können. Die leeren Spalten enthalten nur Überlagerungen der Zweifachwechselwirkungen, die belegten Spalten die Summe aus Haupteffekt und Überlagerung.

Bei größeren Feldern wird die Effizienzsteigerung noch dramatischer. Das mit 19 Faktoren belegte *L20*-Feld nach PLACKETT-BURMAN testet nur noch 0,0038% aller möglichen Kombinationen, bietet aber dennoch eine sehr stabile Effektberechnung, weil für jeden Faktor bei allen Stufen Daten mit völlig unterschiedlichen Ausgangspositionen vorliegen.

In manchen Fällen reicht die Auflösungsstufe III nicht aus, weil die auftretenden Wechselwirkungen zu stark sind. Dann ist die Auflösungsstufe IV erforderlich. Es gibt eine einfache Methode, um *jedes beliebige Feld* der Auflösungsstufe III in

A	B	C	D	E	F	G	H	I	J	K	L	M	N	O	P	Q	R	S	y
+	−	+	+	−	−	−	−	+	−	+	−	+	+	+	+	−	−	+	y_1
+	+	−	+	+	−	−	−	−	+	−	+	−	+	+	+	+	−	−	y_2
−	+	+	−	+	+	−	−	−	−	+	−	+	−	+	+	+	+	−	y_3
−	−	+	+	−	+	+	−	−	−	−	+	−	+	−	+	+	+	+	y_4
+	−	−	+	+	−	+	+	−	−	−	−	+	−	+	−	+	+	+	y_5
+	+	−	−	+	+	−	+	+	−	−	−	−	+	−	+	−	+	+	y_6
+	+	+	−	−	+	+	−	+	+	−	−	−	−	+	−	+	−	+	y_7
+	+	+	+	−	−	+	+	−	+	+	−	−	−	−	+	−	+	−	y_8
−	+	+	+	+	−	−	+	+	−	+	+	−	−	−	−	+	−	+	y_9
+	−	+	+	+	+	−	−	+	+	−	+	+	−	−	−	−	+	−	y_{10}
−	+	−	+	+	+	+	−	−	+	+	−	+	+	−	−	−	−	+	y_{11}
+	−	+	−	+	+	+	+	−	−	+	+	−	+	+	−	−	−	−	y_{12}
−	+	−	+	−	+	+	+	+	−	−	+	+	−	+	+	−	−	−	y_{13}
−	−	+	−	+	−	+	+	+	+	−	−	+	+	−	+	+	−	−	y_{14}
−	−	−	+	−	+	−	+	+	+	+	−	−	+	+	−	+	+	−	y_{15}
−	−	−	−	+	−	+	−	+	+	+	+	−	−	+	+	−	+	+	y_{16}
+	−	−	−	−	+	−	+	−	+	+	+	+	−	−	+	+	−	+	y_{17}
+	+	−	−	−	−	+	−	+	−	+	+	+	+	−	−	+	+	−	y_{18}
−	+	+	−	−	−	−	+	−	+	−	+	+	+	+	−	−	+	+	y_{19}
−	−	−	−	−	−	−	−	−	−	−	−	−	−	−	−	−	−	−	y_{20}

Tabelle 2.7 Versuchsplan nach PLACKETT-BURMAN mit 20 Versuchen und bis zu 19 Faktoren. Das Feld enthält weniger als 0,004% aller Kombinationen, ist also sehr effizient.

die Auflösungsstufe IV zu überführen. Die sogenannte Faltung (fold over) besteht aus einer schlichten Kopie des ursprünglichen Versuchsplans mit gleichzeitiger Invertierung. [3] Durch diesen Trick lassen sich alle Vermengungen von Haupteffekten und Zweifachwechselwirkungen auflösen. Für die Praxis bedeutet dies, dass man getrost mit einem Versuchsplan der Auflösungsstufe III die Untersuchung beginnen kann und erst im Bedarfsfall mit einer zweiten Versuchsreihe gleichen Umfangs die Haupteffekte freilegen muss. Hierbei geht kein Ergebnis verloren, denn der erweiterte Versuchsplan beinhaltet auch die vorangegangene Versuchsreihe.

2.2.4 Fallstudie

Vor der Entscheidung für einen Versuchsplan stellt sich natürlich die Frage, inwieweit das Ergebnis eines Teilfaktorplans vom Ergebnis des Vollfaktorplans abweicht. Welcher Versuchsplan ist der beste? Kann man durch die Wahl des "falschen" Versuchsplans auf die falsche Fährte gelangen? Einsteiger in die Methode der statistischen Versuchsplanung sind hier oft sehr verunsichert, insbesondere dann, wenn sie unmittelbar vor der Entscheidung einen Einblick in die Vielfalt der Versuchsplä-

3 Dies bedeutet: Vorzeichenwechsel bei der Kodierung.

A	B	E	C	F	G	D	BE CF DG	AE CG DF	AB CD FG	AF BG DE	AC BD EG	AD BC EF	AG BF CE		y
−	−	−	+	+	+	−	−	−	−	+	+	+	−	+	y_1
+	−	−	−	−	+	+	+	−	−	−	−	+	+	+	y_2
−	+	−	−	+	−	+	−	+	−	−	+	−	+	+	y_3
+	+	−	+	−	−	−	+	+	−	+	−	−	−	+	y_4
−	−	+	+	−	−	+	−	−	+	+	−	−	+	+	y_5
+	−	+	−	+	−	−	+	−	+	−	+	−	−	+	y_6
−	+	+	−	−	+	−	−	+	+	−	−	+	−	+	y_7
+	+	+	+	+	+	+	+	+	+	+	+	+	+	+	y_8
+	+	+	−	−	−	+	−	−	−	+	+	+	−	−	y_9
−	+	+	+	+	−	−	+	−	−	−	−	+	+	−	y_{10}
+	−	+	+	−	+	−	−	+	−	−	+	−	+	−	y_{11}
−	−	+	−	+	+	+	+	+	−	+	−	−	−	−	y_{12}
+	+	−	−	+	+	−	−	−	+	+	−	−	+	−	y_{13}
−	+	−	+	−	+	+	+	−	+	−	+	−	−	−	y_{14}
+	−	−	+	+	−	+	−	+	+	−	−	+	−	−	y_{15}
−	−	−	−	−	−	−	+	+	+	+	+	+	+	−	y_{16}

Tabelle 2.8 Gefalteter Versuchsplan mit nun 16 Versuchen und 7 Faktoren. Das ursprüngliche Feld mit acht Versuchen wurde erweitert. Dadurch lassen sich die Wechselwirkungen von den Haupteffekten trennen.

ne erhalten haben [4]. Jedes Problem ist anders gelagert und es gibt kein Kochrezept für die Auswahl des optimalen Versuchsplans. Der nachfolgende Direktvergleich mehrerer Versuchspläne an einem konkreten Beispiel zeigt jedoch, dass man auf verschiedene Weise zum gleichen Ziel gelangen kann. Die Methode der statistischen Versuchsplanung ist verblüffend robust und oft auch dann erfolgreich, wenn der Anwender sie nicht vollständig verstanden hat.

Symbol	Parameter	Einheit	Einstellung		
			-	0	+
A	α	$\circ$	15		45
B	β	$\circ$	0		30
C	A_q	mm^2	2		4
D	d	mm	100		200
E	M_{Rt}	Nm	0,01		0,02
F	M_{Rf}	$\frac{Nm}{s}$	0,01		0,02
G	p_{in}	bar	1		2
	d_{zul}	mm		7,5	

Tabelle 2.9 Einstellungstabelle. Sieben der acht Parameter wurden in der folgenden Studie variiert. Der Zuleitungsdurchmesser blieb konstant.

4 Manchmal ist es besser, wenn die Auswahl nicht zu groß ist. Deshalb wird in diesem Buch auch der Ansatz verfolgt, nur "gute" Versuchspläne vorzustellen.

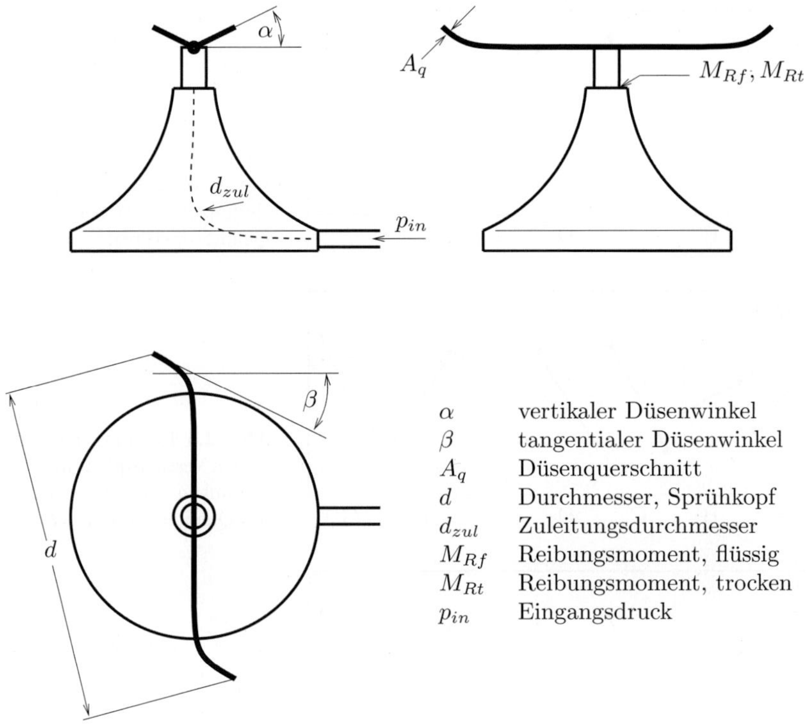

Abb. 2.3 Schematische Darstellung eines Rasensprengers.

Das bereits vorgestellte Rasensprengerbeispiel bietet die Möglichkeit, sieben Faktoren zu variieren. Der zugehörige Versuchsplan besteht aus 128 Versuchsläufen. Das vollbesetzte *L8* Feld nach YATES und das *L12*-Feld nach PLACKETT-BURMAN nutzen jeweils nur einen Bruchteil dieser Kombinationen. Im Folgenden wird aufgezeigt, wie sich die Haupteffekte im Direktvergleich darstellen, wobei der Vollfaktorplan quasi die "Musterlösung" liefert.

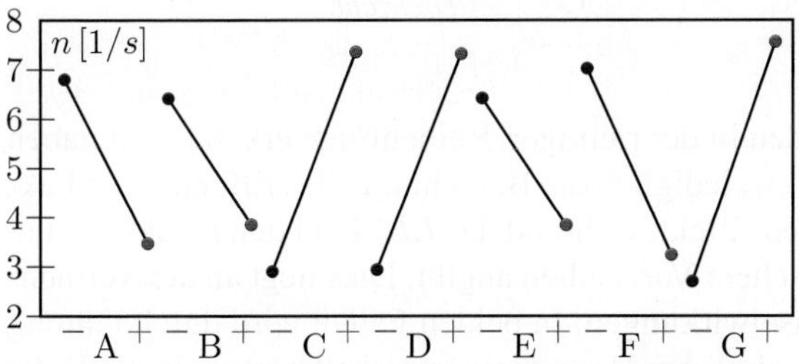

Abb. 2.4 Ergebnis des teilfaktoriellen Versuchsplans mit 8 Einstellungen (L8). Auswertung des Qualitätsmerkmals *Drehzahl.*

Die Abweichungen liegen in Anbetracht des drastisch reduzierten Versuchsaufwandes bei beiden Teilfaktorplänen sehr nah an den Ergebnissen des Vollfaktor-

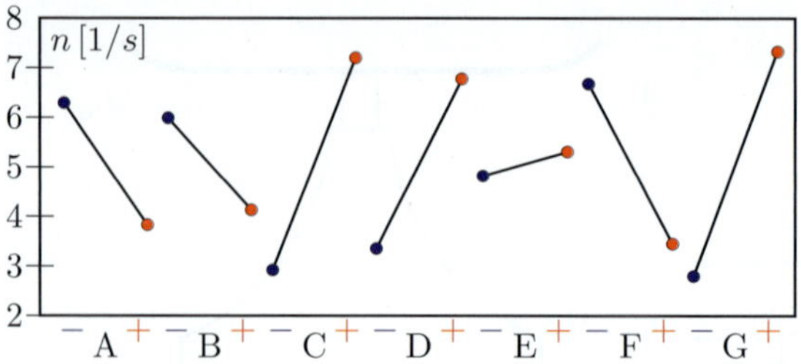

Abb. 2.5 Ergebnis des teilfaktioriellen Versuchsplans mit 12 Einstellungen (L12). Auswertung des Qualitätsmerkmals *Drehzahl*.

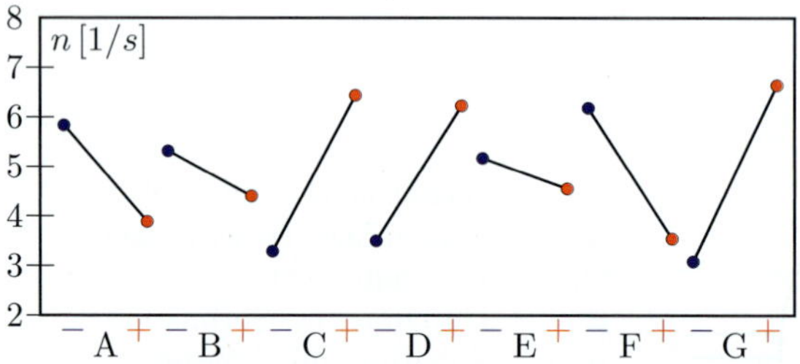

Abb. 2.6 Ergebnis des teilfaktioriellen Versuchsplans mit 128 Einstellungen (L128). Auswertung des Qualitätsmerkmals *Drehzahl*.

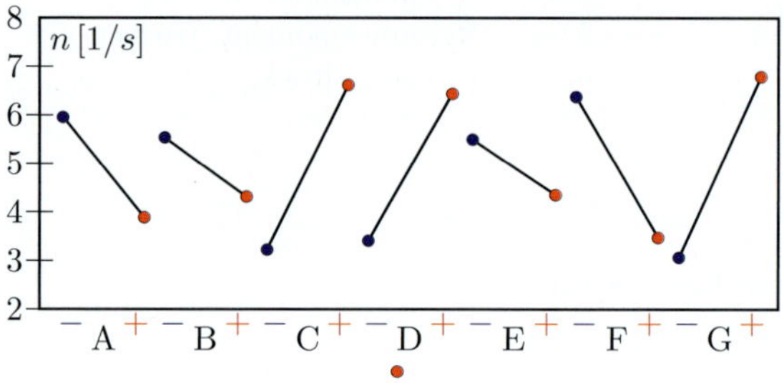

Abb. 2.7 Ergebnis des teilfaktioriellen Versuchsplans mit 16 Einstellungen (L8 + fold over). Auswertung des Qualitätsmerkmals *Drehzahl*.

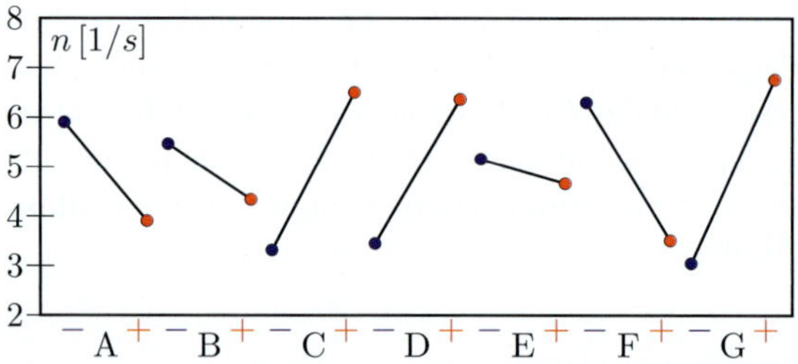

Abb. 2.8 Ergebnis des teilfaktioriellen Versuchsplans mit 24 Einstellungen (L12 + fold over). Auswertung des Qualitätsmerkmals *Drehzahl*.

plans. Die stärksten Effekte werden in der richtigen Reihenfolge erkannt und haben das richtige Vorzeichen. Unsicher ist lediglich die Berechnung des Effektes von Faktor E. Das *L8*-Feld überschätzt den Effekt, während das *L12*-Feld den Effekt etwa in der richtigen Stärke, aber mit falschem Vorzeichen angibt. Dies liegt an der Vermengung der Haupteffekte mit Wechselwirkungen. In beiden Fällen wird durch Faltung die Genauigkeit stark verbessert, ohne den Versuchsaufwand allzu stark in die Höhe zu treiben. Die Angst, durch die falsche Wahl des Versuchsplans alle Chancen auf den Erfolg zu verspielen, ist also völlig unbegründet.

2.3 Versuchspläne für ein quadratisches Beschreibungsmodell

Bei nichtlinearen Zusammenhängen zwischen Faktor und Qualitätsmerkmal stößt das lineare Beschreibungsmodell an seine Grenzen. Mit dem quadratischen Beschreibungsmodell bietet sich eine leistungsfähige Erweiterung an. Hierzu wird das lineare Modell um die quadratischen Terme der Haupteffekte ergänzt.

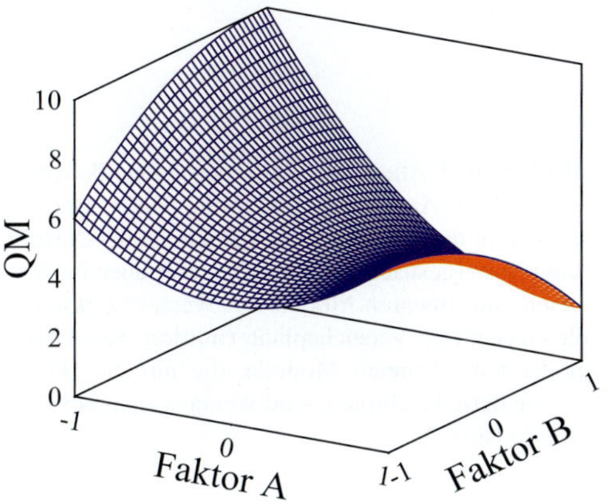

Abb. 2.9 Beispiel einer quadratischen Funktion zur Beschreibung des Qualitätsmerkmals in Abhängigkeit von zwei Faktoren *A* und *B*.

Zweistufige Versuchspläne beinhalten keine mittlere Einstellung, reichen also für ein quadratisches Beschreibungsmodell nicht aus. Mit der Zahl der Einstellungsstufen steigt die Zahl der Kombinationen erheblich. Bei fünf Faktoren beispielsweise ergeben sich 243 Kombinationen bei drei Stufen, im Vergleich zu 32 Kombinationen bei zwei Stufen. Umso wichtiger ist nun die passende Strategie für einen Teilfaktorplan, weil Vollfaktorpläne in der Praxis nicht mehr handhabbar sind. Der folgende Abschnitt stellt einige Strategien zur Konstruktion von Teilfaktorplänen für nichtlineare Zusammenhänge vor und beleuchtet deren Vor- und Nachteile.

Dieser Abschnitt beschränkt sich auf die Betrachtung eines quadratischen Beschreibungsmodells. Bei Computersimulationen besteht oft die Möglichkeit, sehr viele Berechnungsläufe durchzuführen und weitaus komplexere Beschreibungsmodelle zu verwenden. Das Kapitel *Versuchspläne für nichtlineare Zusammenhänge* spannt den Bogen weiter und beschreibt eine multivariate Analyse ohne vorherige Festlegung auf ein Beschreibungsmodell.

Die Zahl der Unbekannten steigt beim quadratischen Modell im Vergleich zum linearen Modell [5] nur geringfügig an. Für jeden Faktor benötigt man einen zusätzlichen Term. Bei acht Faktoren stehen also 45 Modellkonstanten den 6561 Kombinationen eines dreistufigen Vollfaktorplans gegenüber. Somit ist eine Reduzierung des Aufwandes ohne Informationsverlust möglich. Die Zahl der Modellkonstanten steigt progressiv mit der Zahl der Faktoren an (siehe Abb. 2.10).

---

[5] Mit Wechselwirkungen.

$$n_m = \sum_{i=1}^{n_f+1} i \tag{2.1}$$

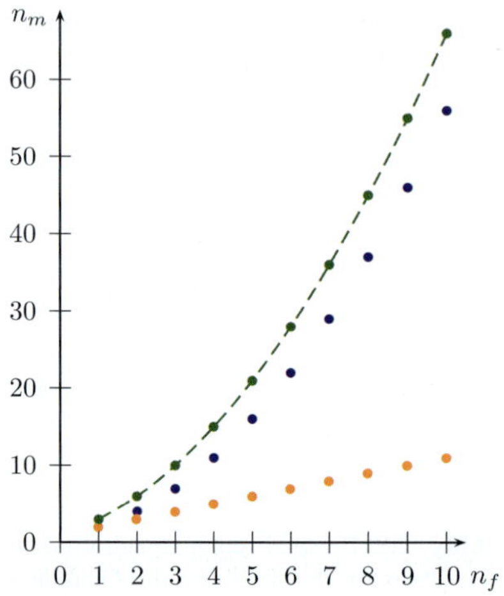

Abb. 2.10 Anstieg der Zahl der Modellkonstanten mit der Anzahl der Faktoren. Unter Berücksichtigung der quadratischen Effekte ist der Anstieg progressiv (gestrichelte Kurve), steigt aber im Vergleich zum linearen Modell mit Wechselwirkungen für zweistufige Versuchspläne (mittlere Kurve) nur moderat an. Lineare Modelle, die nur die Haupteffekte berücksichtigen, sind weniger anspruchsvoll (untere Kurve).

2.3.1 Central-Composite-Design

Das Central-Composite-Design (CCD) baut auf einem zweistufigen Versuchsplan auf. Dadurch entsteht die Möglichkeit, zunächst das System mit einem zweistufigen Versuchsplan zu untersuchen und erst bei Bedarf die fehlenden Versuchsläufe zu ergänzen. Das Central-Composite-Design besteht immer aus einem "Würfel" und einem "Stern". Der "Würfel" ist ein zweistufiger Versuchsplan, in der Regel ein Teilfaktorplan der Auflösungsstufe IV oder V. Ein "Stern" entsteht durch Variation der einzelnen Faktoren, ausgehend von der Mittelstellung, dem sogenannten *center point*. Der Stufenabstand dieser Variation übersteigt den Stufenabstand des Würfels, also wird letztlich jeder Faktor auf fünf Stufen getestet.

Der über den Würfel hinausragende Stern stellt in der Praxis oft ein Problem dar, weil die vom Versuchsplan verlangten Einstellungen mitunter nicht durchführbar sind. Wenn im konkreten Fall daher die Stufenbreite nicht über die Stufenbreite des Würfels hinaus vergrößert werden kann, greift man auf das *face centered* CCD zurück und bleibt damit bei einer auf die Würfeldimensionen reduzierten Abmessung des Sterns. Allerdings sind die Eigenschaften dieser Konstruktion im Vergleich zum regulären CCD schlechter, weil die quadratischen Effekte untereinander korrelieren. Der Korrelationskoeffizient hängt von der Faktorzahl ab und steigt von 0,47 bei drei Faktoren bis über 0,8 ab sieben Faktoren. Der Quotient der Stufenbreiten heißt Verlängerungsfaktor. Orthogonalität und Drehbarkeit (rotatability) verlangen vorgegebene Verlängerungsfaktoren in Abhängigkeit von der Zahl der Faktoren. Drehbar

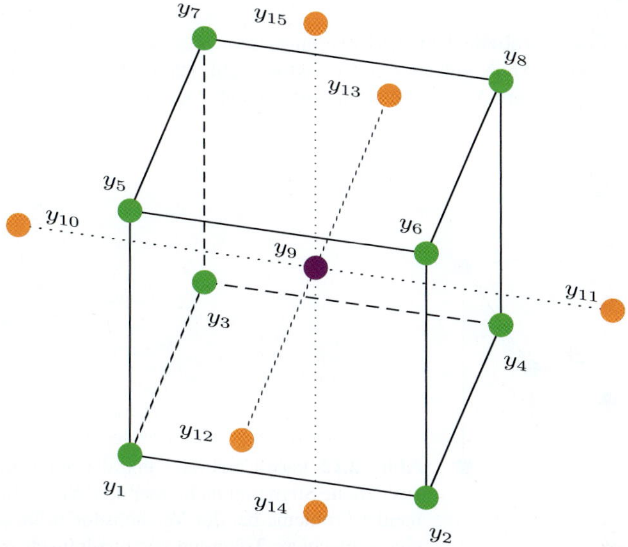

Abb. 2.11 Central-Composite-Design. Aufbauend auf einen zweistufigen Versuchsplan (Würfel) bieten zusätzliche Versuche (Stern), die Möglichkeit, auch nichtlineare Zusammenhänge zu untersuchen.

A	B	C	y
−	−	−	y_1
+	−	−	y_2
−	+	−	y_3
+	+	−	y_4
−	−	+	y_5
+	−	+	y_6
−	+	+	y_7
+	+	+	y_8
0	0	0	y_9
−−	0	0	y_{10}
++	0	0	y_{11}
0	−−	0	y_{12}
0	++	0	y_{13}
0	0	−−	y_{14}
0	0	++	y_{15}

Tabelle 2.10 Central-Composite-Design. Aufbauend auf einen zweistufigen Versuchsplan (Würfel) wird zunächst der Zentralpunkt getestet. Dann folgen Variationen für jeweils einen Faktor, die über die Würfelgrenzen hinaus gehen können. Drei Faktoren lassen sich auf diese Weise mit nur 15 Versuchen auf jeweils fünf Stufen untersuchen.

ist ein Design dann, wenn die Varianz der Vorhersage nur noch vom Abstand zum Zentralpunkt abhängt und nicht von der Richtung. Dies ist ein Anspruch, der über die Orthogonalität hinaus geht. In der Praxis sind die dafür erforderlichen Verlängerungsfaktoren selten realisierbar.

Das DRAPER-LIN CCD arbeitet mit dichter besetzten zweistufigen Teilfaktorplänen als Würfel. Dies reduziert die Zahl der Versuchsläufe bis knapp an das theoretische Minimum zur Versorgung des quadratischen Modells, geht aber mit einer deutlich schlechteren Korrelationsmatrix einher. Hier korrelieren sogar Haupteffek-

Faktoren	α_{orth}	α_{rot}
3	1,29	1,68
4	1,48	2,00
5	1,61	2,00
6	1,78	2,38
7	1,94	2,83
8	2,05	2,83

Tabelle 2.11 Verlängerungsfaktor α beim Central-Composite-Design in Abhängigkeit von der Faktorenzahl. Das drehbare Design stellt noch höhere Ansprüche als das orthogonale Design.

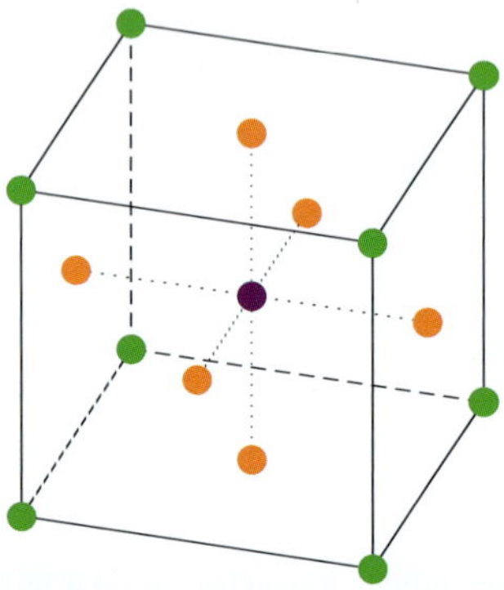

Abb. 2.12 Face-Centered-Central-Composite-Design. Der zusätzliche Stern ragt nicht über den Würfel hinaus. Dies vermeidet Probleme bei der Versuchsdurchführung, liefert aber eine schlechtere Trennung der quadratischen Effekte untereinander.

te mit Wechselwirkungen, also ist das Feld nur unter Vorbehalt einsetzbar. An dieser Stelle sei der Rat gestattet, im Zweifelsfall lieber ein sauberes zweistufiges Feld zu verwenden, als ein mit starken Kompromissen behaftetes mehrstufiges Feld. Oft werden die Nichtlinearitäten überschätzt, oder es genügt nach sorgfältiger Voruntersuchung eine Detailuntersuchung mit einer geringeren Faktorenzahl.

Das Central-Composite-Design wird häufig eingesetzt [164], weil die Zahl der benötigten Versuchsläufe nur moderat mit der Faktorzahl ansteigt und die Eigenschaften der Felder insgesamt sehr gut sind [4].

Faktoren	Unbekannte	CCD	Draper-Lin
3	10	15	
4	15	25	17
5	21	27	23
6	28	45	29
7	36	79	39
8	45	81	53

Tabelle 2.12 Zahl der benötigten Einstellungen beim Central-Composite-Design in Abhängigkeit von der Faktorenzahl. DRAPER-LIN-CCD verwenden als Würfel einen dichter besetzten Teilfaktorplan.

2.3.2 Box-Behnken-Design

Das Box-Behnken-Design geht auf BOX und BEHNKEN zurück. Immer dann, wenn die Ecken des Faktorraums kritisch sind, bietet sich das Box-Behnken-Design an, denn es lässt genau diese aus. Natürlich muss dem Anwender dann klar sein, dass die

Beschreibungsfunktion nicht mehr in den Ecken gilt, weil diese außerhalb des untersuchten Bereichs liegen und Extrapolationen grundsätzlich unzulässig sind. Bei bekannt nichtlinearen Zusammenhängen kann jedoch bereits zum Zeitpunkt der Versuchsplanung das Optimum im mittleren Bereich des Faktorraums vermutet werden, weshalb die oben genannte Einschränkung in der Praxis vielfach nicht ins Gewicht fällt. So wird zum Beispiel dieses Feld sehr erfolgreich bei der Motorenentwicklung eingesetzt. Die Zusammenhänge sind bei dieser Anwendung immer nichtlinear und die Eckpunkte in vielen Fällen nicht ansteuerbar, weil die Motoren in den extremen Betriebspunkten nicht mehr starten.

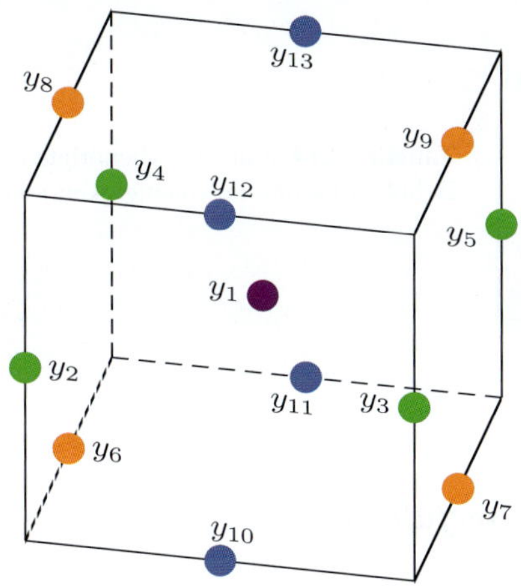

Abb. 2.13 Box-Behnken-Design. Die Ecken werden nicht besetzt, sondern die Mittelpunkte der Würfelkanten und der Zentralpunkt. Alle Kombinationen von jeweils zwei Faktoren auf den Stufen -1 und 1 bilden einen Ring. Hierbei bleiben die übrigen Faktoren bei einer mittleren Einstellung.

A	B	C	y
0	0	0	y_1
−	−	0	y_2
+	−	0	y_3
−	+	0	y_4
+	+	0	y_5
−	0	−	y_6
+	0	−	y_7
−	0	+	y_8
+	0	+	y_9
0	−	−	y_{10}
0	+	−	y_{11}
0	−	+	y_{12}
0	+	+	y_{13}

Tabelle 2.13 Box-Behnken-Design. Dieser Versuchsplan ist völlig eigenständig und baut nicht auf einem zweistufigen Versuchsplan auf. Um den Zentralpunkt werden ringförmig jeweils zwei Faktoren in allen Kombinationen getestet. 13 Versuche genügen für 3 Faktoren. Bei realen Versuchen (kein CAE) fügt man Wiederholungen des Zentralpunktes hinzu, um die Teststreuung abschätzen zu können.

Das Box-Behnken-Design setzt sich aus "Ringen" zusammen. Jeweils zwei Faktoren werden in allen Kombinationen auf zwei Stufen variiert, die übrigen Faktoren bleiben auf einer mittleren Einstellung. Dadurch entsteht ein sehr gut konditioniertes Feld mit sauberer Auflösung der Wechselwirkungen und der quadratischen Effekte. Im Gegensatz zum face centered Central-Composite-Design korrelieren die quadratischen Effekte nur schwach, mit Werten zwischen 0,07 und 0,2. Nachteilig ist bei großer Faktorenzahl der Überhang der mittleren Einstellung im Vergleich zu den Randeinstellungen [6]. Daher wird diese Konstruktion in der Literatur nur für 3-5 Faktoren ohne Einschränkung empfohlen, lässt sich jedoch im Bedarfsfall auch für eine höhere Zahl von Faktoren verwenden. Das Box-Behnken-Design ist ebenfalls sehr effizient und absolut praxistauglich.

Faktoren	Unbekannte	BBD
3	10	13
4	15	25
5	21	41
6	28	49
7	36	57
8	45	81

Tabelle 2.14 Zahl der benötigten Einstellungen beim Box-Behnken-Design in Abhängigkeit von der Faktorenzahl.

2.3.3 *Monte-Carlo-Verfahren*

Der Name dieses Verfahrens erinnert nicht ohne Grund an ein Spielkasino. Man nutzt den Zufallsgenerator, um die Faktoreneinstellungen quasi "auszuwürfeln". Da alle Spalten unabhängig voneinander ausgewürfelt werden, ergeben sich bei genügend großen Feldern nur schwache Korrelationen. Das auf zunächst sonderbar erscheinende Weise erzeugte Feld ist sozusagen von Natur aus weitgehend orthogonal. Die größte Stärke dieser Konstruktion liegt in der Tatsache, dass sehr viele Einstellungen für jeden Faktor gefahren werden. Ein "over-fit" ist damit ausgeschlossen.

Nachteilig ist die hohe Zahl der erforderlichen Versuchsläufe. Die zufällige Festlegung der Faktoreneinstellung arbeitet natürlich weitaus weniger effizient als eine speziell ausgeklügelte Feldkonstruktion. Eine gleichmäßige Abdeckung des mehrdimensionalen Faktorraumes erfordert also sehr viele Versuchsläufe. Latin Hypercubes reduzieren den Aufwand ohne Verlust der Vorteile um etwa 50%. Bei realen Versuchen wird man selten die gewürfelten Einstellungen umsetzen können, weshalb dieses Verfahren üblicherweise den CAE-Studien vorbehalten bleibt. Wenn die Zahl der Versuchsläufe keine große Rolle spielt, zum Beispiel bei schnellen CAE-Modellen mit automatisierter Ablaufsteuerung, ist das Monte-Carlo-Verfahren eine gute Wahl.

[6] Dadurch ist die Dämpfung der Teststreuung an den Rändern schlechter als bei zweistufigen Feldern gleicher Größe. Dies kann im Einzelfall die Auswertung behindern.

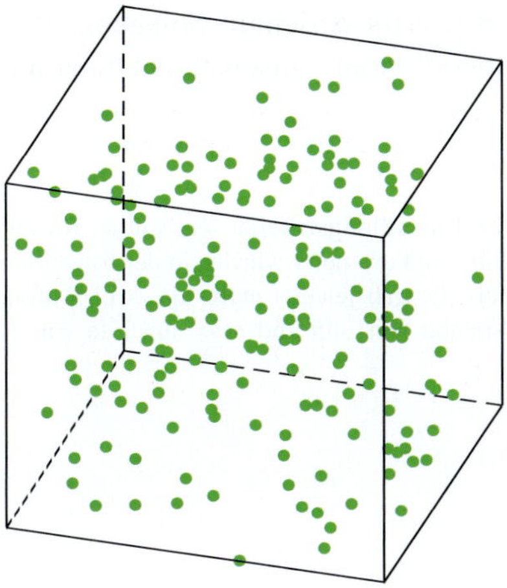

Abb. 2.14 Monte-Carlo-Design. Per Zufallsgenerator werden die Faktoreinstellungen bestimmt. Der Versuchsplan ist weitgehend orthogonal und nicht auf ein bestimmtes Beschreibungsmodell festgelegt. Allerdings benötigt man viele Versuchsläufe. In diesem Fall zeigen sich selbst bei 200 Einstellungen noch relativ große "Löcher".

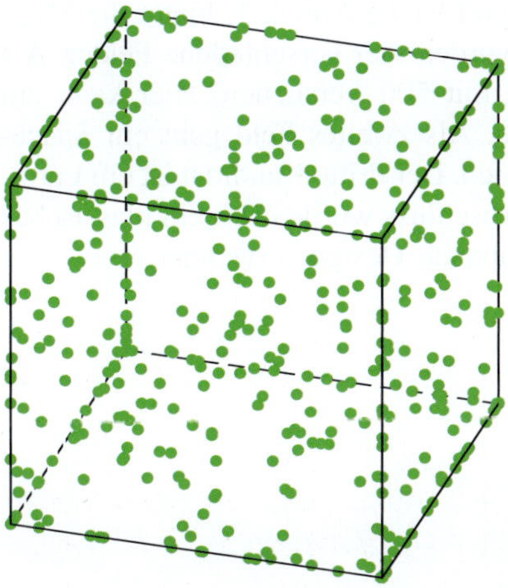

Abb. 2.15 Space-Filling-Design. Gezeigt werden die ersten drei Dimensionen eines Space-Filling-Designs mit 500 Versuchen. Das Feld wurde von JMP für acht Dimensionen gerechnet.

Eine weitere Variante zur Reduktion der erforderlichen Versuchszahl sind die sogenannte Space-Filling-Designs. Hier geht man zunächst von zufälligen Kombinationen aus, sorgt aber parallel dazu für eine möglichst gleichmäßige Verteilung im Faktorraum, um "Löcher" zu vermeiden. Das Kapitel *Versuchspläne für komplexe Zusammenhänge* geht darauf im Detail ein.

2.3.4 Fallstudie

Vor der Entscheidung für einen Versuchsplan stellt sich natürlich die Frage, inwieweit die Feldkonstruktion das Endergebnis beeinflusst. Welcher Versuchsplan ist der beste? Kann man durch die Wahl des "falschen" Versuchsplans auf die falsche

Fährte gelangen? Dies sind die gleichen Fragen wie im Abschnitt *Screening Versuchspläne*. Es gibt keine allgemein gültige Antwort darauf, ansonsten hätte ja nur eine Feldkonstruktion überlebt.

Symbol	Parameter	Einheit	Einstellung	
			min	max
A	α	$\circ$	15	45
B	β	$\circ$	0	30
C	A_q	mm^2	2	4
D	d	mm	100	200
E	M_{Rt}	Nm	0,01	0,02
F	M_{Rf}	$\frac{Nm}{s}$	0,01	0,02
G	p_{in}	bar	1	2
H	d_{zul}	mm	5	10

Tabelle 2.15 Einstellungstabelle, Fallstudie Rasensprenger. Alle acht Parameter wurden in der folgenden Studie variiert. Es gab jeweils mehr als zwei Stufen, daher die Angabe von *min* und *max*, anstelle von – und +.

Das bereits vorgestellte Rasensprengerbeispiel (siehe Abb. 2.3) bietet die Möglichkeit, acht Faktoren zu variieren. Erprobt wurden vier verschiedene Felder. Als Musterlösung dient ein Space-Filling-Design mit 500 Versuchen. Hier kann ein over-fit mit Sicherheit ausgeschlossen werden. Als zweites Feld geht ein Space-Filling-Design mit 82 Versuchsläufen in's Rennen. Der dritte Kandidat ist ein Latin-Hypercube-Design mit 129 Versuchen. Zum Abschluss wurde noch ein klassisches flächenzentriertes (face centered) Central-Composite-Design verwendet.

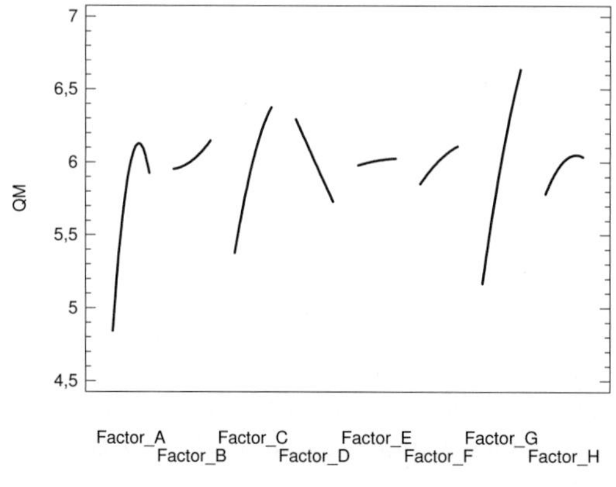

Abb. 2.16 Ergebnis der Simulation mit 500 Versuchen, Space-Filling-Design. Effekt-Diagramm für das Qualitätsmerkmal: Reichweite

Die Unterschiede sind erstaunlich gering, in Anbetracht der völlig unterschiedlichen Feldkonstruktionen, bei denen de facto keine einzige Versuchseinstellung in mehr als einem Feld vorkam. Letztlich kommt man auch in diesem Fall auf mehreren Wegen zum gleichen Ziel. Dies ist ein Verdienst des vergleichsweise robusten quadratischen Modells. Der unerfahrene Anwender braucht also keine Angst vor Misserfolgen zu haben und dem erfahrenen Anwender steht jederzeit eine reiche Auswahl an Versuchsplänen zur Verfügung.

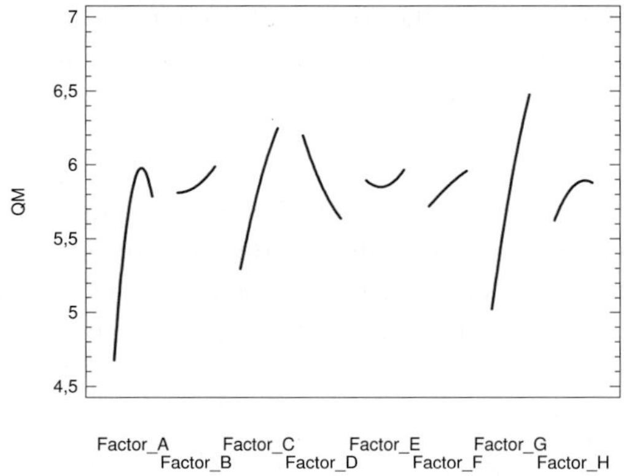

Abb. 2.17 Ergebnis der Simulation mit 82 Versuchen, Space-Filling-Design. Effekt-Diagramm für das Qualitätsmerkmal: Reichweite

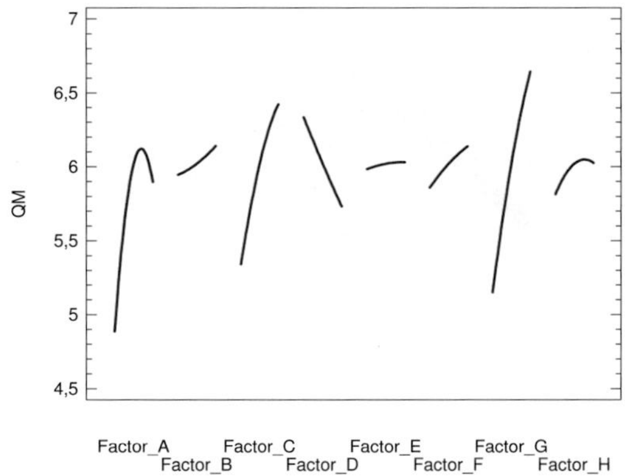

Abb. 2.18 Ergebnis der Simulation mit 129 Versuchen, Latin-Hypercube-Design. Effekt-Diagramm für das Qualitätsmerkmal: Reichweite

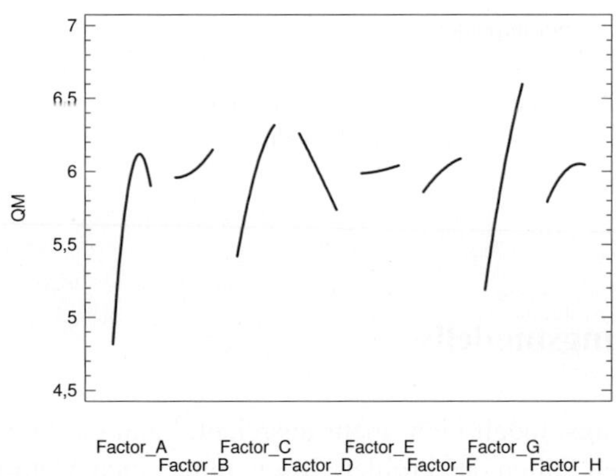

Abb. 2.19 Ergebnis der Simulation mit 82 Versuchen, Central-Composite-Design (face-centered). Effekt-Diagramm für das Qualitätsmerkmal: Reichweite

Das quadratische Modell konnte diese Aufgabe übrigens souverän meistern. Selbst beim 500er Feld lässt sich über 99 % der Gesamtvarianz mit dem Beschreibungsmodell abdecken. Die kleineren Felder liegen naturgemäß bei diesem Indikator über den großen Feldern, weil weniger Freiheitsgrade im System vorhanden sind und sich das Modell dann besser an die vorhandenen Versuchsdaten anpassen kann. Immerhin wurde im acht-dimensionalen Raum und bis an den Rand der numerischen Stabilitätsgrenzen des Rasensprengermodells variiert. Es gibt ausgeprägte Wechselwirkungen und Nichtlinearitäten. Dies bezieht sich auf die Basisvariante des Rasensprengermodells. Für die aufwendigeren Untersuchungen in den CAE-Kapiteln wurde das Modell erweitert, um die einfachen Beschreibungsmodelle über ihre Leistungsgrenzen zu bringen. Natürlich hat das quadratische Modell seine Grenzen. Es ist grundsätzlich stetig und differenzierbar. Daher kann es weder "Sprünge" noch "Knicke" abbilden.

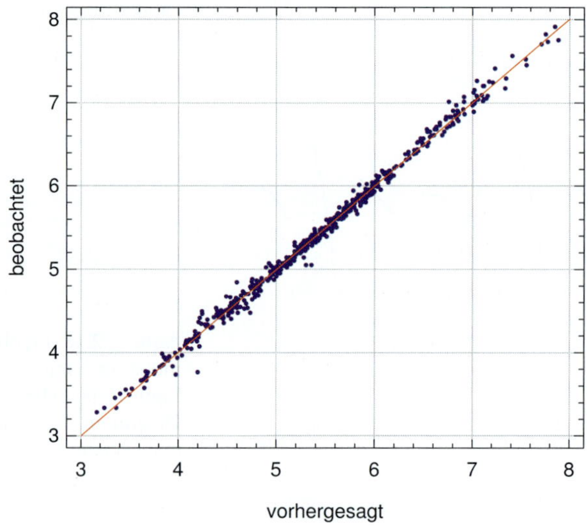

Abb. 2.20 Residual-Plot. Simulation mit 500 Versuchen, Space-Filling-Design. Bis auf vereinzelte Ausreißer kann das Beschreibungsmodell die Versuchsreihe gut abbilden.

2.4 Grenzen des Beschreibungsmodells

Wenn das quadratische Beschreibungsmodell nicht mehr ausreicht, kann ein kubisches Beschreibungsmodell in vielen Fällen das Problem lösen, ohne einen Methodenwechsel in Richtung neuronaler Netze [13] oder Kriging zu erzwingen. An den Versuchsplan werden dann allerdings höhere Anforderungen gestellt und auch die Zahl der Unbekannten steigt drastisch an. Die Gefahr eines over-fits ist hier gegeben, daher empfehlen sich Versuchspläne mit sehr vielen Zwischenstufen, zum Beispiel Space-Filling-Designs oder Latin-Hypercubes.

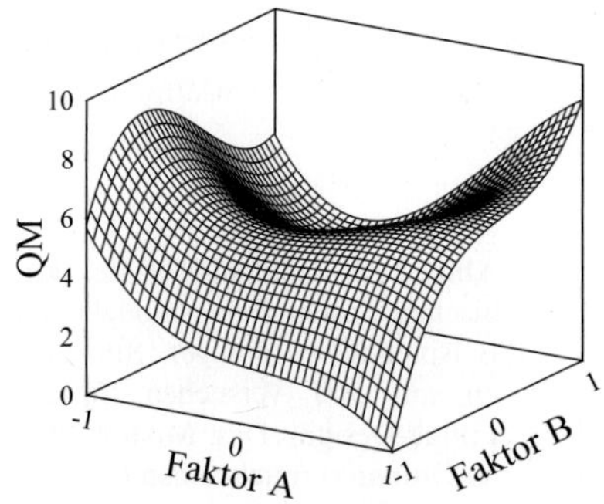

Abb. 2.21 Beispiel einer kubischen Funktion zur Beschreibung des Qualitätsmerkmals in Abhängigkeit von zwei Faktoren *A* und *B*.

Die Handhabung kubischer Beschreibungsmodelle ist aufwendig. Hilfreich ist dann eine Software [7], die automatisch alle unbedeutenden Terme kürzen kann, um die Beschreibungsfunktion einigermaßen kompakt zu halten.

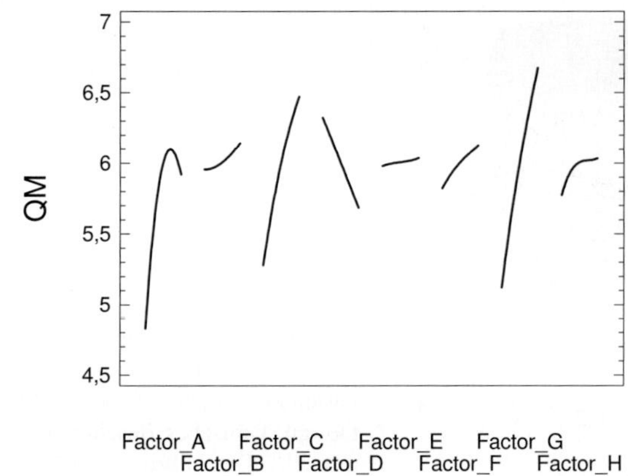

Abb. 2.22 Ergebnis der Simulation mit 500 Versuchen, Space-Filling-Design, kubisches Beschreibungsmodell. Dargestellt ist das Effekt-Diagramm für das Qualitätsmerkmal: Reichweite. Die Unterschiede zum quadratischen Modell sind in diesem Fall nur gering.

$$n_m = \sum_{i=1}^{n_f+1} i + n_f^2 + \left(n_f - 2\right)^2 \qquad \text{für} \quad n_f > 1 \tag{2.2}$$

Bei drei Faktoren ergeben sich bereits 20 Modellkonstanten, bei vier Faktoren 35, bei fünf Faktoren 55, usw. . Eine Beschreibungsgleichung für zwei Faktoren x_1 und x_2 sieht dann folgendermaßen aus:

$$y = c_0 + c_1 x_1 + c_2 x_2 + c_{12} x_1 x_2 + c_{11} x_1^2 + c_{22} x_2^2 + c_{111} x_1^3 + c_{112} x_1^2 x_2 + c_{122} x_1 x_2^2 + c_{222} x_2^3 \tag{2.3}$$

---

7 Design Expert® ist beispielsweise dazu in der Lage.

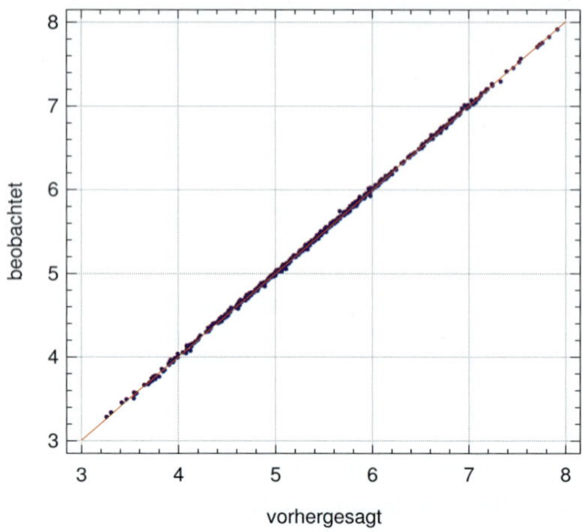

Abb. 2.23 Residual-Plot des kubischen Beschreibungsmodells am Beispiel Rasensprenger. Simulation mit 500 Versuchen, Space-Filling-Design. Das Modell dritter Ordnung erreicht einen $R^2_{adjusted}$ Wert von 99,95 %, wobei noch über 300 Freiheitsgrade verbleiben, um eine stabile Statistik aufzubauen. In diesem Fall lagen tatsächlich signifikante Dreifachwechselwirkungen und kubische Effekte vor.

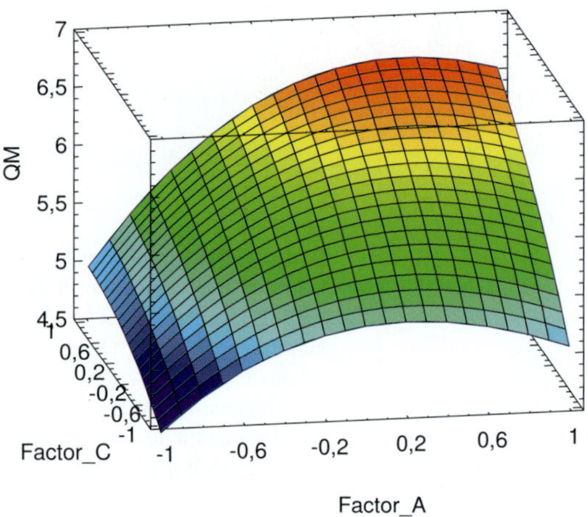

Abb. 2.24 Reichweite des Rasensprengers als Funktion vom vertikalem Düsenwinkel α und Düsenquerschnitt. Space-Filling-Design, kubisches Beschreibungsmodell. Die übrigen Faktoren stehen in der mittleren Einstellung.

Auch ein Beschreibungsmodell vierter Ordnung ist möglich (quartic). Die Zahl der Modellkonstanten steigt dann rasant an, also erfordert dies große Felder und eine automatisierte Elimination der nicht signifikanten Terme. Bei einer geringen Zahl von Faktoren kann das Modell vierter Ordnung jedoch sehr hilfreich sein und erweitert den Anwendungsbereich der DoE. Wo sind die Grenzen? Eine allgemeingültige Antwort gibt es nicht, allerdings einige grundsätzliche Überlegungen. Hierzu hilft die Betrachtung eines eindimensionalen Problems. Nur wenn der grundsätzliche Verlauf der Messdaten durch diese Funktionsklasse abbildbar ist, kann die Regression erfolgreich sein.

Im Einzelfall kann eine logarithmische Transformation des Qualitätsmerkmals (also der Ergebnisgröße) die Grenzen noch etwas weiter treiben, ist also immer einen Versuch wert. Allerdings wird die Regression nicht grundsätzlich besser. Daher ist in diesen Fällen eine sorgfältige Prüfung des Beschreibungsmodells notwen-

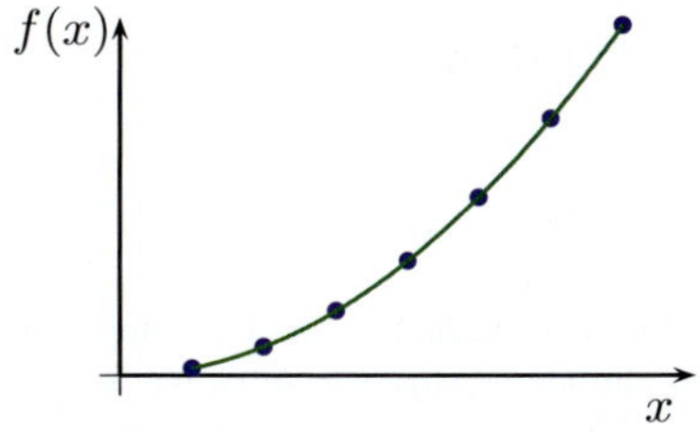

Abb. 2.25 Progressiver Verlauf. Dies ist kein Problem und erfordert in der Regel nur ein Modell zweiter Ordnung, auch wenn das Extremum nicht am Rand liegt. Die Terme dritter und vierter Ordnung bieten weitere Möglichkeiten, also ist diese Kategorie unkritisch.

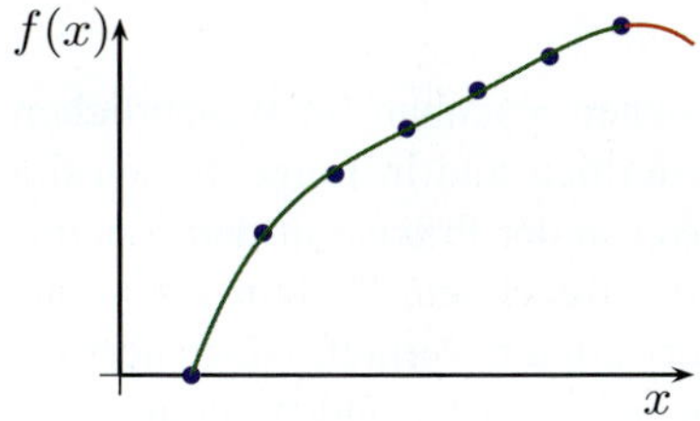

Abb. 2.26 Degressiver Verlauf. Dies ist ebenfalls möglich, jedoch nur mit einem Modell dritter oder vierter Ordnung. An den Rändern läuft die Regression aus dem Ruder, also wird jede Extrapolation mit Sicherheit scheitern. Insgesamt tun sich Polynome mit degressiven Verläufen ein wenig schwer.

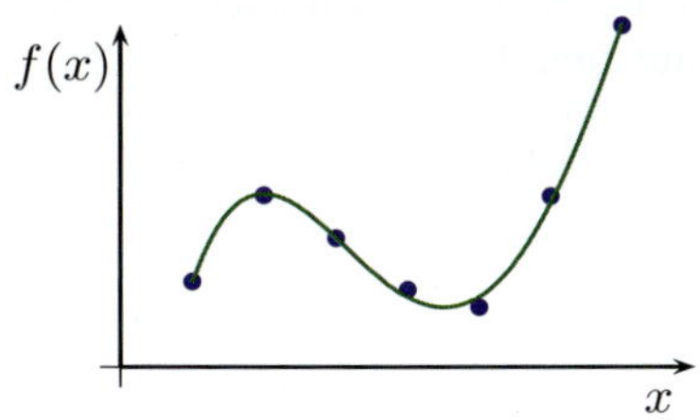

Abb. 2.27 Wendepunkt mit lokalen Extrema. Ein Modell dritter Ordnung kommt damit zurecht. An den Rändern ist auch hier Vorsicht geboten. Die Lage der Extrema wird möglicherweise nicht exakt vorhergesagt. Bei Optimierungen sind Bestätigungsläufe angebracht.

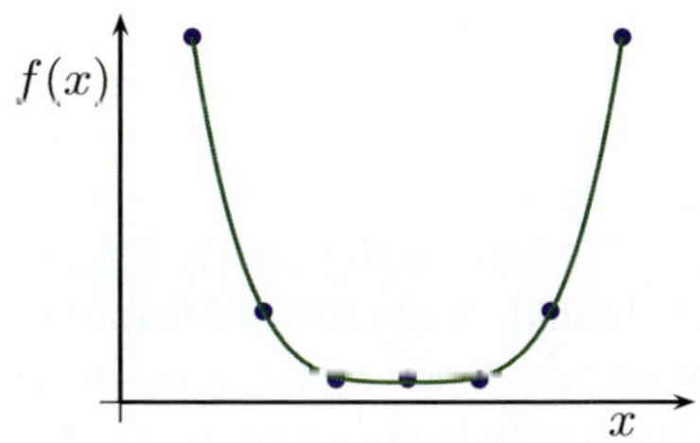

Abb. 2.28 Wannenförmiger Verlauf. Ein Modell vierter Ordnung kann dies überraschend gut abbilden, weil sich die Terme höherer Ordnung gegenseitig kontrollieren.

dig. Sollten die Polynome als Funktionsklasse scheitern, kann auch eine allgemeine Regression in Betracht gezogen werden. Dies ist kein DoE Standard, aber mit

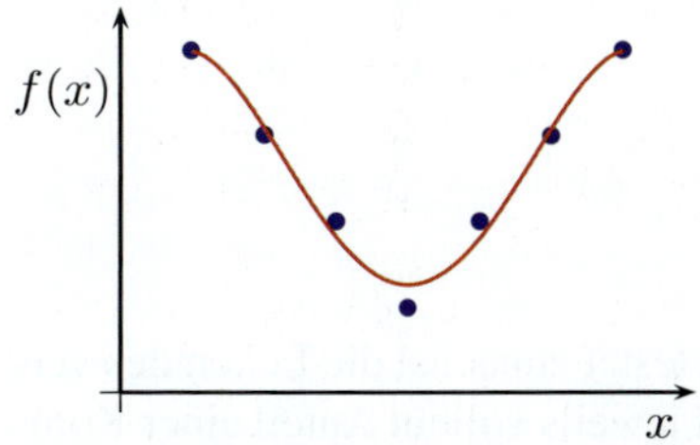

Abb. 2.29 Nicht differenzierbarer Verlauf. Hier ist Schluss. Auch ein Modell vierter Ordnung kommt nicht in die Ecke hinein und wird den vermutlich interessantesten Teil der Daten nicht gut abbilden.

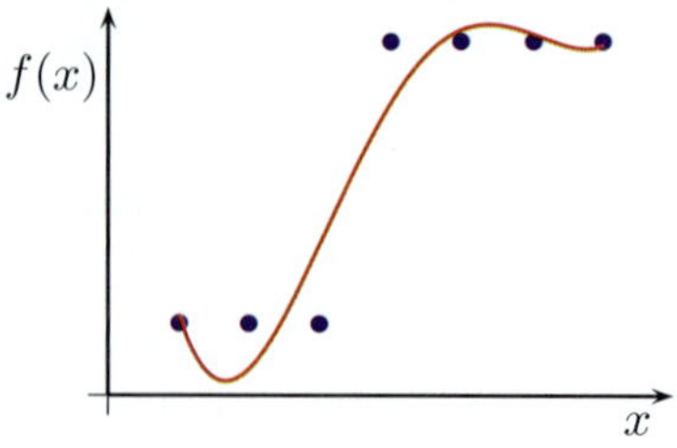

Abb. 2.30 Sprungfunktion. Auch an diesem Fall beißt sich selbst das Modell vierter Ordnung die Zähne aus. Eine grobe Abbildung ist machbar, jedoch kommt es zu Überschwingern und unrealistischen Verläufen an den Rändern.

der gleichen Software und den gleichen Versuchsdaten machbar. Im Wesentlichen erweitert sich dadurch die Auswahl an Funktionstermen und in Folge dessen die Flexibilität bei der Anpassung an die Testdaten. Wer in der Praxis mit derart nichtlinearen Zusammenhängen zu tun hat, kennt in der Regel sein System schon aus Vorversuchen und hat eine qualitative Idee vom erwarteten Verlauf. Normalerweise sind die realisierbaren Stufenabstände jedoch begrenzt, insbesondere dann, wenn viele Faktoren gleichzeitig variiert werden. Daher arbeiten auch einfache Modelle zweiter Ordnung in erstaunlich vielen Fällen absolut zuverlässig.

2.5 Mischungspläne

Anwendungen in der Chemie und der Verfahrenstechnik beziehen sich oft auf Mischungen. Im Gegensatz zur allgemeinen Anwendung liegt hier eine zusätzliche Randbedingung vor, die der Faktorraum eingrenzt: Die Summe aller Mischungsanteile ist 100%. Diese Randbedingung reduziert den Faktorraum um eine Dimension. Zum Beispiel steht bei drei Faktoren letztlich nur noch ein zweidimensionaler Bereich zur Verfügung, der die Randbedingung erfüllt. Sehr häufig ist der Faktorraum noch durch weitere Randbedingungen eingeschränkt, weil nicht jedes mögliche Mischungsverhältnis in der Realität darstellbar ist bzw. einen Sinn ergibt. Diese Einschränkungen sind jedoch von Fall zu Fall unterschiedlich. Daher ist dieser Abschnitt nur kurz, denn die allgemeinen Mischungspläne sind nur dann anwendbar, wenn der Faktorraum keine weiteren Einschränkungen enthält, ansonsten kommen *maßgeschneiderte* Versuchspläne zum Einsatz.

$$\sum_{i=1}^{n_f} x_i = 1 \tag{2.4}$$

2.5.1 Simplex-Lattice-Design

Das Simplex-Lattice-Design (Simplexgitterplan) testet zunächst die Ecken des verbleibenden Faktorraums, also die Mischungen mit jeweils vollem Anteil einer Komponente. Die verbleibenden Komponenten haben dann den Anteil 0. In Abhängiglinear

x_1	x_2	x_3	
1	0	0	y_1
0	1	0	y_2
0	0	1	y_3

quadratisch

x_1	x_2	x_3	
1	0	0	y_1
0,5	0,5	0	y_2
0,5	0	0,5	y_3
0	1	0	y_4
0	0,5	0,5	y_5
0	0	1	y_6

kubisch

x_1	x_2	x_3	
1	0	0	y_1
$0,\overline{6}$	$0,\overline{3}$	0	y_2
$0,\overline{6}$	0	$0,\overline{3}$	y_3
$0,\overline{3}$	$0,\overline{6}$	0	y_4
$0,\overline{3}$	$0,\overline{3}$	$0,\overline{3}$	y_5
$0,\overline{3}$	0	$0,\overline{6}$	y_6
0	1	0	y_7
0	$0,\overline{6}$	$\overline{3}$	y_8
0	$0,\overline{3}$	$\overline{6}$	y_9
0	0	1	y_{10}

Tabelle 2.16 Simplex-Lattice-Design für drei Mischungskomponenten und verschiedene Beschreibungsmodelle. Die Bildung der Beschreibungsmodelle erfolgt analog zur Bildung bei konventionellen Versuchsplänen. Allerdings ist der Faktorraum eingeschränkt, weil in jedem Fall die Randbedingung für die Mischung eingehalten werden muss.

keit vom gewünschten Beschreibungsmodell kommen weitere Punkte hinzu, wobei die Mischungsanteile in jeweils gleichen Stufenabständen variieren. Für das quadratische Modell kommt der Anteil $0,5$ hinzu, beim kubischen Modell werden die Anteile $0,\overline{3}$ und $0,\overline{6}$ getestet.

2.5.2 *Simplex-Centroid-Design*

x_1	x_2	x_3	
1	0	0	y_1
0	1	0	y_2
0	0	1	y_3
0,5	0,5	0	y_4
0,5	0	0,5	y_5
0	0,5	0,5	y_6
$0,\overline{3}$	$0,\overline{3}$	$0,\overline{3}$	y_7

Tabelle 2.17 Simplex-Centroid-Design für drei Mischungskomponenten. Dieser Versuchsplan ist geeignet für ein lineares, ein quadratisches und ein reduziertes kubisches Beschreibungsmodell, ohne die Wechselwirkungsterme dritter Ordnung.

Das Simplex-Centroid-Design sieht grundsätzlich die Verwendung des Zentralpunktes vor. Die Bildungsvorschrift orientiert sich an einer gleich gewichteten Aufteilung mit steigender Zahl von Komponenten in jeweils allen Permutationen. Zunächst kommen alle Permutationen für eine Komponente auf 100% , dann alle Permutationen mit jeweils zwei Komponenten auf 50%, dann alle Permutationen mit drei Komponenten auf 33% usw. .

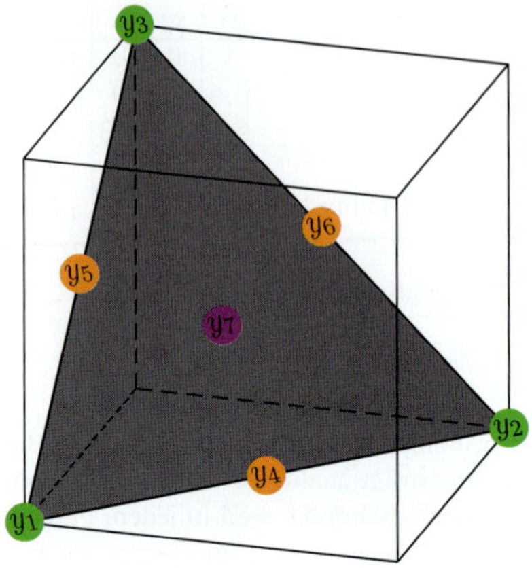

Abb. 2.31 Simplex-Centroid-Design für drei Mischungskomponenten. Aus dem dreidimensionalen Faktorraum wird ein zweidimensionaler Bereich, der die Randbedingung für die Mischung erfüllt. In diesem Bereich sind die sieben Versuchspunkte verteilt. Die Eckpunkte entstehen, wenn nur eine Komponente eingesetzt wird. Auf den Kanten des Dreiecks liegen Mischungen von jeweils zwei Komponenten. Der Zentralpunkt entsteht durch die Mischung aller drei Komponenten.

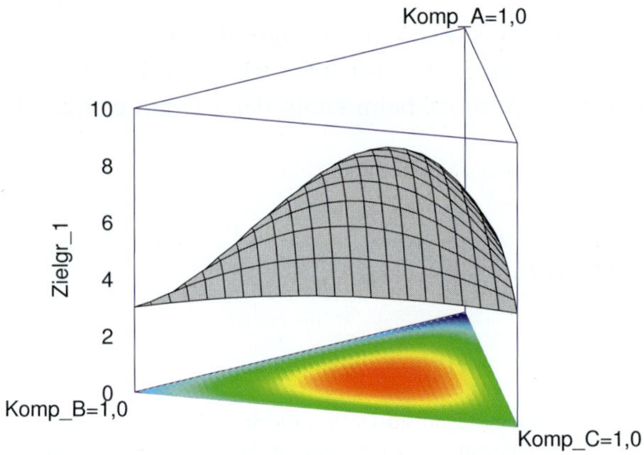

Abb. 2.32 Typische Ergebnisdarstellung eines Simplex-Centroid-Designs für drei Mischungskomponenten.

2.6 Individuell erstellte Versuchspläne

In der Praxis kann es gute Gründe geben, von den vorkonfektionierten Versuchsplänen abzuweichen und einen Versuchsplan zu erstellen, der quasi für das aktuelle Experiment maßgeschneidert wird. In Chemie und Verfahrenstechnik kommt dies allein deshalb oft vor, weil Mischungen nicht in beliebiger Zusammensetzung zu brauchbaren Ergebnissen führen, sondern nur in eingegrenzten Gebieten. Gemischtstufige Felder sind ebenfalls nicht trivial und werden dann erforderlich, wenn die Faktoren in unterschiedlich vielen Stufen zu testen sind. Mitunter ist die Zahl der durchführbaren Versuche auch so begrenzt, dass man bestrebt ist, exakt das erforderliche Minimum an Versuchen durchzuführen.

In diesen Fällen kommen sogenannte *optimale* Versuchspläne zum Einsatz, die nach bestimmten Kriterien aus einem Vollfaktorplan die wichtigsten Einstellungen herauspicken. An die Stelle eines Vollfaktorplans kann auch eine Kombination aus zweistufigem Vollfaktorplan und weiteren *Kandidaten* treten. Als Kandidat gilt hier eine mögliche Einstellung der Faktoren, die nicht im zweistufigen Vollfaktorplan enthalten ist, zum Beispiel Zentralpunkt oder Kantenmitten (vgl. Box-Behnken-Plan). Natürlich muss auch hier gewährleistet sein, dass die Effekte voneinander zu trennen sind.

An dieser Stelle taucht eine große Hürde auf, da der Anwender vor der Versuchsreihe sein Beschreibungmodell festlegen muss. Der Auswahlalgorithmus berücksichtigt nur die Effekte des vorher ausgewählten Beschreibungsmodells bei der Selektion der optimalen Kombinationen. Kennt man sein System gut, ergibt sich dadurch im Vergleich zu vorkonfektionierten Plänen ein gewisses Einsparpotential. Kennt man sein System nicht so gut, wird der optimale Versuchsplan die vorkonfektionierten Pläne kaum schlagen können, bringt aber möglicherweise zusätzliche Komplikationen mit sich. Der Anwender muss neben dem Beschreibungsmodell auch die Zahl der verfügbaren Versuchsläufe und das Auswahlkriterium festlegen. Aus diesen Angaben errechnet der Computer dann den bestmöglichen Kompromis in Bezug auf das Auswahlkriterium. In jedem Fall ist es ratsam, sich das resultierende Feld genau anzusehen und die Eigenschaften zu prüfen. Oft wird leider die Zahl der für eine saubere Untersuchung erforderlichen Versuche unterschätzt oder der Anwender kennt den Unterschied der Auswahlkriterien nicht. Blindes Vertrauen in den *optimalen* Versuchsplan führt dann zur Enttäuschung.

2.6.1 Auswahlkriterien

Gängig ist das sogenannte D-optimale Design. Hierzu wird die Koeffizientenmatrix $\mathbf{X}$ analysiert, die in Abhängigkeit vom Beschreibungsmodell und dem Versuchsplan entsteht. Um zu verstehen, was es damit auf sich hat, ist ein kleiner Exkurs in die Regressionsanalyse [144, 43, 185] notwendig. Letztlich laufen alle alle bislang gezeigten Beschreibungsmodelle auf eine lineare Regression hinaus. Auch die Wechselwirkungen und quadratischen Effekte sind formal wie lineare Effekte berechenbar, wenn man sogenannte *transformierte Eingangsgrößen* einführt. Eine transformierte Eingangsgröße entsteht aus einer oder mehreren Eingangsgrößen durch eine feste mathematische Verknüpfung, zum Beispiel Multiplikation. Im Gleichungssystem erfordert jede transformierte Eingangsgröße eine zusätzliche Spalte. De facto muss also ein Gleichungssystem mit n_c Spalten und n_r Zeilen gelöst werden.

$$n_c = n_f + n_t + 1 \tag{2.5}$$

Zur Faktorenzahl n_f kommt noch die Zahl der zusätzlichen transformierten Eingangsgrößen n_t hinzu. Außerdem erfordert der Gesamtmittelwert eine Konstante. n_r ist die Zahl der Versuchsläufe. Die Ergebnisse der Versuchsläufe bilden einen Vektor $\mathbf{y}$. Dieser wird durch das Beschreibungsmodell angenähert, wobei ein Restfehler ε bleibt. Das Beschreibungsmodell seinerseits ist eine Linearkombination der Eingangsgrößen (inclusive der transformierten Eingangsgrößen) und der Konstanten. Die Linearkombination entsteht einfach durch Multiplikation der Matrix $\mathbf{X}$ mit dem Vektor $\mathbf{c}$.

$$\mathbf{y} = \mathbf{X}\mathbf{c} + \varepsilon \tag{2.6}$$

Um an die Modellkonstanten $\mathbf{c}$ zu kommen, muss die folgene Gleichung gelöst werden:

$$\mathbf{c} = \left(\mathbf{X}'\mathbf{X}\right)^{-1}\mathbf{X}'\mathbf{y} \tag{2.7}$$

An dieser Stelle setzen die Bewertungsverfahren an. Der D-optimale Versuchsplan minimiert die Determinante des Terms $(\mathbf{X}'\mathbf{X})^{-1}$. Dies entspricht einer Maximierung der Determinante von $(\mathbf{X}'\mathbf{X})$. $(\mathbf{X}'\mathbf{X})$ wird auch als *Informationsmatrix* bezeichnet. Lapidar ausgedrückt bringt die maximale Determinante auch die maximale Information. So wird eine möglichst stabile Berechnung der Modellkonstanten erreicht. Der Suchalgorithmus stellt bei vorgegebenem Beschreibungsmodell jeweils die Kandidatenliste zusammen und rechnet eine neue Matrix $\mathbf{X}$ aus. Die Optimierung nach dem oben genannten Kriterium liefert dann die bestmögliche Auswahl der Faktoreinstellungen. D-optimale Versuchspläne minimieren das Volumen des gemeinsamen Vertrauensbereiches des Vektors $\mathbf{c}$.

Alternativ dazu kann auch die mittlere Varianz der Regressionskoeffizienten optimiert werden. Dies geschieht im A-optimalen Design. Hierzu wird die Summe der Hauptdiagonalenelemente von $(\mathbf{X}'\mathbf{X})^{-1}$ minimiert, die Spur (trace) dieser Matrix.

Das G-optimale Design minimiert das größte Element der Hauptdiagonale in der sogenannten Hutmatrix $\mathbf{X}(\mathbf{X}'\mathbf{X})^{-1}\mathbf{X}'$. Dies beeinflusst die maximal auftretende Varianz der Vorhersagewerte im gesamten Faktorraum. Es gilt nämlich folgende Beziehung zwischen den vorhergesagten Ergebnissen $\hat{\mathbf{y}}$ und den tatsächlichen Ergebnissen $\mathbf{y}$:

$$\hat{\mathbf{y}} = \mathbf{X}\left(\mathbf{X}'\mathbf{X}\right)^{-1}\mathbf{X}'\mathbf{y} \tag{2.8}$$

I-optimale und V-optimale Versuchspläne richten hingegen ihr Augenmerk auf die mittlere Vorhersagegüte im Faktorraum.

Eine genaue mathematische Beschreibung der verschiedenen Kriterien, mit Herleitungen und Vergleich in Bezug auf ihre Auswirkung auf den letztendlich resultierenden Versuchsplan sprengt den Rahmen dieses Buches. Zur Regressionsanalyse gibt es eigene Bücher [43], die im Detail alle Rechenschritte durchgehen.

2.6.2 Einschränkungen des Faktorraums

Es gibt zwei mögliche Varianten: Einschränkungen, die jeweils nur einen Faktor betreffen, oder Einschränkungen die sich auf eine Kombination aus Faktoreinstellungen beziehen. Im Endeffekt führen beide Restriktionstypen dazu, dass ein Teil der möglichen Kombinationen von vornherein ausscheidet, also bei der Suche nach dem optimalen Versuchsplan nicht weiter betrachtet wird.

Die erste Variante lässt sich leicht durch die Wahl der Einstellgrenzen klären.

$$x_{i_{min}} \leq x_i \leq x_{i_{max}} \tag{2.9}$$

Die zweite Variante erfordert zusätzliche Restriktionen, die in der Regel implizit ausgedrückt werden, zum Beispiel:

$$x_1 + x_2 \leq 10 \tag{2.10}$$

Nicht alle Versuchsplanungsprogramme gestatten es, die Restriktionen derart detailliert einzugeben. Hier sollte der Anwender vor einer Kaufentscheidung mit dem Softwareanbieter Rücksprache halten, sofern diese Funktionalität von Bedeutung ist. Alternativ dazu kann man im Einzelfall mit Pseudofaktoren durchaus zum Ziel kommen. Pseudofaktoren sind mathematische Konstrukte, die reale Faktoreinstellungen miteinander verknüpfen. Im Versuchsplan und der nachfolgenden Auswertung werden sie wie reale Faktoren behandelt. Für den tatsächlichen Test muss man natürlich aus der verlangten Einstellung der Pseudofaktoren wieder die Einstellungen der realen Faktoren ausrechnen, was bei einfachen Verknüpfungen aber kein Hexenwerk ist.

2.7 Die Mutter aller Versuchspläne

Obwohl diese Kategorie von Versuchsplänen keine besonders gute Vermengungsstruktur aufweist [8], gelten die griechisch-lateinischen Quadrate von Leonhard Euler (1707 bis 1783) als die ältesten brauchbaren Versuchspläne. Arabische und indianische Schmuckstücke mit Mustern vergleichbarer Anordnungen datieren zwar zurück bis ca. 1200, wurden jedoch nicht mathematisch analysiert.

Shall	we	all	dye ?
We	shall	dye	all!
All	dye	shall	we?
Dye	all!	–we	shall.

Tabelle 2.18 Schon vor langer Zeit wurden düstere Gedanken mit Mathematik verknüpft. Diese Inschrift findet sich in Cornwall auf dem Grab von Hannibal Basset (1686-1708). 291 Jahre später prägten die Gebrüder Wachowski den Ausspruch: "The matrix is everywhere."

---

8 1989 sah sich Stuart HUNTER [76] dazu veranlasst, vor diesen Feldern in einer Publikation zu warnen: Let's All Beware the Latin Square.

Was hat das alles mit einem Versuchsplan zu tun? Nun, kommen wir zurück zum Ursprung der DoE und die Arbeiten von R. Fisher, ca. um 1920. Fisher hatte zweidimensionale Gebilde als Testfelder zur Verfügung. Dies im wahrsten Sinne des Wortes, denn er betrieb landwirtschaftliche Züchtungsforschung. Auf diesen zweidimensionalen Gebilden wollte er natürlich mehr als zwei Faktoren untersuchen, idealerweise auch auf mehr als zwei Stufen. Die Euler'schen Quadrate waren als mathematische "Spielerei" damals bekannt. Ihr Einsatz zur Festlegung der Bepflanzung auf einem Acker war hingegen innovativ. Eine wunderbare Zusammenstellung der historischen Entwicklung findet sich übrigens bei ANDERSON [3].

aα	bδ	cβ	dγ
dβ	cγ	bα	aδ
bγ	aβ	dδ	cα
cδ	dα	aα	bβ

Tabelle 2.19 Griechisch-lateinisches Quadrat nach Leonhard Euler (1707-1783) In jeder Zeile und in jeder Spalte kommen alle Buchstaben genau einmal vor. Dieses Feld ist ausgewogen.

Vereinfachend betrachten wir nun ein Feld mit neun Segmenten. Trivial ist die Belegung mit zwei Faktoren auf jeweils drei Stufen. Diese werden einfach zeilenweise bzw. spaltenweise angeordnet. Mit der Idee von Euler ergibt sich nun die Möglichkeit, zwei weitere Faktoren einzubringen, ohne die Zahl der Segmente zu erhöhen.

	+	$C+$ $D+$	$C-$ $D0$	$C0$ $D-$
B	0	$C0$ $D0$	$C+$ $D-$	$C-$ $D+$
	−	$C-$ $D-$	$C0$ $D+$	$C+$ $D0$
		−	0	+
			A	

Tabelle 2.20 L9 Versuchsplan mit neun Einstellungen und vier Faktoren auf jeweils drei Stufen. Für A- kommt jede Stufe von C und D genau einmal vor, bei B+ ebenso. Bei C0 oder D- findet man jede Stufe von A und auch von B. Jede beliebige Kombination funktioniert. Das Feld ist ausgewogen.

Felder dieser Art sind sehr dicht besetzt, daher klein, aber auch schwer auszuwerten. Taguchi hat diese Felder sehr gerne eingesetzt [59], war damit jedoch bei Statistikern umstritten. Trotz aller Kritik war Taguchi erfolgreich, was letztlich auch ein wenig auf die Robustheit der Methode zurückzuführen ist. Nur die Stufenmittelwerte der Faktoreinstellungen lassen sich aus den Ergebnissen sicher ablesen, keine quadratischen Effekte und keine Wechselwirkungen.

Kapitel 3
Kontrollverfahren

3.1 Einleitung

Die Durchführung einer Versuchsreihe ist in der Regel kostspielig. Oft besteht aus organisatorischen Gründen nicht die Mögichkeit einer Wiederholung. Umso wichtiger ist es, von der Planung über die Auswertung bis zur Festlegung einer Systemverbesserung die richtigen Kontrollverfahren einzusetzen. In diesem Kapitel sind alle wesentlichen Kontrollverfahren zusammengefasst. Dort wo es nötig ist, werden einige statistische Grundlagen nachgeliefert. Der korrekte Einsatz der Kontrollverfahren ist auch für Ingenieure leicht erlernbar und setzt kein Mathematikstudium voraus.

Grundsätzlich ist es bei Versuchsreihen immer notwendig, alle Arbeitsschritte zu kontrollieren. Insofern sind die hier erwähnten Kontrollverfahren keine Schwäche der statistischen Versuchsplanung, sondern eine Stärke, da der strukturierte Versuchsplan im Vergleich zu einzelnen "ad hoc Versuchen" neue Möglichkeiten eröffnet, um die Interpretation der Ergebnisse abzusichern. In diesem Zusammenhang könnte man auch von einer Diagnose sprechen. Es geht letztlich darum, effizient und zielstrebig potentielle Fehler zu finden.

Die bei der statistischen Versuchsplanung verwendeten globalen Beschreibungsmodelle bauen auf Regressionsverfahren auf. Regressionsverfahren haben sich stetig im Laufe der letzten beiden Jahrhunderte entwickelt [43]. Sie sind sehr gut analysiert und bieten eine Fülle von Kontrollverfahren, um ihre korrekte Anwendung sicherzustellen, denn bei jedem Arbeitsschritt können Probleme auftauchen.

Nur sehr wenige Auswerteprogramme werden in einer deutschen Version angeboten. Auch die weiterführende Fachliteratur ist fast ausschließlich in englischer Sprache verfügbar. Daher erschien es an dieser Stelle sinnvoll, die Originalbezeichnungen in englischer Sprache beizubehalten und keine Übersetzung zu bringen, die in der praktischen Anwendung nur Verwirrung stiftet.

Versuchsplan Zunächst gilt es, einen Versuchsplan aufzustellen, der die Erwartungen an die Versuchsreihe erfüllt. Beschreibungsmodell und Versuchsplan sind miteinander verknüpft, also muss man sich bereits bei der Planung darüber Ge-

K. Siebertz et al., *Statistische Versuchsplanung*, VDI-Buch,
DOI 10.1007/978-3-642-05493-8_3,

danken machen. Manchmal verläuft die Versuchsdurchführung anders als geplant und dann stellt sich die Frage, ob die verfügbaren Ergebnisse eine sichere Auswertung zulassen.

Beschreibungsmodell Das Beschreibungsmodell ist das zentrale Ergebnis der Untersuchung. Welcher Faktor spielt eine Rolle? Sind die Effekte reproduzierbar? Gibt es Wechselwirkungen oder Nichtlinearitäten? In diesem Kapitel werden einige der Prüfverfahren kurz vorgestellt. Das Kapitel *statistische Modellbildung* vertieft die Thematik und liefert mit anschaulichen Beispielen die erforderlichen statistischen Grundlagen.

Genauigkeit der Vorhersage Bereits die nicht reproduzierbare Versuchsstreuung führt zu Abweichungen zwischen Vorhersage und Testergebnis. Hinzu kommen Ausreißer, die Vereinfachungungen des Modells und fehlende Einflussgrößen, deren Einstellung während der Versuchsdurchführung eventuell nicht konstant war. Wie gut ist das Beschreibungsmodell? Gab es Pannen bei der Versuchsdurchführung? Hierzu gibt es passende Kontrollverfahren.

Die lückenlose Absicherung gehört zu den unbestrittenen Stärken der statistischen Versuchsplanung. Man wird nicht für jede Versuchsreihe alle Prüfverfahren brauchen, aber es ist gut, wenn man weiß, dass diese im Zweifelsfall verfügbar sind.

3.2 Versuchsplan

Nur ein korrekter Versuchsplan liefert sinnvolle Ergebnisse. Schlecht konditionierte Versuchspläne entstehen durch:

- einen unpassenden Versuchsplan zu Beginn der Untersuchung,
- notwendige Abweichungen vom Versuchsplan, weil einzelne Kombinationen nicht durchführbar sind,
- Fehler bei der Versuchsdurchführung. Dadurch entsteht natürlich in der Realität ein neuer Versuchsplan, der in der Regel nicht mehr orthogonal ist.

Versuchsplan und gesuchtes Beschreibungsmodell müssen zusammenpassen. Zum Beispiel kann ein zweistufiger Versuchsplan keine quadratischen Effekte liefern und Screening-Versuchspläne lassen in der Regel nicht die Analyse von Wechselwirkungen zu. Eine sorgfältige Bedarfsanalyse im Vorfeld führt schnell zu einem vernünftigen Kompromiss zwischen Aufwand und Genauigkeit.

Vorversuche mit extremen Kombinationen reduzieren das Risiko unerfreulicher Überraschungen, aber oft stellt sich erst während der Versuchsdurchführung heraus, dass eine Kombination Schwierigkeiten bereitet. Zum Beispiel gibt es bei der Kalibrierung von Verbrennungsmotoren mitunter Einstellungen, bei denen das Gemisch nicht mehr zündet. Obwohl die Faktoren einzeln betrachtet moderat verstellt wurden, erweist sich die Kombination als kritisch. Dann muss ein Ersatzpunkt angefahren werden, der so nahe wie möglich an der ursprünglich geplanten Einstellung liegt. Der nun entstandene Versuchsplan ist nicht mehr vollständig orthogonal, aber in der Regel noch immer sehr gut verwendbar.

Ein weiterer Klassiker ist der sogenannte " Dreher", also eine vertauschte Reihenfolge der Stufeneinstellungen einzelner Faktoren. Besonders gefährdet sind Messreihen, bei denen das Material verbraucht wird, zum Beispiel Crash-Tests. Ein einziger Fehler erzeugt mitunter schon ein logistisches Problem, wenn Ersatzmaterial fehlt. Oft wird bei solchen Situationen aus Verlegenheit mit dem verbleibenden Material eine weitere falsche Kombination getestet, nur um die Versuchsreihe formal abzuarbeiten.

Wichtig ist also die Erfassung des in der Realität getesteten Versuchsplans. Es ist bequem, einen Versuchsplan aufzustellen und sich erst dann wieder mit der Angelegenheit zu beschäftigen, wenn die Ergebnisse vorliegen. In der Praxis scheitert diese Vorgehensweise häufig, weil die eigentliche Durchführung der Versuchsreihe oft in anderen Fachabteilungen oder beauftragten Firmen stattfindet, ohne dass die Sachbearbeiter ausreichend informiert wurden. Im Zweifelsfall ist es immer besser, in eine gute Versuchsvorbereitung zu investieren, als im Nachhinein mit statistischen Tricks eine schlecht ausgeführte Messreihe retten zu wollen. Die tatsächlich gefahrenen Einstellungen müssen dokumentiert werden und bilden den realen Versuchsplan. Für die Auswertung ist nur der reale Versuchsplan relevant.

3.2.1 Fallbeispiel

In der Praxis kann es mitunter vorkommen, dass ein Versuchslauf nicht durchgeführt wurde oder sich die Durchführung als unmöglich herausstellt. Einen solchen Fall greifen wir nun heraus. Angenommen, der gewünschte Versuchsplan besteht aus acht Versuchen mit vier Faktoren auf jeweils zwei Stufen. Wenn nun der letzte Versuchslauf fehlt, entsteht ein realer Versuchsplan, der weder ausgewogen noch orthogonal ist. Die brennende Frage ist, ob die existierenden Ergebnisse bereits eine Analyse zulassen oder ob der fehlende Versuchslauf unbedingt nachgeholt werden muss.

A BCD	B ACD	AB CD	C ABD	AC BD	BC AD	ABC D	y
−	−	+	−	+	+	−	y_1
+	−	−	−	−	+	+	y_2
−	+	−	−	+	−	+	y_3
+	+	+	−	−	−	−	y_4
−	−	+	+	−	−	+	y_5
+	−	−	+	+	−	−	y_6
−	+	−	+	−	+	−	y_7
+	+	+	+	+	+	+	y_8

Tabelle 3.1 Teilfaktorieller Versuchsplan mit vier Faktoren auf zwei Stufen und 8 Versuchen. So war die Versuchsreihe ursprünglich geplant.

A	B	C	D	y
$-$	$-$	$-$	$-$	y_1
$+$	$-$	$-$	$+$	y_2
$-$	$+$	$-$	$+$	y_3
$+$	$+$	$-$	$-$	y_4
$-$	$-$	$+$	$+$	y_5
$+$	$-$	$+$	$-$	y_6
$-$	$+$	$+$	$-$	y_7

Tabelle 3.2 Teilfaktorieller Versuchsplan mit vier Faktoren auf zwei Stufen und 7 Versuchen. Der letzte Versuchslauf fehlt, der reale Versuchsplan bedarf einer kritischen Prüfung.

3.2.2 Korrelationsmatrix

Auswerteprogramme bieten die Korrelationsmatrix als Diagnoseinstrument an. Die Korrelationsmatrix zeigt auf einen Blick die Korrelationskoeffizienten der Effekte. Im Idealfall korrelieren die Effekte nur mit sich selbst, also zeigt die perfekte Matrix den Wert 1 in der Hauptdiagonalen und alle anderen Werte sind 0.

Bei Teilfaktorplänen der Auflösungsstufe III sind die Haupteffekte mit Zweifachwechselwirkungen vermengt, also tauchen in der Korrelationsmatrix in den betroffenen Zellen Werte auf, deren Betrag größer als Null ist. Teilfaktorpläne der Auflösungsstufe IV liefern Korrelationen der Wechselwirkungen untereinander. Bei regulären Versuchsplänen kommen in der Korrelationsmatrix nur die Werte -1, 0 oder 1 vor. Bei irregulären Versuchsplänen gibt es auch Zwischenwerte. Abweichungen vom ursprünglichen Versuchsplan bewirken immer eine deutliche Änderung der Korrelationsmatrix. Oft sind fast alle Werte ungleich Null. Entscheidend ist der Betrag des Korrelationsfaktors in Verbindung mit der Effektstärke. Ein starker Haupteffekt kann einen schwachen Effekt bis zur Unkenntlichkeit überlagern, mitunter schon bei Korrelationskoeffizienten von 0,2 oder 0,3. Schwache Zweifachwechselwirkungen hingegen, werden auch bei einem Korrelationsfaktor von 0,5 einen starken Haupteffekt nur geringfügig verfälschen.

	MW	A	B	C	D
MW	1	0,25	0,25	0,25	0,25
A	0,25	1	0,25	0,25	0,25
B	0,25	0,25	1	0,25	0,25
C	0,25	0,25	0,25	1	0,25
D	0,25	0,25	0,25	0,25	1

Tabelle 3.3 Korrelationsmatrix der Effekte (correlation matrix of effects / coefficients). Die Effekte bzw. die Regressionskoeffizienten des Fallbeispiels korrelieren untereinander. Dies erschwert die Auswertung. Mit *MW* ist der Mittelwert gekennzeichnet, dieser stellt eine eigenständige Modellkonstante dar.

Rechnet man die Korrelationskoeffizienten der Faktoreinstellungen aus, kommt man zur Korrelationsmatrix der Faktoren (correlation matrix of factors). Einzelne Elemente der Matrix lassen sich durch eine lineare Regression der beteiligten Faktoren (nach PEARSON) leicht überprüfen. Auch hier ist im Fallbeispiel eine Korrelation feststellbar. Diese Matrix betrachtet die Faktoreinstellungen und nicht die Modellkonstanten, also fehlen Zeile und Spalte für dem Mittelwert.

	A	B	C	D
A	1	$-0,1\bar{6}$	$-0,1\bar{6}$	$-0,1\bar{6}$
B	$-0,1\bar{6}$	1	$-0,1\bar{6}$	$-0,1\bar{6}$
C	$-0,1\bar{6}$	$-0,1\bar{6}$	1	$-0,1\bar{6}$
D	$-0,1\bar{6}$	$-0,1\bar{6}$	$-0,1\bar{6}$	1

Tabelle 3.4 Korrelationsmatrix der Faktoren (correlation matrix of factors). Die Einstellungen der Faktoren korrelieren untereinander. Die Werte der Koeffizienten entsprechen den jeweiligen Korrelationskoeffizienten nach Pearson.

3.2.3 Varianz-Inflations-Faktor (VIF)

Bei einer größeren Zahl von Faktoren wird die Korrelationsmatrix unübersichtlich. Dann bietet sich die Betrachtung der Varianz-Inflations-Faktoren (variance inflation factor, VIF) an [4, 43]. Der Varianz-Inflations-Faktor gibt an, mit welcher Varianzverstärkung zu rechnen ist. Ein Wert von 1 entspricht dem Idealzustand. Ab einem Wert von 5 ist Vorsicht geboten. Ab 10 ist der betroffene Effekt praktisch nicht mehr auswertbar. Kollinearitäten im Versuchsplan führen zu einem schlecht konditionierten Gleichungssystem. Dadurch wird die Trennung der Effekte beeinträchtigt. Der VIF wertet die Korrelation der erklärenden Variablen untereinander aus.

$$VIF_j = \frac{1}{1-R_j^2} \tag{3.1}$$

R_j^2 ist das Bestimmtheitsmaß einer erklärenden Variablen j in Bezug zu allen übrigen erklärenden Variablen. Eine erklärende Variable ist in diesem Zusammenhang nicht nur ein Faktor, sondern beinhaltet auch alle separat im Beschreibungsmodell berechneten Effekte höherer Ordnung, zum Beispiel Wechselwirkungen oder quadratische Effekte. $R_j^2 = 0$ ist der ideale Wert, dann ist die Variable j völlig unabhängig von allen anderen Variablen. $R_j^2 = 1$ belegt eine Kollinearität. Dann ist der Effekt der Variablen j nicht bestimmbar. Jede Modellkonstante hat einen Vertrauensbereich, der von der Teststreuung abhängt. Der VIF vergrößert die Unsicherheit, verbreitert also den Vertrauensbereich. Anders ausgedrückt, die Varianz der betroffenen Modellkonstanten wird größer und zwar um Faktor VIF im Vergleich zu einem idealen Versuchsplan.

Faktor	VIF
A	1,14
B	1,14
C	1,14
D	1,14

Tabelle 3.5 Varianz-Inflations-Faktoren (VIF) für das Fallbeispiel.

3.2.4 Fraction of Design Space (FDS)

Hobbyfotografen wissen, dass zu den Rändern hin die Abbildungsleistung der Objektive nachlässt. Praktisch alle Objektive liefern im Zentrum des Bildfeldes ihr Optimum. Gute Objektive unterscheiden sich von schlechten Objektiven durch einen entsprechenden Ausgleich, um den Leistungsabfall zu begrenzen. Bei Versuchsplänen ist dies ähnlich. Die Genauigkeit der Vorhersage hängt neben der allgemeinen Teststreuung auch davon ab, wo sich der gesuchte Punkt befindet. Im mittleren Bereich des Faktorraums kann man in der Regel von einer genaueren Vorhersage ausgehen. Zu den Rändern hin steigt die Unsicherheit. Der FDS-Plot [193] zeigt an, wie stark dieser Anstieg für den betroffenen Versuchsplan ist. Hierzu werden der kumulierte Anteil des Faktorraums (design space) auf der Abszisse und die Standardabweichung auf der Ordinate aufgetragen.

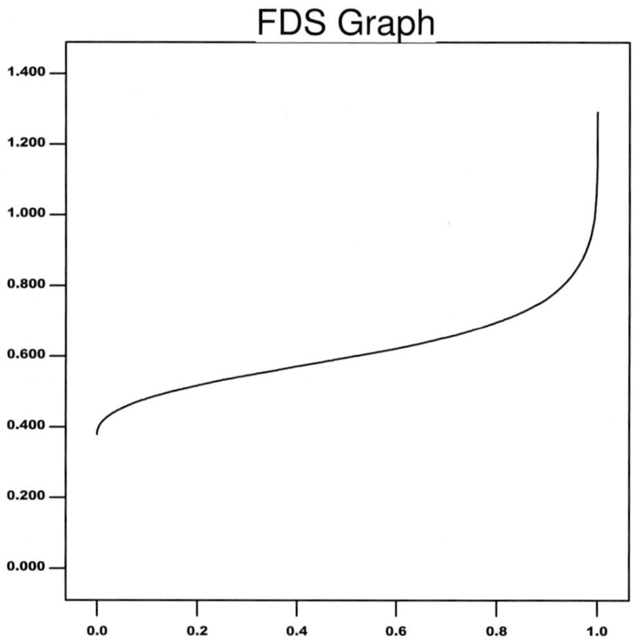

Abb. 3.1 FDS-Plot für das Fallbeispiel. Aufgetragen wird die erwartete Standardabeichung des Mittelwertes über den kumulierten Anteil des Faktorraums (Fraction of Design Space). Im Zentrum des Faktorraums ist die Genauigkeit höher als am Rand. Eine Extrapolation über die Grenzen des Faktorraums hinaus ist nicht zulässig.

3.2.5 Hebelwerte

Es kann durchaus Fälle geben, in denen nicht alle Versuchsläufe die gleiche Bedeutung für das Gleichungssystem haben. So ist zum Beispiel der Zentralpunkt beim Box-Behnken-Design ein sehr wichtiger Punkt. Ausreißer wirken sich hier dramatischer aus, als bei anderen Punkten. Von der einfachen eindimensionalen Regression kennt man diesen Effekt. Ist ein Punkt weit vom Zentrum der Punktwolke entfernt, hat er einen großen Einfluss auf die Regressionskoeffizienten. Er arbeitet sozusagen mit einem langen Hebel. Aus dieser Betrachtung stammt der Begriff *Hebelwert* (leverage). Bei der Planung der Versuche kann man dem leicht Rechnung tragen, indem Punkte mit großem Hebelwert mehrfach getestet werden. Die Versuchswiederholungen an den neuralgischen Punkten dämpfen die Teststreuung gezielt und vermeiden böse Überraschungen.

Die Abbildung der getesteten Werte $\mathbf{y}$ auf die vorhergesagten Werte $\hat{\mathbf{y}}$ erfolgt über die sogenannte Hutmatrix $\mathbf{H}$.

$$\hat{\mathbf{y}} = \mathbf{H}\mathbf{y} \tag{3.2}$$

Diese ist definiert als

$$\mathbf{H} = \mathbf{X}\left(\mathbf{X}'\mathbf{X}\right)^{-1}\mathbf{X}' \tag{3.3}$$

$\mathbf{X}$ bezeichnet die Koeffizientenmatrix des linearen Gleichungssystems, mit dem die Modellkonstanten $\mathbf{c}$ berechnet werden.

$$\mathbf{y} = \mathbf{X}\mathbf{c} + \varepsilon \tag{3.4}$$

Die Diagonalenelemente h_{ii} der Hutmatrix sind die Hebelwerte für die jeweiligen Versuchswerte y_i.

$$\frac{1}{n_r} \leq h_{ii} \leq 1 \tag{3.5}$$

Ein Hebelwert nahe bei Eins hat einen sehr starken Einfluss auf das gesamte Gleichungssystem. Es gibt eine Faustformel zur Berechnung der kritischen Hebelwerte, in Abhängigkeit von der Zahl der Modellkonstanten n_m.

$$h_{ii_{krit}} = 2\frac{n_m}{n_r} \tag{3.6}$$

Versuchslauf	Hebelwert
1	1
2	$0,\bar{6}$
3	$0,\bar{6}$
4	$0,\bar{6}$
5	$0,\bar{6}$
6	$0,\bar{6}$
7	$0,\bar{6}$

Tabelle 3.6 Hebelwerte (leverage) für das Fallbeispiel. Versuchslauf 1 hat einen hohen Hebelwert, weil sein "Gegenspieler" fehlt. In Versuchslauf 8 hätten alle Faktoren die entgegengesetzte Einstellung gehabt.

Das untersuchte Fallbeispiel ist absichtlich einfach gehalten. Hier hätte man nicht alle Tests gebraucht, um zur Entscheidung zu kommen, den fehlenden Versuchslauf nachzuholen. In der Praxis ist es leider nicht immer so offensichtlich. Die gezeigten Verfahren arbeiten jedoch umso zuverlässiger, je größer die Versuchspläne sind.

Insofern besteht kein Grund zur Sorge. Auch aufwendige Versuchspläne lassen sich schnell kontrollieren.

3.3 Beschreibungsmodell

Zufällige Streuung ist der ständige Begeiter einer jeden Messreihe. Selbst bei CAE Studien können durch Rundungsfehler und numerische Artefakte unkontrollierte Variationen der Ergebnisse entstehen, die einer Versuchsstreuung ähneln. Sobald eine Steuung vorliegt, liefern zwei voneinander unabhängige Versuchsgruppen nicht mehr den gleichen Mittelwert, auch wenn das System keinerlei systematische Änderung erfahren hat. Bei der Versuchsauswertung entsteht nun die Notwendigkeit, wahre Effekte von scheinbaren Effekten zu unterscheiden. Ein wahrer Effekt ist reproduzierbar und beschreibt die Auswirkung einer Systemveränderung auf die Systemleistung. Ein scheinbarer Effekt ist das zufällige Produkt der Versuchsstreuung und daher nicht reproduzierbar. Scheinbare Effekte verschlechtern die Genauigkeit des Beschreibungsmodells. Bei einer Wiederholung der Versuchsreihe nehmen sie andere Werte an und können sogar ihr Vorzeichen wechseln. Es geht also darum, "die Spreu vom Weizen zu trennen".

In diesem Kapitel wird zunächst das Konzept der Prüfverfahren vorgestellt. Die Trennung von wahren und scheinbaren Effekten ist allerdings von elementarer Bedeutung für die gesamte Methode. Das folgende Kapitel *Statistische Modellbildung* liefert die nötigen statistischen Grundlagen und geht auf diese zentrale Problematik daher im Detail ein.

3.3.1 Half-Normal-Plot

Hinter allen Prüfverfahren zur Effektkategorisierung steckt ein Hypothesentest. Details dazu finden sich in empfehlenswerten Standardwerken der angewandten Statistik [155, 140], brauchen also nicht im Rahmen dieses Buches hergeleitet zu werden. Allerdings sollte jeder Anwender wissen, welche Grundidee dahinter steckt. Ausgehend von der Annahme, dass alle Effekte scheinbar sind, werden die Effekte gesucht, die zu stark sind, um als zufällig zu gelten. Je stärker ein Effekt im Vergleich zu den anderen Effekten ist, umso unwahrscheinlicher ist seine zufällige Entstehung. Für die Beurteilung braucht man also einige Effekte zum Vergleich und ein wenig Statistik zur Abschätzung der Wahrscheinlichkeit.

Scheinbare Effekte haben unterschiedliche Beträge und Vorzeichen, sind aber bei genügend großen Versuchsplänen immer normalverteilt, unabhängig vom untersuchten System. Dies liegt an der Mittelwertbildung bei der Effektberechnung, wodurch der zentrale Grenzwertsatz zum Tragen kommt. Die Häufigkeitsverteilung der Mittelwerte statistisch unabhängiger Zufallsvariablen nähert sich immer mehr einer Gaußverteilung an, je größer die Zahl der Einzelwerte ist. In den Abbildungen

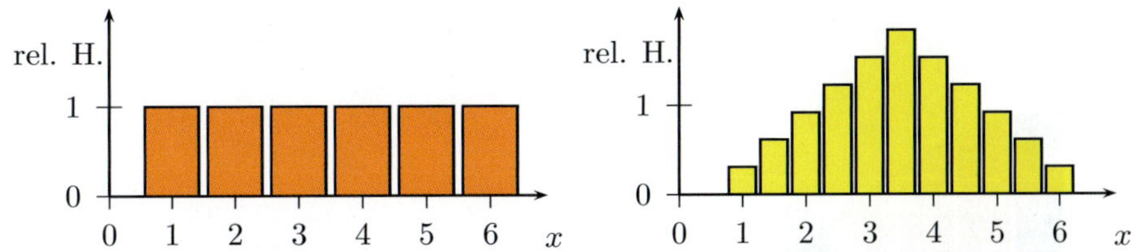

Abb. 3.2 Würfelexperiment mit 48 Millionen Würfen. Auftretenshäufigkeit von Einzelwürfen im Vergleich zu Mittelwerten aus jeweils zwei Würfen. Der Mittelwert 3,5 kann aus mehreren Kombinationen entstehen, ist also im Vergleich zum Mittelwert 1 häufiger zu beobachten. Die relative Häufigkeit bezieht sich auf den arithmetischen Mittelwert der Beobachtungen pro Kategorie.

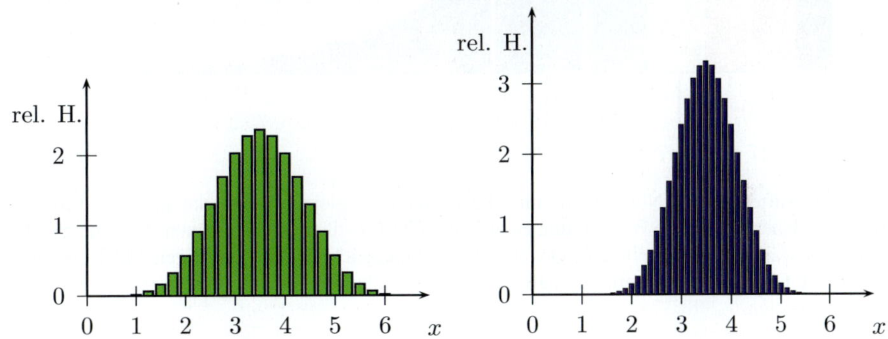

Abb. 3.3 Würfelexperiment mit 48 Millionen Würfen. Auftretenshäufigkeit von Mittelwerten aus jeweils vier und jeweils acht Würfen. Obwohl die Ausgangsverteilung einer nahezu exakten Gleichverteilung entsprach, ergibt sich bereits bei Gruppen von jeweils acht Würfen eine fast perfekte Gaußverteilung der Mittelwerte. Die relative Häufigkeit bezieht sich auf den arithmetischen Mittelwert der Beobachtungen pro Kategorie.

3.2 und 3.3 ist dies am Beispiel einer Gleichverteilung gezeigt. Ein einziger Wurf eines Würfels liefert für jede Augenzahl die gleiche Auftretenshäufigkeit. Der Mittelwert von acht Würfen hingegen folgt bereits weitgehend einer Gaußverteilung. Mittlere Werte zwischen 3 und 4 sind in diesem Beispiel sehr viel wahrscheinlicher als kleine oder große Werte.

Der von Cuthbert DANIEL 1959 entwickelte Half-Normal-Plot nutzt die Gültigkeit des zentralen Grenzwertsatzes und hat bis heute nicht an Bedeutung verloren. Ausgehend von einer Normalverteilung der Effekte, erfolgt zunächst die Betragsbildung, dann der Eintrag in eine spezielle Darstellung, das sogenannte Wahrscheinlichkeitsnetz. Die besondere Konstruktion der Abszisse bewirkt, dass die kumulierte Häufigkeitsfunktion einer Normalverteilung als Gerade erscheint. Hierzu werden die Quantilschritte aufgetragen, also die Flächenschwerpunkte gleichgroßer Teilflächen unter der Normalverteilungskurve. Durch die Betragsbildung genügt die Betrachtung einer Seite der Kurve und zwar der Seite rechts des Mittelwertes. Die flächengleichen Stücke kennzeichnen Bereiche gleicher Wahrscheinlichkeit, also kann man bei einer Normalverteilung davon ausgehen, dass sich diese gleichmäßig auf die abgesteckten Bereiche verteilen. Anders ausgedrückt, wenn alle Effekte

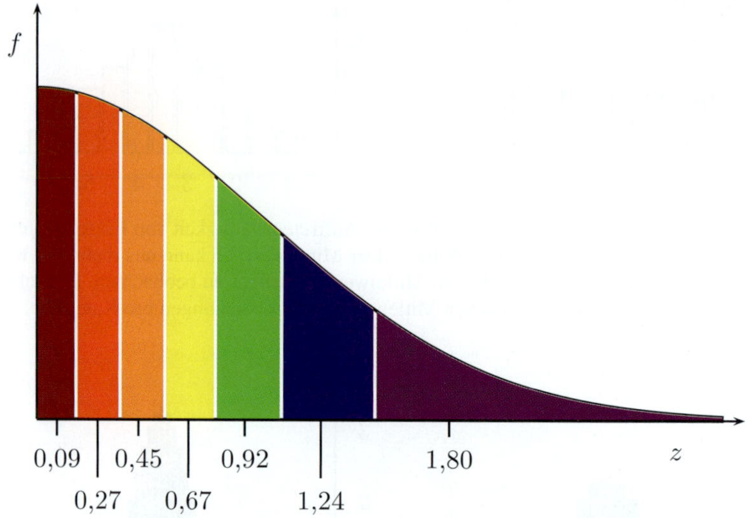

Abb. 3.4 Aufteilung der Normalverteilungskurve in flächengleiche Teilstücke. Die Kurve ist symmetrisch, daher genügt die Betrachtung einer Seite. Die Teilstücke kennzeichnen Bereiche gleicher Auftretenswahrscheinlichkeit. Die Quantilschritte kennzeichnen die jeweiligen Flächenschwerpunkte der Quantile. Bei einem rein zufälligen Prozess sind die Effektbeträge proportional zu den Quantilschritten.

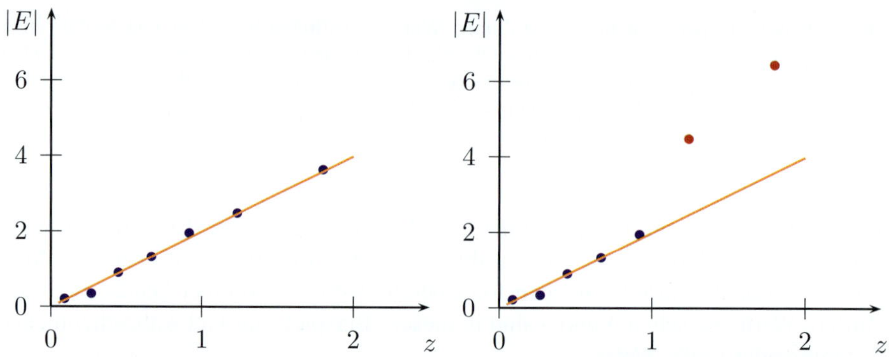

Abb. 3.5 Daniel-Plots für einen Versuchsplan mit acht Versuchsläufen. Scheinbare Effekte sind reine Zufallsprodukte und daher proportional zu den Quantilschritten. Wahre Effekte lassen sich nicht durch Zufall erklären, sie sind stärker, liegen also oberhalb der Ausgleichsgeraden. Auf der linken Seite ist kein wahrer Effekt zu erkennen, auf der rechten Seite hingegen zwei wahre Effekte.

nur scheinbarer Natur sind, ordnen sich die Effektbeträge proportional zu den Quantilschritten an. Hierzu werden die Effektbeträge in aufsteigender Reihenfolge sortiert und mit den Quantilschritten zu Wertepaaren gruppiert. Die Ordinate des Half-Normal-Plots hat die Einheit des Qualitätsmerkmals. Die Werte der Quantilschritte sind in vielen Statistikbüchern tabelliert. Bei computergestützter Auswertung übernimmt das Auswerteprogramm die Erstellung ohnehin automatisch.

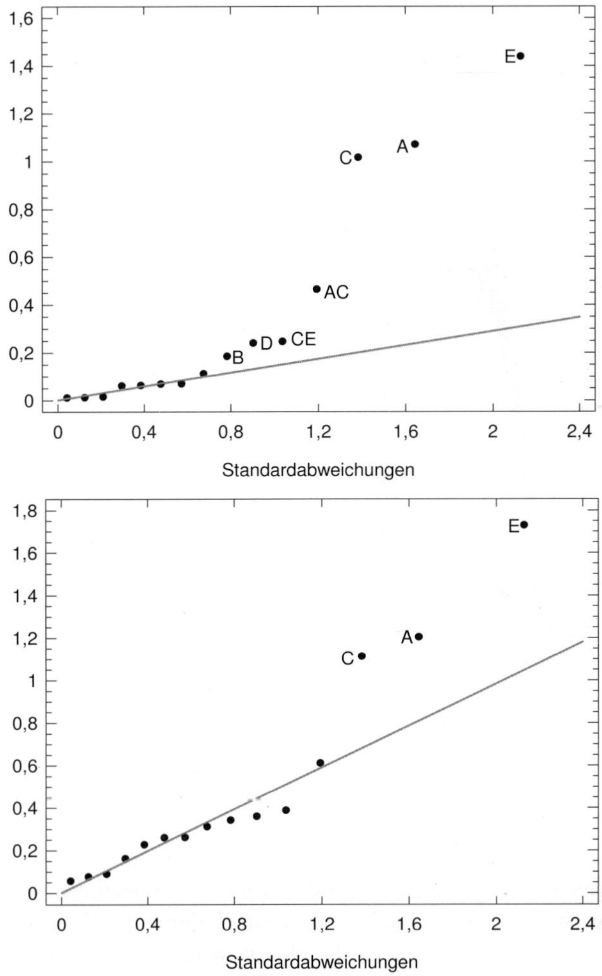

Abb. 3.6 Daniel-Plots für einen Versuchsplan mit fünf Faktoren und 16 Versuchsläufen. Untersucht wurde das Qualitätsmerkmal *Reichweite* beim Rasensprenger (siehe Anhang), mit den Faktoren: Düsenwinkel α (A), β (B), Düsenquerschnitt (C), flüssige Reibung (D) und Druck (E). Den Ergebnissen wurde ein normalverteiltes Rauschen überlagert, um Teststreuung zu simulieren. Oben ist der Rauschanteil niedrig ($\sigma = 0,02m$), unten ist der Rauschanteil sehr hoch ($\sigma = 0,5m$, also in der Größenordnung der starken Effekte). Auch bei starker Teststreuung dämpft der Versuchsplan die Auswirkung der Störung wirkungsvoll. Die starken Effekte bleiben erkennbar.

Die scheinbaren Effekte ordnen sich entlang einer Geraden an, da Quantilschritte und Effektbeträge in einem proportionalen Zusammenhang stehen. Wahre Effekte liegen oberhalb der Geraden, weil sie stärker sind, als es die Zufallsstreuung erwarten lässt. Wegen der Sortierung in aufsteigender Reihenfolge befinden sich typischerweise die scheinbaren Effekte in der Nähe des Koordinatenursprungs und die wahren Effekte in der rechten oberen Ecke. Insbesondere bei kleineren Ver-

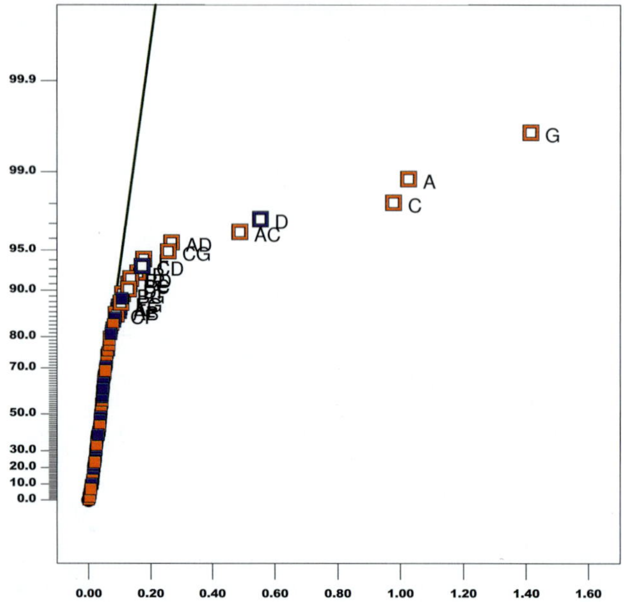

Abb. 3.7 Daniel-Plot der Effekte. Der Half-Normal-Plot kann auch achsenvertauscht aufgetragen sein. Viele Programme liefern dies als Voreinstellung. Die Effektbeträge (als unfreie Größe) werden dann auf der Abszisse und die kumulierte Häufigkeit auf der Ordinate dargestellt. Die Achsentransformation ist analog zur Transformation durch die Quantilschritte, nur die Skalen sind anders. Daher kann man auch hier die wahren Effekte daran erkennen, dass sie nicht zur Ausgleichsgeraden passen.

suchsplänen streuen die scheinbaren Effekte um die Gerade, weil die Mittelwerte nur aus wenigen Messergebnissen gebildet werden. Als wahre Effekte gelten nicht alle Punkte oberhalb der Geraden, sondern nur diejenigen, die grundsätzlich nicht zum Verlauf der Geraden passen. In der Praxis wird man drei Gruppen vorfinden: 1. Effekte, die sich sicher den scheinbaren Effekten zuordnen lassen und um eine Ausgleichsgerade gruppieren. 2. Starke Effekte, die deutlich über der Geraden liegen und mit hoher Wahrscheinlichkeit als wahre Effekte reproduzierbar sind. 3. Die "Grauzone" aus Effekten, die nicht eindeutig zuzuordnen sind.

Kleine Versuchspläne liefern weniger Punkte zur Konstruktion des Half-Normal-Plots. Bei Versuchsplänen der Auflösung III und IV sind die Effekte vermengt, was dazu führen kann, dass kein Effektbetrag klein ist. Dann liegt die Ausgleichsgerade etwas höhenversetzt und schneidet nicht mehr den Koordinatenursprung. In den meissten Fällen reicht jedoch der Half-Normal-Plot völlig aus, um eine sichere Entscheidung zu treffen. Die Erstellung dieser Diagramme übernehmen alle guten Auswerteprogramme. Für den Anwender genügt es also, die Grundidee dieses Diagramms zu verstehen und ein Gefühl für die Zuordnung der Effekte in die jeweiligen Kategorien zu entwickeln. In der "Grauzone" löst der Half-Normal-Plot im Vergleich zur Varianzanalyse besser auf und stellt deswegen in jedem Fall eine sinnvolle Ergänzung dar.

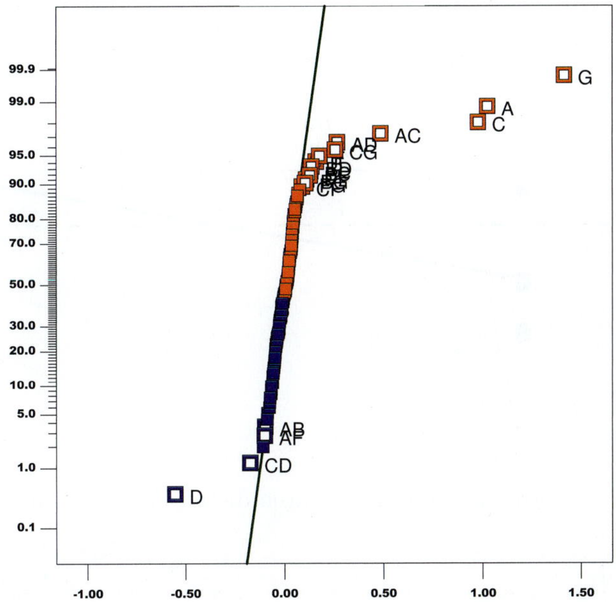

Abb. 3.8 Full-Normal-Plot der Effekte. Beim Full-Normal-Plot entfällt die Betragsbildung der Effekte. Auch hier zeichnen sich wahre Effekte dadurch aus, dass sie nicht zur Ausgleichsgeraden passen. Sie tauchen aber in zwei Regionen auf, je nach ihrem Vorzeichen.

3.3.2 Varianzanalyse

Die Varianzanalyse (ANalysis Of VAriance, ANOVA) bildet das rechnerische Gegenstück zum Half-Normal-Plot. Die Aufgabe ist gleich, die Grundidee des Hypothesentests ebenfalls. Im Unterschied zur graphischen Lösung berechnet die ANOVA die Wahrscheinlichkeitswerte, um wahre Effekte von scheinbaren Effekten zu unterscheiden. Die Varianzanalyse liefert darüber hinaus auch zusätzliche Informationen zur Güte des Beschreibungsmodells. Auch die Varianzanalyse gehört zum normalen Leistungsumfang eines Auswerteprogramms, also genügt an dieser Stelle die Erläuterung des Grundprinzips.

Ausgangspunkt für die ANOVA ist die in der Versuchsreihe aufgetretene Gesamtvarianz. Diese berechnet sich aus den Werten aller Versuche und dem Gesamtmittelwert.

$$V_{ges} = \frac{1}{n_r} \sum_{i=1}^{n_r} (y_i - \bar{y})^2 \tag{3.7}$$

Im zweiten Schritt erfolgt die Berechnung der Teilvarianzen, die sich den einzelnen Faktoren zuordnen lassen. Abbildung x zeigt, wie man sich diese Aufteilung vorstellen kann. Der Effekt des jeweiligen Faktors bewirkt im Mittel eine Verschiebung aller Ergebnisse um den halben Effektbetrag. Die verbleibende Varianz steht

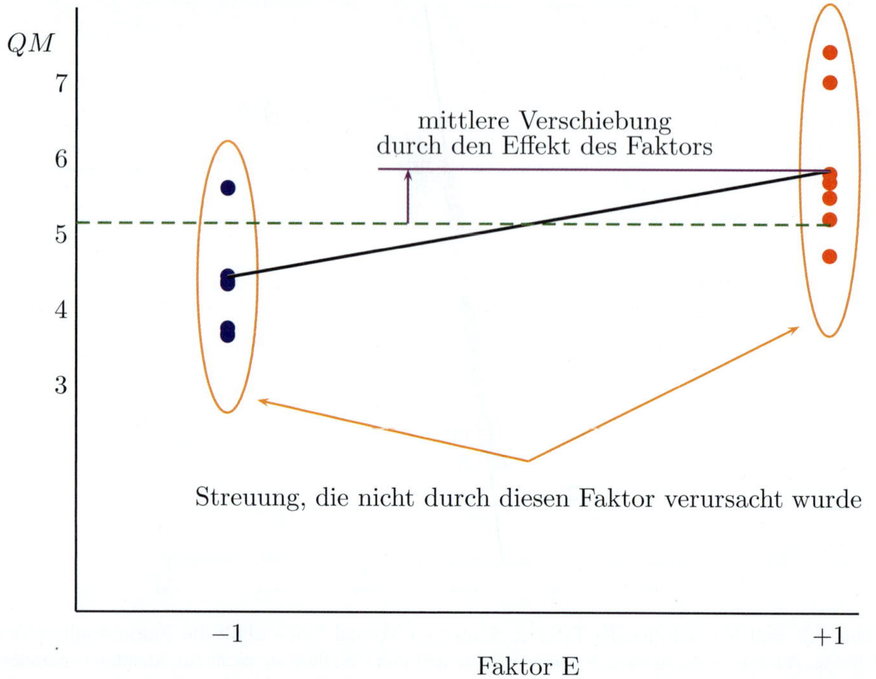

Abb. 3.9 Aufteilung der auftretenden Streuung. Der untersuchte Faktor (hier Faktor E, also *Druck* aus dem Fallbeispiel *Rasensprenger*) verschiebt im Mittel jeden Datenpunkt um den halben Effektbetrag. Die übrige Streuung wird von anderen Faktoren verursacht oder fällt unter die allgemeine Teststreuung.

nicht mit dem untersuchten Faktor in Verbindung, denn sie tritt bei konstanter Einstellung dieses Faktors auf. Der Effekt des Faktors erzeugt somit eine Teilvarianz.

$$V_j = \left(\frac{E_j}{2}\right)^2 \tag{3.8}$$

Unabhängige Teilvarianzen überlagern sich additiv, also entsteht die Gesamtvarianz aus ihrer Summe. Ein System mit n_r Gleichungen und n_m Modellkonstanten hat $(n_r - n_m)$ Freiheitsgrade, denn jede Modellkonstante (auch der Gesamtmittelwert) bindet einen Freiheitsgrad. V_E bezeichnet den Erwartungswert der Teilvarianz pro Freiheitsgrad.

$$V_E = \frac{V_{ges} - \sum_{j=1}^{n_m-1} V_j}{n_r - n_m} \tag{3.9}$$

Von der Gesamtvarianz werden also zunächst alle Teilvarianzen der Effekte abgezogen. Der nicht durch die Effekte erklärbare Restbetrag verteilt sich auf die übrigen Freiheitsgrade. Im nächsten Arbeitsgang erfolgt ein Vergleich der Teilvarianzen mit diesem Erwartungswert. Das liefert eine dimensionslose Kennzahl, das sogenannte F-Verhältnis (F-ratio). Liegt die Teilvarianz deutlich über dem Erwartungswert ist das F-Verhältnis deutlich größer als 1 und die Wahrscheinlichkeit ist groß, dass es sich hierbei um einen wahren Effekt handelt. Bei großen Feldern stellt 4 die Signifikanzgrenze dar, unter der Annahme einer fünfprozentigen Irrtumswahrscheinlichkeit. Bei kleinen Feldern oder voll besetzten Feldern [1] ist der berechnete Erwartungswert weniger stabil, denn die Zahl der verbleibenden Freiheitsgrade ist gering. Bei gleicher Irrtumswahrscheinlichkeit muss daher der Grenzwert für das F-Verhältnis ansteigen. Die Statistik benutzt quasi einen Sicherheitszuschlag. Statt der Varianz verwenden Auswerteprogramme meist die "Quadratsumme" oder (sum of squares), weil n_r, also die Zahl der Versuchsläufe, bei der Quotientenbildung (F-Verhältnis) ohnehin entfällt. Im Kapitel *Statistische Modellbildung* wird die ANOVA im Detail erklärt.

Ursache	Quadratsumme	FG	F-Quotient	p-Wert
A	4,566110	1	491,12	0,0000
B	0,134044	1	14,42	0,0067
C	4,115280	1	442,63	0,0000
D	0,227843	1	24,51	0,0017
E	8,258640	1	888,28	0,0000
AC	0,853954	1	91,85	0,0000
AD	0,048472	1	5,21	0,0564
CE	0,240382	1	25,85	0,0014
Rest	0,065081	7		

Tabelle 3.7 ANOVA für das Fallbeispiel Rasensprenger mit 16 Versuchsläufen und fünf Faktoren auf jeweils zwei Stufen. Die Teststreuung ist in diesem Fall so stark, dass kleinere Effekte als Scheineffekte eingestuft werden und nicht den Grenzwert F_{krit} erreichen. Diese wurden in der Tabelle bereits aussortiert. Zur Berechnung von F wird zunächst der nicht durch die Effekte erklärbare Anteil (Rest) durch die Zahl der verfügbaren Freiheitsgrade geteilt (hier: 16-9, also 7). Diese "erwartete Quadratsumme pro Freiheitsgrad" gilt als Referenz (hier: 0,00930). F ist der Quotient aus Quadratsumme und Referenzwert. Der p-Wert bezeichnet die statistische Irrtumswahrscheinlichkeit für die Entscheidung, den Effekt als *wahr* einzustufen.

Auswerteprogramme berechnen aus dem F-Verhältnis unter Berücksichtigung der verfügbaren Freiheitsgrade automatisch die Irrtumswahrscheinlichkeit für die Annahme, dass der jeweilige Effekt wahr ist. Für diesen p-Wert gilt 0,05 üblicherweise als Grenze, entsprechend einer fünfprozentigen Irrtumswahrscheinlichkeit. Unter 0,05 gilt der Effekt als wahr, über 0,05 als scheinbarer Effekt. Natürlich steckt in der Festlegung des Grenzwertes eine gewisse Willkür und bei kleinen Feldern besteht die Gefahr, dass wahre Effekte ausgemustert werden. Der Hypothesentest sichert leider nur eine Richtung, schützt also davor, einen scheinbaren Effekt als wahren Effekt anzusehen. Unklar bleibt folglich, mit welcher Wahrscheinlichkeit ein wahrer Effekt irrtümlicherweise als scheinbarer Effekt eingestuft wird und dem Beschreibungsmodell verloren geht.

---

[1] Voll besetzte Felder nennt man auch: "gesättigt".

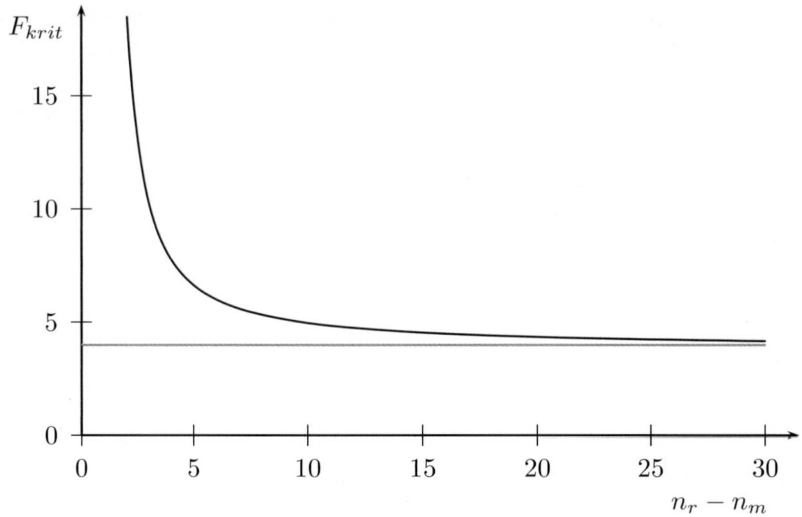

Abb. 3.10 Grenzkurve für F. Bei einer hohen Zahl von verfügbaren Freiheitsgraden konvergiert der Grenzwert gegen 4. Wenn nur wenige Freiheitsgrade zur Verfügung stehen, muss F einen wesentlich höheren Wert erreichen, um mit gleicher statistischer Sicherheit die wahren von den scheinbaren Effekten zu trennen.

Versuchswiederholungen liefern ebenfalls Freiheitsgrade. Bei Anwendung der Varianzanalyse ist es immer ratsam, keine Mittelwertbildung außerhalb des Auswerteprogramms durchzuführen, sondern die Versuche tatsächlich einzeln zu betrachten. Hierzu kopiert man den Versuchsplan entsprechend der Zahl der Wiederholungen untereinander [2] und trägt die einzelnen Versuchsergebnisse ein. Beispiel: Ein Versuchsplan mit 8 Kombinationen und 2 Wiederholungen liefert insgesamt 24 Versuchsergebnisse. Ist er mit 7 Faktoren besetzt, verbleiben 16 Freiheitsgrade für die Varianzanalyse.

Auf diese Weise bietet die ANOVA im Gegensatz zum Half-Normal-Plot auch die Möglichkeit, die Varianz der Versuchswiederholungen zu analysieren. Der Vergleich der Gesamtvarianz mit der Summe der durch die Effekte erzeugten Teilvarianzen gibt Aufschluss über die Güte des Beschreibungsmodells, allerdings nur in Bezug auf die getesteten Kombinationen. Ist die Differenz klein, erklären die Effekte die Systemantwort fast vollständig. Hierbei ist jedoch Vorsicht geboten. Bleiben scheinbare Effekte im Beschreibungsmodell, so wird dieses fälschlicherweise zu genau an die jeweiligen Testdaten angepasst (over-fit). Die Varianzanalyse gaukelt dann eine hohe Modellgüte vor, weil die Restvarianz klein ist. Eine Versuchswiederholung oder Tests mit neuen Kombinationen führen in diesem Fall zu enttäuschenden Ergebnissen. Ohne die scheinbaren Effekte steigt zwar die Restvarianz, aber

[2] Viele Auswerteprogramme bieten diese Option automatisch an. In anderen Fällen kann man dies leicht durch ein benutzerdefiniertes Feld bewerkstelligen.

das Beschreibungsmodell ist trotzdem besser, weil es nicht “hinter den verrauschten Testdaten herläuft”.

Im Verbund geben die Varianzanalyse und der Half-Normal-Plot ein hohes Maß an Sicherheit bei der Beurteilung des gewählten Beschreibungsmodells. Die statistische Analyse ersetzt jedoch kein Fachwissen. Aus diesem Grund ist es immer ratsam, nach einer physikalischen Erklärung für die Effekte zu suchen. Oft bringt dieser Dialog zwischen dem Statistiker und dem Anwender aus der entsprechenden Fachabteilung das eigentliche Systemverständnis.

3.4 Genauigkeit der Vorhersage

Eine wesentliche Aufgabe der Methode besteht in der Vorhersage neuer Einstellungen innerhalb des Faktorraums. Natürlich muss dies mit hinreichender Genauigkeit geschehen, sonst sind die Vorhersagen unbrauchbar und führen im schlimmsten Fall zu falschen Schlussfolgerungen. Wie bei allen Modellen, muss man grundsätzlich mit Abweichungen zwischen Vorhersage und Realität rechnen. Es stellen sich nun Fragen nach dem Ausmaß und den Ursachen der Abweichungen. In der Praxis wird man immer eine Kombination mehrerer Ursachen vorfinden und es gilt diese voneinander abzugrenzen, damit im Bedarfsfall Defizite gezielt beseitigt werden können. Auch hier liefert die klassische Regressionsanalyse ein ganzes Arsenal an Kontrollverfahren, um sicher zum Ziel zu gelangen.

Nach Anwendung der Kontrollverfahren muss die Ursachenanalyse natürlich auf die gesamte Versuchsdurchführung ausgedehnt werden. Oft gibt es simple Übertragungsfehler oder Fehler bei der Umrechnung der Rohdaten in die untersuchten Qualitätsmerkmale. In vielen Fällen führen gerade die unerwarteten Ergebnisse zu wertvollen Erkenntnissen, sei es indem sie auf unberücksichtigte Faktoren hinweisen oder auf physikalische Effekte, mit denen nicht gerechnet wurde. Dieser Teil der Analyse hat nicht mehr mit Statistik zu tun, es geht vielmehr um eine fachlich fundierte Interpretation der Ergebnisse.

3.4.1 Fallbeispiel

Rasensprenger, siehe Abbildung 3.11 und Anhang. Untersucht wurde das Qualitätsmerkmal *Reichweite* mit den Faktoren: Düsenwinkel α (A), β (B), Düsenquerschnitt (C), Durchmesser (D), trockene Reibung (E), flüssige Reibung (F) und Druck (G), entsprechend den Einstellungen aus Tabelle 2.9. Als Versuchsplan kam ein Vollfaktorplan mit 128 Versuchen zum Einsatz. Überlagertes normalverteiltes Rauschen mit $\sigma = 0,1m$ dient als Ersatz für die Teststreuung. Einen absichtlich eingebauten Ausreißer in Versuchslauf 13 gilt es zu entdecken.

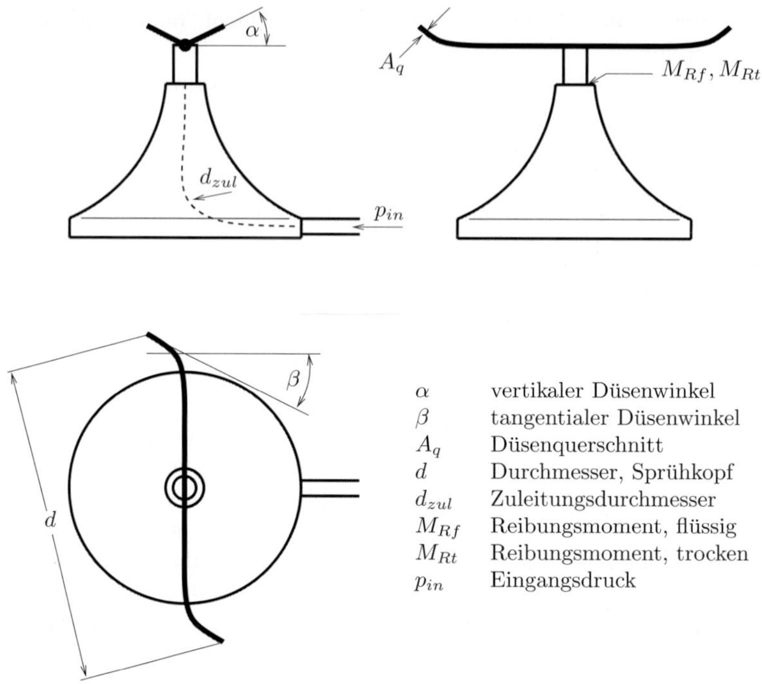

Abb. 3.11 Schematische Darstellung eines Rasensprengers.

3.4.2 Residual-Plots

Nutzt man das Beschreibungsmodell, um Vorhersagewerte für die bereits getesteten Kombinationen zu berechnen, eröffnet sich ohne zusätzlichen Versuchsaufwand eine weitere Kontrollmöglichkeit. Der Residualplot zeigt die Abweichung zwischen Vorhersage und Testergebnis. Große Abweichungen können verschiedene Ursachen haben, zum Beispiel einzelne Ausreißer, ein zu grobes Beschreibungsmodell, eine hohe Teststreuung oder einen dejustierten Versuchsaufbau. Unterschiedliche Darstellungsweisen erleichtern die Ursachenanalyse.

Die Darstellung *predicted vs. actual* zeigt die Vorhersage im Vergleich zu den gemessenen Werten. Diese Darstellung eignet sich hervorragend für einen schnellen Überblick, weil sie die Abweichungen sofort in Relation zu den auftretenden Werten setzt. Dies vereinfacht die Entscheidung darüber, ob die erreichte Modellgüte bereits den Erwartungen entspricht oder weitere Analysen notwendig werden. Streng genommen ist dies noch kein Residual-Plot, findet sich aber bei Auswerteprogrammen typischerweise in dieser Kategorie.

Die Darstellung *residual vs. run order* zeigt die Residuen in der Reihenfolge der Versuche und ist eines der wichtigsten Diagnosewerkzeuge, weil es unmittelbar aufzeigt, in welchen Versuchen die Abweichungen zwischen Vorhersage und Testergebnis besonders gross sind. Viele potentielle Fehler lassen sich hier able-

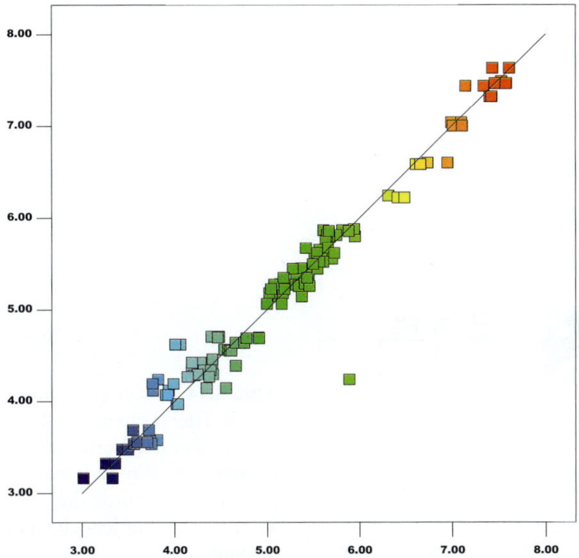

Abb. 3.12 Predicted vs. actual. Hier wird die Vorhersage über den Testergebnissen aufgetragen. Die Teststreuung macht sich bemerkbar. Auch der Ausreißer fällt auf.

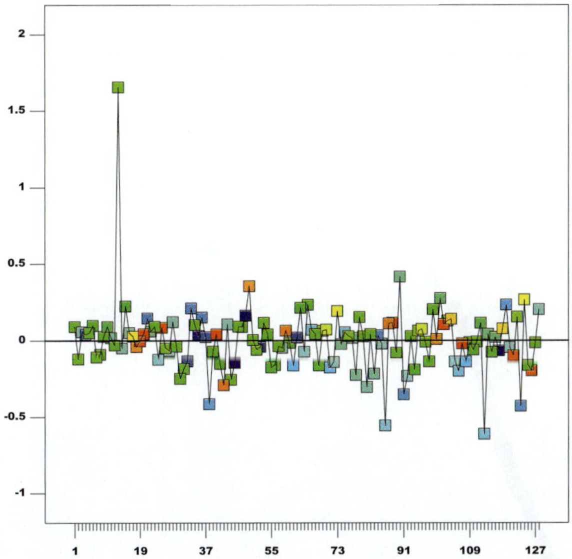

Abb. 3.13 Residual vs. run order. Hier wird die Abweichung zwischen Vorhersage und Testergebnis in der Reihenfolge der Versuche aufgetragen. Der Ausreißer fällt auf und kann eindeutig einem Versuchslauf zugeordnet werden.

sen. Ausreißer fallen auf, aber zum Beispiel auch ein mitten in der Versuchsreihe verstellter Versuchsaufbau.

In vielen Fällen ist die Vorhersage im mittleren Bereich der Versuchsergebnisse wesentlich besser als bei den niedrigsten oder höchsten Ergebnissen. Diese und

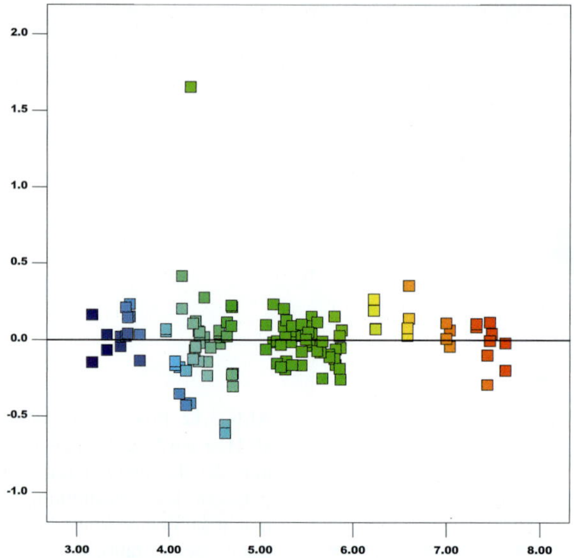

Abb. 3.14 Residual vs. predicted. Hier werden die Residuen über der Vorhersage aufgetragen. Ein systematischer Trend würde dabei auffallen, ist hier jedoch nicht erkennbar.

andere systematische Ungenauigkeiten zeigt die Darstellung *residual vs. predicted*. Die Kombination aus geringer Teststreuung und ungenauem Beschreibungsmodell fällt hier sehr gut auf, sofern vorhanden.

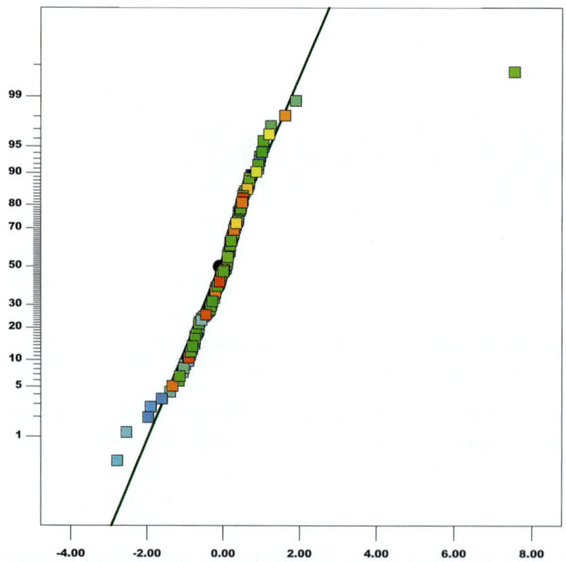

Abb. 3.15 Full-Normal Plot der Residuen. Auch hier fällt der Ausreißer sofort auf, ansonsten lässt die Verteilung der Residuen auf eine zufällige Streuung schließen.

Rein zufällige Schwankungen folgen der Normalverteilung. Daher liegt es nahe, den Full-Normal-Plot nicht nur für die Effekte, sondern auch für die Residuen einzusetzen. Jede systematische Abweichung zwischen Vorhersage und Testergebnis fällt dadurch auf, dass sie nicht mit der Normalverteilung erklärbar ist. Man bildet also lediglich eine Ausgleichsgerade und findet schnell die potentiellen Ausreißer, verschiedene Gruppen von Testläufen oder systematische Schwächen des Modells.

Die Diagnose mit Hilfe der Residuen ist in der Regel sehr sicher und erfordert keine zusätzlichen Versuche. Große Versuchspläne bieten von vornherein mehr Freiheitsgrade als kleine Versuchspläne an. Aufwendige Modelle hingegen zehren viele Freiheitsgrade auf. Das Wechselspiel zwischen Versuchsplan und Beschreibungsmodell ist letztlich entscheidend. Es geht um eine genaue und reproduzierbare Vorhersage des Systemverhaltens, ohne unrealistische Anpassung an streuungsbehaftete Versuchswerte.

3.4.3 Löschdiagnosen

3.4.3.1 DFFITS

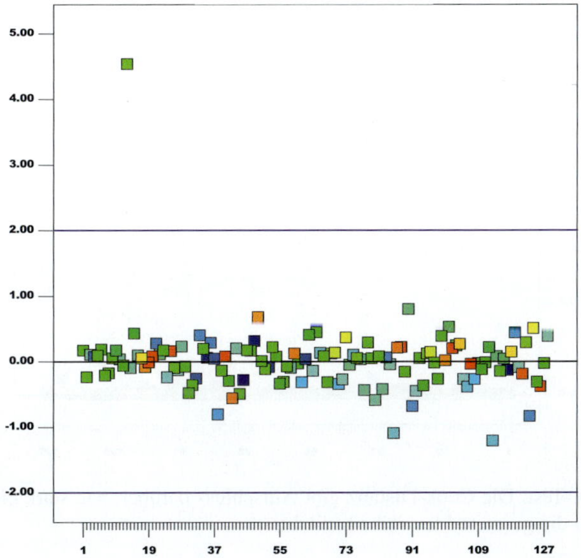

Abb. 3.16 DFFITS-Test. Hier wird die Veränderung der Vorhersage für den Entfall des jeweiligen Testlaufes eingetragen. Hierzu rechnet die Auswertung eine neue Vorhersage ohne den zu prüfenden Lauf und vergleicht diese mit der ursprünglichen Vorhersage. Große Abweichungen sind ein sicheres Zeichen für Ausreißer. Je nach Versuchsplan sind nicht alle Läufe gleich wichtig für das Gleichungssystem, was bei dieser Analyse berücksichtigt wird.

Fällt im Residual-Plot ein möglicher Ausreißer auf, so stellt sich sofort die Frage, wie stark dieser Versuch das gesamte Ergebnis beinflusst. Die Kenngröße DFFITS übernimmt genau diese Prüfung [108, 4] und gehört damit zur Kategorie der *Löschdiagnosen*. Hierzu klappert das Auswerteprogramm alle einzelnen Testwerte ab und berechnet neue Vorhersagen für die Testwerte, ohne den jeweiligen Testwert bei der Modellbildung zu berücksichtigen. Die Differenz zwischen der neuen Vorhersage und der ursprünglichen Vorhersage wird auf die geschätzte Teststreuung (ohne Berücksichtigung des Testwertes *i*) bezogen und als DFFITS deklariert, *difference in fits*. Hierbei gehen auch die jeweiligen Hebelwerte h_{ii} ein. $\hat{\sigma}_{-i}$ ist ein Schätzwert für die Streuung der gesamten Messreihe, ohne Berücksichtigung der Einzelmessung *i*.

$$DFFITS_i = \frac{\hat{y}_i - \hat{y}_{i(-i)}}{\hat{\sigma}_{(-i)}\sqrt{h_{ii}}} \tag{3.10}$$

3.4.3.2 Cook-Distanz

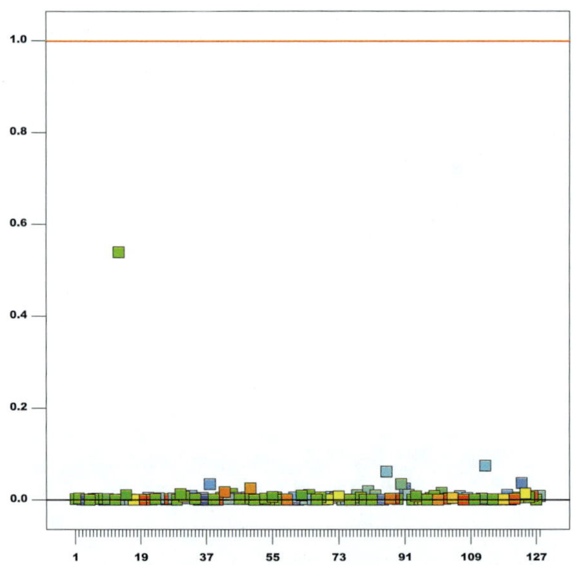

Abb. 3.17 COOK-Test. Die Cook-Distanz gibt Aufschluss darüber, wie stark ein einzelner Wert die Vorhersage für die gesamte Messreihe beeinflusst.

Auch die Cook-Distanz gehört zu den Löschdiagnosen, allerdings wird hier der Einfluss auf die Vorhersage *aller* Ergebnisse ausgewertet. Die Differenz zwischen den Vorhersagen mit dem Punkt y_i und ohne den Punkt y_i wird quadriert, aufsummiert und anders normiert als bei der Berechnung des DFFITS. Ausreißer zeichnen sich dadurch stärker ab. Ab einem Wert von 1 gilt der Ausreißer als kritisch und verfälscht die gesamte Vorhersage. n_m bezeichnet die Zahl der Modellkonstanten und $\hat{V}$ die geschätzte Varianz.

$$D_i = \frac{\sum_{j=1}^{n} \left(\hat{y}_j - \hat{y}_{j(-i)}\right)^2}{n_m \hat{V}} \tag{3.11}$$

3.4.4 Box-Cox Transformation

Wenn sich eine starke Abhängigkeit der Residuen von den vorhergesagten Werten zeigt (residuals vs. predicted) kann die Box-Cox Transformation möglicherweise Abhilfe schaffen. Eine mathematische Transformation des Qualitätsmerkmals ist ohne weiteres zulässig, da die Definition des Qualitätsmerkmales selber einer gewissen Willkür unterliegt. Beispielsweise kann man den Kraftstoffverbrauch eines Fahrzeuges in Litern pro 100 Kilometern angeben oder auch in Miles per Gallon. Die Nachgiebigkeit von Schraubenfedern lässt sich über einen vorgegebenen Weg oder eine vorgegebene Kraft messen. Lebensdauerangaben finden über die mittlere Lebensdauer oder eine Ausfallrate statt, usw. . Die Transformation der Ergebnisgröße (Qualitätsmerkmal) kann die Abhängigkeit von den Faktoren der Untersuchung mathematisch günstiger gestalten, was sich über ein genaueres Beschreibungsmodell auszahlt [108, 4].

Glücklicherweise gibt es auch hier ein passendes Instrument, um dem Anwender zeitraubende Routinearbeit zu ersparen. Der Box-Cox Plot zeigt an, ob sich eine Transformation lohnt und welche Transformation im speziellen Fall zu den geringsten Residuen führt. Hierzu wird eine allgemein formulierte Funktionsklasse betrachtet, die sogenannte Power-Law-Family. Damit ist kein erfolgreicher Familienbetrieb von Rechtsanwälten gemeint, sondern eine clever formulierte mathematische Transformation, die extrem flexibel ist, aber trotzdem nur von einem Parameter abhängt.

$$z = \begin{cases} y^{\lambda} & , \lambda \neq 0 \\ ln(y) & , \lambda = 0 \end{cases} \tag{3.12}$$

Mit dieser Transformation kann man sehr viele Verläufe realisieren. Bei $\lambda = 1$ wird keine Transformation durchgeführt (identische Abbildung), $\lambda = -1$ erzeugt den Kehrwert, $\lambda = 0,5$ die Wurzelfunktion und so weiter.

Mit einer passenden Erweiterung konnten Box und Cox die Transformation so umformen, dass die Ergebniswerte unabhängig von λ in den gleichen Einheiten erscheinen.

$$z = \begin{cases} \frac{y^{\lambda}-1}{\lambda g^{\lambda-1}} & , \lambda \neq 0 \\ ln(y) g & , \lambda = 0 \end{cases} \tag{3.13}$$

$$g = (y_1 y_2 \ldots y_{n_r})^{\frac{1}{n_r}} \tag{3.14}$$

Im Box-Cox Plot wird die Summe der Fehlerquadrate (residual sum of squares) als Funktion von λ aufgetragen, woraus sich unmittelbar der optimale Wert für λ ablesen lässt.

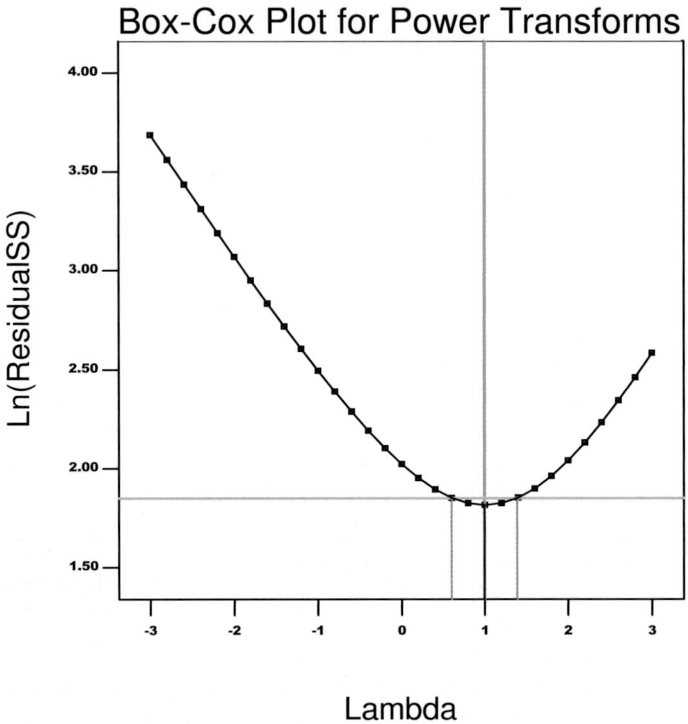

Abb. 3.18 Box-Cox Plot. Für das Fallbeispiel ist offenbar keine Transformation sinnvoll, denn bei $\lambda = 1$ liegt das Minimum der Kurve.

3.4.5 Bestätigungsläufe

Auch wenn die bereits gezeigten Kontrollverfahren das Risiko einer Fehlinterpretation bereits stark reduzieren, bleibt letztlich immer nur der Bestätigungslauf übrig, um absolute Gewissheit zu geben. Insbesondere bei Teilfaktorplänen mit dichter Belegung ist die Chance sehr gering, dass die vorgeschlagene Einstellung bereits getestet wurde. Es lohnt sich in diesen Fällen immer, logistisch einen Nachversuch mit der optimierten Einstellung des Systems vorzusehen. Wenn die Möglichkeit besteht, sind auch zwei weitere Einstellungen empfehlenswert: Die Einstellung aller Faktoren auf einen Mittelwert (der sogenannte "center point") gibt Aufschluss über auftretende Nichtlinearitäten. Die Wiederholung der ersten Einstellung kann als zusätzlicher Datenpunkt hilfreich sein, um zeitliche Veränderungen aufzudecken, wie sie zum Beispiel durch Verschleiss oder eine sukzessive Verstellung entstehen.

Kapitel 4
Statistische Modellbildung

4.1 Einleitung

Nachdem wir in den vorigen Kapiteln einen Weg in die Anwendung der statistischen Versuchsplanung gefunden haben, wird es in der Folge darum gehen, Kapitel 3 aufzugreifen und die dort zu findende Darstellung der wesentlichen Kontrollverfahren zu vertiefen beziehungsweise, wo sinnvoll, zu ergänzen. Es wird dabei um Verfahren gehen, mit denen sichergestellt wird, dass man

- eine *sinnvolle* statistische Auswertung durchführt, die es erlaubt, "echte" Effekte von Effekten zu trennen, die durch das Messrauschen nur vorgetäuscht werden,
- eine dafür sinnvolle Anzahl von Versuchswiederholungen benutzt
- von einem *validen* Vorhersagemodell ausgeht
- mit der schließlich vorgeschlagenen Systemverbesserung richtig liegt.

Nach einigen Gedanken zur Frage, warum wir uns überhaupt mit Statistik befassen müssen (keine Panik — es geht...!) werden wir zunächst einige über 80 Jahre alte Prinzipien bei der statistischen Versuchsplanung kennen lernen: Randomisierung, Versuchswiederholung und Blockbildung — drei Maßnahmen, die uns helfen werden, das "Signal" vom "Rauschen" zu trennen (Kap. 4.3). Diese Trennung führt uns zum Thema des statistischen Testens: Was heißt eigentlich "statistisch signifikant"? Da dieses Thema zwar von zentraler Bedeutung ist, in der Regel aber weder gut erklärt noch von Anwendern gut verstanden wird, werden wir den Grundgedanken des Testens einigen Raum gönnen (Kap. 4.4), bevor wir auf den Kern-Test für geplante Experimente, die sogenannte Varianzanalyse (Analysis of Variance, ANOVA, vgl. 4.5) zu sprechen kommen. Leider sind alle diese Vorbereitungen nötig, um eine zentrale Frage beantworten (und die Antwort verstehen und anwenden) zu können: Wie viele Versuche muss man eigentlich durchführen, um zu gesicherten, verlässlichen Ergebnissen zu gelangen (4.5.6)? Last, but not least, müssen wir noch einmal auf die Residuenanalyse und verwandte Themen zurückkommen: Nur wenn die Voraussetzungen der ANOVA erfüllt sind, gelangt man nämlich zu sinnvollen Ergebnissen. Gilt dies nicht, wird alle "Statistik" zur Makulatur... (vgl. 4.6).

Was aber hat die Auswertung von Versuchen überhaupt mit Statistik zu tun?

K. Siebertz et al., *Statistische Versuchsplanung*, VDI-Buch,
DOI 10.1007/978-3-642-05493-8_4, © Springer-Verlag Berlin Heidelberg 2010

4.2 Warum Statistik?

To call in the statistician after the experiment is done may be no more than asking him to perform a postmortem examination: he may be able to say what the experiment died of.
— Sir Ronald Aylmer Fisher, ca. 1938[1]

The truth is that we all live in a non-stationary world; a world in which external factors never stay still
— George Box, 1989[2]

Liegen die Ergebnisse der zuvor geplanten Messreihen vor, kann man sich durchaus Situationen vorstellen, wie sie Christer Hellstrand, Statistiker beim Kugellagerhersteller SKF, 1989 in einem technischen Bericht beschrieben hat: Dort ging es darum, die Wirkung der Modifikationen dreier Designparameter A, B und C auf die Lebensdauer bestimmter Kugellager zu ermitteln. Hellstrand ([66], später auch George Box, vgl. [14]) beschreibt, wie durch einen simplen Vollfaktorplan mit 2^3 Versuchen eine maßgebliche Interaktion entdeckt wurde, die durch "normale" *one factor at a time*-Versuche niemals hätte entdeckt werden können: Während die einzelnen Haupteffekte, wie in Abbildung 4.1 sichtbar wird, eher klein sind, ist der Einfluss der Modifikationen dramatisch, wenn alle drei Modifikationen *zugleich* durchgeführt werden. Die bisherige Lebensdauer von 17 Stunden im Falle dreier nicht modifizierter Parameter konnte durch gleichzeitige Nutzung aller Modifikationen auf 128 Stunden erhöht werden! Dies ist natürlich ein beachtliches — und später zu Recht von Box als Beispiel für den Wert der Betrachtung von Interaktionen hervorgehobenes — Resultat. An dieser Stelle sei aber auch auf einen weiteren Aspekt des Ergebnisses hingewiesen: Im Falle derartig klarer und eindeutiger Versuchsergebnisse erübrigt sich im Grunde die Anwendung statistischer Methoden, denn die Resultate sprechen für sich. Wer würde seinen Chefs keine klare Empfehlung auf der Basis von Abbildung 4.1 geben?

Leider sind die Ergebnisse der meisten Experimente in der Regel nicht so klar. Dies liegt natürlich vor allem daran, dass zufällige Streuung der Begleiter einer jeden Messreihe ist. Sobald jedoch eine Streuung vorliegt, liefern zwei voneinander unabhängige Versuchsgruppen nicht mehr den gleichen Mittelwert, auch wenn das System keinerlei systematische Änderung erfahren hat. Bei der Versuchsauswertung entsteht damit die Notwendigkeit, wahre Effekte von scheinbaren Effekten zu unterscheiden. Während ein wahrer Effekt reproduzierbar ist und die Auswirkung einer Systemveränderung auf die Systemleistung beschreibt, ist ein "scheinbarer"

---

[1] Den Statistiker hinzuzuziehen, nachdem das Experiment durchgeführt wurde, könnte nicht mehr bedeuten als ihn um eine Autopsie zu bitten: Er könnte sagen, woran der Versuch gestorben ist.

[2] In Wahrheit leben wir alle in einer nicht-stationären Welt; einer Welt, in der externe Faktoren niemals stillstehen.

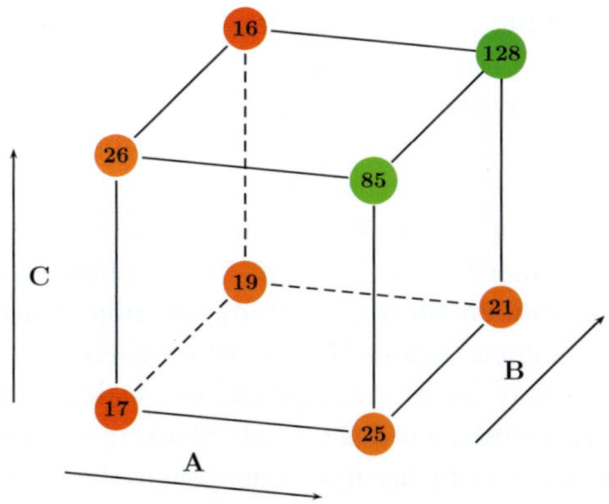

Abb. 4.1 Schematische Darstellung des Einflusses der Designparameter A, B und C: Während die Veränderung von Parameter A die Lebensdauer von 17 auf 25 Stunden, B auf 19 Stunden und C auf 26 Stunden erhöhte, wurde festgestellt, dass die gemeinsame Veränderung aller Parameter zu einer Erhöhung der Lebensdauer des Kugellagers auf 128 Stunden führte!

Effekt das *zufällige Produkt der Versuchsstreuung* — und daher *nicht reproduzierbar*. Scheinbare Effekte verschlechtern somit die Genauigkeit des Beschreibungsmodells, denn bei einer Wiederholung der Versuchsreihe nehmen sie andere Werte an und können sogar ihr Vorzeichen wechseln.

Es geht also darum, "die Spreu vom Weizen zu trennen" — die Quellen unkontrollierbarer Variabilität zu enttarnen und deren Effekte möglichst gut zu verstehen. So stellte sich für den Pionier der Theorie der statistischen Versuchsplanung, R.A. Fisher, die Frage, ob der bessere Ernteertrag eines mit einem neuen Dünger gedüngten Feldes aufgrund der Wirkung des neuen Düngers zu erklären ist — oder beispielsweise aufgrund einer besseren Bodenbeschaffenheit oder sonnigeren Lage des ertragreicheren Feldes. Ähnliche Fragen stellen sich natürlich auch in industriellen Anwendungen. Leben wir in einer "stationären" Welt, in der wir die der DoE zugrunde liegenden Faktoren kontrollieren, alle anderen Parameter aber konstant halten können?

Mit den Worten von George Box: *"To see if you believe in .. stationarity in your particular kind of work, think of the size of chance differences you expect in measurements taken n steps apart (in time or in space)"* — um festzustellen, ob man an Stationarität in seinem speziellen Arbeitsgebiet glauben kann, denke man an die Größe von zufälligen Unterschieden, die man *n* Schritte (zeitlich oder räumlich) entfernt erwartet... ([15, S.2]).

Die Antwort liegt natürlich auf der Hand: Wir leben in einer nichtstationären Welt. So basiert beispielsweise jeder Produktionsprozess auf der Einbeziehung von Menschen und Maschinen. Menschen aber ändern ihr Verhalten mit der Zeit, und verschiedene *Operator* werden meist verschiedene Gewohnheiten haben. Maschinen verschleißen, müssen neu eingestellt werden usw. Eingesetzte Materialien können sich von Charge zu Charge ändern (müssen und sollten aber nicht)...

Alle diese Faktoren verursachen Variabilität — neben der schon eingangs erwähnten Messungenauigkeit —, und an dieser Stelle kommen Wahrscheinlichkeitsrechnung und Statistik zum Einsatz, die mit den Konzepten von "zufälligen Veränderlichen" und "Wahrscheinlichkeitsverteilungen" eine universelle Sprache zur Beschreibung und Analyse von Variabilität anbieten. Wie groß muss ein Faktoreffekt sein, um als "signifikant" zu gelten? Wie genau müssen wir messen können, um sicher zu sein, dass ein kleiner Effekt "real" ist? Wann sehen wir nur Messrauschen?

Wir benötigen Methoden die uns helfen, zufällige Unterschiede (Pseudo-Effekte) von systematischen Unterschieden zu trennen.

Aufgrund der Bedeutung dieser Aussage und der vielen in der Praxis auftretenden Missverständnisse widmen wir den Grundgedanken statistischen Testens in der Folge viel Raum. Da wir wie bisher davon ausgehen, dass die meisten Anwender der statistischen Versuchsplanung Standard-Software zur Durchführung ihrer Berechnungen einsetzen, wird der Fokus dabei allerdings nicht, wie sonst leider allzu oft, auf der Darstellung der manuellen Rechenschritte liegen, sondern auf einer sorgfältigen Darstellung der Grundprinzipien. Anders gesagt: Es soll *nicht* darum gehen, *wie* die Software rechnet, sondern *was* sie rechnet und *wie der jeweilige Output zu interpretieren ist.*

Zuvor sollen jedoch die eng damit zusammenhängenden und seit den Kindertagen der DoE in den zwanziger Jahren des vorigen Jahrhunderts klar definierten drei Grundprinzipien R.A. Fishers als "Brücke in die Statistik" diskutiert werden — Randomisierung, Replikation (Wiederholung) und Blockbildung (Kapitel 4.3). Damit ist der Rahmen abgesteckt, zunächst den zentralen Grundgedanken aller statistischen Tests zu erläutern (Kapitel 4.4), um anschließend diesen Gedanken auf die Varianzanalyse, eine ebenfalls bereits durch Fisher eingeführte Prozedur zur Auswertung randomisierter statistischer Versuchspläne zu übertragen (Kapitel 4.5). Erst mit diesem Instrumentarium wird der Rahmen geschaffen, endgültige, abgesicherte Aussagen aus den Versuchsergebnissen abzuleiten:

> *"The statistical approach to experimental design is necessary if we want to draw meaningful conclusions from data"* — der statistische Zugang zur Versuchsplanung ist nötig, wenn wir sinnvolle Schlussfolgerungen aus den Daten ziehen wollen ([119, S. 11]).

Wenn in diesem Kapitel wiederholt zwei Herren zu Wort kommen, so liegt dies an deren fundamentaler Bedeutung für die Entwicklung sowohl der statistischen Versuchsplanung als auch ihrer "Vermarktung" im industriellen Umfeld (diese Auswahl ist, zugegebenermaßen, etwas subjektiv).

Bei **Sir Ronald Aylmer Fisher** (1890-1962) handelt es sich letztlich um den Erfinder der DoE, deren Wurzeln mindestens bis ins Jahr 1926 zurückgehen. Fisher hatte als junger Statistiker an der landwirtschaftlichen Versuchsanstalt Rothamsted in England einen äußerst folgenreichen Aufsatz über *The Arrangement of Field Experiments* ([55]) — das Arrangieren von Feldexperimenten im wahrsten Sinne des Wortes — veröffentlicht, in dem alle bis heute gültigen Grundprinzipien der Versuchsplanung im wesentlichen entwickelt wurden. Fisher, der ab 1933 verschiedene Professuren in England innehatte und sich später in Australien niederließ, gilt als Mitbegründer der gesamten modernen Statistik. Neben mehr als 300 Aufsätzen veröffentlichte er bis zu seinem Tode mehrere einflussreiche Bücher, darunter *Statistical Methods for Research Workers*, das seit seiner ersten Auflage im Jahre 1925 insgesamt 14 Neuauflagen und Übersetzungen erlebte ([54]), sowie 8 Auflagen eines Lehrbuchs mit dem Titel *The Design of Experiments*, die zwischen 1935 und 1966 erschienen ([56]). Obwohl — oder gerade: weil — er stets die Anwendungen der Statistik im Auge hatte, ist sein Name eng mit statistischen Themen wie Varianz- und Kovarianzanalyse, Maximum Likelihood-Schätzung oder Diskriminanzanalyse verbunden. Auf Fisher wird in der Folge mehrfach zurückzukommen sein.

Bevor wir nun näher auf den zweiten der erwähnten Herren, **George Edward Pelham Box** (geboren 1919) eingehen, bietet sich noch eine Fußnote zu einem frühen Vorgänger Box' in der industriell orientierten Statistik an, zu dem englischen Wissenschaftler **William Sealey Gosset** (1876-1937). Gosset, vielleicht in der Statistik sogar besser bekannt unter seinem Pseudonym "student", das sich auch in der "student t-Verteilung" und im "student t-test" wiederfindet, kann nämlich in einem gewissen Sinne als Urahn der *Six Sigma*-Bewegung angesehen werden, als früher Anwender statistischer Verfahren zur Verbesserung industrieller Prozesse. Gosset/-Student, der sowohl Chemie als auch Mathematik studiert hatte, entwickelte ab 1899 für die Guinness-Brauerei in Dublin statistische Methoden, die er bei der Planung und Auswertung chemischer Experimente anwandte. Guinness war eine Firma, in der auf wissenschaftliche Methoden gesetzt wurde; bereits 1900 wurden die Guinness Research Laboratories gegründet, in denen Forschungen zu Themen wie Kosten oder Qualität von Gerste und Hopfen betrieben wurden. Gossets Arbeit machte ihn mit dem Problem kleiner Stichprobenumfänge — geringer Versuchszahlen — bekannt, und aus seiner Beschäftigung mit den Konsequenzen daraus resultierte seine 1908 veröffentlichte Arbeit "The probable error of a mean" ([177]), die er — aus Angst seines Arbeitgebers vor der Veröffentlichung von Betriebsgeheimnissen — nicht unter seinem eigenen Namen publizieren konnte (klingt dies nicht noch immer modern?).

In diesem Sinne hatte **George E.P. Box** also sowohl einen frühen "Großvater" (Gosset) als auch einen berühmten Schwiegervater (er heiratete Fishers zweite Tochter Joan Fisher Box, die später eine vielzitierte Biographie ihres Vaters schrieb). Box, zunächst wie Gosset als Chemiker ausgebildet, wurde ebenfalls durch praktische Probleme motiviert, sich mit statistischen Themen auseinander zu setzen, da er während des zweiten Weltkrieges an Giftgasexperimenten für die britische Armee beteiligt war. Da er keine adäquate statistische Beratung finden konnte, eignete er sich die Grundlagen autodidaktisch an, um nach dem Krieg in London Statistik zu studieren, wo er 1953 über Abweichungen von den der Varianzanalyse zugrunde liegenden Annahmen (vgl. Kapitel 4.5) promovierte. 1960, Box war mittlerweile in die USA übergesiedelt, wurde er Professor für Statistik an der *University of Wisconsin*, wo er bis zu seiner Pensionierung im Jahre 1992 tätig war. Dort war er der erste *chairman* des neu gegründeten *Departments of Statistics* und gründete 1985, gemeinsam mit seinem früheren Doktoranden **William S. Hunter** (1937-1986) das *Center for Quality and Productivity Improvement*.

Wie Fisher veröffentlichte auch Box zahlreiche Artikel und Bücher, unter anderem Klassiker wie den Band *Statistics for Experimenters* ([75]), aber auch unbekanntere wie den (äußerst lesenswerten) Sammelband *Improving Almost Anything* ([17]). Sein Name ist durch Box-Behnken- Designs, Box-Jenkins Modelle der Zeitreihenanalyse und die Box-Cox-Transformation (vgl. Kap. 3.4.4) fest in der Statistik verankert; auch die *Response Surface Methode* wurde von ihm maßgeblich mit entwickelt.

Die Geschichte der industriellen Statistik ist noch weitgehend ungeschrieben. Eine ausführlichere Darstellung käme nicht umhin, beispielsweise die Beiträge von **Walter A. Shewhart** (1891-1967) für die statistische Qualitätskontrolle oder von **W. Edwards Deming** (1900-1993) zu würdigen. Zu Deming sei lediglich angemerkt, dass er nach erfolgreicher Tätigkeit in Japan seit Beginn der achtziger Jahre in den USA Aufmerksamkeit fand — die amerikanische Wirkung seiner Arbeiten fällt somit in die selbe Zeit, in der Box und Hunter das *Center for Quality and Productivity Improvement* gründeten — und in der Forscher von Motorola die Grundzüge von *Six Sigma* entwickelten. Die Zeit für einen forcierten Einsatz statistischer Methoden zur Effizienz- und Qualitätssteigerung war Mitte der achtziger Jahre des letzten Jahrhunderts offenbar reif.

Six Sigma, Mitte der Achtziger bei Motorola entstanden, wurde zu einer erfolgreichen, Statistik-basierten Qualitätsmethode und Managementstrategie, nachdem es zunächst 1995 erfolgreich von General Electric adaptiert wurde. Während es mittlerweile relativ ruhig um *Six Sigma* geworden zu sein scheint, kann man zumindest feststellen, dass es zu einer Demokratisierung der Anwendung statistischer Methoden in vielen Großunternehmen geführt hat: Durch die Ausbildung zahlreicher Mitarbeiter, die unter anderem einen Schwerpunkt auf die statistische Versuchsplanung legt, wurde das Thema in vielen Köpfen — auch auf Management-Ebene — präsent.

Alle in der Folge dargestellten statistischen Analysemethoden basieren auf einer Grundannahme — der Annahme, dass der Versuchsplan korrekt "abgefahren" wurde und dass die vorliegenden Daten für sich genommen stimmig und plausibel sind. Dies ist auch der Startpunkt der Betrachtung vieler gängiger Lehrbücher. Leider zeigt die Erfahrung jedoch, dass man in der Praxis nicht ohne weiteres von dieser Annahme ausgehen kann. Es ist daher zwingend notwendig, sich vor jeder weitergehenden Analyse zunächst einige Gedanken über die Qualität der gelieferten Daten zu machen. Auf diese Notwendigkeit und die zur Kontrolle der generierten Daten empfohlenen Verfahren wurde bereits ausführlich eingegangen (vgl. Kapitel 3.2). Zusätzlich zu den dort bereits erwähnten Aspekten der Datenkontrolle sei an dieser Stelle noch darauf hingewiesen, dass auch die Reihenfolge, in der die Versuche tatsächlich durchgeführt wurden, von der geplanten Reihenfolge abweichen kann. Wir werden in der Folge sehen, warum eine randomisierte Reihenfolge optimal ist, und warum in der Auswertung nicht berücksichtigte Abweichungen von dieser Reihenfolge zu gravierenden Fehlaussagen führen können.

4.3 Randomisierung, Wiederholung, Blockbildung — Fishers Brücke in die Statistik

In all cases, however, we recognize randomization as a postulate necessary to the validity of our conclusions, and the modern experimenter is careful to make sure that this postulate is justified
— R.A. Fisher, 1947[3]

Statistische Aussagen über das Verhalten von Mittelwerten oder Varianzen mehrerer Versuchsergebnisse gehen in der Regel von *unabhängig* voneinander durchgeführten Versuchen aus — es darf, grob gesprochen, keinen Zusammenhang zwischen den einzelnen Versuchen geben.

4.3.1 Randomisierung

Es gehört zu den großen Verdiensten des nun schon oft erwähnten Pioniers der statistischen Versuchsplanung, R.A. Fisher, über die Konsequenzen dieser Aussage bei seinen landwirtschaftlichen Experimenten gestolpert zu sein: die Erträge benachbarter Versuchsflächen (plots) waren natürlich ähnlicher als die Erträge weiter voneinander entfernter plots. Von der idealen Situation "zufälliger" Störungen durch unkontrollierbare Störgrößen, wie in Abbildung 4.2-a symbolisiert, waren seine Feldversuche weit entfernt — die von ihm gefundenen Störungen glichen weit eher den systematischen, in Abbildung 4.2-b visualisierten Größen (man beachte, dass diese Graphiken nicht nur als räumliche Abfolge, sondern auch als zeitliche Abfolge interpretiert werden können, etwa wenn eine steigende Umgebungstemperatur einen unkontrollierbaren Einfluss auf die Zielgroßen hat oder wenn die Abnutzung eines Werkzeugs im Produktionsprozess eine Rolle spielt).

Stellt man sich vor, dass man in einer derartigen Situation beispielsweise drei Faktoren mit jeweils 2 Stufen testen will, so wird sofort einsichtig, dass der Einfluss der (unkontrollierbaren) Störung im ersten Fall zwar die Variabilität der Messungen erhöht, aber aufgrund der zufälligen und symmetrischen Verteilung keine systematische Verzerrung verursacht, während diese Unabhängigkeit der Messungen im zweiten Fall gestört wird — je höher eine Messung, desto größer die Chance auf eine weitere hohe Messung.

Statistische Aussagen, die zu Unrecht auf einer Unabhängigkeitsannahme beruhen, werden aber falsch: Es kann sein, dass man "signifikante" Faktoreinflüsse erkennt, die in Wahrheit auf den Einfluss der Störgrößen zurückzuführen sind.

---

[3] Auf jeden Fall erkennen wir die Randomisierung als notwendige Bedingung für die Gültigkeit unserer Schlussfolgerungen, und der moderne Versuchsleiter stellt sorgfältig sicher, dass dieses Postulat erfüllt ist.

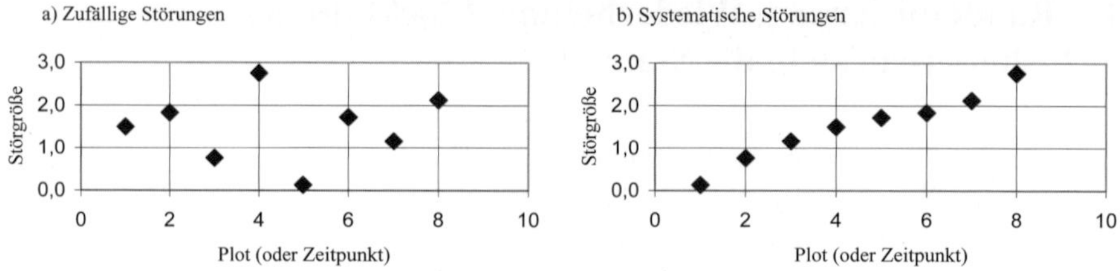

Abb. 4.2 Zwei Varianten derselben Störungen (Messfehler): Während die Störungen in Teil a) zufällig wirken, unterliegen sie in Teil b), rechte Seite, einer systematischen Ordnung. Es liegt auf der Hand, wieso Versuche durch systematische Störungen verfälscht werden, dass Fisher also zu Recht beunruhigt war.

Dies hängt natürlich vor allem vom Verhältnis der Störgrößen zu den zu messenden "echten" Effekten ab — das wir in der einen oder anderen Form im Laufe der gesamten statistischen Thematik betrachten werden.

Fishers großer Wurf bestand nun darin, die Versuchsreihenfolge von jeder Systematik zu lösen und stattdessen eine "zufällig ausgewürfelte" Reihenfolge zu nutzen. Um Missverständnissen vorzubeugen: Dies bedeutet *nicht*, dass es der Willkür des Durchführenden überlassen bleibt, wann er welchen Versuch durchführt — es bedeutet, dass die Versuchsreihenfolge (bzw. Zuordnung von plots zu Düngemitteln, Probanden zu Behandlungen etc.) *bei der Planung* der Experimente, etwa durch die Nutzung eines Zufallszahlengenerators, festgelegt wird.

Der Effekt der Randomisierung kann an obigem Beispiel sehr schön verdeutlicht werden, wenn man die den Graphiken zugrunde liegenden Daten nutzt.

Plot (oder Zeitpunkt)	Labor Zufällige Störung	Feld Systematische Störung
1	1.50	0.13
2	1.83	0.76
3	0.76	1.16
4	2.75	1.50
5	0.13	1.72
6	1.72	1.83
7	1.16	2.12
8	2.12	2.75

Tabelle 4.1 Beispielstörungen in Labor- und Feldversuchen

Es lässt sich leicht nachrechnen, wie der Beitrag dieser Störungen zu den ermittelten Faktoreffekten im Falle der systematischen Störung von der Reihenfolge der Versuchsdurchführung abhängt. Dazu betrachten wir sowohl einen nicht randomisierten als auch einen zufällig "ausgewürfelten", das heißt vollständig randomisierten Vollfaktorplan, wie in Tabelle 4.2 dargestellt.

Vertauscht man die Versuchsreihenfolge wie in Tabelle 4.2 dargestellt, kann man errechnen, dass sich der Beitrag der systematischen Störung zu den Haupteffekten

Plot/Zeitpunkt	A	B	C	A	B	C	Plot/Zeitpunkt
1	−	−	−	+	+	−	7
2	−	−	+	−	−	+	2
3	−	+	−	−	+	−	3
4	−	+	+	+	−	−	5
5	+	−	−	+	−	+	6
6	+	−	+	+	+	+	8
7	+	+	−	−	+	+	4
8	+	+	+	−	−	−	1

Tabelle 4.2 Ein nicht randomisierter Versuchsplan neben einem vollständig randomisierten Plan

deutlich verkleinert (insbesondere für Faktor A, was angesichts der Tatsache, dass A in den ersten Versuchen stets auf −, in den letzten Versuchen stets auf + stand, mehr als verständlich ist).

"Effekt"-Beitrag	Nicht randomisiert	Randomisiert
A	1.22	-0.40
B	0.77	-0.37
C	0.43	0.22

Tabelle 4.3 Randomisierung verkleinert in der Regel den Beitrag des systematischen Fehlers zu den Faktoreffekten

Legt man stattdessen die "Laborsituation" einer echt zufälligen, stationären Störung zugrunde, stellt sich dieser Effekt natürlich deutlich weniger ausgeprägt dar.

Das bisher Gesagte kann kaum treffender zusammengefasst werden als mit den Worten von George Box anlässlich einer R. A. Fisher Memorial Lecture von 1988 ([16, S. 617]):

> " *Fisher's invention of statistical experimental design .. did much to move science out of laboratory into the real world. This was a major step in human progress.*
>
> *The theory of experimental design that he developed, ..., solved the problem of how to conduct valid experiments in a world which is naturally non-stationary and non-homogeneous; a world, moreover, in which unseen 'lurking variables' are linked in unknown ways with the variables under study, thus inviting misinformation and confusion."*

George Box über R.A. Fisher: "Fishers Entwicklung des statistischen Designs von Versuchen .. war ein wesentlicher Schritt zum menschlichen Fortschritt, da die Wissenschaft aus dem Labor in die reale Welt geholt wurde. Die von ihm entwickelte Theorie des experimentellen Designs löste das Problem, wie man valide Experimente in einer natürlicherweise nicht stationären und homogenen Welt ausführen sollte — einer Welt, in der unbekannte, im 'Hinterhalt' liegende Variablen in unbekannter Weise mit den studierten Variablen zusammenspielen und damit Fehlinformation und Verwirrung einladen..."

Besser kann man die vorhergehenden Betrachtungen kaum zusammenfassen, die gezeigt haben, dass und warum die Existenz von Störgrößen in Experimenten verstanden und berücksichtigt werden muss. Wir haben bereits gesehen, dass die Randomisierung einen wichtigen Beitrag dazu leistet.[4] In der Folge werden wir sehen, dass auch die beiden anderen, von Fisher zu Recht so deutlich herausgehobenen Prinzipien der Wiederholung und Blockbildung dazu dienen, das "Signal" vom "Rauschen" zu unterscheiden und das "Rauschen" zu minimieren.

4.3.2 Wiederholung

Es ist natürlich insbesondere das Stichwort der Wiederholung von Versuchen, das beim Gedanken an die Verminderung des Versuchsrauschens in den Sinn kommt: Wir alle wissen, dass der Mittelwert einer erhöhten Anzahl von Messungen eine genauere Schätzung der gemessenen Größe liefert. "Mehr messen und dann mitteln" reduziert die Versuchsstreuung, genauer gesagt die potenzielle Schwankung des ermittelten Mittelwertes.

Mathematisch formuliert: Ist σ^2 die Varianz der Originalgröße, so reduziert sich die Varianz des Mittelwertes aus n Messungen zu $\frac{\sigma^2}{n}$. Da Mittelwerte mehrerer, unabhängig voneinander durchgeführter Messungen dem Zentralen Grenzwertsatz der Wahrscheinlichkeitsrechnung folgen (wenn n genügend groß ist), kann man für genügend große Stichprobenumfänge feststellen, dass die zu erwartenden Mittel aus n Messungen einer Größe mit Mittelwert μ und Varianz σ^2 — wie auch immer diese Größe selbst verteilt sein mag — einer Normalverteilung mit Mittelwert μ und Varianz $\frac{\sigma^2}{n}$ folgen. Das bedeutet, dass die real dann zu findenden Mittelwerte aus n Messungen immer dichter am eigentlichen Wert μ liegen, da ca. 95% aller Mittelwerte im Bereich $\mu \pm 2\sqrt{\frac{\sigma^2}{n}}$ liegen werden, der mit zunehmendem n immer schmaler wird.

Ein Beispiel: Ein fairer Würfel zeigt alle Augenzahlen mit der gleichen Wahrscheinlichkeit $p_1 = p_2 = ... = p_6 = \frac{1}{6}$. Der erwartete "mittlere gewürfelte Wert" μ lässt sich bestimmen als

$$\mu = \frac{1}{6} \cdot 1 + \frac{1}{6} \cdot 2 + ... + \frac{1}{6} \cdot 6 = 3.5,$$

die Varianz σ^2, die "mittlere quadratische Abweichung vom Mittelwert", damit als

$$\sigma^2 = \frac{1}{6} \cdot (1-3.5)^2 + \frac{1}{6} \cdot (2-3.5)^2 + ... + \frac{1}{6} \cdot (6-3.5)^2 = 2.92.$$

[4] In der industriellen Praxis führt die vollständige Randomisierung oft zu Problemen, da nicht alle Faktoren einfach zu verstellen sind — man denke etwa an Ofentemperaturen, die man aus Effizienzgründen lieber einfach von Versuch zu Versuch erhöhen möchte, statt zwischendurch immer wieder auf Abkühlphasen zu warten. Für diese Fälle gibt es spezielle Versuchspläne, sogenannte *split plot designs*, die dies berücksichtigen — sowohl in der Planung als auch der späteren Prozedur zur Auswertung dieser Versuche.

Würfelt man nun n mal und errechnet die mittlere Augenzahl aus diesen n Würfen, so ergibt sich eine Chance von 95%, Mittelwerte zwischen

$$\mu - 2\sqrt{\frac{\sigma^2}{n}} = 3.5 - 2 \cdot \sqrt{\frac{2.92}{n}}$$

und

$$\mu + 2\sqrt{\frac{\sigma^2}{n}} = 3.5 + 2 \cdot \sqrt{\frac{2.92}{n}}$$

zu finden, wie in Tabelle 4.4 gezeigt.

n	$\mu - 2\sqrt{\frac{\sigma^2}{n}}$	$\mu + 2\sqrt{\frac{\sigma^2}{n}}$
50	3.02	3.98
100	3.16	3.84
500	3.35	3.65
1000	3.39	3.61
10000	3.47	3.53

Tabelle 4.4 Grenzen, zwischen denen 95% der Mittelwerte von n gewürfelten Augenzahlen liegen (der "wahre" Wert ist 3.5)

Die zunehmende Zahl von Versuchen ermöglicht eine zunehmend genauere Bestimmung des mittleren Wertes, hier der mittleren Augenzahl von 3.5. Man sieht die Reduktion der Versuchsstreuung durch die Erhöhung des Stichprobenumfangs.

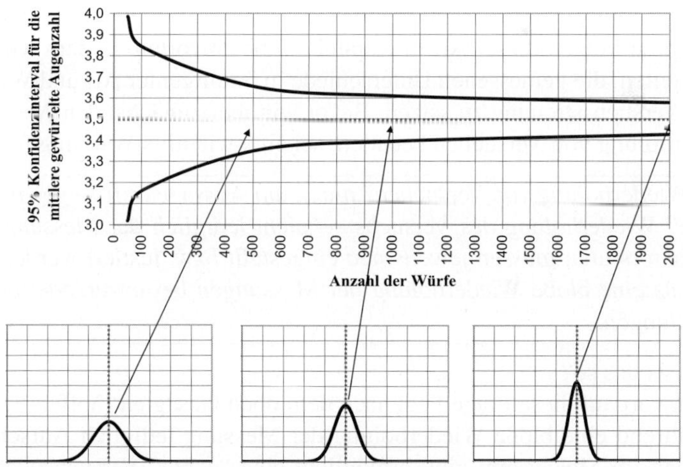

Abb. 4.3 Veranschaulichung von Tabelle 4.4. Es zeigt sich deutlich, wie sich das Konfidenzintervall mit zunehmender Versuchszahl verkleinert — allerdings zeigt sich auch, dass der Effekt bei kleineren Stichprobenumfängen bzw. Versuchszahlen am drastischsten ist.

Ein weiterer, mit der Wiederholung von Versuchen verbundener Aspekt der Versuchsstreuung liegt vermutlich weniger nahe — obwohl er im Grunde vielleicht sogar noch bedeutender ist: *Erst die Wiederholung von Versuchen ermöglicht, die Versuchsstreuung abzuschätzen!*

Warum dies von so fundamentaler Bedeutung für die Auswertbarkeit von Versuchen ist, zeigt die folgende beispielhafte Frage: Angenommen, wir wollten die Wirkung eines Faktors durch jeweils 5 Versuche auf zwei verschiedenen Stufen bestimmen und hätten bei der ersten Stufe ein mittleres Ergebnis von 17, bei der zweiten Stufe von 20 gefunden. Ist der Unterschied "signifikant", oder könnte es sich um einen zufälligen, durch die Versuchsstreuung bedingten Effekt handeln? Die Antwort auf diese Frage kann nicht ohne zusätzliches Wissen gegeben werden. Sie hängt nämlich von unserer Einschätzung ab, ob der gemessene Unterschied von 3 wirklich messbar oder ein Produkt des Messrauschens ist.

Fall (1). Die Einzelmessungen bei Faktorstufe eins seien 16.8, 16.9, 17.0, 17.1 und 17.2 bzw. 19.7, 19.8, 20.0, 20.2 und 20.3 bei der zweiten Stufe.

In diesem Fall sind wir sicherlich auch ohne weitere statistische Analyse davon überzeugt, einen realen Effekt gefunden zu haben, da die Versuchsergebnisse trotz der vorhandenen Streuung weit genug "auseinander" liegen. Dies sieht im zweiten Fall anders aus:

Fall (2). Die Einzelmessungen bei der ersten Stufe seien 15, 16, 17, 18 und 19, diejenigen bei der zweiten Stufe seien 18, 19, 20, 21 und 22.

Während im zweiten Fall ein Effekt gleicher Größe gemessen wurde, überlappen sich die Messungen zu einem gewissen Grad. Einzelmessungen von 18 und 19 sind bei beiden Faktorstufen aufgetreten. Sollen wir dem Effekt (Unterschied zwischen den jeweils mittleren Messwerten) glauben?

Wir werden Fragen dieser Art in Kapitel 4.5 beantworten, in dem wir eine Methode darstellen, die gemessenen Unterschiede in intelligenter Art und Weise in Relation zur Versuchsstreuung zu setzen. Bevor wir aber zunächst den Abschnitt über die Wiederholung von Versuchen beenden, sei eine wichtige Warnung formuliert:

> *Die "Wiederholung von Versuchen" muss, um Aussagekraft zu gewinnen, eine "echte" Wiederholung des Versuchs — nicht lediglich der Messung — sein. Die Faktorstufen müssen jeweils neu eingestellt bzw. justiert werden; dies ist mehr als eine bloße Wiederholung der Messungen bei unveränderten Faktoreinstellungen.*

Warum ist das so?

Die Antwort auf diese Frage liegt nach dem oben Gesagten (hoffentlich) auf der Hand: Während eine bloße Wiederholung der Messung lediglich Aufschluss über die Streuung im Meßsystem gibt, ermöglicht eine "echte" Versuchswiederholung auch die Abschätzung desjenigen Teils der Versuchsstreuung, die sich aus der Einstellbarkeit der Faktoren (Reproduzierbarkeit) ergibt.

Im Rahmen der "echten", über die bloße Wiederholung von Messungen hinausgehenden Wiederholung von Versuchen gibt es also drei zentrale Gedanken:

1. Um die gemessenen Unterschiede, etwa zwischen zwei Faktoreinstellungen, zu bewerten, sollten sie in Relation zur Streuung der Versuche gesetzt werden.
2. Die Versuchsstreuung sollte reduziert werden.
3. Die Versuche sollten im Ganzen wiederholt werden, nicht nur als Messung.

Während der erste dieser Punkte in Kapitel 4.5 wieder aufgegriffen wird, erlaubt uns der zweite Punkt eine perfekte Überleitung zum Thema der Blockbildung, die einen weiteren wichtigen Baustein zur Reduktion unerwünschter Streuung bildet.

4.3.3 Blockbildung

Auch die Blockbildung unterstützt die Reduktion systematischer Fehler — in diesem Fall von Fehlern, die durch Faktoren bedingt werden, die zwar bekannt, aber nicht kontrollierbar sind, da sie nicht zum betrachteten System gehören. Die Grundidee der Blockbildung ist, den Einfluss dieser Fehler quantifizierbar zu machen und somit von der Berechnung der Faktoreffekte zu trennen.

Was ist damit gemeint?

Man kann sich leicht Szenarien vorstellen, bei denen systematische Verzerrungen durch außerhalb des Systems liegende Faktoren auftreten. So kann es sein, dass

- eine Charge eines Materials nicht ausreicht, um alle Prototypen zu bauen, und obwohl das Experiment nicht auf den Einfluss des Materials abzielt, Verzerrungen durch Unterschiede zwischen verschiedenen Chargen durchaus denkbar sind
- nicht alle Messungen innerhalb einer Woche oder einer Produktionsstätte durchgeführt werden können, obwohl mit unterschiedlichen Ergebnissen für verschiedene Zeiträume oder Orte zu rechnen ist.

Störfaktoren dieser Art, an denen kein echtes Interesse besteht, deren Effekte aber zur Vermeidung systematischer Fehler von den "echten" (interessierenden) Effekten getrennt werden sollen, können sogenannte "Blöcke" definieren — Gruppierungen des Versuchsplans in Bereiche mit relativ homogenen Randbedingungen. Zur Illustration sei erneut ein Beispiel aus der Landwirtschaft angeführt:

Möchte eine Bäuerin den Ertrag von Weizen auf ihren Feldern optimieren, so könnte sie beispielsweise einem Vollfaktorplan mit zwei Sorten von Weizen und zwei verschiedenen Düngemitteln folgen, um aus den vier möglichen Kombinationen diejenige mit dem höchsten Ertrag zu ermitteln. Sie könnte dazu weiterhin ihr Versuchsfeld in vier gleichgroße Teile einteilen und — da sie das Prinzip der Randomisierung verstanden hat — zufällig entscheiden, welche Kombination von Weizen und Dünger sie auf welcher Teilparzelle anpflanzen und düngen möchte. Mit dieser Strategie würde sie die (potenziellen) Effekte von Störfaktoren wie Bodenbeschaffenheit oder Sonneneinstrahlung "zufällig verteilen", die Effekte aber zugleich zum Preis eines erhöhten Messrauschens verstecken — während eigentlich eine andere

Vorgehensweise auf der Hand liegt: die Unterteilung ihres großen Versuchsfeldes in eine Anzahl kleinerer, bezüglich Bodenbeschaffenheit und Sonneneinstrahlung möglichst homogener Teile — Blöcke — und die Anwendung der Randomisierung innerhalb dieser Blöcke. Damit kann sie noch immer erreichen, dass keine Weizensorte und kein Dünger bevorzugt wird, hat aber zugleich die Möglichkeit, den potenziellen (!) Einfluss der Störgrößen (Blöcke) zu analysieren und so zusätzliche Informationen zu gewinnen. Ein möglicher, innerhalb dreier Blöcke randomisierter Versuchsplan könnte dann aussehen wie in Tabelle 4.5 dargestellt: Alle vier Faktorkombinationen erscheinen in jedem Block; ihre Anordnung innerhalb der Blöcke ist rein zufällig.

BLOCK	Dünger	Weizen
1	+	+
1	−	−
1	+	−
1	−	+
2	+	+
2	+	−
2	−	+
2	−	−
3	+	+
3	−	+
3	−	−
3	+	−

Tabelle 4.5 Ein vollständig randomisierter Versuchsplan mit Blöcken erlaubt, unkontrollierbare Einflüsse berechenbar zu machen und damit in der Auswertung zu berücksichtigen.

Der dargestellte Versuchsplan beinhaltet drei Wiederholungen für jede Faktorkombination, woraus sich die insgesamt 12 Versuche ergeben. In dieser Situation gibt es keine Vermengung von Effekten; sowohl die Haupteffekte von Weizensorte und Düngemittel als auch deren Wechselwirkungen sind eindeutig identifizierbar und zusätzlich vom Effekt des Faktors "Block" zu trennen.

Auch wenn die Anzahl durchführbarer Versuche eine Rolle spielt — so wie in den meisten industriellen Anwendungen — kann man noch immer mit Blöcken operieren. Nichts ist allerdings umsonst — der Preis ist gegebenenfalls eine Vermengung (confounding) der Blockeffekte mit den Wechselwirkungen. Sollte sich allerdings im Rahmen der Varianzanalyse (siehe Kapitel 4.5) herausstellen, dass der Faktor Block in Wahrheit keinen nachweisbaren Einfluss hat, kann er ohne Verlust einfach aus der weiteren Analyse ausgeschlossen werden. Damit wird deutlich, wie die Gestaltung des Versuchsplans dazu beitragen kann, Fehler durch unkontrollierbare Störgrößen zu erkennen und zu minimieren. Wir werden in Kapitel 4.5 auf die Auswertung — die Quantifizierung der Einflüsse der Faktoren nach Berücksichtigung der Blockeffekte — zurückkommen. Bevor wir jedoch die Varianzanalyse (Analysis of Variance, ANOVA) als Mittel zur Identifikation "signifikanter" Effekte darstellen, wollen wir zunächst zum besseren Verständnis die Grundgedanken aller statistischen Signifikanztests erörtern.

4.4 Wieso "Null"hypothese? Der Grundgedanke aller statistischen Tests

In relation to any experiment we may speak of this hypothesis as the "null hypothesis," and it should be noted that the null hypothesis is never proved or established, but is possibly disproved, in the course of experimentation. Every experiment may be said to exist only in order to give the facts a chance of disproving the null hypothesis.
— R.A. Fisher, 1935[5]

4.4.1 Ein Beispiel

Am einfachsten nähert man sich den Grundgedanken des statistischen Testens mit einem griffigen Beispiel: Wir sitzen mit einem Kollegen in einer Gaststätte und werfen mit Münzen aus, wer das nächste Bier bezahlen muss. Wer in einer abwechselnden Folge von Münzwürfen mit einer aus seiner Börse gegriffenen Münze als nächstes einen *Kopf* wirft, ist an der Reihe, das Bier zu bezahlen.

Während wir uns sicher sind, dass unsere Münze fair ist (wir haben sie zufällig aus unserer Geldbörse gefischt), ist uns unklar, ob dies auch für die Münze des Kollegen gilt. Beide Münzen sollten fair sein, also beispielsweise mit der gleichen Chance das Merkmal *Kopf* zeigen — in der Sprache der statistischen Versuchsplanung: der Faktor *Münze* sollte keinen Einfluss auf das Ergebnis (die Anzahl gewürfelter Köpfe) haben...

Etwas formaler kann man diese Frage wie folgt formulieren: Es sei $p_1 = 0.5$ die Wahrscheinlichkeit, mit der unserer Münze Kopf zeigt und p_2 die uns unbekannte Wahrscheinlichkeit für die andere Münze. Wir hoffen nun, dass der Faktor Münze keinen Einfluss hat ($p_2 = 0.5$), während sich ein für uns relevanter Einfluss in der Beziehung $p_2 > 0.5$ äußert. Wann aber werfen wir dem Kollegen vor, dass er schummelt?

1. Wenn er in 10 Würfen 7 Köpfe erzielt hat?
2. Wenn er in 50 Würfen 35 Köpfe erzielt hat?
3. Wenn er in 100 Würfen 70 Köpfe erzielt hat?

Während es qualitativ auf der Hand liegt, dass die konstante Erfolgsrate von 70% bei steigender Versuchszahl zunehmend nervös machen sollte (wir können mit zunehmender Sicherheit davon ausgehen, dass der Effekt des Faktors Münze signifikant ist), fehlt uns eine konkrete, begründ- und nachvollziehbare Entscheidungsregel.

---

[5] In Bezug auf alle Experimente können wir bei dieser Hypothese von "Nullhypothese" sprechen, und es sollte angemerkt werden, dass die Nullhypothese niemals bewiesen wird, sondern möglicherweise im Rahmen eines Experiments widerlegt. Man könnte sagen, dass Experimente nur existieren, um den Fakten eine Chance zu geben, die Nullhypothese zu widerlegen.

Man kann deshalb für jeden Versuchsumfang n feststellen, wie groß die Wahrscheinlichkeit ist, in 70% (oder mehr) aller Würfe zu gewinnen, *wenn man von der Gültigkeit der Hypothese* $p = 0.5$ *ausgeht*.

Die Betrachtung der Histogramme in Abbildung 4.4 bestätigt unsere "qualitative" Vermutung, dass der erste Versuch (n=10) noch keinen Anlass bietet, mit dem Kollegen zu streiten (da er mit einer fairen Münze immerhin eine Chance von 17.2% hatte, 7 oder mehr Köpfe in 10 Versuchen zu werfen), während das Ergebnis des dritten Versuchs (n=100) ein unzweifelhaftes Indiz dafür liefert, dass man betrogen wurde, da die Chance für 70 oder mehr Köpfe bei einer fairen Münze fast Null ist.

ACHTUNG — TRUGSCHLUSSGEFAHR!

An dieser Stelle sei die Warnung vor einem typischen Trugschluss noch einmal wiederholt, der lautet, dass die Hypothese (einer fairen Münze) im ersten Fall bewiesen, im zweiten widerlegt wurde. *Dies ist falsch — nur der zweite Halbsatz gilt!* Da es nur eine verschwindend geringe Wahrscheinlichkeit von 0.003% gibt, mit einer fairen Münze in 100 Versuchen 70 oder mehr Köpfe zu werfen, kann hier der logisch korrekte Schluss gezogen werden, dass die Münze unfair ist — das Risiko, hierbei falsch zu liegen, lässt sich mit eben diesen $p = 0.003\%$ genau quantifizieren, dem Wert des $\alpha-$Risikos. Hingegen ist im ersten Fall die Hypothese nicht *widerlegbar* — daraus folgt jedoch keinesfalls ihr Beweis. Man kann nicht logisch zwingend folgern, dass die Münze fair ist, nur weil sie ein mit Fairness vereinbares Ergebnis gezeigt hat!

"Every experiment may be said to exist only in order to give the facts a chance of disproving the null hypothesis"... — man könnte sagen, dass Experimente nur existieren, um den Fakten eine Chance zu geben, die Nullhypothese zu verwerfen. ([56, S. 18])

Die oben angestellten Betrachtungen zeigen im übrigen auch, dass man bereits im Vorfeld, also beispielsweise vor der Durchführung der 10, 50 oder 100 Münzwurfversuche, Akzeptanzschwellen für die Ablehnung der Hypothese berechnen kann, wenn man das $\alpha-$Risiko vorgibt. So ergibt sich für $\alpha = 10\%$ ein Ablehnungsbereich von

- 8 oder mehr Köpfen im Falle von 10 Versuchen (da diese bei einer fairen Münze nur mit einer Wahrscheinlichkeit von ca. 5.5% eintreten)
- 31 oder mehr Köpfen bei 50 Versuchen (Eintrittswahrscheinlichkeit 5.9%)
- 57 oder mehr Köpfen bei 100 Versuchen (Eintrittswahrscheinlichkeit 9.7%)

Reduziert man das $\alpha-$Risiko, etwa auf $\alpha = 1\%$ (da einem der Kollege lieb und teuer ist und man keinen unnötigen Streit riskieren möchte), so ergibt sich für

- 10 Versuche, dass man die Hypothese nicht schon ab 8 Köpfen ablehnen kann, sondern erst ab 9 geworfenen Köpfen,
- 50 Versuche, dass man die Hypothese nicht schon ab 31 Köpfen ablehnen kann, sondern erst ab 34 geworfenen Köpfen, und bei
- 100 Versuche, dass man die Hypothese nicht schon ab 57 Köpfen ablehnen kann, sondern erst ab 62 geworfenen Köpfen.

Die mangelnde Konfliktbereitschaft hat ihren Preis — das Risiko, die Zeche selbst zu bezahlen steigt...

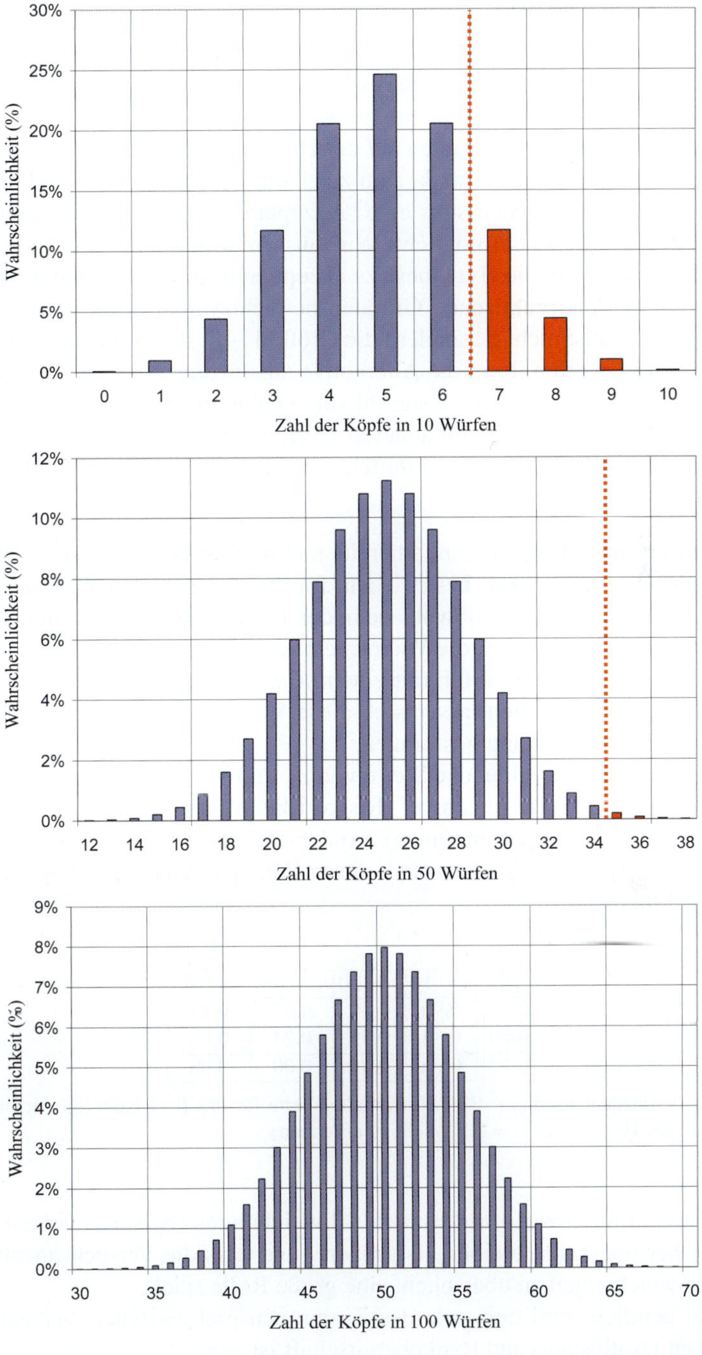

Abb. 4.4 Die Chance, 7 oder mehr Köpfe in 10 Versuchen zu erzielen, beträgt immerhin 17.2%. Die Chance, 35 oder mehr Köpfe in 50 Versuchen zu erzielen, beträgt nur noch 0.3%, und die Chance auf 70 oder mehr Köpfe in 100 Versuchen ist praktisch Null.

4.4.3 Versuchsumfang

Wie viele Münzwürfe (bzw. Versuche) sollte man also durchführen, um beiden Risiken — $\alpha-$ und $\beta-$Risiko — gerecht zu werden?

Es liegt nach dem oben Gesagten auf der Hand, dass die Betrachtung des $\alpha-$Risikos allein nicht zielführend ist, da man zu einem gegebenen Wert und einer gegebenen Anzahl von Versuchen stets eine "Akzeptanzschwelle" finden kann, die die Kontrolle des $\alpha-$Risikos ermöglicht. Wir müssen auch das $\beta-$Risiko betrachten, die Wahrscheinlichkeit, die Hypothese zu akzeptieren (obwohl sie unter Umständen auch falsch ist). Aus praktischen Gründen betrachtet man in diesem Zusammenhang allerdings meist nicht β, sondern die Größe $1-\beta$: die Wahrscheinlichkeit, die Hypothese zu verwerfen (bzw. die Alternative anzunehmen — eine unfaire Münze, einen besseren Dünger oder einen signifikanten Faktoreffekt). $1-\beta$, die sogenannte *Power* eines Tests, beschreibt mit anderen Worten die Fähigkeit, signifikante Unterschiede (zwischen Münzen, Düngemitteln oder Faktoreinstellungen) als solche zu erkennen.

Die Power eines Tests. Wie nun bereits mehrfach wiederholt, ist das $\beta-$Risiko durch die Wahrscheinlichkeit beschrieben, für einen gegebenen Wert $p_2 > 0.5$ die Hypothese *nicht* abzulehnen, obwohl sie in der Tat falsch ist — das heißt (für obiges Beispiel mit $\alpha = 10\%$), durch die Wahrscheinlichkeit, in maximal 7 von 10, 30 von 50 oder 56 von 100 Münzwürfen mit einem *Kopf* zu gewinnen. Wie bereits in den vorhergehenden Abschnitten lassen sich diese Wahrscheinlichkeiten auch hier mit Hilfe der Binomialverteilung bestimmen.

So ergibt sich für verschiedene Werte von p_2 und Versuchszahlen n die in Tabelle 4.7 dargestellten Werte für das $\beta-$Risiko (die Wahrscheinlichkeit, eine unfaire Münze nicht als solche zu erkennen). Anders herum formuliert, zeigt eine Auflistung der Werte für $1-\beta$ die vom wahren Wert p_2 abhängige Power der Tests, vergleiche Tabelle 4.8.

p_2	$n = 10$	$n = 50$	$n = 100$	$n = 500$
0.55	0.90	0.80	0.62	0.17
0.60	0.83	0.55	0.24	0.00
0.75	0.76	0.01	0.00	0.00

Tabelle 4.7 Verschiedene, für $\alpha = 10\%$ ermittelte Werte für das $\beta-$Risiko (die Gefahr, Abweichungen von der Hypothese "$p = 0.5$" nicht zu erkennen)...

Man erkennt unschwer, dass kleinere Abweichungen (beispielsweise $p_2 = 0.55$ statt 0.5) eher unerkannt bleiben als größere, und dass die Versuchsanzahl bei der Gefahr, Abweichungen zu übersehen, eine große Rolle spielt.

Ebenso deutlich wird nun, wie das Zusammenspiel zwischen Versuchsanzahl, Genauigkeit (Auflösung) and Risikobereitschaft ist.

p_2	$n = 10$	$n = 50$	$n = 100$	$n = 500$
0.55	0.10	0.20	0.38	0.83
0.60	0.17	0.45	0.76	1.00
0.75	0.24	0.99	1.00	1.00

Tabelle 4.8 ...und die entsprechende *Power* des durch die Forderung nach $\alpha \leq 10\%$ definierten Tests. Liegt die wahre Erfolgschance bei $p_2 = 55\%$, so wird diese Abweichung von der Hypothese einer fairen Münze beim Test mit 10 Würfen lediglich mit einer Chance von 10% erkannt, beim Test mit 500 Würfen aber mit einer Wahrscheinlichkeit von 83%

Zu einem kontrollierbaren α–Risiko (eine wahre Hypothese zu Unrecht zu verwerfen, bzw. einen nicht signifikanten Effekt irrtümlich für real zu halten) lässt sich ein Test definieren, beispielsweise

1. "Werfe die Münze 100 mal und verwerfe die Hypothese einer fairen Münze, wenn mindestens 57 mal Kopf geworfen wurde" ($\alpha = 10\%$)
2. "Werfe die Münze 100 mal und verwerfe die Hypothese einer fairen Münze, wenn mindestens 62 mal Kopf geworfen wurde" ($\alpha = 1\%$)

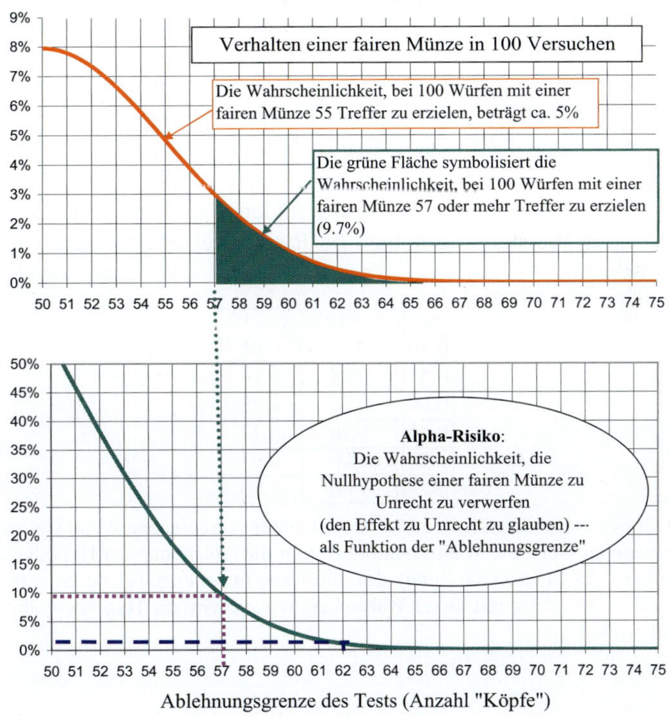

Abb. 4.5 Die Wahrscheinlichkeit, eine faire Münze zu Unrecht als unfair zu betrachten als Funktion der "Ablehnungsgrenze".

In Abhängigkeit vom wahren (aber bei der Versuchsplanung natürlich unbekannten) Wert p_2 (der Wahrscheinlichkeit, mit der Münze des Kollegen Kopf zu werfen) lässt sich das $\beta-$Risiko für den gegebenen Stichprobenumfang (z.B. $n = 100$) ermitteln — die Wahrscheinlichkeit, die falsche Hypothese *nicht* als solche zu erkennen.

1. Im ersten Fall handelt es sich um die aus p_2 resultierende Wahrscheinlichkeit, maximal 56 Köpfe zu werfen,
2. ... im zweiten Fall um die Wahrscheinlichkeit, maximal 61 Köpfe zu erzielen.

Diese Wahrscheinlichkeiten finden sich (für $n = 100$) in Tabelle 4.9

p_2	$\alpha = 10\%$	$\alpha = 1\%$
0.50	0.90	0.99
0.55	0.62	0.90
0.60	0.24	0.62
0.65	0.04	0.23
0.70	0.00	0.03
0.75	0.00	0.00

Tabelle 4.9 $\beta-$Risiken für verschiedene αs. Die Chance, eine Abweichung von der Hypothese einer fairen Münze nicht zu erkennen, liegt bei 24 %, wenn die wahre Erfolgschance der Münze bei $p_2 = 0.6$ liegt und der Test ein $\alpha-$Risiko von 10% in Kauf nimmt. Testet man "vorsichtiger" und akzeptiert lediglich ein $\alpha-$Risiko von 1%, erhöht sich diese Chance auf 62%.

Aus diesen Werten für β lässt sich die Power der Tests, $1-\beta$, wieder einfach ermitteln (siehe Tabelle 4.10). Die Daten in Tabelle 4.10 zeigen erneut das Zusammenspiel zwischen $\alpha-$ und $\beta-$Risiko (bzw. Power): Bei identischer Versuchszahl lassen sich Tests mit geringerem $\alpha-$Risiko finden ("spätere" Ablehnung der Nullhypothese) — zum Preis eines erhöhten $\beta-$Risikos (einer geringeren Power).

p_2	$\alpha = 10\%$	$\alpha = 1\%$
0.50	0.10	0.01
0.55	0.38	0.10
0.60	0.76	0.38
0.65	0.96	0.77
0.70	1.00	0.97
0.75	1.00	1.00

Tabelle 4.10 Power zweier Tests mit je 100 Versuchen für verschiedene Werte von α. Man beachte, dass die genannten Werte die Wahrscheinlichkeit für die Ablehnung der Hypothese einer fairen Münze darstellen — es ist also kein Zufall, dass die Werte in der ersten Zeile, $p_2 = 0.5$, gerade das $\alpha-$Risiko wiedergeben, denn mit dieser Wahrscheinlichkeit wird die Hypothese abgelehnt, wenn sie eigentlich korrekt ist...

Das Geheimnis zur Bestimmung des Versuchsumfangs besteht also darin, ein der Problemstellung angemessenes $\alpha-$Risiko und eine passende "Schmerzgrenze", ab der Unterschiede erkannt werden sollen, samt zugehöriger Power (Wahrscheinlichkeit, mit der der Unterschied an der Schmerzgrenze erkannt wird) zu bestimmen.

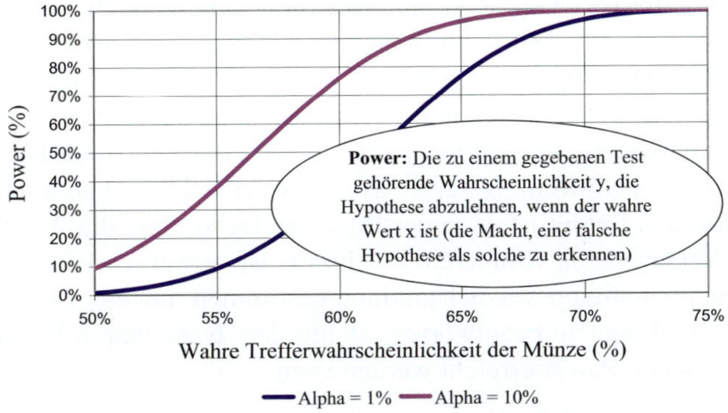

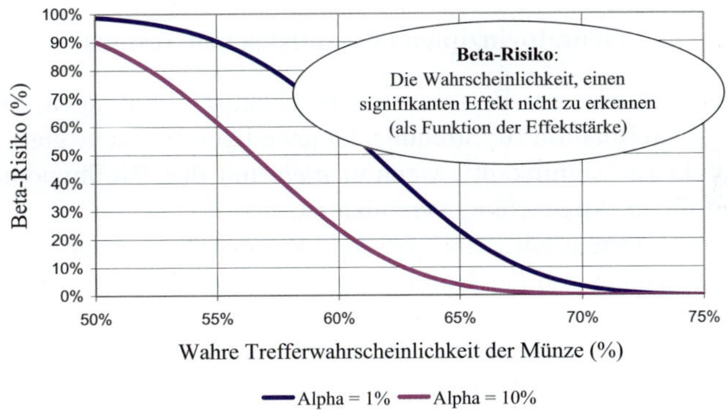

Abb. 4.6 Zusammenspiel zwischen *Power*, α- und β-Risiko des Tests für das Münzwurfbeispiel: Reduziert man das α-Risiko von 10% auf 1%, verringert sich die Power deutlich, vor allem, wenn die Münze des Kollegen eine Erfolgschance zwischen 55% und 65% hat. Bei stärkeren Effekten (z.B. bei Münzen mit einer Erfolgschance von mehr als 70%) ist der Verlust an *Power* minimal.

An dieser Stelle müssen wir leider darauf hinweisen, dass sich die nun naheliegende und in der Praxis immer wieder gestellte Frage nach "richtigen" Werten für α und β nicht allgemeingültig beantworten lässt. Es wurde bereits mehrfach erwähnt, dass das gewählte Risiko vom Sicherheitsbedürfnis abhängt. Drei Faktoren, die die Antwort beeinflussen, sollen jedoch nicht unerwähnt bleiben:

1. **Relevanz der Antwort.** Soll gezeigt werden, dass ein neues Design der Bremsanlage eines Sportwagens die Bremsleistung im Vergleich zum alten Design verbessert, setzt man sicherlich eine hohe Sicherheits-Schwelle, bevor man das neue Design übernimmt, da man die Gefahr eines Irrtums (das neue System verbessert die Bremsleistung *nicht*) sehr streng kontrollieren sollte (z.B. $\alpha = 0.001\%$). Handelt es sich dagegen um die Frage, ob Kunden dieses Fahrzeugtyps lieber runde oder rechteckige Schalter für die Bedienung der Klimaanlage hätten, kann man wohl eher nachlässiger sein (z.B. $\alpha = 10\%$).

2. **Stärke des Effekts.** Man denke an Abbildung 4.6: Was "bekommt" man für die "eingesetzten" 9% α-Risiko, wenn man von 1% auf 10% akzeptables α-Risiko erhöht? Der Zugewinn an *Power* pro Prozentpunkt α-Risiko zeigt, dass die 9% in diesem Beispiel "effizient" eingesetzt sind, solange die wahre Erfolgswahrscheinlichkeit zwischen 51% und 66% liegt; danach ist der Effekt so stark, dass er auch mit dem weniger aggressiven Test ($\alpha = 1\%$) erkannt wird.
3. **Versuchskosten.** Leider ist es in der Praxis meist so, dass die Anzahl durchzuführender Versuche von vornherein beschränkt ist — während der Statistiker aus α und β den benötigten Versuchsumfang bestimmen möchte, ist in der Realität fast immer die Frage zu beantworten, *ob* mit dem bezahlbaren Versuchsumfang eine angemessene Power erreicht werden kann.

Fassen wir den bisherigen Stand der Dinge zusammen:

Grundprinzipien des statistischen Testens

- Um Unterschiede, zum Beispiel zwischen Faktoreinstellungen, zu bewerten, sollten sie in Relation zur Streuung der jeweiligen Versuche gesetzt werden.
- Ein Effekt ist "signifikant", wenn er *nicht* mit der "Nullhypothese" einer rein zufälligen Abweichung vereinbar ist.
- Um dies zu testen, wird eine passende Kenngröße definiert, die den Grad der Abweichung von der Nullhypothese quantifiziert (z.B. die Anzahl gewürfelter Köpfe in 10 Versuchen).
- Die Wahrscheinlichkeit dafür, dass diese Kenngröße — wenn die Hypothese gilt — bestimmte Werte annimmt, muss bestimmbar sein (z.B. als Binomialverteilung, die uns erlaubt, die Chance für 7 oder mehr Köpfe in 10 Würfen zu bestimmen, wenn die Münze fair ist).
- Damit lässt sich zu jedem gefundenen Versuchsergebnis (= Wert der definierten Kenngröße) ein Wahrscheinlichkeitswert ("*p value*") p angeben, der die Wahrscheinlichkeit dafür beschreibt, die gemessene oder eine größere Abweichung zu finden, wenn man die Gültigkeit der Hypothese unterstellt. Der *p value* beschreibt also das Risiko, bei einer Ablehnung der Nullhypothese (Annahme eines signifikanten Effekts) falsch zu liegen.
- Typische Schranken sind 10%, 5% oder 1% — ist der *p value* kleiner als eine solche Schranke, weist man die Nullhypothese in der Regel zurück und geht von einem signifikanten Effekt aus.
- Der benötigte Versuchsumfang lässt sich über die verlangte *power* der Tests bestimmen, nämlich über den benötigten Grad der Auflösung (z.B.: Man will eine gefälschte Münze erkennen, wenn die Chance für Kopf größer als 60% ist.) und die Chance, Abweichungen von der Nullhypothese bei dieser Auflösung als solche zu erkennen.

Wir werden dies nun mit mehr Leben füllen und zeigen, wie diese Grundgedanken im Rahmen der Varianzanalyse zum Tragen kommen.

4.5 "Der" Test für DoE: Fishers Varianzanalyse

The analysis of variance is not a mathematical theorem, but
rather a convenient method of arranging the arithmetic.
— R.A. Fisher, 1934[6]

Wie nun schon mehrfach erwähnt, ist es das Ziel der Varianzanalyse, Mittelwerte in verschiedenen Gruppen (zum Beispiel durch verschiedene Faktoreinstellungen definiert) auf signifikante Unterschiede zu vergleichen. Dazu wird die gesamte, in den Daten vorhandene Variation in zwei Teile zerlegt — die Variation *zwischen den Gruppen* (die Faktoreffekte) sowie die Variation *innerhalb der Gruppen* (das durch die Faktoren nicht erklärte "Rauschen"). Durch den Vergleich dieser beiden Teile ist man in der Lage, die Nullhypothese, dass alle Gruppen den gleichen Mittelwert haben (das der Faktor keinen Effekt hat) gegen die Alternativhypothese zu testen, dass mindestens ein Gruppenmittel von den anderen verschieden ist (die Daten erlauben es, auf einen signifikanten Effekt des Faktors zu schließen).

4.5.1 Varianzzerlegung

Startpunkt der Betrachtungen ist die sogenannte *Total Sum of Squares* (TSS), die bis auf einen konstanten Faktor der Varianz der insgesamt vorhandenen Daten entspricht. So ergibt sich für insgesamt n_r Messungen $y_1, \ldots y_{n_r}$ des Qualitätsmerkmals y mit Mittelwert $\overline{y}$ die Beziehung

$$TSS = \sum_{i=1}^{n_r} (y_i - \overline{y})^2 ,$$

man betrachtet also die quadratische Differenz aller Messungen vom Gesamtmittelwert. Je mehr dieser Variabilität durch die Faktorunterschiede erklärt wird, desto sicherer hat man die das Qualitätsmerkmal treibenden Kräfte verstanden.

Man kann nun die *Sum of Squares Between Groups* (SSB) so durch die Abweichungen der Gruppenmittelwerte vom Gesamtmittelwert $\overline{y}$ definieren, dass diese Größe den durch die Gruppenunterschiede (Faktoreffekte) abgebildeten Anteil an der TSS beschreibt; analog kann man eine *Sum of Squares Within Groups* (SSW) bestimmen, die den Rest der Variabilität aufnimmt, der nicht durch die Faktorunterschiede erklärt wird. Die Definitionen von SSB und SSW sind so wählbar, dass die Beziehung

$$TSS = SSB + SSW$$

gilt.

[6] Die Varianzanalyse ist kein mathematisches Theorem, sondern eine bequeme Methode, die Arithmetik zu arrangieren.

Statt mit einer Formel wollen wir diese Definitionen an dieser Stelle lieber mit dem Beispiel des Rasensprengers mit Leben füllen, der in Kapitel 1.3.1 schon ausführlich dargestellt wurde. Dort wurde ein einfacher Vollfaktorplan vorgestellt, mit dem Drehzahl, Reichweite und Verbrauch eines Rasensprengers ermittelt wurden, und für die Reichweite wurden Ergebnisse gemäß Tabelle 4.11 dokumentiert.

A (α)	B (β)	C (A_q)	Reichweite $[m]$
$-$	$-$	$-$	4.4088
$+$	$-$	$-$	5.0178
$-$	$+$	$-$	4.5387
$+$	$+$	$-$	5.0691
$-$	$-$	$+$	4.8512
$+$	$-$	$+$	6.4937
$-$	$+$	$+$	5.2425
$+$	$+$	$+$	6.6427

Tabelle 4.11 Auszug aus Tabelle 1.3 - Reichweite des Rasensprengers

Wie kann man die Gesamtvariabilität der gemessenen Reichweiten bestimmen?

Als durchschnittliche Reichweite in allen 8 Versuchen wurde $5.2831m$ gemessen, und nach dem oben Gesagten ergibt sich

$$TSS = (4.4088m - 5.2831m)^2 + ... + (6.6427m - 5.2831m)^2 = 4.94m^2$$

Dies entspricht $n_r = 8$ mal der Varianz der acht Messungen und damit der in den Daten enthaltenen Gesamtvariabilität.

Der Gruppenmittelwert (mittlere Reichweite bei Faktor A auf level "$-$") der Gruppe $A-$ lässt sich aus Tabelle 4.11 als $4.7603m$ errechnen, derjenige der Gruppe $A+$ als $5.8058m$. Damit ergibt sich, wenn man alle Messungen berücksichtigt, für die SSW, die Abweichungen *innerhalb* der Gruppen, die Größe

$$\begin{aligned} SSW &= \overbrace{(4.4088m - 4.7603m)^2 + ... + (5.2425m - 4.7603m)^2}^{A-} \\ &+ \underbrace{(5.0178m - 5.8058m)^2 + ... + (6.6427m - 5.8058m)^2}_{A+} \\ &= 2.75m^2, \end{aligned}$$

während sich für die Abweichungen *zwischen* den Gruppen — erneut unter Berücksichtigung aller Messungen — die Größe

$$\begin{aligned} SSB &= 4 \cdot (4.7603m - 5.2831m)^2 + 4 \cdot (5.8058m - 5.2831m)^2 \\ &= 2.19m^2 \end{aligned}$$

ergibt, da sowohl in der Gruppe $A-$ mit Gruppenmittelwert $4.7603m$ als auch in der Gruppe $A+$ mit Mittelwert $5.8058m$ vier mal gemessen wurde.

Die gesamte in den gemessenen Reichweiten des Rasensprengers vorhandene Variabilität von $4.94m^2$ wurde also in einen durch die unterschiedlichen Einstellungen von Faktor A erklärten Anteil von $2.19m^2$ und in einen "Fehleranteil" von $2.75m^2$ zerlegt. Anders gesagt:

$$\frac{2.19}{4.94} \cdot 100\% = 44.6\%$$

der Variabilität der Reichweiten wird durch die unterschiedlichen Einstellungen des Faktors A erklärt.

Wie sieht dies für Faktor B aus?

Da die Gesamtvariabilität der Reichweiten TSS unverändert bleibt, reicht es aus, die *Sum of Squares Between Groups* $B-$ und $B+$ auszurechnen. Hierfür ergibt sich

$$\begin{aligned} SSB &= 4 \cdot (5.3733m - 5.2831m)^2 + 4 \cdot (5.1929m - 5.2831m)^2 \\ &= 0.0651m^2. \end{aligned}$$

Für den durch die Veränderung von B *nicht* erklärten Teil ergibt sich damit automatisch

$$SSW = TSS - SSB = 4.94m^2 - 0.07m^2 = 4.87m^2.$$

Veränderungen des Faktors B erklären damit lediglich 1.4% der Veränderungen der Reichweite.

Man beachte, dass diese Ergebnisse völlig mit der Gestalt des in Abbildung 1.12 reproduzierten Effektdiagrams in Einklang sind, in dem der unterschiedliche Einfluss der Faktoren A und B ebenfalls zu sehen ist.

In der letzten Gleichung wurde sichtbar, dass der durch Faktoreffekte nicht erklärte Anteil der Variabilität des Qualitätsmerkmals automatisch dem Fehler zugeschlagen wurde. Dies ist ein durchgängiges Prinzip. So kann man ebenfalls die beiden Haupteffekte gemeinsam betrachten und die Gesamtvariabilität von 4.94 in die Teile $SSB = 2.19 + 0.07 = 2.26$ und $SSW = 4.94 - 2.26 = 2.68$ zerlegen, und dieses Spiel lässt sich natürlich beliebig weit treiben — bis dem Fehler kein Raum mehr gelassen wird.

Wenn wir aus den 8 Messungen 8 Koeffizienten ermitteln — die Konstante und die Koeffizienten für die Haupteffekte A, B und C, die Wechselwirkungen AB, AC und BC sowie die Dreifachwechselwirkung ABC — lösen wir letztlich ein Gleichungssystem mit 8 Gleichungen und 8 Unbekannten, welches die Daten dann perfekt beschreibt, ohne dem Zufall (Rauschen) dann noch Raum zu lassen.

Mit den in Tabelle 1.10 angegebenen jeweiligen Gruppenmitteln und dem Gesamtmittel von $5.28m$ kann man problemlos für jede Modellkomponente die SSB berechnen wie in Tabelle 4.12 angegeben (wobei sich Abweichungen zu den oben genannten Werten durch Rundung erklären).

Damit kann man auf jeden Fall zunächst einmal die einzelnen potenziellen Modelleingangsgrößen Größen ihrer Bedeutung für die Erklärung der gemessenen Unterschiede in den Reichweiten nach sortieren: *A*/*C*, *AC*, *B*, AB/AC, *ABC*. Wo aber soll man den "Schnitt" machen? Während A sicherlich ein signifikanter Faktor ist

	A	B	C	AB	AC	BC	ABC
+	5.81	5.37	5.81	5.24	5.52	5.33	5.26
−	4.76	5.19	4.76	5.32	5.05	5.24	5.30
SSB(Faktor)	2.21	0.06	2.21	0.01	0.44	0.02	0.00
% von total	44.6%	1.3%	44.6%	0.3%	8.9%	0.3%	0.1%

Tabelle 4.12 Zerlegung der Gesamtvariabilität der gemessenen Reichweiten in ihre Anteile

und die Dreifachwechselwirkung *ABC* sicher nicht, liegt Faktor *B* in einer Grauzone. Ist der Einfluss von Faktor *B* auf die Reichweite des Rasensprengers signifikant, oder könnte es sich hier um ein zufälliges, durch Variabilität in den Messungen verursachtes Ergebnis handeln?

4.5.2 Die Anova-Tabelle

Um diese Frage zu beantworten, wollen wir in der Folge schrittweise eine Tabelle aufbauen und erläutern, die zum Standard-Output eines jeden Auswerteprogramms gehört. Dabei wird zu sehen sein, dass die Logik dieser Ausgabe sehr leicht verständlich gemacht werden kann, wenn man schrittweise vorgeht.

Zur Vorbereitung der nun folgenden Überlegungen müssen wir nur den Begriff der Freiheitsgrade (*degrees of freedom*, DF) veranschaulichen. Dies geht am einfachsten, wenn man an die Verteilung von Gegenständen in n Boxen denkt, die synonym mit $n-1$ Freiheitsgraden ist. Nachdem man die ersten $n-1$ Boxen mit einer beliebigen Anzahl von Gegenständen gefüllt hat, liegt die Anzahl der Gegenstände für die letzte Box nämlich fest — man hat also lediglich $n-1$ "Entscheidungen" zu treffen. Es hat sich gezeigt, dass man mit Hilfe des Konzepts der Freiheitsgrade einen sinnvollen Signifikanztest auf der Basis der oben dargestellten Zerlegungen der Gesamtvariabilität definieren kann.

Dazu definiert man zu jedem Faktor bzw. potenziellen Modelleingang (also auch zu allen betrachteten Wechselwirkungen) die Zahl der Freiheitsgrade, wobei

1. ein Modellparameter mit n_l Stufen über $n_l - 1$ Freiheitsgrade verfügt,
2. ein Versuchsplan mit insgesamt n_r Messungen (runs) über $n_r - 1$ Freiheitsgrade,
3. die Differenz zwischen den gesamten und den durch die Parameter im Modell berücksichtigten Freiheitsgrade dem Fehler zugeschlagen wird (vergleiche Tabelle 4.13: Die *nicht* durch die Parameter "verbrauchten" Freiheitsgrade werden der Error-Zeile zugeschlagen).

Unser Beispielversuchsplan zum Rasensprenger war in allen Faktoren zweistufig — sowohl die Haupteffekte als auch die Wechselwirkungen können also durch Messungen in zwei Gruppen beschrieben werden, so dass jeweils ein Freiheitsgrad zur Verfügung steht.

Wir werden nun schrittweise die angekündigte Tabelle aufbauen, die vier verschiedene Unterbeispiele enthält: Die ersten Spalten (Spalten 1-4) zeigen die Zerlegung der Variabilität, die sich aus dem "vollen" Modell ergibt, das alle Haupteffekte und Wechselwirkungen ohne Berücksichtigung ihrer Signifikanz enthält; im zweiten Teil (Spalten 5-8) beginnt die Verschiebung der Restvariabilität in den Bereich des Fehlers (durch Weglassen der Wechselwirkungen *AB*, *BC* und *ABC*), schließlich zeigen wir noch einen Schritt mit drei Eingangsgrößen (Faktoren *A*, *B* und *AC*, Spalten 9-12) sowie der Vollständigkeit halber eine Zerlegung mit Faktor *A* (die wir oben bereits vorgerechnet haben, Spalten 13-16). Somit ergibt sich der Anfang unserer schrittweise aufzubauenden Tabelle wie in Tabelle 4.13 gezeigt:

Faktor	DF	SSB	MS	F	DF	SSB	MS	F	DF	SSB	MS	F	DF	SSB	MS	F
Spalte	1	2	3	4	5	6	7	8	9	10	11	12	13	14	15	16
A	1	2.21			1	2.21			1	2.21			1	2.21		
B	1	0.06			1	0.06										
C	1	2.21			1	2.21			1	2.21						
AB	1	0.01														
AC	1	0.44			1	0.44			1	0.44						
BC	1	0.02														
ABC	1	0.00														
ERROR	0	0.00			3	0.03			4	0.09			6	2.74		
TOTAL	7	4.95			7	4.95			7	4.95			7	4.95		
Error (% Total)		0%				0.6%				1.8%				55.4%		

Tabelle 4.13 *Sum of Squares Between Groups* für verschiedene Anzahlen von Modellparametern und die resultierenden, unterschiedlichen *Sum of Squares Within Groups*, hier gezeigt als "Error". Es ist *SSB* die Summe der "SSBs", die zu den jeweiligen Faktoren gehören und *SSW* der entsprechende Wert unter "ERROR".

Man sieht: Im ersten Fall sind alle 7 Freiheitsgrade durch die Modellparameter "belegt" — für den Zufall (=Variabilität/Fehler) bleibt kein Raum. Jeder aus dem Modell entfernte Parameter erhöht allerdings den "Raum für den Zufall", der — von allen gängigen Programmen als *Error* bezeichnet — mit sinkender Zahl von Modellparametern mehr Raum enthält. Man sieht jedoch auch, dass die ersten Reduktionen des Modells den Fehler deutlich weniger vergrößert haben als die letzte!

Für die endgültige Bewertung des Einflusses einzelner Faktoren und des Fehlers erscheint es sinnvoll, den jeweiligen "Erklärungsbeitrag" SSB in Relation zu den zur Lieferung dieses Beitrags benötigten Freiheitsgraden zu setzen — womit man die sogenannten *Mean Squares* (MS) enthält. Man sieht am Beispiel von Tabelle 4.13, dass damit der jeweilige Fehler unterschiedlich bewertet wird, kann sich aber auch unschwer vorstellen, dass diese Unterscheidung sinnvoll ist, wenn zwei Faktoren zwar den gleichen Beitrag SSB zur Erklärung der Gesamtvariabilität liefern, ein Faktor dafür allerdings nur zwei Stufen ($DF = 1$), der andere aber 6 Stufen ($DF = 5$) benötigt.

Aus diesem Grunde erweitert man die Zerlegungstabellen um eine weitere Spalte, welche die *Mean Squares* beinhaltet, die man als durchschnittlichen Beitrag pro Freiheitsgrad auffassen kann (siehe Tabelle 4.14).

Faktor	DF	SSB	MS	F	DF	SSB	MS	F	DF	SSB	MS	F	DF	SSB	MS	F
Spalte	1	2	3	4	5	6	7	8	9	10	11	12	13	14	15	16
A	1	2.21	2.21		1	2.21	2.21		1	2.21	2.21		1	2.21	2.21	
B	1	0.06	0.06		1	0.06	0.06									
C	1	2.21	2.21		1	2.21	2.21		1	2.21	2.21					
AB	1	0.01	0.01													
AC	1	0.44	0.44		1	0.44	0.44		1	0.44	0.44					
BC	1	0.02	0.02													
ABC	1	0.00	0.00													
ERROR	0	0.00	0.00		3	0.03	0.01		4	0.09	0.02		6	2.74	0.46	
TOTAL	7	4.95			7	4.95			7	4.95			7	4.95		
Error (% Total)		0%				0.6%				1.8%				55.4%		

Tabelle 4.14 *Mean Squares*. In diesem Beispiel unterscheiden sich *SSB* und *MS* lediglich in der Zeile, die den Fehler enthält, da nur dort mehr als ein Freiheitsgrad vorhanden ist.

Damit stehen wir nun schon vor dem vorletzten Schritt, um zu einer endgültigen Einschätzung der Signifikanz der einzelnen Beiträge zu gelangen. Erinnern wir uns an die Ausführungen aus Kapitel 4.4. Dort wurde bereits darauf hingewiesen, dass die gemessenen Unterschiede *zwischen* Faktorstufen in geeigneter Weise in eine Relation zur Streuung der Versuche (den Unterschieden *innerhalb* der jeweiligen Stufen) gesetzt werden sollte — und es hat sich gezeigt, dass man dies in sinnvoller Weise durch den Vergleich der *Mean Squares* tun kann.

Dazu betrachtet man pro Faktor die Größe

$$F = \frac{MS(Faktor)}{MS(Error)},$$

um die unsere Zerlegungstabelle nun ergänzt wird (siehe Tabelle 4.15).

Faktor	DF	SSB	MS	F	DF	SSB	MS	F	DF	SSB	MS	F	DF	SSB	MS	F
Spalte	1	2	3	4	5	6	7	8	9	10	11	12	13	14	15	16
A	1	2.21	2.21	*	1	2.21	2.21	221	1	2.21	2.21	98.2	1	2.21	2.21	4.8
B	1	0.06	0.06	*	1	0.06	0.06	6								
C	1	2.21	2.21	*	1	2.21	2.21	221	1	2.21	2.21	98.2				
AB	1	0.01	0.01	*												
AC	1	0.44	0.44	*	1	0.44	0.44	44	1	0.44	0.44	19.6				
BC	1	0.02	0.02	*												
ABC	1	0.00	0.00	*												
ERROR	0	0.00	0.00		3	0.03	0.01		4	0.09	0.02		6	2.74	0.46	
TOTAL	7	4.95			7	4.95			7	4.95			7	4.95		
Error (% Total)		0%				0.6%				1.8%				55.4%		

Tabelle 4.15 Einführung der Testgröße F, die die *Mean Squares* der Faktoren zur *SSW* in Beziehung setzt.

Bei Betrachtung von Tabelle 4.15 sollte man sich drei Fragen stellen:

1. An wen erinnert der Buchstabe F in dieser allgemein akzeptierten Darstellung?
2. Warum stehen in Spalte 4 keine Werte, sondern nur Sternchen?
3. Wie stehen die sogenannten F-*Ratios* in Relation zur Signifikanz der Ergebnisse? Glauben wir eher bei großem oder eher bei kleinem F an einen signifikanten Faktor?

Wer diesem Kapitel von Anfang an gefolgt ist, wird an dieser Stelle natürlich überhaupt nicht mehr überrascht sein, dass der Buchstabe F für die aus den Versuchsergebnissen hergeleiteten Kenngrößen an R.A. Fisher erinnert — Fisher war derjenige, der die Varianzanalyse Hand in Hand mit den Grundideen der statistischen Versuchsplanung entwickelt hat.

Auch die Einführung der Sternchen sollte nicht überraschen — da dem Fehler im "vollen" Modell kein Raum gelassen wurde, müsste man zur Bestimmung der Größe F durch Null dividieren ... Um in solchen Situationen zu einer Entscheidung zu gelangen, welche Größen man als erste entfernen sollte, bietet sich übrigens ein Blick auf den *half normal plot* (vergleiche Kapitel 3.3.1) an, der uns graphisch hilft, die aussichtsreichsten Kandidaten zu entlarven.

Vergegenwärtigt man sich schließlich an dieser Stelle noch einmal den bisherigen Gedankengang, so stellt man fest, dass F in einem sehr klar definierten Sinn die Stärke des "Signals" (Faktoreffekts) ins Verhältnis zur Stärke des "Rauschens" (error = nicht erklärter Teil der Variabilität) setzt. Je größer F, desto weniger sollten wir geneigt sein, an zufällige Effekte zu glauben — womit wir an die Zusammenfassung von Kapitel 4.4 anknüpfen können, in der es hieß:

> Ein Effekt ist "signifikant", wenn er *nicht* mit der "Nullhypothese" einer rein zufälligen Abweichung vereinbar ist. Um dies zu testen, wird eine passende Kenngröße definiert, die den Grad der Abweichung von der Nullhypothese quantifiziert (...).

Dies haben wir mit der Definition von F nun erledigt. Obwohl die Konstruktion von F vielleicht nicht unmittelbar auf der Hand liegt, hat sie einen Vorteil: F wurde so konstruiert, dass auch der nächste Punkt aus der Zusammenfassung erfüllbar ist:

> Die Wahrscheinlichkeit dafür, dass diese Kenngröße — wenn die Hypothese gilt — bestimmte Werte annimmt, muss bestimmbar sein (...).

Hier zeigt sich das Zusammenspiel von Fishers Gedanken zur Versuchsplanung und Varianzanalyse: Die sinnvollsten Ergebnisse kann man erreichen, wenn man bei der Planung der Experimente ihre spätere Auswertbarkeit direkt mit berücksichtigt.

4.5.3 Von der Testgröße zur Wahrscheinlichkeit

Aus didaktischen Gründen beschränken wir uns in der Folge auf die Darstellung für ein Experiment mit nur einem Faktor. Diesem liegt eine Modellannahme der Art

$$y_{ij} = \mu + \tau_i + \varepsilon_{ij}$$

zugrunde, die besagt, dass man das j-te Messergebnis auf Faktorstufe i zerlegen kann in drei Teilkomponenten

$$\begin{aligned}\mu &= \text{Mittelwert aller Messungen}\\ \tau_i &= \text{Effekt der } i\text{-ten Stufe}\\ \varepsilon_{ij} &= \text{durch den Modell nicht erfasster Fehler}\end{aligned}$$

(bei n_s Stufen und n Messungen je Stufe gilt $1 \leq i \leq n_s, 1 \leq j \leq n$).

Dabei, so die Modellannahme, sollen die Fehler ε_{ij} unabhängig voneinander sein und einer Normalverteilung mit Mittelwert Null und konstanter Varianz σ^2 folgen, dem Standardmodell für zufälliges Rauschen. Es soll, anders gesagt, keine systematischeren Differenzen zwischen Messung und Vorhersage "$\mu + \tau_i$" geben als die durch eine Gaußsche Glockenkurve beschriebenen — sonst hat man einen (oder mehrere) wichtige Faktoren übersehen.

Sind diese Annahmen und die Nullhypothese erfüllt, so kann man die Wahrscheinlichkeitsverteilung der Größe F ermitteln.

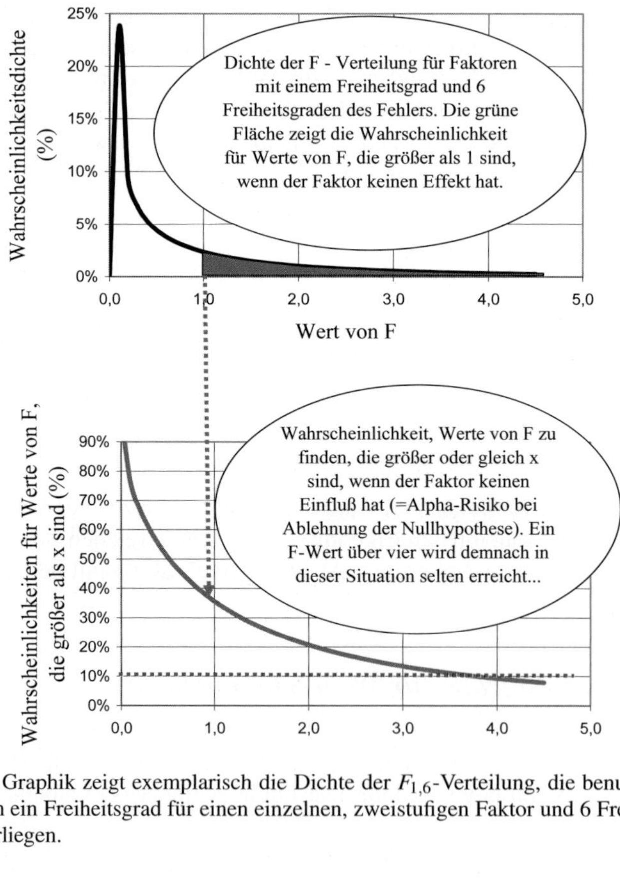

Abb. 4.7 Die Graphik zeigt exemplarisch die Dichte der $F_{1,6}$-Verteilung, die benutzt wird, wenn in 8 Versuchen ein Freiheitsgrad für einen einzelnen, zweistufigen Faktor und 6 Freiheitsgrade für den Fehler vorliegen.

Es gilt:

In allen durch die jeweiligen Faktoreinstellungen definierten Gruppen seien die Messungen unabhängig voneinander, normalverteilt mit Mittelwert $\mu + \tau_i$ und pro Gruppe identischer Varianz σ^2.
Sind diese Bedingungen erfüllt, so folgt die Größe F unter Gültigkeit der Nullhypothese, dass ein Faktor keinen Effekt hat (dass also $H_0 : \tau_1 = ... = \tau_{n_s} = 0$ gilt), einer sogenannten F-Verteilung.

Da diese Verteilung in allen Auswerteprogrammen (ebenso wie in Tabellenkalkulationsprogrammen) hinterlegt ist, braucht ihre mathematisch etwas kompliziertere Formel an dieser Stelle nicht zu interessieren; wichtig ist lediglich, dass sie durch zwei Parameter, die sogenannten Freiheitsgrade f_1 und f_2, beschrieben wird (man findet in vielen Statistikbüchern auch Tabellen). Man muss sich lediglich den Ablauf des Hypothesentests merken:

Grundprinzip der Varianzanalyse

1. Man unterstellt, dass der zu untersuchende Faktor *keinen* Effekt hat. Dies ist die Nullhypothese.
2. Wenn die Nullhypothese gilt, so folgt aus den oben formulierten Annahmen, dass die Testgröße F einer F_{f_1,f_2}-Verteilung folgt mit

$$f_1 = DF(Faktor)$$

und

$$f_2 = DF(Error).$$

3. Damit lässt sich die Wahrscheinlichkeit dafür bestimmen, in einem Experiment einen F-Wert zu finden, der mindestens so groß ist wie der vorgefundene — dies ist der sogenannte p-Wert oder *p-value*.
4. Ist diese Wahrscheinlichkeit klein, so verwirft man die Nullhypothese, da die Abweichung von der Erwartung zu groß ist, und geht von einem signifikanten Effekt des betreffenden Faktors aus.
5. Hat man durch schrittweises Entfernen nicht signifikanter Faktoren schließlich ein endgültiges, reduziertes Modell gefunden, so muss man abschließend die Gültigkeit der oben genannten Modellannahmen überprüfen (vgl. Kapitel 4.6).

Der letzte Punkt ist von fundamentaler Bedeutung, denn die ermittelten *p-values*, auf deren Basis wir über Signifikanz entscheiden, haben nur Gültigkeit, wenn die folgenden Bedingungen erfüllt sind:

1. Die Messungen auf jeder Faktorstufe sind normalverteilt...
2. ...mit jeweils gleicher Varianz...
3. ...und die ermittelten Residuen (Modellfehler) sind unabhängig und ebenfalls normalverteilt um den Gesamtmittelwert.

Es muss also, will man zu endgültig abgesicherten Aussagen gelangen, in jedem Einzelfall überprüft werden, ob man von diesem Annahmen ausgehen kann. In der Praxis geht man dabei so vor, dass man zunächst sein endgültiges Modell ermittelt (also alle "nicht signifikanten" Faktoren ausklammert) und dann die Modellfehler (Residuen) des endgültigen Modells untersucht. Wie dies funktioniert — und warum es mehr ist als nur "statistische Nabelschau" — wird in Abschnitt 4.6 erläutert.

Kommen wir zunächst auf das Beispiel der Reichweite des Rasensprengers zurück. Wir können nun nämlich die zuvor bereits schrittweise aufgebauten Zerlegungstabellen unter Berücksichtigung der $F_{DF(Faktor),DF(Error)}$-Verteilung ergänzen. Dazu gehen wir schrittweise vor, beginnend mit einem ersten Ansatz, der alle Faktoren und zwei Zweifachwechselwirkungen enthält.

Faktor	DF	SSB	MS	F	p
Spalte	1	2	3	4	5
A	1	2.21	2.21	442	0.002
B	1	0.06	0.06	12	0.074
C	1	2.21	2.21	442	0.002
AC	1	0.44	0.44	88	0.011
BC	1	0.02	0.02	4	0.184
ERROR	2	0.01	0.005		
TOTAL	7	4.95			

Tabelle 4.16 Ein Zwischenstand, wie er sich nach Entfernung von *ABC* und *AB* ergibt.

Da in diesem Beispiel alle Modellparameter über die gleiche Anzahl von Freiheitsgraden verfügen, können wir hier für alle Parameter von einer $F_{1,2}$-Verteilung ausgehen, um die entsprechenden p-Werte zu ermitteln und dabei feststellen:

1. Die Chance, ein Verhältnis von 442 von Faktoreffekt zum Rauschen zu haben, wenn Faktor A in Wahrheit keinen Effekt hat, ist 0.2%.
2. Für Faktor B ist diese Chance 7.4%, für die Wechselwirkung BC 18.4%.

Zur Erinnerung: Für die Wechselwirkung BC bedeutet dies, dass die Wahrscheinlichkeit für einen Fehler erster Art, das α-Risiko, 18.4% ist. Man würde die Hypothese *nicht* verwerfen, dass dieser Modellparameter *keinen* Einfluss hat — man hat keinen Beweis für einen signifikanten Einfluss gefunden und würde ihn im nächsten Schritt aus dem Modell entfernen. Dabei ist zu bedenken, dass der F-Wert sich "innerhalb des Modells" bestimmt; so sehen wir in Tabelle 4.15, je nach Anzahl vorhandener Modellparameter, unterschiedliche F-Werte für den Faktor A. Es ist deshalb ratsam, die Entscheidung über die Signifikanz von Parametern schrittweise zu fällen — und nicht alle im Rahmen des ersten Modells als "nicht signifikant" erscheinenden Parameter zugleich zu entfernen. So ergibt sich aus Tabelle 4.16 nach Eliminierung der Wechselwirkung BC die Situation aus Tabelle 4.17.

An dieser Stelle bietet sich nun ein Hinweis zur Auswertung bei Blockbildung (vergleiche Kapitel 4.3) an — ein Hinweis, der bei einer ersten Lektüre auch überlesen werden mag…

Faktor	DF	SSB	MS	F	p
Spalte	1	2	3	4	5
A	1	2.21	2.21	221	0.001
B	1	0.06	0.06	6	0.092
C	1	2.21	2.21	221	0.002
AC	1	0.44	0.44	44	0.001
ERROR	3	0.03	0.01		
TOTAL	7	4.95			

Tabelle 4.17 Veränderung des Zwischenstands nach Entfernung von *BC*.

4.5.4 Auswertung bei Blockbildung

Wie berücksichtigt man Blöcke bei der statistischen Versuchsauswertung?

Der Sinn der Blockbildung wurde in Abschnitt 4.3 erläutert, das Vorgehen bei der Planung der Versuche anhand eines Beispiels erklärt. Dabei ging es um eine Bäuerin, die den Weizenertrag auf ihren Feldern optimieren wollte und dazu einen einfachen Vollfaktorplan mit 2 Faktoren (Weizensorte und Düngemittel) plante. Die Blöcke sollten dazu dienen, etwaige Einflüsse von Bodenbeschaffenheit, Sonneneinstrahlung etc. berücksichtigen zu können. Der entsprechende Versuchsplan wurde in Tabelle 4.5 vorgestellt. Tabelle 4.18 zeigt nun die (hypothetischen) Resultate ihrer Messungen. Wertet man dieses Ergebnis ohne Berücksichtigung der Blöcke aus, so

Block	Dünger A	Weizen B	Ertrag $[dt/ha]$
1	+	+	84.25
1	−	−	73.18
1	+	−	73.69
1	−	+	62.64
2	+	+	74.78
2	+	−	77.48
2	−	+	58.59
2	−	−	66.64
3	+	+	92.79
3	−	+	70.11
3	−	−	71.32
3	+	−	82.04

Tabelle 4.18 Hypothetische Ernteerträge, in Dezitonnen pro Hektar.

ergibt sich analog zu den obigen Beispielen, das in Tabelle 4.19 gezeigte Bild.

Das auf allen Faktoren beruhende Modell lässt $\frac{288.3}{979.2} = 29\%$ der Gesamtvariabilität unerklärt. Die Signifikanz der Wechselwirkung wäre fraglich. Berücksichtigt man dagegen die Blöcke wie einen weiteren Faktor, so ergibt sich ein anderes Bild (vgl. Tabelle 4.20): es verbleibt ein unerklärter Rest an Variabilität in der Größenordnung von $\frac{98.8}{979.2} = 10\%$.

Faktor	DF	SSB	MS	*F*	*p*
A	1	567.9	567.9	15.757	0.004
B	1	0.1	0.1	0.003	0.959
AB	1	122.9	122.9	3.410	0.102
ERROR	8	288.3	36.04		
TOTAL	11	979.2			

Tabelle 4.19 Varianzanalyse der Ernteerträge, ohne Berücksichtigung der Blöcke. Faktor Dünger ist signifikant, Faktor Weizen nicht. Bei der Wechselwirkung handelt es sich um einen Zweifelsfall.

Faktor	DF	SSB	MS	*F*	*p*
BLOCK	2	189.5	94.8	5.75	0.04
A	1	567.9	567.9	34.49	0.001
B	1	0.1	0.1	0.01	0.935
AB	1	122.9	122.9	7.47	0.034
ERROR	6	98.8	16.5		
TOTAL	11	979.2			

Tabelle 4.20 Varianzanalyse der Ernteerträge, diesmal mit Berücksichtigung der Blöcke. Die Blöcke sind signifikant, der Faktor Dünger bleibt signifikant, und die Wechselwirkung wird deutlich sichtbar, nachdem man den Beitrag der Blöcke vom *Error* abgezogen hat.

Die Bäuerin hat also ohne viel Aufwand die Erklärungskraft des Modells deutlich steigern können, auch wenn letztlich die Faktoren "hinter" den Blöcken nicht kontrollierbar sind. Der zusätzliche Nutzen ist aber größer: Die Interaktion von Weizen und Düngemittel wurde vom Effekt der Blöcke versteckt — sie wurde erst nach Berücksichtigung des Beitrags der Blöcke zur Gesamtvariabilität sichtbar! Wäre der Faktor "Block" *nicht* signifikant gewesen, hätte er ohne Verlust einfach aus der weiteren Betrachtung ausgeschlossen werden können. Die Bildung von Blöcken erlaubt es also, ohne viel Aufwand Faktoren zu berücksichtigen, die außerhalb des Systems liegen, aber als Störgröße durchaus Einfluss haben. Somit können Einflüsse innerhalb des Systems sichtbar gemacht werden, die ansonsten — wie die Wechselwirkung von Weizensorte und Düngemittel — verborgen geblieben wären.

4.5.5 Faktorelimination

Nach diesem Einschub, der zeigt, wie auch Blockbildung mit der Varianzanalyse auswertbar ist und wieso die Zuordnung von Versuchen zu Blöcken ein sinnvoller Weg sein kann, dass "Messrauschen" zu minimieren, sei nun auf die Prinzipien der Faktorelimination eingegangen (siehe auch Kapitel 8.10).

Grundprinzip der Faktorelimination

Es hat sich bewährt, Parameter in einer bestimmten Reihenfolge zu eliminieren:

1. Wurde geblockt, so untersuche man zunächst, ob der Faktor "Block" signifikant ist. Wenn ja, sollte er im Modell verbleiben, wenn nein entfernt werden.
2. Man beginnt dann mit der Analyse der Wechselwirkungen der höchsten Stufe. Diese sollten als erstes entfernt werden, da sie in der Regel den kleinsten Beitrag liefern (Beispiel: die Dreifachwechselwirkung *ABC* auf die Reichweite des Rasensprengers).
3. Dann arbeitet man sich schrittweise durch die Wechselwirkungen der niedrigeren Stufen (im Falle des Rasensprengers also die Zweifachwechselwirkungen).
4. Schließlich eliminiert man nicht signifikante Haupteffekte.
5. Dabei ist zu beachten, dass nicht signifikante Parameter trotzdem erhalten bleiben müssen, wenn sie in Wechselwirkungen höherer Stufe auftauchen. Selbst wenn der Parameter *C* keinen signifikanten Haupteffekt hätte, aber in eine signifikante Wechselwirkung *AC* verstrickt wäre, müsste *C* im Modell bleiben. Man nennt dies auch "Bewahren der hierarchischen Integrität" des Modells.

Im Rahmen unseres Rasensprenger-Beispiels würde es nun zunächst einmal vom akzeptierten α-Risiko abhängen, ob man Faktor *B* im Modell belässt oder nicht. Ausgehend von 10%, würde man *B* für signifikant halten und im Modell belassen, ausgehend von 5% würde man *B* entfernen (vgl. Tabelle 4.17).

Man sollte hier allerdings Augenmaß und gesunden Menschenverstand walten lassen. Gibt es inhaltlich sinnvolle Gründe, warum *B* einen Einfluss haben sollte, ist es natürlich ratsam, *B* auch im Modell zu belassen (gegebenenfalls kann man versuchen, durch zusätzliche Experimente ein klareres Bild zu erhalten). Auf der anderen Seite sollte jedes Modell so einfach wie möglich sein — auf überflüssige Erklärungsparameter sollte man schon deswegen verzichten, weil sie zusätzlichen Aufwand (zum Beispiel für künftige Messungen und Kontrollen) beinhalten.

Damit stellt sich eine zentrale Frage: Verändert sich die Erklärungskraft des Modells, wenn man *B* weglässt?

Ohne *B* bekommt die Zerlegungstabelle die in Tabelle 4.21 gezeigte Form, in der nur noch zweifelsfrei signifikante Parameter verblieben sind.

Zum Vergleich der Güte der Modelle mit verschiedener Anzahl von Parametern bietet sich neben der jeweiligen Residuenanalyse (Kap. 4.6) an, die jeweilige Erklärungskraft zu vergleichen, die wir oben schon als Anteil erklärter Variabilität

$$\frac{SSB}{SST} = 1 - \frac{SSW}{SST}$$

kennen gelernt haben und nun auch formal mit ihrem "offiziellen Namen" R^2 bezeichnen wollen.

Faktor	DF	SSB	MS	F	p
Spalte	1	2	3	4	5
A	1	2.21	2.21	98.2	0.001
C	1	2.21	2.21	98.2	0.001
AC	1	0.44	0.44	19.6	0.011
ERROR	4	0.09	0.02		
TOTAL	7	4.95			

Tabelle 4.21 Ein endgültiges Modell.

> Mit R^2 bezeichnet man den durch ein mathematisches Modell erklärten Anteil an der Gesamtvariabilität der Daten; im Falle der Varianzanalyse gilt $R^2 = \frac{SSB}{SST}$.

Bereits in der Konstruktion der Zerlegungstabellen wurde allerdings klar, dass man mit mehr Parametern stets eine kleinere Restvarianz SSW und damit eine größere erklärte Varianz SSB erreicht. Darum hat es sich zur Vermeidung von falschen Schlüssen eingebürgert, zusätzlich zu R^2 eine adjustierte Größe $R^2_{adjusted}$, kurz R^2_{adj}, zu betrachten, die die "Effizienz" des Modells im Hinblick auf die Anzahl n_m der geschätzten Modellkonstanten berücksichtigt, die man aus den insgesamt verfügbaren n_r Messungen schätzen will:

$$R^2_{adj} = 1 - \frac{\frac{SSW}{n_r - n_m}}{\frac{SST}{n_r - 1}} = 1 - \frac{n_r - 1}{n_r - n_m} \cdot \left(1 - R^2\right)$$

Man erkennt unschwer, dass der Grad $\frac{R^2_{adj}}{R^2} \cdot 100\%$ der Korrektur sowohl von n_r und n_m als auch vom erreichten R^2 abhängt. Was dies konkret bedeutet, zeigt Tabelle 4.22, die diese Größen für den Rasensprenger mit $n_r = 8$ exemplarisch zueinander in Beziehung setzt.

Konstanten n_m	$R^2 =$ 70%	$R^2 =$ 80%	$R^2 =$ 90%	$R^2 =$ 95%	$R^2 =$ 99%
1	70%	80%	90%	95%	99%
2	65%	77%	88%	94%	99%
3	58%	72%	86%	93%	99%
4	48%	65%	83%	91%	98%
5	30%	53%	77%	88%	98%
6	0%	30%	65%	83%	97%
7		0%	30%	65%	93%

Tabelle 4.22 Die Tabelle zeigt R^2_{adj}, hier für $n_r = 8$. Das Verhältnis von R^2 zu R^2_{adj} hängt von der Anzahl der Modellkonstanten n_m und R^2 ab.

Bei überragend guten Modellen, also solchen mit hoher Erklärungskraft R^2, spielt die Adjustierung kaum eine Rolle. Je schwächer jedoch die Erklärungskraft des Modells ist, desto größer der Effekt der Adjustierung.

Für unser Beispiel der Reichweite des Rasensprengers bedeutet dies, dass wir angesichts des hohen erzielten R^2 von 98%-99% von R^2_{adj} keine weiteren Aufschlüsse erhoffen dürfen. Um den Effekt dennoch an diesem Beispiel verdeutlichen zu können, haben wir die in der Simulation "gemessenen" Reichweiten durch künstliches Rauschen gestört, indem wir normalverteilte Zufallszahlen mit Mittelwert 0 und einer kleinen Standardabweichung addiert haben. Tabelle 4.23 zeigt die sich für diese künstlich verrauschten Werte ergebende Reduktion von Parametern mit den zugehörenden Werten von R^2 und R^2_{adj}.

Anzahl Parameter	Faktoren	R^2	R^2_{adj}
7	A, B, C, AB, AC, BC	97.1%	79.6%
6	A, B, C, AC, BC	96.9%	89.1%
5	A, B, C, AC	96.6%	92.2%
4	A, C, AC	96.4%	**93.7%**
3	A, C	91.8%	88.6%
2	A	40.6%	30.7%

Tabelle 4.23 Während R^2 mit der Anzahl am Modell beteiligter Parameter wächst, zeigt R^2_{adj} einen Wendepunkt. Das "effizienteste" Modell verfügt über vier Parameter, nämlich A, C, AC und eine Konstante.

Die gezeigten Verläufe von R^2 und R^2_{adj} sind typisch. Während R^2 mit der Anzahl der am Modell beteiligten Parameter steigt, zeigt R^2_{adj} typischerweise ein Maximum an anderer Stelle. Die Erklärungskraft des Modells steigt zunächst mit weiteren Parametern, aber irgendwann kommt es zum Wendepunkt, ab dem die Integration neuer Modellparameter nicht mehr hilft. So würde im hier konstruierten Fall die Modelleffizienz durch Hinzufügen des Parameters B zurückgehen.

Die oben gemachten Berechnungen wurden, um sie händisch nachvollziehbar zu halten, mit den angegebenen zwei Nachkommastellen gemacht. Rechnet man mit den vollen, in Tabelle 4.11 angegebenen vier Stellen, so ergibt sich, dass das endgültige Modell auf den Parametern A, C und AC beruhen sollte. Dieses Modell würde sich wie folgt darstellen:

$$\text{Reichweite} = 5.2831m + 0.5228m \cdot A + 0.5245m \cdot C + 0.2379m \cdot AC,$$

wobei sich die jeweiligen Koeffizienten aus den halbierten Faktoreffekten ergeben und auf die durch -1 und $+1$ normierten Faktoreinstellungen anzuwenden sind. Damit ergibt sich der in Tabelle 4.24 gezeigte Vergleich von Versuchsergebnis und Modellvorhersage.

Erinnert man sich daran, dass die "Messungen" zu diesem Beispiel aus einer Computersimulation stammen, so verwundert es natürlich nicht, dass das hier er-

A	B	C	Messung [m]	Vorhersage [m]	Abweichung (Residuum) [m]
−	−	−	4.41	4.47	-0.06
+	−	−	5.02	5.04	-0.03
−	+	−	4.54	4.47	+0.06
+	+	−	5.07	5.04	+0.03
−	−	+	4.85	5.05	-0.20
+	−	+	6.49	6.57	-0.07
−	+	+	5.24	5.05	+0.20
+	+	+	6.64	6.57	+0.07

Tabelle 4.24 Der Vergleich von Messung und Vorhersage des reduzierten Modells zeigt, dass die zentralen Parameter in der Lage sind, die Reichweite des Rasensprengers sehr genau vorherzusagen.

mittelte Modell so gut funktioniert — viel Raum für Messfehler und Variabilität ist in dieser "Laborsituation" nicht geblieben. Man sollte sich jedoch auch daran erinnern, dass das ursprüngliche Simulationsmodell auf acht Parametern beruhte (vgl. Anhang A), aus denen die bedeutenden Parameter (und deren Wechselwirkung) schnell und letztlich unkompliziert herausgefischt werden konnten — dabei natürlich immer stillschweigend vorausgesetzt, dass die Annahmen der ANOVA erfüllt sind, was wir noch prüfen müssen.

Wir werden auf diese Prüfung im nächsten Abschnitt zurückkommen. Zuvor wollen wir jedoch noch einige Aspekte der Varianzanalyse behandeln, die im Laufe dieses Kapitels an verschiedenen Stellen bereits angesprochen wurden — beginnend mit einer Erinnerung an die in Kapitel 4.4 vorgestellten "Grundprinzipien des statistischen Testens", die wir nun noch einmal mit den Grundgedanken der Varianzanalyse verbinden wollen.

- Um Unterschiede, zum Beispiel zwischen Faktoreinstellungen, zu bewerten, sollten sie in Relation zur Streuung der jeweiligen Versuche gesetzt werden.

Genau dies geschieht bei der Varianzanalyse. Die Größen *SSB* und *SSW* wurden genau so konstruiert, dass dieser zentrale Gedanke abgebildet wird — dies wurde oben ausführlich erläutert.

- Ein Effekt ist "signifikant", wenn er *nicht* mit der "Nullhypothese" einer rein zufälligen Abweichung vereinbar ist.
- Um dies zu testen, wird eine passende Kenngröße definiert, die den Grad der Abweichung von der Nullhypothese quantifiziert (z.B. die Anzahl gewürfelter Köpfe in 10 Versuchen).

Im Fall der Varianzanalyse handelt es sich um die Größe

$$F = \frac{MS(Faktor)}{MS(Error)},$$

die Abweichung von der Annahme eines *nicht* vorhandenen Einflusses — je stärker der Einfluss des Faktors, desto größer wird F. Gibt es umgekehrt keinen Einfluss des Faktors, d.h. sind die Mittelwerte in beiden Gruppen gleich, so wird SSB und damit auch $MS(Faktor)$ und somit F zu Null.

- Die Wahrscheinlichkeit dafür, dass diese Kenngröße — wenn die Hypothese gilt — bestimmte Werte annimmt, muss bestimmbar sein (z.B. als Binomialverteilung, die uns erlaubt, die Chance für 7 oder mehr Köpfe in 10 Würfen zu bestimmen, wenn die Münze fair ist).

Es wurde dargestellt, dass die Größe F einer sogenannten F-Verteilung mit $f_1 = DF(Faktor)$ und $f_2 = DF(Error)$ Freiheitsgraden folgt, wenn die Nullhypothese stimmt, dass der Faktor keinen Einfluss hat und die Bedingungen für die Varianzanalyse erfüllt sind. Damit ergibt sich automatisch der Bezug zu den beiden nächsten Punkten in unseren Grundprinzipien des statistischen Testens:

- Damit lässt sich zu jedem gefundenen Versuchsergebnis (= Wert der definierten Kenngröße) ein Wahrscheinlichkeitswert ("*p value*") p angeben, der die Wahrscheinlichkeit dafür beschreibt, die gemessene oder eine größere Abweichung zu finden, wenn man die Gültigkeit der Hypothese unterstellt. Der *p value* beschreibt also das Risiko, bei einer Ablehnung der Nullhypothese (Annahme eines signifikanten Effekts) falsch zu liegen.
- Typische Schranken sind 10%, 5% oder 1% — ist der *p value* kleiner als eine solche Schranke, weist man die Nullhypothese in der Regel zurück und geht von einem signifikanten Effekt aus.

Es wurde bereits verdeutlicht, wie dies beispielsweise für die Bestimmung der signifikanten Effekte für den Rasensprenger aussieht. Lediglich zum letzten der erarbeiteten Punkte fehlen noch einige (wenige) Anmerkungen:

- Der benötigte Versuchsumfang lässt sich über die verlangte *power* der Tests bestimmen, nämlich über den benötigten Grad der Auflösung (z.B.: Man will eine gefälschte Münze erkennen, wenn die Chance für Kopf größer als 60% ist.) und die Chance, Abweichungen von der Nullhypothese bei dieser Auflösung als solche zu erkennen.

Die dabei zugrunde liegende Idee ist natürlich, genügend Daten zu sammeln, um Effekte "praktisch brauchbarer" Größen ermitteln zu können, ohne übertrieben viele Versuche zu machen — jeder Versuch kostet schließlich Geld...

4.5.6 Versuchszahl

Wie also gelangt man zu einer Abschätzung der benötigten Anzahl von Versuchen?

Nach den bisherigen Ausführungen ist klar, dass die benötigte Versuchszahl von verschiedenen Parametern abhängt:

- Wie schon in den einführenden Beispielen (Münzwürfe in der Gaststätte) gilt es zunächst, das *α-Risiko* festzulegen — das Risiko, einen Faktor zu Unrecht als signifikant anzusehen, obwohl er in Wahrheit keinen Einfluss hat.
- In einem zweiten Schritt muss man überlegen, welche "Auflösung" man erwartet — also welche Kraft, signifikante Effekte als solche zu erkennen. Diese Kraft, in Abschnitt 4.4 als *Power* eingeführt, hängt natürlich von der wahren Stärke des Effektes (des Unterschiedes zwischen den Gruppenmittelwerten) ab — je größer der Effekt, desto leichter ist er zu erkennen. Wir möchten an dieser Stelle von "praktischer Signifikanz" (im Unterschied zur statistischen Signifikanz) reden, der inhaltlichen Relevanz des Effektes einer gewissen Größenordnung. Während uns sehr kleine Effekte meist egal sein können, stellt sich damit die Frage, ab welcher Größenordnung die Erkenntnis eines Effektes relevant wird — ab wann wir diese Erkenntnis nutzen können, etwa um das betrachtete System zu optimieren. Neben α benötigen wir also noch ein inhaltlich begründetes Maß für die Stärke Δ des Unterschiedes zwischen den Faktorstufen, sowie ein Maß für die Power $1-\beta(\Delta)$, mit der wir diesen Unterschied konstatieren können wollen.
- Ferner benötigen wir zur endgültigen Abschätzung der benötigten Versuchszahl die Anzahl der Faktorstufen. Gibt es Faktoren mit unterschiedlich vielen Stufen, ist die maximale Stufenzahl relevant.

Bis hierher war die Darstellung einfach, denn es handelte sich bisher nur um eine Auflistung von Parametern, die wir selber frei wählen können (natürlich geleitet von inhaltlichen Überlegungen):

α	Akzeptables Risiko, einem nicht signifikanten Effekt "aufzusitzen"
$1-\beta$	"Power": Gewünschte Wahrscheinlichkeit, einen Effekt zu erkennen...
Δ	...wenn er mindestens diese Größe Δ hat ("praktische Signifikanz"!) und ...
Stufen	... maximal diese Anzahl von Faktorstufen eingeplant wird

Tabelle 4.25 Frei wählbare Eingangsparameter zur Bestimmung der benötigten Versuchszahl

Leider benötigen wir aber darüber hinaus allerdings auch noch einen weiteren Parameter zur Bestimmung der benötigten Versuchszahl: eine Abschätzung der dem System bzw. Modell zugrunde gelegten Standardabweichung σ. Dies begründet sich aus der nun schon mehrfach diskutierten Tatsache, dass die Merkmalsunterschiede zum "Rauschen" ins Verhältnis gesetzt werden müssen und passt zur Grundannahme der Varianzanalyse, dass die Standardabweichung in allen verglichenen Gruppen identisch sein muss (zur Erinnerung: diese Annahme bleibt noch zu prüfen!):

σ	Standardabweichung der Messwerte (Schwankung um die Faktormittelwerte)

Tabelle 4.26 Keine Wahl: Die Standardabweichung als weiterer Eingangsparameter

Je größer die Standardabweichung (das Rauschen) ist, desto mehr Versuche werden wir benötigen, um die statistische Signifikanz von praktisch signifikanten Unterschieden nachweisen zu können. Wie aber gelangen wir zu einer Abschätzung von σ, der einzigen Größe, die wir nicht "frei" festlegen können?

Die einfachste Möglichkeit ist natürlich, dass schon Erfahrungswerte zur Messstreuung vorliegen, von denen man ausgehen kann. Ist dies nicht der Fall, kann man im Rahmen einer Vorstudie eine Abschätzung für σ gewinnen oder versuchen, Expertenschätzungen einzuholen. Bleibt man unsicher, sollte man verschiedene Schätzwerte für σ ausprobieren und die jeweils benötigten Versuchszahlen ansehen — möglicherweise zeigt sich, dass man ohnehin keine genauere Abschätzung braucht, da man in einer Situation ist, in der kleinere Veränderungen von σ ohnehin keine Auswirkungen (mehr) haben.

Die mit diesen Parametern durchzuführenden Berechnungen sind relativ komplex (genaueres findet man z.B. bei [119, S. 101ff.]), aber glücklicherweise bieten manche Statistikprogramme Verfahren an, die uns das Leben erleichtern.

Ein Beispiel: Eine Fahrzeugtechnikerin möchte drei verschiedene neue Technologien, die helfen sollen, den Normverbrauch eines Fahrzeugs zu reduzieren, mit einem nicht modifizierten Basisfahrzeug vergleichen. Aus der Erfahrung ist bekannt, dass die Standardabweichung des dazu benutzten Prüfstandes in der Größenordnung von $0.1l/100km$ liegt.

1. Da man nicht ohne Grund in neue, teure Technologien investieren möchte, soll das α-Risiko auf 5% beschränkt sein — die Wahrscheinlichkeit, einen Effekt einer Technologie festzustellen, der nicht existiert, soll maximal 5% betragen.
2. Existiert ein Effekt, so will man ihn mit 80% Sicherheit erkennen, wenn er eine Verbesserung von...
3. ...mindestens $0.25l/100km$ bedeutet.
4. Sie misst auf vier verschiedenen Stufen und sucht einen Unterschied zwischen zwei beliebigen Faktorstufen.
5. Die der Anzahl benötigter Versuche zugrunde liegende Standardabweichung wird mit $0.1l/100km$ angenommen.

Mit diesen Parametern kann man mit Programmhilfe ermitteln, dass 5 Versuche pro Stufe benötigt werden, denn damit erreicht man eine Power von 84.7%, während mit 4 Wiederholungen lediglich eine von 71% erreicht würde. Hält man auch kleinere Verbesserungen für praktisch signifikant, erhöht sich die Anzahl benötigter Versuche schnell, wenn man die Power von 80% beibehalten möchte, wie aus Tabelle 4.27 ersichtlich wird.

Tabelle 4.27 enthält im übrigen zwei gute Nachrichten:

1. Die gezeigten Versuchsumfänge gelten *je Faktorstufe*. Hat man aber mehrere Faktoren, so wird jede Stufe ohnehin schon mehrfach gemessen!

Effekt Δ (l/100km)	benötigte Anzahl von Versuchen $\sigma = 0.1l/100km$	$\sigma = 0.2l/100km$
0.10	23	89
0.15	11	40
0.20	7	23
0.25	5	15
0.30	4	11

Tabelle 4.27 Die benötigte Zahl von Messungen hängt sowohl von der detektierenswerten Effektstärke Δ als auch vom Messrauschen σ ab.

2. Die Tabelle zeigt gleiche Werte, wenn das Verhältnis des zu messenden Effektes Δ zur Standardabweichung σ identisch ist. Um einen Effekt der Größe der Standardabweichung mit 80% Wahrscheinlichkeit zu erkennen, werden 23 Versuchswiederholungen benötigt, für das 1.5-fache von σ noch 11.

Diese Normierbarkeit des Effektes (Effektstärke gemessen als Vielfaches der angenommenen Standardabweichung) können wir nutzbar machen, um eine einfache Tabelle zu generieren, die für verschiedene (gängige) Werte von α, Power und Stufenzahl die benötigte Anzahl von Messungen pro Stufe zeigt.

Hätte, dies zeigt Tabelle 4.28, die Technikerin nur eine einzelne neue Technologie gegen das Basisfahrzeug verglichen (2 Faktorstufen), so hätte sie, um einen Effekt von $0.25l/100km$ bei einer Standardabweichung von $0.1l/100km$ mit 80% Sicherheit erkennen zu können, 4 Versuche pro Stufe benötigt ($\alpha = 5\%$). Hätte sie zusätzlich noch einen zweiten zweistufigen Faktor berücksichtigt, so hätte sie jede Faktorstufe des ersten Faktors automatisch zweimal gemessen — eine einzige Durchführung des gesamten Versuchsplans hätte also gereicht.

Ein weiteres Beispiel soll verdeutlichen, wie wir dies ausnutzen können.

Ein Kollege der Fahrzeugtechnikerin möchte herausfinden, ob und welche der folgenden Faktoren

- A = Anzahl der Speichen (2 Stufen)
- B = Durchmesser (3 Stufen)
- C = Dicke (5 Stufen)

Einfluss auf die wahrgenommene Griffigkeit eines Lenkrades haben. Zu diesem Zweck sollen Probanden die 30 möglichen Faktorkombinationen anhand von 30 Prototypen mit Schulnoten von "1" (sehr gut) bis "6" (ungenügend) bewerten.

Als "praktisch signifikant" wird erachtet, wenn es zu einem Faktor Stufen gibt, die mindestens eine Notenstufe auseinander liegen. Bei einem α-Risiko von 10% soll ein solcher Einfluss mit einer Power von mindestens 80 % erkannt werden.

Ein Blick in Tabelle 4.28 zeigt, dass eine Versuchszahl, die für den fünfstufigen Faktor ausreicht, erst recht für die anderen Faktoren genügt. Nun wird aber bereits bei einer einfachen Durchführung des gesamten Vollfaktorplans jede dieser fünf Stufen bereits sechs mal gemessen, womit sich, je nach Standardabweichung der Benotungen, das in Tabelle 4.29 gezeigte Bild ergibt.

	Δ/σ	α=10% 60%	α=10% 70%	α=10% 80%	α=10% 90%	α=5% 60%	α=5% 70%	α=5% 80%	α=5% 90%	α=1% 60%	α=1% 70%	α=1% 80%	α=1% 90%
2 Stufen	0.50	30	39	51	70	41	51	64	86	66	79	96	121
	0.75	14	18	23	32	19	23	29	39	31	36	44	55
	1.00	8	11	14	18	11	14	17	23	18	21	26	32
	1.50	5	6	7	9	6	7	9	11	9	11	13	15
	2.00	3	4	4	6	4	5	6	7	6	7	8	10
	2.50	3	3	3	4	3	4	4	5	5	5	6	7
	3.00	2	3	3	3	3	3	4	4	4	5	5	6
	3.50	2	2	3	3	3	3	3	4	4	4	4	5
	4.00	2	2	2	3	3	3	3	3	3	4	4	4
3 Stufen	0.50	39	49	63	85	51	63	79	103	80	95	113	141
	0.75	18	23	29	38	24	29	36	47	37	43	51	64
	1.00	11	13	17	22	14	17	21	27	22	25	30	37
	1.50	6	7	8	11	7	8	10	13	11	12	14	18
	2.00	4	4	5	7	5	5	6	8	7	8	9	11
	2.50	3	3	4	5	4	4	5	6	5	6	7	8
	3.00	3	3	3	4	3	3	4	5	4	5	5	6
	3.50	2	3	3	3	3	3	3	4	4	4	4	5
	4.00	2	2	3	3	3	3	3	3	3	4	4	4
4 Stufen	0.50	45	56	72	96	59	72	89	115	90	106	126	156
	0.75	21	26	33	43	27	33	40	52	41	48	57	70
	1.00	12	15	19	25	16	19	23	30	24	28	33	40
	1.50	6	7	9	12	8	9	11	14	12	13	16	19
	2.00	4	5	6	7	5	6	7	9	7	8	10	12
	2.50	3	4	4	5	4	4	5	6	6	6	7	8
	3.00	3	3	3	4	3	4	4	5	4	5	5	6
	3.50	2	3	3	3	3	3	3	4	4	4	5	5
	4.00	2	2	3	3	3	3	3	3	3	4	4	4
5 Stufen	0.50	50	62	79	104	65	79	97	125	98	115	136	168
	0.75	23	28	36	47	30	36	44	56	45	52	61	76
	1.00	13	17	21	27	17	21	25	32	26	30	35	43
	2.00	4	5	6	8	5	6	7	9	8	9	10	12
	2.50	3	4	4	5	4	5	5	6	6	6	7	9
	3.00	3	3	4	4	3	4	4	5	5	5	6	7
	3.50	2	3	3	4	3	3	4	4	4	4	5	5
	4.00	2	2	3	3	3	3	3	4	3	4	4	5

Tabelle 4.28 Benötigte Anzahl von Messungen pro Stufe, wenn man bei den gegebenen Parametern Effekte einer gegebenen Stärke mit der entsprechenden *Power* messen will. **Beispiel:** Haben die Faktoren maximal 2 Stufen und möchte man bei einem α-Risiko von 5% Abweichungen in der Größe der doppelten Standardabweichung ($\frac{\Delta}{\sigma} = 2$) mit einer *Power* von 80% erkennen, so werden mindestens 6 Messungen je Stufe benötigt.

σ (Notenstufen)	Δ (=1 Notenstufe)	Wiederholungen (je Stufe)	Wiederholungen (Vollfaktorplan)
0.25	$4 \cdot \sigma$	3	1
0.5	$2 \cdot \sigma$	6	1
1	$1 \cdot \sigma$	21	4

Tabelle 4.29 Anzahl benötigter Versuchswiederholungen je Stufe bei der Lenkradstudie, in Abhängigkeit von der unbekannten Standardabweichung der Bewertungen, wenn $\alpha = 10\%$ und $1 - \beta = 80\%$ angenommen wird. Da im Rahmen des Vollfaktorplans jede Stufe ohnehin mindestens sechs mal gemessen wird, ergeben sich die in der letzten Spalte dargestellten Werte.

Fassen wir unter Bezugnahme auf das letzte Beispiel zusammen:

Prinzipien zur Bestimmung des benötigten Versuchsumfangs

1. Man bestimme das akzeptable α-Risiko, also die maximal akzeptable Chance, einen Effekt fälschlicherweise für signifikant zu halten. Gängige Werte sind $\alpha = 10\%$, $\alpha = 5\%$ oder manchmal auch $\alpha = 1\%$.

   Für die Lenkradstudie wählen wir exemplarisch $\alpha = 10\%$.

2. Man bestimme, ab wann ein Effekt "praktisch signifikant" wird, ab wann man also Effekte gerne detektieren möchte. Die Größe Δ dieses Effektes bestimmt letztlich den erforderlichen Versuchsumfang.

   Im Rahmen der Lenkradstudie wählen wir $\Delta = 1$ (Notenstufe).

3. Basierend auf der (gegebenenfalls im Rahmen einer Pilotstudie) zu schätzenden Standardabweichung σ der Messapparatur ermittle man den normierten "praktisch signifikanten" Effekt $\frac{\Delta}{\sigma}$ und bestimme ferner die gewünschte *Power* des Versuchs, also die Chance, einen Einfluss dieser Stärke zu finden, wenn er existiert.

   Unterstellen wir, dass die Probanden alle Lenkräder mit einer Standardabweichung von $\sigma = 1$ (Notenstufe) bewerten, so können wir von $\frac{\Delta}{\sigma} = 1$ ausgehen, einem Effekt, den wir mit 80% Wahrscheinlichkeit erkennen wollen.

4. Man bestimme die maximale Anzahl S von Faktorstufen, die für einen einzelnen Faktor im Rahmen des Versuchsplans vorkommt.

   Es gilt natürlich $S = 5$.

5. Zu dieser Anzahl S von Stufen, der Annahmen für α und *Power* $1 - \beta$ und der Größe $\frac{\Delta}{\sigma}$ ermittle man die benötigte Anzahl A von Versuchswiederholungen aus Tabelle 4.28.

   Für die erwartete Power von 80% ergibt sich $A = 21$; bei 70% wäre $A = 17$.

6. Man ermittle die Mindestzahl von Messungen, die ohnehin für jede Faktorstufe durchgeführt werden; teilt man die benötigte Anzahl A von Versuchen aus dem letzten Schritt durch diesen Wert, erhält man, gegebenenfalls nach Aufrunden, die für den Gesamtversuchsplan benötigte Anzahl von Wiederholungen.

   Jedes Lenkrad wird mindestens $\frac{30}{5} = 6$ mal bewertet. Mit $\frac{21}{6} = 3.5$ ergibt sich, dass man sein Ziel mit 4 Wiederholungen des Gesamtversuchsplans (also $4 \cdot 30 = 120$ Einzelbewertungen) erreicht. Kann man auch mit einer Mindest-Power von 70% leben, kommt man mit 3 Wiederholungen (90 Einzelversuchen) aus, da $\frac{17}{6} = 2.83$ ist.

7. Die Wahl dieser Abschätzungen erfolgte so, dass man für alle Faktoren auf der "sicheren Seite" ist — für manche der Faktoren ist die Power damit unter Umständen sogar deutlich höher als gefordert.

   So werden die Stufen des Faktors A ohnehin je 15 mal getestet, so dass man gemäß Tabelle 4.28 für diesen Faktor mit dem einfach durchgeführten Versuchsplan auskäme.

4.6 Modellvalidierung

Essentially, all models are wrong, but some are useful.
— George Box, 1987[7]

Nach Abschluss der im Laufe dieses Kapitels dargestellten Arbeiten sind wir in der Lage, ein endgültiges mathematisches Modell des Verhaltens des betrachteten Systems zu formulieren und dieses zur Optimierung der Qualitätsmerkmale zu nutzen. Dazu nutzt man die mit der Varianzanalyse bestätigten Haupteffekte und Wechselwirkungen aus, um die Zielgröße in die gewünschte Richtung zu treiben. Wir können also die ursprüngliche Aufgabe der Systemoptimierung abschließen und diejenigen Einstellungen der betrachteten Parameter ermitteln, die für das gewünschte Systemverhalten sorgen. Zwei Punkte sind allerdings noch offen: Es wurde bereits erwähnt, dass die Voraussetzungen für die Varianzanalyse zu prüfen sind, und letztlich bleibt es auch bei erfolgreicher Validierung dieser Voraussetzungen stets wünschenswert, das mittels eines *mathematischen* Modells ermittelte Wissen über Einflüsse auch *mit dem gesunden Menschenverstand* zu validieren. Der vorliegende Abschnitt schließt diese offenen Punkte.

Residuenanalyse, mehr als statistische Nabelschau.
Seit der Einführung der Grundprinzipien der Varianzanalyse wurde bereits mehrfach darauf hingewiesen, dass die Annahmen, die der Bestimmung der p-Werte zugrunde liegen, auch überprüft werden müssen. Das gesamte Modell basiert nämlich auf der Idee, dass die Fehler auf jeder (Kombination von) Faktorstufe(n) unabhängig voneinander und normalverteilt sind und die gleiche Varianz haben (eine weitere Forderung wurde bisher "unterschlagen": auch die Eingangswerte sollen unabhängig voneinander sein. Dies ist aber bei orthogonalen Designs stets der Fall — aus diesem Grund wurden ja gerade orthogonale Designs gewählt!).

Inhaltlich mag man dies als Forderung danach interpretieren, dass die Streuung der Messapparatur von den Faktoreinstellungen unabhängig ist — das "Rauschen" soll auf allen Stufen die gleiche Stärke haben, und es soll kein System in den Vorhersagefehlern geben. Man sollte dies nicht als Problem, sondern als Chance begreifen: wie bereits an anderer Stelle ausführlich dargestellt (vgl. 3.4.2), bietet die Analyse der Modellfehler die Möglichkeit, Ausreißer in den Messdaten zu erkennen und gegebenenfalls verstehen zu lernen, so dass hier durchaus die Chance besteht, mehr über das betrachtete System und sein Verhalten zu lernen.

Mathematisch gesehen handelt es sich um eine wesentliche Voraussetzung, ohne die man die Verteilung der F-Werte nicht bestimmen kann. Kurz gesagt: Die stets auf der Basis der F-Verteilung berechenbaren p-Werte, mit denen über die Signifikanz der Effekte entschieden wird, sind bedeutungslos, wenn man nicht davon ausgehen kann, *dass die F-Werte auch wirklich der F-Verteilung folgen.*

[7] Im wesentlichen sind alle Modelle falsch, aber manche sind nützlich.

Dies ist jedoch nur der Fall, wenn die bewusst nun schon so oft zitierten Annahmen auch wirklich gültig sind. Was also bleibt zu prüfen?

Zunächst einmal ist zu beachten, dass die folgenden Betrachtungen auf die *Residuen*, und nicht auf die Messwerte oder die Vorhersagen anzuwenden sind. Dies sind die Modellfehler — die Abweichungen zwischen Modellvorhersagen und "echten" Messwerten. Wie bereits an anderer Stelle dargestellt (vgl. Kap. 3.4.2), gibt es eine Reihe vor allem graphischer Hilfsmittel, die uns nun helfen.

1. Unabhängigkeit der Modellfehler

Um die Unabhängigkeit zu prüfen, hilft ein Diagramm, in dem die Fehler ("residuals") gegen die Reihenfolge ihrer Entstehung ("run order") aufgetragen werden, wie exemplarisch in Abbildung 3.13 gezeigt. Dieses Diagramm sollte keinen erkennbaren Trend aufweisen — die Kenntnis eines Wertes darf nicht ermöglichen, das Ergebnis der folgenden Versuche abzuschätzen (wie es bei der Existenz eines Trends der Fall wäre).

2. Normalverteilung der Residuen

Auch in diesem Fall hilft ein Verweis auf Kapitel 3, denn dort wurde bereits ein einfaches Verfahren vorgestellt, mit dem sich die Normalität der Fehler kontrollieren lässt: der sogenannte *Normal Probability Plot*, manchmal auch als *full normal plot* bezeichnet (vgl. Abb. 3.15). Folgen die Residuen einer Normalverteilung, so sollte ungefähr eine gerade Linie entstehen. Dieser graphische Test lässt sich durch formale statistische Tests ergänzen, die erneut auf dem in diesem Kapitel vorgestellten Strickmuster folgen: Mit verschiedenen Tests lässt sich die Abweichung von der Normalverteilungs-Annahme quantifizieren, so dass ein p-Wert ermittelt werden kann, der — falls klein — signifikante Abweichungen signalisiert. Es mag lohnen, in diesem Zusammenhang darauf hinzuweisen, dass wir an dieser Stelle *keine* signifikante Abweichung sehen wollen. War ein kleiner p-Wert in der Elimination von Faktoren Trumpf, so ist es hier genau umgekehrt...

Erwähnenswerte Tests, die in vielen Programmen auch implementiert sind, sind

- der Anderson-Darling-Test
- der Kolmogoroff-Smirnoff-Test
- unter Umständen auch der χ^2 (sprich: Schi-Quadrat) Anpassungstest

Darüber hinaus mag natürlich auch ein Histogramm der Residuen helfen, Abweichungen von der Glockenkurve zu erkennen.

3. Gleiche Varianzen

Trägt man die Fehler gegen die vorhergesagten Werte ab, so entsteht ein "residual versus predicted-plot", wie in Abbildung 3.14 exemplarisch dargestellt. Wenn man bedenkt, dass sich zu Messungen aus einer Gruppe eine senkrechte Linie durch den Gruppenmittelwert x ergibt, wird klar, woran Abweichungen von der Varianzhomogenität erkennbar werden: Während man ein homogenes waagerechtes Band rund um die x-Achse erwarten würde, wären bei Gruppen mit größerer Varianz deutlich mehr Ausreißer nach oben oder unten zu erwarten. Somit gibt es auch hier eine einfache Methode, Verletzungen der Grundannahmen visuell zu erkennen.

Auch die Varianzhomogenität (Gleichheit der Varianzen in verschiedenen Gruppen) lässt sich im übrigen formal testen: hier sind der sogenannte *Levene-Test* und der *Bartlett-Test* zu nennen, die auch in statistischen Programmen implementiert sind. Wie im Falle der Normalverteilungsannahme würden auch hier kleine p-Werte auf signifikante Abweichungen von der Annahme gleicher Varianzen hinweisen. In diesem Fall bieten sich Transformationen der gemessenen Daten an, wie sie in Kapitel 3.4.4 besprochen wurden — oftmals gelingt es, die Annahmen doch noch zu retten und so das Instrumentarium der Varianzanalyse voll nutzen zu können.

Insgesamt erscheint es empfehlenswert, die benötigten Tests durch die graphische Analyse von vier Diagrammen vorzunehmen:

1. Ein Histogramm der Residuen.
   Man erwartet eine um Null zentrierte Glockenkurve.
2. Einen Normal Probability Plot der Residuen.
   Es sollte eine gerade Linie entstehen. Bei Zweifeln kann man einen formalen Test "nachlegen".
3. Ein Diagramm der Residuen gegen die *run order*.
   Es sollte kein Trend erkennbar sein.
4. Ein Diagramm der Residuen gegen die vorhergesagten Werte.
   Es sollte ein gleichmäßiges, um die x-Achse zentriertes Band ohne Muster zeigen.

Damit ist — sollten alle Tests funktioniert haben — der Mathematiker zufrieden; es sollte aber auch klar geworden sein, dass inhaltlich gewonnen wurde, wenn wir uns vergewissert haben, dass kein systematischer Effekt übersehen wurde, dass also der *nicht* erklärte Teil der Messdatenvariabilität lediglich "Rauschen" ist.

Einen weiteren Test sollte unser Modell jedoch auch noch bestehen: den des gesunden Menschenverstandes...

Der gesunde Menschenverstand legt nahe, dass wir uns abschließend fragen, ob uns die gefundenen Erkenntnisse inhaltlich plausibel vorkommen und ob sie unseren Erwartungen entsprechen:

- Können wir uns erklären, warum manche Faktoren — die ja anfangs ausgewählt wurden, da man an ihren Einfluss glaubte — am Ende vielleicht doch nicht signifikant sind? Ist der Einfluss der als signifikant erkannten Faktoren plausibel? Was ist mit der Plausibilität der Wechselwirkungen?
- Erscheint die Stärke der Haupteffekte sinnvoll?
- Wie ist die Plausibilität der Vorzeichen? Gibt es hier Überraschungen?
- Hilft uns das Ergebnis, das ursprüngliche (Optimierungs-)Problem zu lösen?

Dabei lasse man sich durch etwaige Zweifel nicht entmutigen: es gibt stets Neues zu lernen — und auch das Durchführen mittels DoE geplanter Experimente bleibt ein iteratives Geschäft.

4.7 Zusammenfassung: Von den Daten zum Modell in 7 Schritten

The statistician who supposes that his main contribution to the planning of an experiment will involve statistical theory, finds repeatedly that he makes his most valuable contribution simply by persuading the investigator to explain why he wishes to do the experiment...
— Gertrude Cox, 1951[8]

1. **Datencheck.** Wie sieht der real abgefahrene Versuchsplan aus? Gibt es offensichtliche Fehler? Lücken? War der Versuchsplan wirklich orthogonal?
2. **Modellbildung** durch schrittweise Elimination von Faktoren und Wechselwirkungen. Ausgehend von einem mehr oder weniger "vollen" Modell eliminiere man schrittweise diejenigen Parameter, deren Einfluss auf die Zielgröße nicht nachgewiesen werden kann; man entferne also, beginnend mit den Mehrfachwechselwirkungen, alle Größen mit großem p-Wert, bis man bei einem Modell angelangt ist, das lediglich signifikante Eingangsgrößen enthält und eine brauchbare Erklärungskraft R^2 hat. Gelingt es nicht, zu "brauchbaren" Werten von R^2 zu gelangen, so hat man offenbar signifikante Einflussfaktoren übersehen.
3. **Residuenanalyse.** Ist man bei einem endgültigen Modell angelangt, muss man die Annahmen prüfen: Sind die Residuen unabhängig und normalverteilt? Ist die Annahme homogener Varianzen gerechtfertigt? Neben der mathematischen Notwendigkeit, dies zu prüfen (denn sonst sind die p-Werte, mit denen die Signifikanz der Effekte nachgewiesen werden soll, Makulatur), gibt es auch einen durchaus erwähnenswerten inhaltlichen Nutzen, wenn sichergestellt wurde, dass man keinen systematischen Zusammenhang übersehen hat.
4. Liegt das Modell nach seiner Validierung fest, so kann man es in Form einer Gleichung darstellen, die die signifikanten Effekte aufnimmt. Basierend auf dieser Gleichung kann man das System im Hinblick auf die Zielgröße **optimieren**.
5. **Testläufe.** Auch die Durchführung bestätigender Testläufe mit den optimalen Einstellungen dient letztlich der Modellvalidierung. Man hat nur gewonnen, wenn die ermittelte optimale Einstellung zum Erfolg führt ... !
6. Schließlich gehört auch die **Dokumentation** der Ergebnisse zum professionellen Arbeiten. Nur so wird sichergestellt, dass unsere Erkenntnisse nachvollziehbar bleiben und ins *corporate knowledge* eingehen können, und nur so kann man auch in Zukunft nachweisen, dass handwerklich sauber gearbeitet wurde (z.B. durch den Nachweis, dass die Modelle validiert wurden).
7. **Team Event.** War ein ganzes Team an Planung, Durchführung und Auswertung der Experimente beteiligt, stellt ein abschließendes Team Event sicher, dass man auch in Zukunft mit Unterstützung rechnen kann, wenn man sie benötigt. Würfeln in der Gaststätte bietet sich an ...

[8] Der Statistiker, der annimmt, dass sein Hauptbeitrag zur Planung von Experimenten mit statistischer Theorie zu tun hat, findet oft, dass sein wertvollster Beitrag darin besteht, den Forscher dazu zu bringen zu erklären, warum er das Experiment ausführen will...

Kapitel 5
Varianten der statistischen Versuchsplanung

5.1 Einleitung

Nur in wenigen Fällen besteht die Aufgabe darin, ein einziges Qualitätsmerkmal zu optimieren. Allein durch den Kostendruck kommt im Regelfall neben der Systemleistung ein weiterer Aspekt hinzu. Vielfach tauchen mehrere Leistungskriterien auf, die nur in Ausnahmefällen so miteinander korrelieren, dass die jeweiligen optimalen Einstellungen identisch sind. Die gleichzeitige Optimierung mehrerer Qualitätsmerkmale ist nicht Bestandteil der klassischen statistischen Versuchsplanung. Allerdings liefert die statistische Versuchsplanung eine hervorragende Ausgangsposition und lässt sich problemlos mit Optimierungsverfahren koppeln. Auswerteprogramme tragen dem Rechnung und haben die "Multiple-Response-Optimisation" in ihr Standardrepertoire aufgenommen. Dieses Kapitel gibt einen kompakten Überblick zu diesem Thema, ohne auf die Hintergründe der numerischen Mathematik weiter einzugehen. Fortgeschrittene Leser finden im Kapitel *Optimierung* weitere Informationen.

Technische Systeme werden im Alltagsgebrauch anders beansprucht als unter idealen Bedingungen im Labor. Für den Endkunden ist die optimale Leistungsentfaltung unter Laborbedingungen irrelevant, nur das Systemverhalten im Alltag zählt. Hochgezüchtete Systeme verhalten sich immer etwas "nervös" in Bezug auf veränderte Randbedingungen. Auf der anderen Seite zwingt der Kostendruck den Konstrukteur dazu, unnötige Sicherheitsreserven abzubauen und das System genau den Anforderungen anzupassen. Es besteht somit die Notwendigkeit, den Alltagsgebrauch durch den Kunden im Labor des Konstrukteurs nachzubilden[184].

Die statistische Versuchsplanung ist geradezu prädestiniert, um diese Aufgabe zu übernehmen, da es letztlich darum geht, das Systemverhalten in Abhängigkeit vieler Variablen zu untersuchen. Es bedarf nur einer kleinen Erweiterung der bereits vorgestellten Methodik, um einen generischen Ansatz für die Untersuchung der "Robustness" herzuleiten. Parameterdesign und Toleranzdesign sind geradezu klassische Erweiterungen der statistischen Versuchsplanung. Beide sind sehr eng mit GENICHI TAGUCHI verbunden [59]. TAGUCHI hat bereits in den 50er Jahren

K. Siebertz et al., *Statistische Versuchsplanung*, VDI-Buch,
DOI 10.1007/978-3-642-05493-8_5, © Springer-Verlag Berlin Heidelberg 2010

des vorigen Jahrhunderts diese Verfahren erfolgreich beim Wiederaufbau der japanischen Industrie eingesetzt und dadurch nachhaltig zur Verbreitung der statistischen Versuchsplanung beigetragen.

5.2 Umgang mit mehreren Qualitätsmerkmalen

5.2.1 Multiple-Response-Optimisation

Für die Optimierungsrechnung ist eine skalare Bewertungsfunktion erforderlich, die gleichzeitig alle Qualitätsmerkmale berücksichtigt. Diese Aufgabe erscheint schwieriger als sie ist. Den ersten Arbeitsgang erledigt bereits die traditionelle statistische Versuchsplanung, denn für jedes Qualitätsmerkmal liegt eine Beschreibungsfunktion vor. Im zweiten Arbeitsgang gilt es, die Beschreibungsfunktionen miteinander zu koppeln, um aus mehreren Ergebniswerten einen Wert der alles entscheidenden Bewertungsfunktion zu berechnen. Die Kopplung erfolgt über Rampenfunktionen. Durch diese Transformation werden die Qualitätsmerkmale dimensionslos, ihre Gewichtung lässt sich einstellen und Ausreißer können das Gesamtergebnis nicht mehr verzerren. Jede Rampe kann nur Werte zwischen 0 und 1 annehmen. Der Wert 0 entspricht einem sehr schlechten Ergebnis, 1 ist für ein sehr gutes Ergebnis vorgesehen. Die Rampenfunktion selbst ist normalerweise eine lineare Abbildung des Qualitätsmerkmals, im Bedarfsfall ist aber auch eine nichtlineare Abbildung möglich. Grundsätzlich gibt es drei Basisvarianten: Minimierungsaufgabe, Maximierungsaufgabe, Zielwert treffen. Durch passende Definition der Eckpunkte bei den Rampenfunktionen werden alle Varianten auf eine Aufgabe zurückgeführt: Maximierung des Rampenwertes.

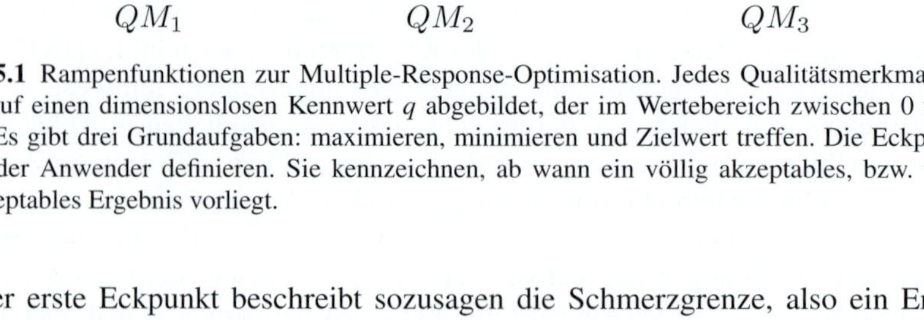

Abb. 5.1 Rampenfunktionen zur Multiple-Response-Optimisation. Jedes Qualitätsmerkmal *QM* wird auf einen dimensionslosen Kennwert *q* abgebildet, der im Wertebereich zwischen 0 und 1 liegt. Es gibt drei Grundaufgaben: maximieren, minimieren und Zielwert treffen. Die Eckpunkte muss der Anwender definieren. Sie kennzeichnen, ab wann ein völlig akzeptables, bzw. völlig unakzeptables Ergebnis vorliegt.

Der erste Eckpunkt beschreibt sozusagen die Schmerzgrenze, also ein Ergebnis des Qualitätsmerkmals, welches völlig inakzeptabel ist. Noch schlechtere Ergebnisse machen keinen Unterschied mehr. Dieser Eckpunkt könnte zum Beispiel einen gesetzlich zulässigen Grenzwert darstellen, liegt man darüber, ist das Produkt unbrauchbar. Die Rampenfunktion liefert dafür den Wert 0. Bei Zielwertaufgaben gibt es zwei Eckpunkte, auf beiden Seiten des Optimums. Der verbleibende Eckpunkt definiert das erhoffte Ergebnis. Hier ist Bescheidenheit ratsam, denn völlig überzogene Erwartungen an jedes Qualitätsmerkmal führen zu einer schlecht konditionierten Bewertungsfunktion. An dieser Stelle lässt sich auch eine Gewichtung der Qualitätsmerkmale unterbringen. Bei moderaten Anforderungen für die weniger wichtigen Qualitätsmerkmale hat die Optimierungsrechnung automatisch mehr Spielraum, um in Richtung der wichtigen Qualitätsmerkmale zu arbeiten.

Sei y der Wert des Qualitätsmerkmals, mit y_1, bzw y_2 zur Definition der Eckpunkte, dann ergibt sich die Rampenfunktion durch eine Fallunterscheidung.

$$q = \begin{cases} 0 & \forall \quad y \leq y_1 \\ \frac{y-y_1}{y_2-y_1} & \forall \quad y_1 < y < y_2 \\ 1 & \forall \quad y \geq y_2 \end{cases} \tag{5.1}$$

Die Rampendefinitionen für die Minimierungsaufgabe und das Erreichen eines Zielwertes ergeben sich analog dazu.

Die Multiple-Response-Optimisation findet im Rahmen der Auswertung, also nach der Versuchsreihe statt. Veränderungen der Eckpunkte zur Definition einer passenden Rampenfunktion kosten nur sehr wenig Zeit und erfordern keine neuen Versuchsdaten. Es macht also durchaus Sinn, mehrere Eckpunkte auszuprobieren und dabei das Systemverhalten kennenzulernen. Welches Optimierungspotential ein System besitzt, hängt nicht zuletzt auch davon ab, wie stark sich die einzelnen Qualitätsmerkmale widersprechen.

Die Kopplung zu einer Wunschfunktion besteht in der einfachen Multiplikation der Funktionswerte aller Rampen. Die Wunschfunktion (desirability function) nimmt also ebenfalls Werte zwischen 0 und 1 an. Bereits ein unakzeptables Ergebnis eines einzelnen Qualitätsmerkmals drückt die Gesamtbewertung auf 0. Der Wert 1 hingegen wird nur dann errreicht, wenn gleichzeitig bei allen Qualitätsmerkmalen sehr gute Ergebnisse zu erwarten sind. Die Optimierung der Wunschfunktion kann mit beliebigen Solvern erfolgen. Ein einfacher Simplexalgorithmus leistet bereits gute Dienste, denn die Zielfunktion ist kompakt und in der Regel gut konditioniert. Es empfiehlt sich allerdings, mehrere Startwerte vorzusehen, um wirklich das globale Optimum zu finden. n_q bezeichnet die Zahl der zu optimierenden Qualitätsmerkmale.

$$D = (q_1 q_2 ... q_{n_r})^{\frac{1}{n_q}} = \left(\prod_{i=1}^{n_q} q_i \right)^{\frac{1}{n_q}} \tag{5.2}$$

Neben der Wahl der Eckpunkte gibt es zwei weitere Möglichkeiten, die Gewichtung der Qualitätsmerkmale untereinander zu beeinflussen. Die erste Variante sieht eine nichtlineare Transformation bei Bildung der Rampenfunktion vor. Der Zielbereich bleibt gleich, aber die Krümmung ändert sich. Dies erfolgt durch einfaches

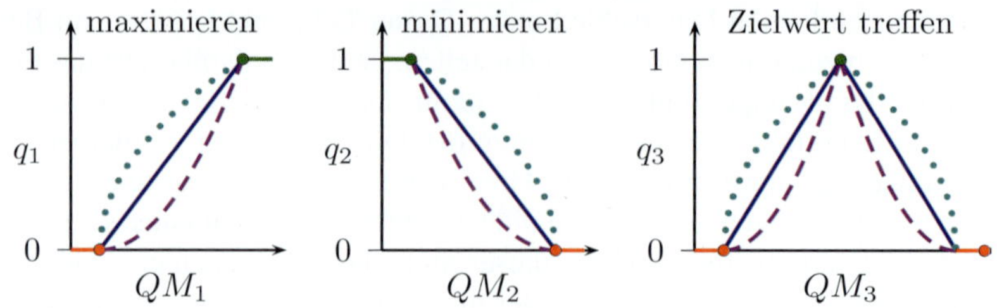

Abb. 5.2 Nichtlineare Gewichtung der Rampenfunktionen. Die Kennwerte können mit einem beliebigen Exponenten auf nichtlineare Kennwerte transformiert werden. Exponenten unter 1 (gepunktet) liefern einen degressiven Verlauf, tendenziell mit höheren Werten. Exponenten über 1 liefern einen progressiven Verlauf und die Bewertung wird insgesamt strenger.

Exponieren. Exponenten unter 1 liefern einen sanfteren Übergang in den angestrebten Bereich und schwächen das Kriterium ab. Exponenten über 1 wirken progressiv und erzeugen bereits knapp neben dem zweiten Eckpunkt niedrige Werte. Das Kriterium geht somit stärker in die Gesamtberechnung ein. Für jedes Qualitätsmerkmal kann ein eigener Exponent gewählt werden. Die folgende Gleichung zeigt dies am Beispiel einer Maximierungsaufgabe.

$$q = \begin{cases} 0 & \forall \quad y \leq y_1 \\ \left(\frac{y-y_1}{y_2-y_1}\right)^s & \forall \quad y_1 < y < y_2 \\ 1 & \forall \quad y \geq y_2 \end{cases} \tag{5.3}$$

Die zweite Variante geht von individuellen Exponenten für jeden Rampenwert bei der Bildung der Wunschfunktion aus, also nachdem die Abbildung auf q erfolgt ist. Beide Verfahren sind kombinierbar. In der Praxis erzeugt dies schnell ein heilloses Chaos, weil sich der Anwender nicht ohne Weiteres die Wirkung derartiger nichtlinearer Abbildungen vorstellen kann. An dieser Stelle sei empfohlen, zunächst über die Wahl der Eckpunkte eine Gewichtung der Qualitätsmerkmale vorzunehmen, also bei linearen Abbildungen zu bleiben. Reicht dies nicht aus, ist die Variante 1 vorzuziehen, weil die Rampenwerte für jedes Qualitätsmerkmal im Zweifelsfall besser nachzuvollziehen sind.

Als einfache Fallstudie dient der Rasensprenger mit den drei Faktoren: horizontaler Düsenwinkel $15° < \alpha < 45°$, tangentialer Düsenwinkel $0° < \beta < 30°$ und Düsenquerschnitt $2mm^2 < A_q < 4mm^2$. Der Vollfaktorplan mit acht Versuchsläufen versorgt nur ein lineares Modell (inclusive Wechselwirkungen), trotzdem ist die Wunschfunktion nichtlinear. Das gemeinsame Optimum für die drei Qualitätsmerkmale liegt daher nicht in einer der Ecken, sondern bei $\alpha = 25,3°$, $\beta = 0°$, $A_q = 2,75mm^2$.

Natürlich lässt sich die Methode auch auf komplexere Fälle anwenden, zum Beispiel den Rasensprenger mit 8 Faktoren, einem 500er Versuchsplan mit Space-Filling Design und verschiedenen Beschreibungsmodellen. Das riesige Feld ermöglicht problemlos die elegante Umschiffung der ersten Klippe: unterschiedliche Startwerte. Allzu leicht landet der Suchalgorithmus in einem lokalen Minimum. Je mehr

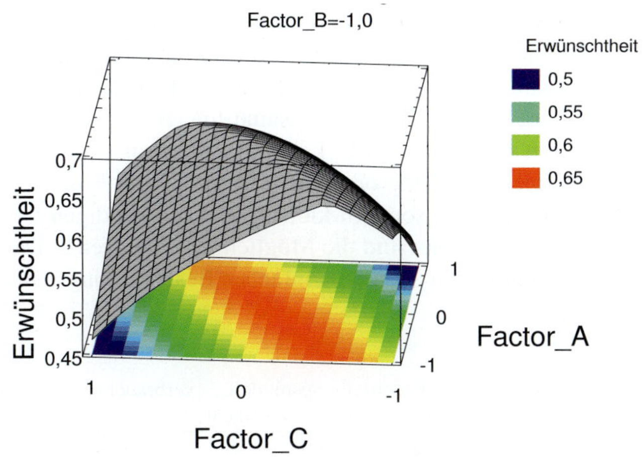

Abb. 5.3 Wunschfunktion für die gleichzeitige Optimierung aller Qualitätsmerkmale in Abhängigkeit von α und A_q. β steht auf -1, alle anderen Parameter auf 0.

QM	Einh.	Grenzen		Typ	Optimum
Drehzahl	$\left[\frac{1}{s}\right]$	2	5	max	5,285
Reichweite	$[m]$	2	7	max	5,615
Verbrauch	$\left[\frac{l}{min}\right]$	1	10	min	5,733

Tabelle 5.1 Definition der Rampenfunktionen und resultierendes Optimum. Der Bestätigungslauf der postulierten Einstellung liefert hier bessere Werte als die Vorhersage.

Dimensionen der Faktorraum hat, desto wahrscheinlicher tritt dieser Effekt auf. Abhilfe schafft eine systematische Suche, die viele Startpunkte verwendet und sich dann für die beste Kombination entscheidet, sozusagen das beste lokale Optimum. Als Standardoption bietet es sich an, jeden Punkt des Versuchsplans gleichzeitig als Startwert zu verwenden. Dies läuft automatisch ab und bei mittelgroßen Feldern in Sekundenschnelle, auch mit handelsüblichen Rechnern. Damit erreicht man die nachfolgenden (Best-) Werte:

Qualitätsmerkmal		Rampendef.			Beschreibungsmodell		
Bez.	Einh.	u. G.	o. G.	Typ	kubisch	quadratisch	linear
Drehzahl	$\left[\frac{1}{s}\right]$	2	8	max	8,012	7,820	7,890
Reichweite	$[m]$	2	7	max	5,537	5,545	5,406
Verbrauch	$\left[\frac{l}{min}\right]$	1	10	min	4,998	4,891	4,942

Tabelle 5.2 Definition der Rampenfunktionen für das komplexe Rasensprengerbeispiel und resultierende Optima für verschiedene Beschreibungsmodelle. Das kubische Modell und das quadratische Modell treffen vergleichbar gute Optima. Das lineare Modell mit Wechselwirkungen fällt etwas ab, schneidet aber immer noch überraschend gut ab. Alle tabellierten Ergebnisse wurden aus Bestätigungsläufen gewonnen.

Der Aufwand für die jeweiligen Beschreibungsmodelle unterscheidet sich natürlich erheblich. Während das kubische Modell für acht Faktoren nach ca. 500 Läufen verlangt, kann das quadratische Modell bereits mit einem 129er Latin Hypercube Design bestens versorgt werden. Das genügsame lineare Modell mit Wechselwirkungen braucht nur ein zweistufiges 64er Feld mit Auflösungsstufe V. Bei schnellen Computermodellen spielt die Feldgröße eine untergeordnete Rolle. Hier wird man im Zweifelsfall nicht kleckern, sondern klotzen. Bei aufwendigen CAE-Modellen oder gar bei physikalischen Tests sind die Möglichkeiten begrenzt. Daher ist es gut zu wissen, dass in vielen Fällen auch ein einfaches Beschreibungsmodell hervorragend arbeiten kann.

Größe		Beschreibungsmodell			verbrauchsoptimiert
Symbol	Einheit	kubisch	quadratisch	linear	
α	$\circ$	30,3	30,3	39	32,2
β	$\circ$	18,8	0,6	6,5	28,2
A_q	mm^2	2,03	2	2	2
d	mm	186	161	200	188
M_{Rt}	Nm	0,013	0,011	0,01	0,012
M_{Rf}	$\frac{Nm}{s}$	0,01	0,01	0,01	0,01
p_{in}	bar	2	2	2	1
d_{zul}	mm	10	9,66	9,52	8,81
Drehzahl	$\left[\frac{1}{s}\right]$	8,012	7,820	7,890	3,421
Reichweite	$[m]$	5,537	5,545	5,406	4,417
Verbrauch	$\left[\frac{l}{min}\right]$	4,998	4,891	4,942	3,424

Tabelle 5.3 Optimierte Rasensprengereinstellung für die drei unterschiedlichen Beschreibungsmodelle. Das Ausgangsfeld ist in allen Fällen gleich (Space Filling Design, 500 Einstellungen). Die Zahl der Modellkonstanten wurde entsprechend reduziert. Das Lineare Modell enthält auch Zweifach-Wechselwirkungen. Beim kubischen Modell fällt auf, dass für M_{Rt} nicht der niedrigste Wert favorisiert wird. Dies liegt daran, dass der optimale Wert für die Drehzahl bereits erreicht wurde und der Minimalwert für M_{Rt} gleichzeitig den Verbrauch erhöhen würde, also insgesamt ungünstiger wäre. Die verbrauchsoptimierte Einstellung resultiert aus einer anderen Rampendefinition, mit strengeren Anforderungen an den Verbrauch und gelockerten Anforderungen für die übrigen Qualitätsmerkmale.

Nun stellt sich die Frage, ob die berechneten Optima auch bei vergleichbaren Faktoreinstellung erreicht wurden. Hier zeigen sich gleichermaßen Chancen und Risiken der Methode. Zum einen stellt man schnell fest, dass es ähnlich gute Ergebnisse an völlig unterschiedlichen Positionen im n_f-dimensionalen Faktorraum gibt. Einige Programme bieten sogar Listen der besten Kombinationen an, also nicht nur einen Optimalwert. Das Risiko besteht darin, sich auf einen Punkt festzulegen, der nur aufwendig zu realisieren ist, obwohl möglicherweise ein fast ebenso guter Punkt existiert, der viel kostengünstiger wäre. Daraus erwächst die Chance, durch kleine Planspiele mit dem Beschreibungsmodell, den Faktorraum nach einer preiswerten Lösung abzugrasen. Diese Übung geht sehr schnell und verlangt keine neuen Versuche, weil alles mit dem Beschreibungsmodell durchgeführt werden kann. Idealerweise setzen sich Systemfachmann und Statistiker zusammen, denn der Systemfachmann kann schnell beurteilen, welche Variante besonders günstig ist. Oft reicht

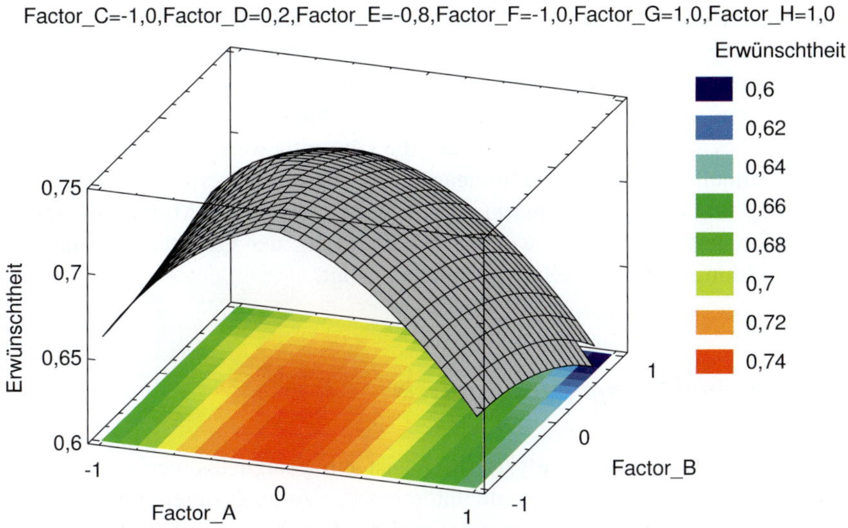

Abb. 5.4 Wunschfunktion für die gleichzeitige Optimierung aller Qualitätsmerkmale. Gezeigt ist die Abhängigkeit von den Düsenwinkeln, bei optimaler Einstellung der übrigen Faktoren. Alle Einheiten sind kodiert, also im standardisierten Wertebereich von -1 bis 1.

es schon, den Suchraum etwas einzugrenzen, um die teuren Varianten auszuschließen. Mitunter wird es bei stärkeren Einschränkungen nötig, die Rampenfunktionen leicht zu modifizieren, um die Aufgabe lösbar zu halten. Überhaupt ist es immer ratsam, verschiedene Gewichtungen der Qualitätsmerkmale zu eruieren. Durch die Rampendefinitionen lässt sich dies leicht bewerkstelligen. Sehr schnell gelangt man dadurch zu einem guten Systemverständnis und lotet risikofrei die Grenzen aus. In der Praxis ist dieser Lernprozess sehr spannend und belohnt alle Beteiligten für die Mühen bei der Datengewinnung.

5.2.2 Sequentielle Methode und Ersatzgrößen

Ohne Auswerteprogramme bleiben zwei alternative Methoden zur gleichzeitigen Behandlung mehrerer Qualitätsmerkmale. Die sequentielle Methode geht von einer klaren Reihenfolge der Qualitätsmerkmale in Bezug auf ihre Bedeutung aus. Das wichtigste Merkmal wird zuerst optimiert und legt für einige der Faktoren bereits die Einstellung fest. Mit Hilfe der verbleibenden Faktoren erfolgt die Optimierung des nächsten Qualitätsmerkmals. Mehr als zwei Qualitätsmerkmale lassen sich auf diese Weise in der Praxis nicht verarbeiten.

Eine gleichzeitige Optimierung mehrerer Qualitätsmerkmale ergibt sich automatisch, wenn vor der Modellbildung aus den Qualitätsmerkmalen eine zusammenfassende Ersatzgröße gebildet wird [169]. Dies kann ein real existierendes Bewertungskriterium sein, wie zum Beispiel die aus dem HIC-Wert und der Brustbeschleunigung des Dummies gebildete US-NCAP Bewertung von Rückhaltesystemen bei Fahrzeugen. Für das Systemverständnis kann diese Methode sehr hilfreich sein, denn alle Ergebnisdarstellungen (Effektdiagramm, Wechselwirkungsdiagramm, ...) beziehen sich unmittelbar auf die Gesamtbewertung. Nachteilig ist jedoch die schnell eintretende Nichtlinearität der Gesamtbewertung, bedingt durch die Verknüpfung der Qualitätsmerkmale. In der Praxis ist die Multiple-Response-Optimisation leistungsfähiger, weil die Verknüpfung der Qualitätsmerkmale erst nach der Bildung der Beschreibungsmodelle erfolgt.

5.2.3 Principal Component Analysis

Die Principal Component Analysis (PCA) ist ein geeignetes Verfahren, um die Abhängigkeit der Qualitätsmerkmale untereinander zu analysieren. Oft korrelieren mehrere Qualitätsmerkmale miteinander und der Ergebnisraum hat weniger unabhängige Freiheitsgrade, als zunächst angenommen. Die PCA stammt aus der Strukturanalyse und wird sehr erfolgreich eingesetzt, um die Kopplung von Knotenbewegungen aufzudecken. Auch die Psychologie nutzt die PCA, um Kopplungen von Assoziationen bei Kundenbefragungen herzustellen. Mit der statistischen Versuchsplanung hat die PCA zunächst nichts zu tun, die beiden Methoden lassen sich aber hervorragend kombinieren. Die statistische Versuchsplanung liefert bei minimalem Versuchsaufwand die bestmögliche Abdeckung des Faktorraums (der Eingangsgrößen) und damit gut konditionierte Eingangsdaten für die PCA. Die anschließende PCA bringt die Qualitätsmerkmale miteinander in Verbindung, was die statistische Versuchsplanung ihrerseits nicht leisten kann, da sie nur die Abbildung der Eingangsgrößenvariation auf jeweils ein Qualitätsmerkmal erzeugt. Die Korrelation der Qualitätsmerkmale untereinander reduziert die Zahl der unabhängigen Freiheitsgrade im Ergebnisraum. Dadurch wird das Optimierungsproblem einfacher. Bereits vor der Multiple-Response-Optimisation zeigt sich aufgrund der PCA, ob die Qualitätsmerkmale gegeneinander arbeiten oder unter einen Nenner zu bringen sind.

Die PCA ist eine Hauptachsentransformation im Ergebnisraum der Qualitätsmerkmale. Jeder Versuch liefert einen Punkt in diesem mehrdimensionalen Raum. Die PCA berechnet passende Ellipsoide, um die Punktwolke bestmöglich einzuschließen. Die Ausdehnung der Achsen entspricht den Eigenwerten, die Richtung der Ellipsoidachsen zeigen die Eigenvektoren. Zusätzlich gibt die PCA Aufschluss darüber, welcher Anteil der Gesamtvariation durch die entsprechende Zahl der Ellipsoid-Dimensionen erklärt werden kann. Der Scree-Plot stellt die Eigenwerte in fallender Reihenfolge dar. Große Eigenwerte (über 1) kennzeichnen wichtige Dimensionen, kleine Eigenwerte deuten darauf hin, dass in der betroffenen Dimension keine große Varianz mehr stattfindet. Der Bi-Plot stellt die Richtung der Qualitätsmerkmale im Koordinatensystem der stärksten Hauptachsen dar. Hier zeigt sich sehr schnell, wie die Qualilätsmerkmale zusammenhängen. Oft erwächst aus diesen Darstellungen ein sehr gutes Systemverständnis. Eine Multiple-Response-Optimisation

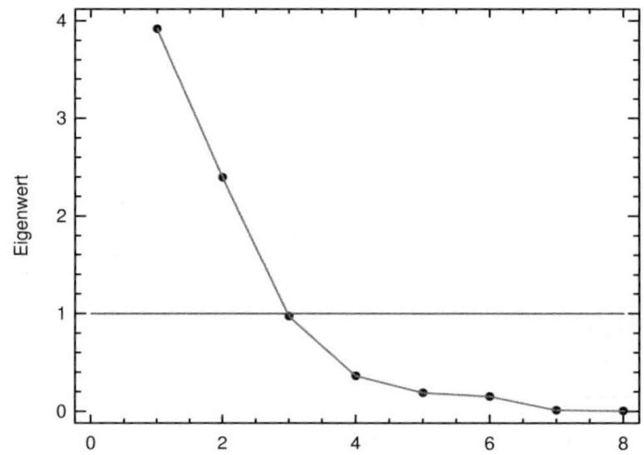

Abb. 5.5 Fallbeispiel Rasensprenger. Scree-Plot für acht Ergebnisgrößen. Zusätzlich zu den drei Qualitätsmerkmalen wurden noch aufgezeichnet: Antriebsmoment, absolute Tropfengeschwindigkeit, deren vertikale Komponente, relative Tropfengeschwindigkeit (jeweils beim Düsenaustritt) und resultierende Flugzeit der Wassertropfen. Zwei der acht Dimensionen erklären bereits 80 % der Ergebnisvariation

der in Hauptachsen transformierten Qualitätsmerkmale ist möglich, wird aber in der Praxis selten anschaulich sein, wenn man den Hauptachsen keine physikalische Bedeutung geben kann. Gelingt jedoch eine derartige Zuordnung, dann ist die PCA sehr wertvoll, um die für das System wirklich entscheidenden Qualitätsmerkmale zu finden.

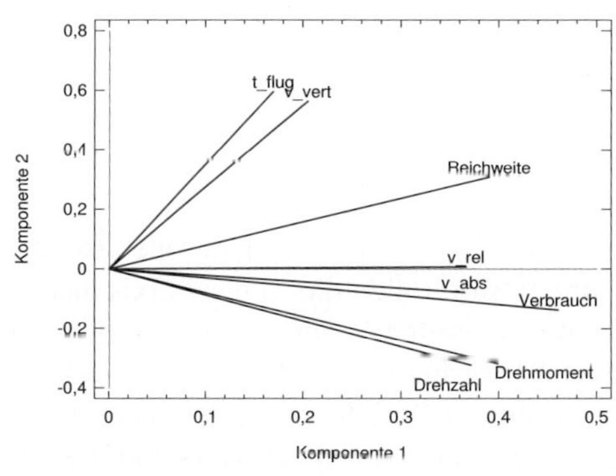

Abb. 5.6 Fallbeispiel Rasensprenger. Bi-Plot für acht Ergebnisgrößen. In gewisser Weise kann man eine Analogie zum Tauziehen herstellen. Alle Qualitätsmerkmale ziehen in fast die gleiche Richtung. Da jedoch der Verbrauch minimiert und Reichweite + Drehzahl maximiert werden sollen, arbeiten die Merkmale gegeneinander. Die zweite Komponente zeigt den Konflikt zwischen vertikaler Tropfengeschwindigkeit und horizontaler Tropfengeschwindigkeit.

5.3 Robustes Design

5.3.1 Parameterdesign

5.3.1.1 Parameterdiagramm

Das Parameterdiagramm (oder auch: P-Diagramm) ist der Dreh- und Angelpunkt des Parameterdesigns. Alle weiteren Schritte bauen darauf auf. Selbst wenn keine

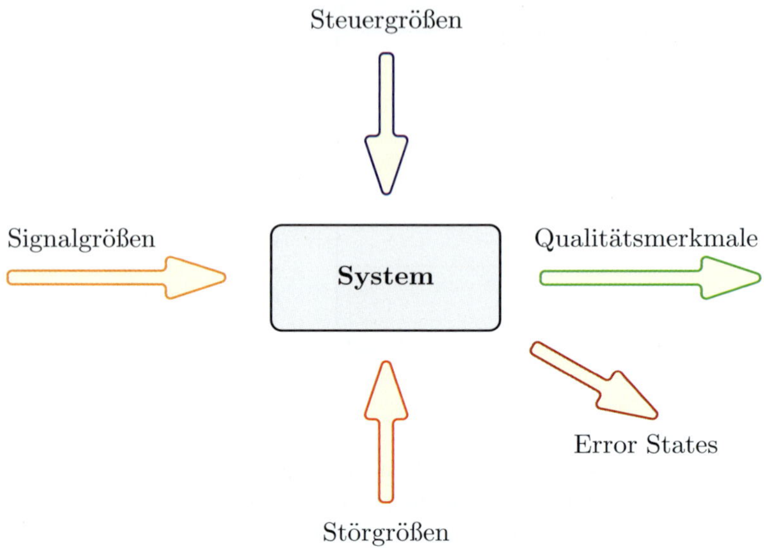

Abb. 5.7 Parameterdiagramm. Steuer-, Signal- und Störgrößen nehmen Einfluss auf das System. Ein Teil der Ergebnisse ist erwünscht, die Qualitätsmerkmale. Error States kennzeichnen die unerwünschten Ergebnisse.

konkrete Versuchsreihe geplant ist, kann das Parameterdiagramm einen wertvollen Beitrag zum Systemverständnis leisten. Die bereits bei den Grundbegriffen eingeführte schematische Sichtweise wird nun erweitert. Beinflussbare Konstruktionsparameter heißen Steuergrößen. Nicht, oder nur mit unverhältnismäßig großem Aufwand beinflussbare Größen teilen sich in zwei Gruppen auf. Signalgrößen stecken den Betriebsbereich des Systems ab, während Störgrößen die in der Praxis unkontrollierbaren Einwirkungen auf das System beschreiben. Außer den gewünschten Ergebnissen werden nun auch die unerwünschten Ergebnisse betrachtet, die sogenannten “error states”. Geblieben ist die abstrakte Beschreibung des Systems als “graue Kiste” mit genau definierten Systemgrenzen, einer klaren Vorstellung von der gewünschten Systemleistung und einer im Zweifelsfall eher überdimensionierten Liste aller Einflussgrößen.

Die in der Literatur gängige Darstellung des Parameterdiagramms hat eine andere Anordnung als die in diesem Buch gezeigte Darstellung. Üblicherweise erscheinen die Störgrößen oben und die Steuergrößen unten. In der konkreten Anwendung hat dies jedoch Nachteile bei der Platzaufteilung, weil typischerweise die Zahl der Steuergrößen die Zahl der untersuchten Störgrößen übersteigt. Außerdem verbessert es die Lesbarkeit, wenn zusammenhängende Aspekte auch visuell gruppiert sind. Unerwünschte Ergebnisse stehen im kausalen Zusammenhang mit den Störgrößen und befinden sich im unteren Bereich des Parameterdiagramms. Steuergrößen werden hingegen genutzt, um ein möglichst positives Ergebnis zu erhalten, also Optimierung der Systemleistung bei gleichzeitiger Vermeidung der unerwünschten Ergebnisse.

Die Strategie des Parameterdesigns besteht darin, die Variation von Störgrößen und Signalgrößen zuzulassen, also weder dagegen anzukämpfen, noch den Betriebsbereich des Systems einzuengen. Natürlich setzt dies eine genaue Analyse des Systemverhaltens voraus, denn nur wenn die Steuergrößen richtig eingestellt sind, richten die Störgrößen keinen großen Schaden an.

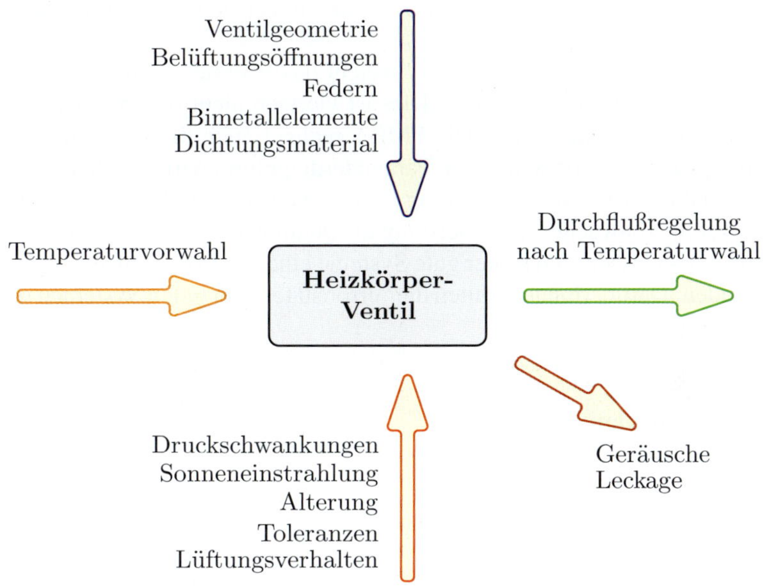

Abb. 5.8 Parameterdiagramm am Beispiel eines Thermostatventils für Heizkörper. Geräusche und Leckage können hier als unerwünschte Ergebnisse auch bei guter Erfüllung des Qualitätsmerkmals auftreten.

Die Abgrenzung der Einflussgrößen voneinander erfordert immer ein wenig Erfahrung und eine klare Definition der jeweiligen Kategorien. Steuergrößen gehören immer zum System, liegen also innerhalb der Systemgrenzen. Sie sind vom Konstrukteuer beinflussbar und es besteht im konkreten Fall auch die Möglichkeit, die optimale Einstellung im Rahmen eines Variationsspielraums vorzugeben. Störgrößen liegen außerhalb des Systems und unterliegen im Alltagsgebrauch einer nicht kontrollierbaren Schwankung. Dies kann verschiedene Ursachen haben, zum Beispiel Alterung, äußere Umwelteinflüsse, unterschiedlicher Kundengebrauch, Bauteiltoleranzen [1] oder die Störung durch benachbarte Systeme. Signalgrößen kennzeichnen den Betriebsbereich des Systems, variieren also auch beim bestimmungsgemäßen Gebrauch unter günstigen Bedingungen. Die Bremsanlage eines Fahr-

[1] Bauteiltoleranzen werden explizit im Toleranzdesign untersucht. Theoretisch kann man die Toleranzen aber auch als Störgrößen auffassen, da die Produktionsstreuung innerhalb der vorgegebenen Toleranz nicht mehr kontrollierbar ist. Die Toleranz als solche wird dadurch zum eigenständigen Parameter und gehört nicht mehr zu den Steuergrößen.

zeugs zum Beispiel muss bei dichtem Verkehr wohl dosiert arbeiten, aber im Bedarfsfall auch brachial verzögern können. Sitze müssen für unterschiedliche Personen gleichermaßen komfortabel sein, HIFI-Anlagen müssen bei jeder Lautstärke gut klingen, Fotoapparate bei unterschiedlichen Lichtverhältnissen gute Bilder machen, etc. . Bei der Anfertigung eines Parameterdiagramms gibt es oft längere Diskussionen über die Zuordnung zu Signalgröße oder Störgröße. Hier lohnt der Aufwand nicht, denn beide Kategorien werden im späteren Versuchsplan zusammengefasst, landen quasi in einem Topf.

Bei der Definition der "error states" weicht das Parameterdiagramm von der in einer FMEA üblichen Definition ab. Dies ist vielfach nicht bekannt und führt deshalb oft zu Missverständnissen. Die FMEA rechnet auch die unzureichende Systemleistung zu den "error states", im Parameterdiagramm wird dies bereits im Qualitätsmerkmal erfasst. Zur Vorbereitung für eine statistische Versuchsplanung ist es notwendig, eine schwache Systemleistung im Qualitätsmerkmal registrieren zu können, denn nur so lassen sich später gute Systeme eindeutig von schlechten Systemen unterscheiden. Darüberhinaus sollten die "error states" bei guten Systemen natürlich nicht vorkommen.

5.3.1.2 Versuchsplan

				N_C	+	−	−	+
				N_B	−	−	+	+
				N_A	−	+	−	+
A	B	C	D					
−	−	−	−		y_{11}	y_{12}	y_{13}	y_{14}
+	−	−	+		y_{21}	y_{22}	y_{23}	y_{24}
−	+	−	+		y_{31}	y_{32}	y_{33}	y_{34}
+	+	−	−		y_{41}	y_{42}	y_{43}	y_{44}
−	−	+	+		y_{51}	y_{52}	y_{53}	y_{54}
+	−	+	−		y_{61}	y_{62}	y_{63}	y_{64}
−	+	+	−		y_{71}	y_{72}	y_{73}	y_{74}
+	+	+	+		y_{81}	y_{82}	y_{83}	y_{84}

Tabelle 5.4 Feldkonstruktion mit innerem und äußerem Feld. Das äußere Feld beinhaltet Kombinationen der Signal- und Störgrößen, um die Systemleistung bei den verschiedensten Randbedingungen zu evaluieren.

Alle Kontrollgrößen kommen in das *innere Feld*, einen traditionellen Versuchsplan, typischerweise mit der Auflösungsstufe IV oder V. Das *äußere Feld* stellt eine Erweiterung der Methode gegenüber der klassischen Versuchsplanung dar, es ist ein um 90° gedrehtes Feld, typischerweise mit geringerer Auflösung, zum Beispiel III.

Im äußeren Feld befinden sich Störgrößen und Signalgrößen. Die Kombinationen des äußeren Feldes bilden eine Art Testprogramm für die Versuchsläufe des inneren Feldes. Jede Steuergrößenkombination wird diesem Testprogramm ausgesetzt. Daraus erwächst die Möglichkeit, das Systemverhalten unter realistischen Bedingungen zu testen, also nicht nur die optimale Systemleistung zu erfassen, sondern auch die Systemleistung bei Störungen. Eine gute Steuergrößenkombination liefert gleichzeitig eine hohe mittlere Systemleistung und geringe Schwankungen der Systemleistung in Folge von Störungen.

Der Versuchsaufwand berechnet sich multiplikativ aus den beiden Feldgrößen. Somit besteht sofort der Bedarf nach kompakten Feldern, sonst sprengt der Aufwand schnell den Rahmen der Studie. Störgrößen und Signalgrößen sind als Faktoren weniger interessant im Vergleich zu den Steuergrößen. Hier zählen nur die extremen Einstellungen mit großer Auswirkung auf das System. Kenntnisse über die Wechselwirkungen der Störgrößen untereinander sind nahezu wertlos, solange man sich sicher sein kann, dass die "schlimmste Kombination" [2] im Versuchsplan enthalten ist. Die Auflösungsstufe III reicht für das äußere Feld völlig aus. Da nur die Wirkung interessiert, kann man auch mehrere Parameter zu einem Faktor zusammenfassen, auch wenn diese völlig unterschiedliche physikalische Einheiten haben. Der Konstrukteur eines Startermotors könnte beispielsweise eine geringe Batteriespannung und eine hohe Motorreibung als kombinierte Störgröße ansehen. Hohe Spannung in Verbindung mit niedriger Reibung ergibt den günstigsten Fall, niedrige Spannung mit hoher Reibung die "schlimmste Kombination".

Grundsätzlich kann man jedes innere mit jedem äußeren Feld kombinieren. Sogar eine Mischung von regulären (innen) mit irregulären (außen) Feldern ist unkritisch. Die Ergebnismatrix ermöglicht immer eine saubere Analyse der Wechselwirkungen zwischen Störgrößen und Steuergrößen. Manche Auswerteprogramme bieten eine Analyse mit innerem und äußerem Feld an, beschränken sich aber auf wenige Konfigurationen der Felder. Die Beschränkung ist unnötig, daher empfiehlt sich in diesen Fällen die eigene Erstellung eines Versuchsplans aus der für den Anwendungsfall optimalen Kombination von innerem und äußerem Feld mit nachfolgender Auswertung über die Multiple-Response-Optimisation [3].

5.3.1.3 Auswertung

Die Wechselwirkungen zwischen Störgrößen und Steuergrößen sind letztlich dafür verantwortlich, dass es überhaupt eine robuste Einstellung geben kann. Gesucht wird die Einstellung der Steuergrößen, die gleichzeitig den Effekt der Störgrößen

[2] Als "schlimmste Kombination" gilt hier die Störgrößenkombination, die das System am meissten stört, also die Systemleistung signifikant beinträchtigt. Im Zweifelsfall sind Vorversuche ratsam, bei denen für eine Steuergrößenkombination verschiedene Störgrößenkombinationen getestet werden.

[3] Dieses Verfahren wird im Buch explizit erläutert und ist generell einsetzbar, wenn es darum geht, mehrere Qualitätsmerkmale gleichzeitig zu optimieren.

reduziert und die Leistungsanforderungen an das System erfüllt. Ohne Auswerteprogramm muss man in mehreren Arbeitsgängen vorgehen.Zunächst werden die Steuergrößen in drei Gruppen eingeteilt: Steuergrößen, die eine starke Wechselwirkung mit der Störgröße eingehen, Steuergrößen mit großem Einfluss auf das Qualitätsmerkmal, Steuergrößen ohne signifikanten Einfluss. Die erste Gruppe sorgt für die robuste Einstellung und wird mit höchster Priorität festgelegt. Mit der zweiten Gruppe kann man Einfluss auf das Qualitätsmerkmal nehmen und eventuelle Verschlechterungen ausgleichen, sofern die robuste Einstellung die Systemleistung beinflusst hat.

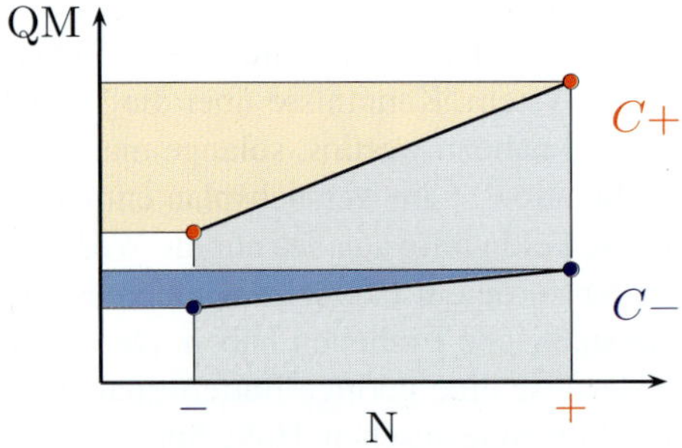

Abb. 5.9 Wechselwirkungsdiagramm. Die Störgröße N lässt sich nicht an ihrer Variation hindern. Eine geschickte Wahl der Steuergrößeneinstellung reduziert jedoch die Auswirkung der Störgröße auf das Qualitätsmerkmal. In diesem Fall ist $C-$ die richtige Wahl.

Mit Hilfe eines Auswerteprogramms besteht die Möglichkeit einer Optimierungsrechnung. Hierbei liefert das äußere Feld die notwendigen Variationen für einen eigenen Kennwert, als Qualitätsmerkmal für die Streuung. Im weiteren Verlauf wird dann nur das innere Feld untersucht, allerdings nun mit mehreren Qualitätsmerkmalen, denn eine hohe mittlere Systemleistung bleibt neben der geringen Streuung natürlich das Ziel. Zur Beschreibung der mittleren Systemleistung lässt sich ebenfalls aus den Variationen des äußeren Feldes für jede Steuergrößenkombination ein Kennwert berechnen. Dies kann zum Beispiel der arithmetische Mittelwert sein. Nach Rückführung der Ergebnismatrix auf zwei Ergebnisspalten mit unabhängigen Qualitätsmerkmalen kommt die Multiple-Response-Optimisation zum Zuge, die zum Standardrepertoire der Auswerteprogramme gehört.

In älteren Fachbüchern nimmt die Darstellung des Signal-Rausch-Verhältnisses (Signal to Noise Ratio, oder auch S/N ratio) einen größeren Raum ein. Mitunter ist es auch hilfreich, nicht den Absolutbetrag der Streuung zu betrachten, sondern einen auf die Signalstärke bezogenen Wert. Für den Anwender verwirrend ist jedoch die Vielzahl der unterschiedlichen Definitionen des Signal-Rausch-Verhältnisses mit der zugehörigen Fallunterscheidung. In vielen Anwendungsfällen bringt diese Transformation keinen erkennbaren Vorteil, sondern verkompliziert nur die Auswertung. Das Signal-Rausch-Verhältnis wird logarithmisch aufgetragen, was eine Betragsbildung des Quotienten notwendig macht. Daraus erwächst ein weiterer Nachteil. Durch die Betragsbildung verschwinden die Vorzeichenwechsel bei den Nulldurchgängen. Aus numerischer Sicht ist ein Vorzeichenwechsel sehr hilfreich, um

				N_C	+	−	−	+		
				N_B	−	−	+	+		
				N_A	−	+	−	+		
A	B	C	D						Leistung	Streuung
−	−	−	−		y_{11}	y_{12}	y_{13}	y_{14}	L_1	S_1
+	−	−	+		y_{21}	y_{22}	y_{23}	y_{24}	L_2	S_2
−	+	−	+		y_{31}	y_{32}	y_{33}	y_{34}	L_3	S_3
+	+	−	−		y_{41}	y_{42}	y_{43}	y_{44}	L_4	S_4
−	−	+	+		y_{51}	y_{52}	y_{53}	y_{54}	L_5	S_5
+	−	+	−		y_{61}	y_{62}	y_{63}	y_{64}	L_6	S_6
−	+	+	−		y_{71}	y_{72}	y_{73}	y_{74}	L_7	S_7
+	+	+	+		y_{81}	y_{82}	y_{83}	y_{84}	L_8	S_8

Tabelle 5.5 Transformation des Ergebnisfeldes zu zwei unabhängigen Qualitätsmerkmalen. Ein Merkmal beschreibt die Systemleistung, zum Beispiel als Mittelwert der Ergebnisse für eine Steuergrößenkombination. Das zweite Merkmal beschreibt die Streuung, verursacht durch die verschiedenen Einstellungen des äußeren Feldes. Welche Transformation besonders günstig ist, hängt vom Einzelfall ab.

Nulldurchgänge zu finden. Bei einigen Anwendungsfällen [4] beschreibt der Nulldurchgang den perfekten Auslegungspunkt.

5.3.2 Toleranzdesign

Strikte Kundenorientierung zeichnet viele erfolgreiche Qualitätsmethoden aus. Toleranzdesign macht dabei keine Ausnahme und ersetzt die traditionelle bauteilorientierte Sichtweise durch eine klare Fokussierung auf die Systemleistung. Letztlich dient jede Einengung der Bauteiltoleranzen nur dazu, die Streuung der Systemleistung zu reduzieren. Wirkt sich eine Bauteiltoleranz nicht auf die Streuung der Systemleistung aus, macht die Toleranzeinengung keinen Sinn, denn der Kunde merkt nichts davon. Wenn sich hingegen eine reduzierte Streuung der Systemleistung einstellt, steigt der Marktwert des Produkts, denn in fast allen Fällen erhöht sich dadurch auch der Gebrauchswert, was der Kunde unmittelbar feststellt.

Der Mehrwert eines Produkts schafft finanziellen Spielraum für die Einengung der Bauteiltoleranzen. Die Entscheidung wird also immer auf einer sorgfältigen Kosten-Nutzen-Analyse beruhen. Erst durch die Quantifizierung des Nutzens in Form einer Wertsteigerung ist diese Analyse möglich. Außerdem erzeugt die Ab-

4 Im einfachsten Fall besteht das äußere Feld aus zwei Einstellungen: ideal, mit Störung. Das die Streuung beschreibende Qualitätsmerkmal ist dann lediglich die Differenz aus den beiden Ergebnissen bei gleicher Steuergrößenkombination. Diese Differenz soll bei optimaler Auslegung verschwinden (Nulldurchgang) und kann durchaus ihr Vorzeichen wechseln.

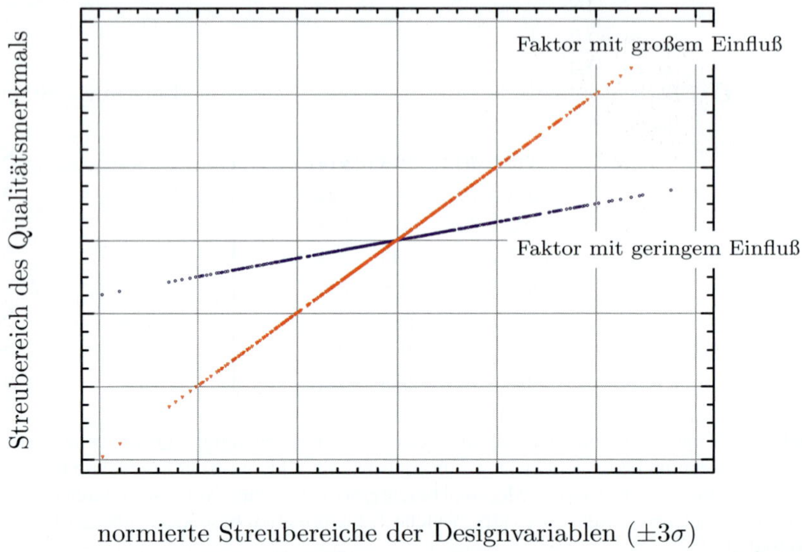

Abb. 5.10 Fiktives Beispiel für die Auswirkung mehrerer Toleranzen auf die Streuung des Qualitätsmerkmals. Die Abszisse ist normiert aufgetragen, denn die untersuchten Streuungen der jeweiligen Faktoren können durchaus völlig unterschiedliche physikalische Einheiten haben.

bildung auf die Streuung der Systemleistung einen einheitlichen Maßstab für alle untersuchten Faktoren. Bei bauteilorientierten Toleranzenfestlegungen gelingt dies nicht.

Die konkrete Anwendung erfolgt völlig analog zur herkömmlichen Versuchsplanung, allerdings mit sehr kleinen Stufenabständen, entsprechend den zunächst festgelegten Bauteiltoleranzen. Wegen der geringen Stufenabstände sind nur geringe Kontraste zu erwarten. Das Qualitätsmerkmal verändert sich also in einem sehr schlecht messbaren, geringem Umfang. Dies macht bei realen Versuchen immer eine Messmittelfähigkeitsanalyse erforderlich. Berechnungsverfahren sind hier im Vorteil, weil in der Regel die Rundungsfehler weit unter den Kontrasten liegen.

Die Aufteilung der Gesamtvarianz V_{ges} ergibt sich aus der additiven Überlagerung der Teilvarianzen. Zunächst produziert jeder untersuchte Faktor einen Varianzanteil V_i. Die Auswertung der Versuchsreihe wird eine Restvarianz V_R aufzeigen, die durch eventuelle Versuchsstreuung, unkontrolliert schwankende Parameter und eine begrenzte Genauigkeit des Beschreibungsmodells zu erklären ist. Möglicherweise wurden signifikante Parameter nicht im Rahmen der Versuchsreihe variiert. Diese schwanken dann entweder unkontrolliert oder es ist gelungen, sie im Rahmen der Versuchsreihe konstant zu halten. In jedem Fall treiben sie in der Realität die Gesamtvarianz des Qualitätsmerkmals nach oben, also kommt zu den genannten Termen noch ein unbekannter Varianzanteil V_u hinzu.

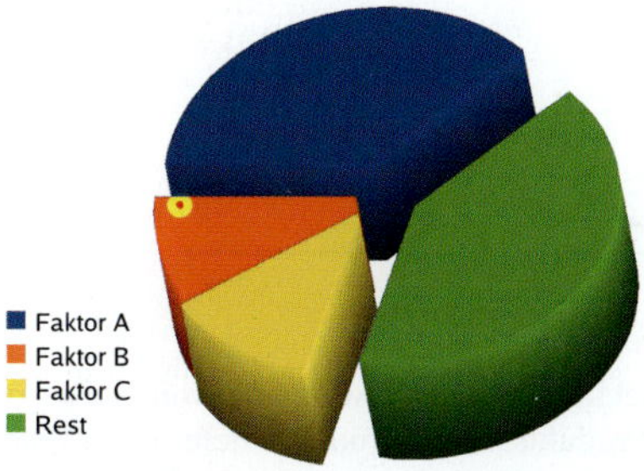

Abb. 5.11 Beispiel für die Aufteilung der Gesamtvarianz. Die Varianzanalyse zeigt auf, welche Anteile den jeweiligen Faktoren zuzuordnen sind. Der verbleibende Rest wurde nicht durch die untersuchten Faktoren erzeugt. Eine Toleranzeinengung kann nur den jeweiligen Varianzanteil günstig beeinflussen. Daraus ergibt sich das Verbesserungspotential in Bezug auf die Systemleistung.

$$V_{ges} = \sum_{i=1}^{n_f} V_i + V_R + V_u \tag{5.4}$$

Die individuellen Varianzanteile V_i der Faktoren sind proportional zum Quadrat des Effektbetrags. Daraus lässt sich schnell ausrechnen, welchen Varianzanteil eine reduzierte Bauteiltoleranz produziert. Innerhalb der getesteten Stufenabstände ist zunächst eine lineare Interpolation zulässig, so liefert die halbierte Bauteiltoleranz den halben Effektbetrag und ein Viertel der Teilvarianz. Eine Extrapolation muss immer nachträglich überprüft werden, denn eine Erweiterung der Toleranz kann zu neuen physikalischen Effekten führen, die im Rahmen der ursprünglichen Versuchsreihe nicht aufgetreten sind.

$$V_{i_{neu}} = V_{i_{orig}} \cdot \frac{\Delta^2 x_{i_{neu}}}{\Delta^2 x_{i_{orig}}} \tag{5.5}$$

Die Quantifizierung des Nutzens erfordert eine Abbildung der Streuungsreduktion auf einen monetären Gegenwert. Natürlich ist diese Abbildung sehr produktspezifisch und kann sich mit den Kundenerwartungen auch im Laufe der Zeit ändern. Offenbar trifft die Parabel als Abbildungsfunktion in vielen Fällen recht gut und wird üblicherweise angesetzt. Bei allen anderen Funktionen ergibt sich außerdem ein höherer Berechnungsaufwand. Ausgangspunkt ist eine Negativbetrachtung, also monetärer Verlust durch Streuung. Ohne Streuung ist der Verlust Null, mit Streuung wächst der Verlust quadratisch an. Die Proportionalitätskonstante erhält man durch Marktstudien oder Vergleichsmessungen an Konkurrenzprodukten. Wenn die Bewertung der Toleranz asymmetrisch ist, wird jedem Ast der Parabel eine eigene Konstante zugewiesen.

Abgesehen von der Kosten-Nutzen-Analyse bringt das Toleranzdesign weitere Vorteile. Zunächst schließt die Methode mit der Unart ab, pauschal alle Bauteiltoleranzen zu verringern, was in jedem Fall unnötige Produktionskosten erzeugt. Der Direktvergleich der positiven Auswirkung ermöglicht eine Rangfolge der notwendigen Veränderungen, auch wenn es sich um völlig unterschiedliche Bauteiltoleranzen mit jeweils eigenen physikalischen Einheiten handelt.

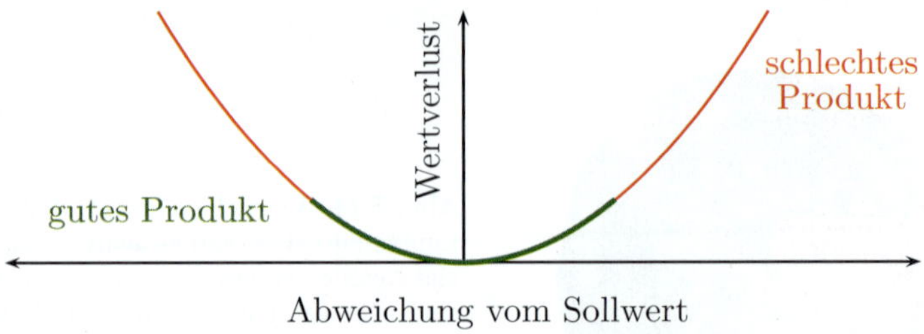

Abb. 5.12 Die grundsätzliche Idee der Kosten-Nutzen Rechnung. Jede Abweichung vom Sollwert des Qualitätsmerkmales erzeugt einen Wertverlust des Produkts. Gute Produkte liefern hier eine geringere Streuung. Geht man von einer quadratischen Bewertungskurve aus, ist der Wertverlust proportional zur Gesamtvarianz des Qualitätsmerkmals. Liegen die Kosten der Abstellmaßnahme unter dem verursachten Wertverlust, lohnt sich die Maßnahme.

Die Eingangsdaten für Computermodelle unterliegen oft einer erheblichen Unsicherheit. Daraus können Variationen der Ergebnisgrößen erwachsen, die weit über den eigenlichen Modellfehlern liegen. Kurzum, eine Verfeinerung des Modells würde keinen Sinn machen, bevor die Eingangsdaten in höherer Genauigkeit verfügbar sind. DOLTSINIS [36] und MARCZYK [105] bringen eindrucksvolle Beispiele dazu. Toleranzdesign und die im Kapitel *Sensitivitätsanalyse* vorgestellte Methodik sind artverwandt. Bei der Sensitivitätsanalyse wird der Bogen weiter gespannt. An die Stelle von lediglich zwei Einstellungen je Faktor kommen dann sehr große Stichproben mit einer repräsentativen Verteilung. Bei nichtlinearen Zusammenhängen zwischen Faktoreinstellung und Qualitätsmerkmal kommt es in der Regel zu einer starken Verformung der Verteilungsfunktion. Die stochastische Auswertung liefert auch in diesen Fällen ein sehr klares Bild von der der zu erwartenden Steuung des Qualitätsmerkmals.

5.4 Umgang mit kategorialen Faktoren

In der Praxis sind die meisten Faktoren numerischer Natur, also kontinuierlich einstellbar. Das lineare Modell ist auf diesen Faktortyp ausgerichtet, denn es erlaubt Vorhersagen für Zwischenstufen. Es gibt jedoch auch kategoriale (categorical) Faktoren. Diese Faktoren lassen sich nicht zählen, wiegen oder messen. Ihre Einstellung erfolgt immer in festen Stufen.

Faktor	Stufe 1	Stufe 2	Stufe 3
Lieferant	Müller	Meier	Schulze
Verbindungsart	schrauben	nieten	kleben
Verunreinigung	Ei	Blut	Kakao
Musikrichtung	Jazz	Pop	Klassik
Geometrie	rund	eckig	
Verstärkungsblech	ohne	mit	

Tabelle 5.6 Beispiele für kategoriale Faktoren.

Wie wertet man diese Faktoren aus? Wie geht man mit Kombinationen aus numerischen und kategorialen Faktoren um? Es gibt mehrere Lösungswege dafür.

Ein Weg besteht darin, den kategorialen Charakter zunächst zu ignorieren und den Faktor wie einen numerischen Faktor zu behandeln. Insbesondere in der Phase der Faktorsichtung ist dies völlig unkritisch, denn dann geht es nicht um die Einstellung von mittleren Werten sondern nur um die Identifikation der signifikanten Faktoren. Ein Mittelwert erscheint zunächst sinnlos, bei näherer Betrachtung lassen sich aber in vielen Fällen die Eigenschaften kategorialer Faktoren auf einer numerischen Skala beschreiben. Wenn der als numerischer Faktor getarnte kategoriale Faktor eine große Bedeutung hat, wird die Abbildung auf die entsprechende numerische Eigenschaft erforderlich.

Wenn zum Beispiel die Verbindungsart *schrauben* besser ist als die Verbindungsart *kleben*, lohnt sich eine genaue Analyse der Unterschiede. Möglicherweise ist das charakteristische Merkmal die maximale Scherkraft, also letztlich eine numerische Variable. Geometrien lassen sich in vielen Fällen durch Morphing stufenlos ineinander überführen. Clevere Formulierungen mit Shape Variablen machen dann aus kategorialen Faktoren wieder numerische Faktoren. Ist ein Bauteil mal vorhanden und mal nicht, kann häufig eine numerische Variable den Sachverhalt elegant beschreiben. Die Variable (E-Modul, Blechdicke, etc.) wird dann so definiert, dass sie den Wert Null annimmt, wenn das Bauteil nicht vorhanden ist. Die Produkte verschiedener Lieferanten haben eigene charakteristische Eigenschaften, die sich normalerweise ebenfalls in Zahlen ausdrücken lassen. Sollte der Faktor *Lieferant* eine große Bedeutung haben, ist es ohnehin höchste Zeit, der Sache auf den Grund zu gehen und die Unterschiede zu analysieren. Wenn der Faktor *Musikrichtung* zum Beispiel bei der optimalen Einstellung des MP3-Players eine Rolle spielt, steckt vermutlich das Zusammenspiel zwischen Frequenzgang und den jeweils wichtigsten Frequenzbändern dahinter. Auch dies sind letztlich numerische Variablen.

Warum dieser Trick? Versuchsplan und Auswertung vereinfachen sich, wenn man nur mit numerischen Faktoren arbeitet. Dann sind alle Versuchspläne und Beschreibungsmodelle einsetzbar. Auch die Optimierung funktioniert dann reibungslos im gesamten Faktorraum. Vereinzelte zweistufige kategoriale Faktoren kann man bei der Optimierung nacheinander auf die beiden Stufen festsetzen und die Optima vergleichen. Bei dreistufigen kategorialen Faktoren ist diese Taktik nicht mehr zulässig, weil die Wechselwirkungsterme zwischen den numerischen und den kategorialen Faktoren des Beschreibungsmodells unsinnig sind.

Sollte die Rückführung auf einen numerischen Faktor nicht möglich sein, sind einschränkende Randbedingungen zu beachten. Zwischenwerte machen in diesem Fall keinen Sinn. Man vergleicht lediglich die Ergebnisse der jeweiligen Stufen untereinander. Die Varianzanalyse gibt dann Aufschluss über Effekte und Wechselwirkungen. Als Darstellungen kommen hierbei auch Streudiagramme zum Einsatz, aufgeteilt nach den Faktorstufen. Die Mischung von numerischen Faktoren und kategorialen Faktoren ist aufwendig, da man natürlich für die numerischen Faktoren nach wie vor gerne ein Beschreibungsmodell hätte. Hierzu lassen sich ein beliebiger Versuchsplan für die numerischen Faktoren mit einem Vollfaktorplan für die kategorialen Faktoren multiplikativ verbinden. Für jede Einstellung der kategorialen Faktoren folgt dann ein eigenes Beschreibungsmodell der numerischen Faktoren.

Die sauberste Lösung ist in jedem Fall der Vollfaktorplan, also ein Versuchsplan mit allen Kombinationen. Dies ist in der Praxis jedoch nur bei einer geringen Zahl von Faktoren durchführbar. DoE-Auswerteprogramme bieten allerdings dafür eine eigene Analyse an, die speziell auf kategoriale Faktoren zugeschnitten ist.

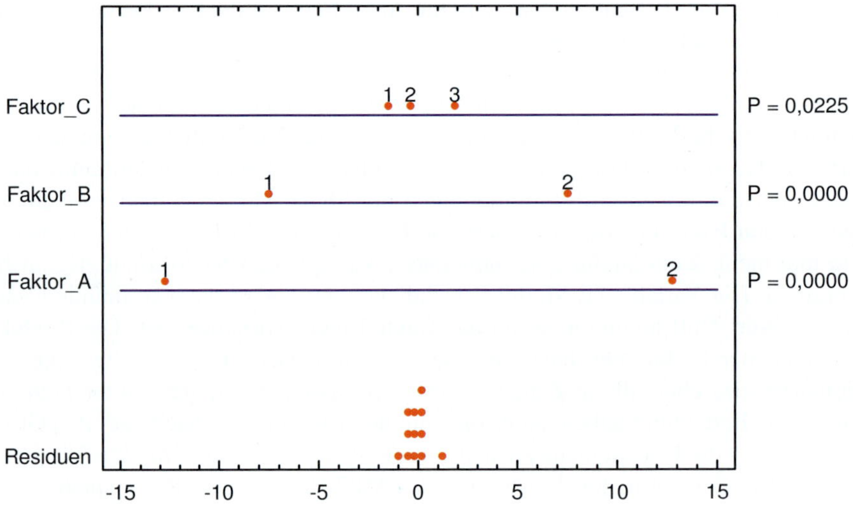

Abb. 5.13 Grafische ANOVA einer Versuchsreihe mit drei kategorialen Faktoren. Die Abbildung zeigt die Abweichung der jeweiligen Stufenmittelwerte vom Gesamtmittelwert im Vergleich zu den Residuen. In diesem Beispiel wurden die Faktoren A und B auf zwei Stufen und der Faktor C auf drei Stufen variiert. Bei allen Faktoren zeigt sich eine signifikante Differenz der jeweiligen Stufenmittelwerte im Vergleich zur Varianz der Residuen. Folglich handelt es sich um wahre Effekte.

Kapitel 6
Computer-Experiment

6.1 Einleitung

Seit KONRAD ZUSE'S *Z3* aus dem Jahr 1941, welcher von vielen Wissenschaftlern als erster funktionstüchtiger Computer angesehen wird, steigen die Rechenleistung und Speicherkapazität von Computern kontinuierlich an. In den letztem Jahrzehnten ist der Einsatz von Computersystemen für die Entwicklung technischer Systeme in vielen Arbeitsbereichen unverzichtbar geworden. Der Einsatzbereich erstreckt sich dabei von Prüfstandssteuerung, Datenverwaltung und -analyse bis hin zu Simulation komplexer Systeme. Ziel des Einsatzes von Computersystemen während des Entwicklungsprozesses ist unter anderem die Verbesserung der Produktqualität (zum Beispiel die Verringerung der Ausfallwahrscheinlichkeit oder Erhöhung der Effizienz). Parallel dazu werden Entwicklungszeiten und -kosten durch den gezielten Einsatz von Computersystemen kontinuierlich verringert. Ähnlich zu Versuchsplanungen für physikalische Experimente existieren verschiedenste statistische Methoden, die einen effizienten Einsatz von Computer-Ressourcen im Entwicklungsprozess ermöglichen. Eine grundlegende Einführung in das Thema *Computer-Experiment* bieten folgende Literaturstellen [156, 157, 92, 11].

6.2 Aufbau und Analyse von Computer-Experimenten

Technische Systeme, die während Entwicklungsprozessen analysiert werden, zeichnen sich häufig durch eine Vielzahl von beeinflussenden Faktoren und komplexen nicht-linearen Zusammenhängen aus. Simulationsmodelle (im weiteren auch nur Modelle genannt) dieser Systeme sind dadurch ebenfalls komplex und weisen meistens lange Rechenzeiten auf. Die Rechenleistung von Computersystemen steigen zwar kontinuierlich an, jedoch entwickeln sich die eingesetzten Modelle ebenfalls weiter, was einerseits zur Erhöhung der Simulationsgüte führt, andererseits die durchschnittliche Rechenzeit jedoch nicht verringert. Daher ist die effiziente Aus-

K. Siebertz et al., *Statistische Versuchsplanung*, VDI-Buch,
DOI 10.1007/978-3-642-05493-8_6, © Springer-Verlag Berlin Heidelberg 2010

nutzung der vorhandenen Computer-Ressourcen auch heute noch eine entscheidende Grundvoraussetzung für den sinnvollen Einsatz von Computer-Experimenten. Die Komplexität der verwendeten Modelle verhindert meist eine direkte analytische Lösung der betrachteten Aufgabenstellungen (zum Beispiel Leistungsoptimierung eines technischen Systems). Eine Optimierung der betrachteten Systeme mittels des komplexen Simulationsmodells und eines klassischen Optimierungsverfahrens wird durch inakzeptable Rechenzeiten ineffektiv. Für den Entwicklungsprozess werden daher häufig nicht die Originalmodelle sonder Ersatzmodelle (Approximationsmodelle) verwendet, die das technische System beziehungsweise das komplexe Simulationsmodell ausreichend genau beschreiben und gleichzeitig nur minimale Computer-Ressourcen erfordern. Ähnlich wie bei physikalischen Experimenten, kann ein Approximationsmodell aus Experimenten mit dem Simulationsmodell erzeugt werden. Es wird dadurch ein vereinfachtes Modell des komplexen Simulationsmodells erstellt, welches lediglich die signifikanten Effekte beinhaltet. Diese Modelle werden in der Literatur meist als Metamodelle oder Transferfunktionen bezeichnet [87].

Abbildung 6.1 zeigt schematisch ein typisches Vorgehen bei Computer-Experimenten (CE) zur Verbesserung oder Neuentwicklung technischer Systeme.

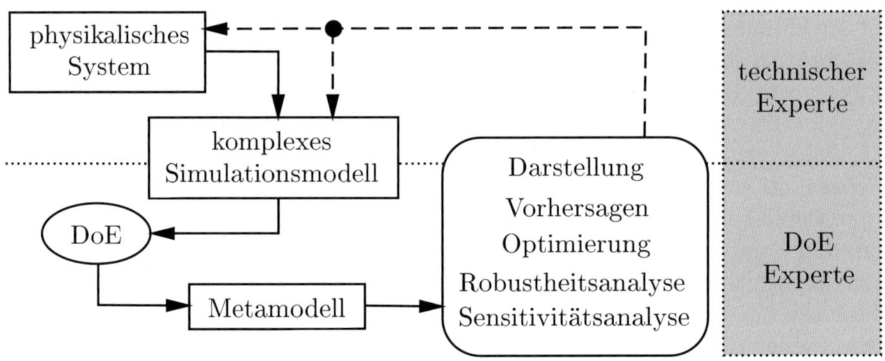

Abb. 6.1 Computer-Experiment

Im ersten Schritt wird basierend auf physikalischen Zusammenhängen und Erfahrungen technischer Experten ein komplexes Simulationsmodell aufgebaut. Mit Hilfe eines speziell für Computer-Experimente ausgelegtes Versuchsplans (*Design of Experiment*) werden Datensätze erzeugt, die es ermöglichen ausreichend genaue Metamodelle für komplexe und nichtlineare Zusammenhänge zwischen Faktoren des Modells und der zu analysierenden Ausgangsgrößen zu ermitteln. Mit diesen Metamodellen können anschließend verschiedenste Analysen effizient durchgeführt werden. Die Analysen variieren dabei von einfachen grafischen Darstellungen gesuchter Zusammenhängen zwischen Faktoren und Ausgangsgrößen des Systems, über Sensitivitätsanalysen der verschiedenen Faktoren bis hin zu Optimierungen mit Berücksichtigung der Robustheit gegenüber Störgrößen. Die Ergebnisse und Schlussfolgerungen dieser Analysen fließen anschließend in die Verbesserung des technischen Systems ein und wenn notwendig in das dazugehörige komplexe Simulationsmodell. Hierbei handelt es sich meist um einen iterativen Prozess, wobei die Anzahl der notwendigen Iterationen durch den gezielten Einsatz von Versuchsplänen (DoE) und Algorithmen zur Erstellung von Metamodellen minimiert wird.

6.2.1 Vergleich von Computer- und physikalischem Experiment

Der Einsatz von Versuchsplänen, die in den letzten Jahrzehnten speziell für physikalische Experimente entwickelt wurden, wie zum Beispiel Teilfaktorpläne oder Central Composite Design, sind zwar grundsätzlich auch für Computer-Experimente (CE) verwendbar, jedoch können Sie nicht von speziellen Eigenschaften der Computer-Experimente profitieren. Der direkte Vergleich zwischen Computer- und physikalischen Experimenten zeigt einige grundsätzlich unterschiedliche Eigenschaften welche in Tabelle 6.1 aufgelistet sind.

Computer	**Physikalisch**
deterministisch	stochastisch
keine Messfehler	Messfehler
hohe Faktoranzahl	geringe Faktoranzahl
flexible Stufenwahl	eingeschränkte Stufenwahl
einfache Änderung von Faktoren	Änderung von Faktoren oft schwierig oder zeitaufwendig

Tabelle 6.1 Vergleich von Computer- und physikalisches Experiment

Ein System beziehungsweise Modell wird als *deterministisch* bezeichnet, wenn eine eindeutige Beziehung zwischen Eingangsdaten (Faktoren) und Ausgangsdaten (Gütekriterien) vorliegt. Gleiche Eingangsdaten liefern immer identische Ausgangsdaten. Liefert ein System hingegen für gleiche Eingangsdaten unterschiedliche Ausgangsdaten (zum Beispiel durch Messstreuung), wird das System als *stochastisch* bezeichnet. Simulationsmodelle sind deterministisch, so dass Wiederholungsmessungen beziehungsweise -simulationen mit identischen Faktoren, wie sie in physikalischen Experimenten zur Dämpfung der Versuchsstreuung notwendig sind, in Computer-Experimenten unnötig sind.

Tendenziell ist festzustellen, dass in Computer-Experimenten mehr Faktoren in den Untersuchungen berücksichtigt werden als in physikalischen Experimenten. Dieses basiert unter anderem darauf, dass Faktoren in Simulationsmodellen leichter zu verändern oder kontrollieren sind als in physikalischen Versuchsaufbauten. Die Umgebungstemperatur oder Eigenschaften einer eingesetzten Flüssigkeit großer technischer Systeme können im physikalischen Experiment nicht verändert werden, was in einem Simulationsmodel jedoch meist keine Schwierigkeit darstellt. Zusätzlich sind physikalische Experimente auf vorhandene oder kurzfristig lieferbare Bauteile beschränkt. Durchmesser von Rohrleitungen können beispielsweise kurzfristig nur in Standardmaße geliefert werden, was gerade bei engen Zeitfenstern in der Entwicklung neuer Produkte die Spielräume in den Versuchsplänen stark einschränkt. Diese Einschränkungen treten bei Verwendung von Simulationsmodellen nicht auf.

Ein weiterer wichtiger Punkt im Vergleich zwischen Computer- und physikalischem Experiment ist die Veränderung von Faktoreinstellungen (Faktorstufen). Die Änderung eines Faktors in einem physikalischen Experiment erfordert meist einen Umbau der Prüfeinrichtung. Als Beispiel sei hier die Änderung eines Rohrdurchmessers genannt, welcher den Wechsel der zu verändernden Rohrleitung bedingt. Zur Minimierung des Versuchsaufwands in physikalischen Experimenten kommt daher der genauen und geschickten Versuchsplanung (zum Beispiel Versuchsreihenfolge) eine hohe Bedeutung zu. Bei der Versuchsreihenfolge im physikalischem Experiment sind jedoch zusätzlich zeitliche Veränderungen des Systems (Drift) zu berücksichtigen, so dass Faktorvariationen randomisiert erfolgen sollten. Beim Einsatz von Simulationsmodellen sind Überlegungen zur Versuchsreihenfolge von nur geringer Relevanz, da Faktoren leicht zu ändern sind und die zeitliche Reihenfolge der Simulation keinen Einfluss auf das Simulationsergebnis hat.

6.2.2 Testfelder für Computer-Experimente

Die im Kapitel 6.2.1 aufgeführten Eigenschaften von Computer-Experimenten ermöglichen es spezielle Testfelder einzusetzen, welche Simulationsmodelle ideal ausnutzen und eine maximale Informationsmenge aus einer vorgegebenen Anzahl an Versuchen liefern. Abbildung 6.2a zeigt einen klassischen Vollfaktorplan mit zwei Faktoren und 9 Versuchsläufen. Da nur die Stufen $-1,0,1$ besetzt sind ergeben sich relativ große Bereiche im Inneren des Faktorraums, die keine Testpunkte enthalten wodurch keine Informationen für diese Bereiche vorliegen. Weiterhin können *Pseudo* Wiederholungen auftreten, die nicht zur Erhöhung der Informationsmenge beitragen. Betrachtet wird dazu der Fall, dass Faktor 2 keinen oder einen vernachlässigbaren Einfluss auf die Ausgangsvariable des betrachteten Sytem aufweist $\left(z.B.\ y(x) = x_1^3\right)$. Jeweils drei Testpunkte mit gleicher Faktorstufe für Faktor x_1 liefern das gleiche Ergebnis für y. Die drei Testpunkte ergeben bei vereinfachter Betrachtung für den Haupteffekt von x_1 auf y genauso viele Informationen wie ein einzelner Testpunkt. Es wurden somit zwei pseudo Wiederholungen durchgeführt, die trotz erhöhtem Testaufwand keine zusätzlichen Informationen für die Analyse des Zusammenhangs zwischen x_1 und y liefern. Zu beachten ist, dass keine Versuchsstreuung durch Mittelwertbildung gedämpft werden muss.

Abbildung 6.2b zeigt im Vergleich ein *Latin Hypercube* Testplan (Kapitel 7.3.3) welcher bei 2 Faktoren und 9 Testläufen einem rotierten Vollfaktorplan ähnelt. Im Gegensatz zum Vollfaktorplan wird hier jeder Faktor auf 9 äquidistante Stufen (gleich der Anzahl an Testpunkten) getestet, die jeweils nur einmal verwendet werden. Die Orthogonalität der Faktoren ist in diesem Beispiel weiterhin gegeben, so dass die Haupteffekte sauber getrennt werden können. Die Testpunkte sind dabei

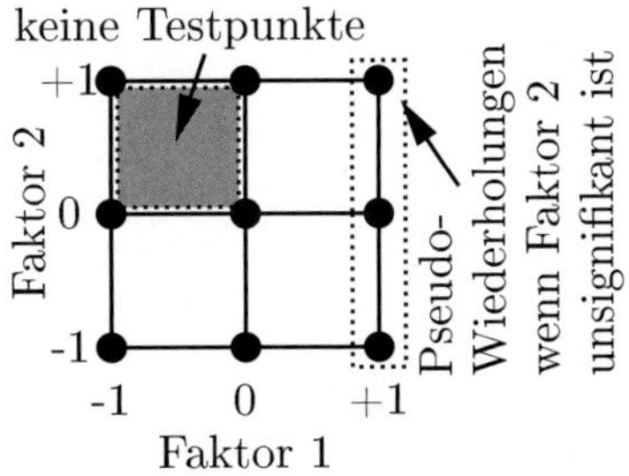

Abb. 6.2a Volllfaktorplan

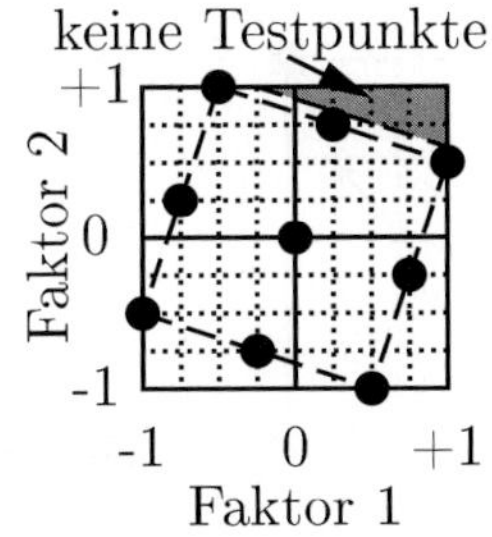

Abb. 6.2b LatinHypercube (LHC)

so verteilt, dass der Raum gleichmäßig ausgefüllt wird. In diesem Zusammenhang wird von einem *Spacefilling Design* oder gleichverteiltem Testfeld gesprochen. Im Vergleich zum Vollfaktorplan fällt der innere Bereich ohne Testpunkte deutlich geringer aus, so dass hier genauere Vorhersagen für die Ausgangsvariable y in Abhängigkeit der Faktoren getroffen werden können. Zu beachten ist jedoch, dass im dargestellten Beispiel keine Testpunkte in den Ecken des Faktorraums vorhanden sind, so dass bei Vorhersagen in diesen Bereichen auf meist ungenaue Extrapolationen zurückgegriffen werden muss. Pseudo Wiederholungen können im dargestellten Latin Hypercube nicht auftreten, da jede Faktorstufe jedes Faktors nur ein einziges Mal verwendet wird.

Abbildung 6.3 zeigt die unterschiedliche Datenmenge, die zur Bildung eines Metamodells durch die 9 Testpunkte bei Verwendung der beiden Testfelder zur Verfügung steht. Durch die Berücksichtigung des unsignifikanten Faktors x_2 und die Wahl des Vollfaktorplans kann nur ein einfaches Modell für den Zusammenhang zwischen x_1 und y ermittelt werden. Durch die Verwendung des LHCs mit gleicher Anzahl an Versuchsläufen werden deutlich mehr Informationen über den Zusammenhang zwischen x_1 und y gewonnen. Gerade bei steigender Faktoranzahl werden häufig auch unsignifikante Faktoren mitberücksichtigt, so dass durch die Verwendung speziell für Computer-Experimente optimierte Testfelder der Informationsgewinn im Vergleich zu klassischen Testfeldern deutlich gesteigert werden kann. Komplexe Systeme werden somit durch gleichen Versuchsaufwand deutlich genauer dargestellt.

Mittels des Vollfaktorplans wird in diesem Beispiel korrekter Weise kein Effekt von x_2 ermittelt. Bei Verwendung des LHCs kann je nach verwendetem Auswertealgorithmus ein geringer Einfluss von x_2 auf y ermittelt werden. Dieser wird jedoch im Verhältnis zum Effekt von x_1 unsignifikant bleiben. Im Vergleich zum Informationsgewinn für signifikante Faktoren (hier x_1) ist dieses akzeptabel.

Eine Verwendung der speziell für Computer-Experimente entwickelten Testfelder in physikalischen Experimenten ist zwar denkbar, die praktische Umsetzbarkeit ist jedoch häufig mit unverhältnismäßig großem Aufwand verbunden. Weiterhin muss bei Verwendung für physikalische Experimente auf Versuchsstreuungen besonderes Augenmerk gelegt werden.

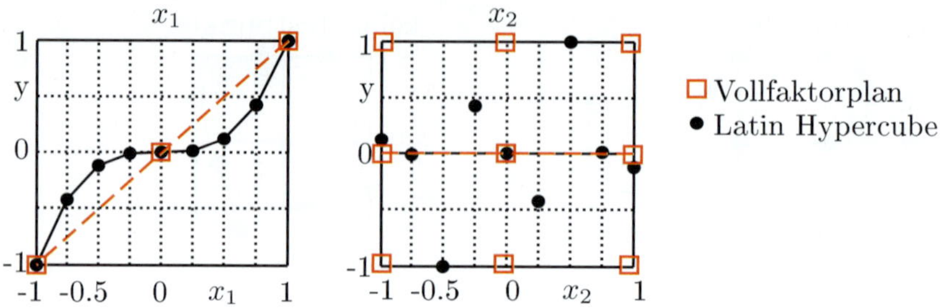

Abb. 6.3 Fallbeispiel zur Verwendung eines Vollfaktorplans oder LHCs

6.2.3 Metamodelle

Basierend auf den Daten des durchgeführten Computer-Experiments wird ein Metamodell erzeugt, welches mit ausreichender Genauigkeit und minimaler Rechenzeit das komplexe Simulationsmodell beziehungsweise das zu analysierende System approximiert. Durch die speziell auf Computer-Experimente zugeschnittenen Testfelder sind optimale Informationen zur Erzeugung des Metamodells gegeben und sollten im Weiteren vollständig ausgenutzt werden. Im Vergleich zu physikalischen Experimenten sollen durch Computer-Experimente meist komplexe Zusammenhänge erfasst werden, die vor der Analyse nicht oder nur teilweise bekannt sind. Daher werden Verfahren zur Metamodellerstellung benötigt, die sich flexibel und selbständig (ohne Vorgabe von funktionellen Abhängigkeiten zwischen Faktoren und Ausgangsvariablen des Systems) an komplexe Zusammenhänge anpassen können. Verfahren, wie beispielsweise die lineare Regression, welche einen vordefinierten Zusammenhang zwischen Faktoren und Ausgangsvariablen voraussetzen, können nur gute Vorhersagemodelle erzeugen, wenn das zu analysierende System den Annahmen entspricht. Bei komplexen Simulationsmodellen ist der Zusammenhang zwischen Faktoren und Ausgangsvariablen (Qualitätsmerkmalen) jedoch typischerweise nicht bekannt, so dass eine falsche Wahl der Zusammnhänge zu unzureichend genauen Metamodellen führt. Um dieser Problematik aus dem Wege zu gehen, werden Verfahren wie beispielsweise Neuronale Netze oder Kriging eingesetzt, die sich selbständig an gegebene Datenpunkte anpassen (Kapitel 8.8 und 8.5).

6.2.4 Analyse und Optimierung

Sind ausreichend genaue Metamodelle mit akzeptablen Rechenzeiten vorhanden, können verschiedene Analysen in kurzer Zeit durchgeführt werden. Dieses beginnt mit grafischen Darstellungen, die den Zusammenhang zwischen Faktoren und Ausgangsvariable darstellen (Abbildung 6.4a). Neben statischen Grafiken sind durch schnelle Metamodelle ebenfalls Darstellungen möglich, die direkt nach Veränderung von Faktoreinstellungen die neuen Vorhersagen darstellen. Dadurch sind effiziente Hilfsmittel gegeben, die während einer Analyse einen schnellen Einblick und ein gutes Verständnis für Zusammenhänge zwischen Faktoren und Ausgangsvariablen liefern.

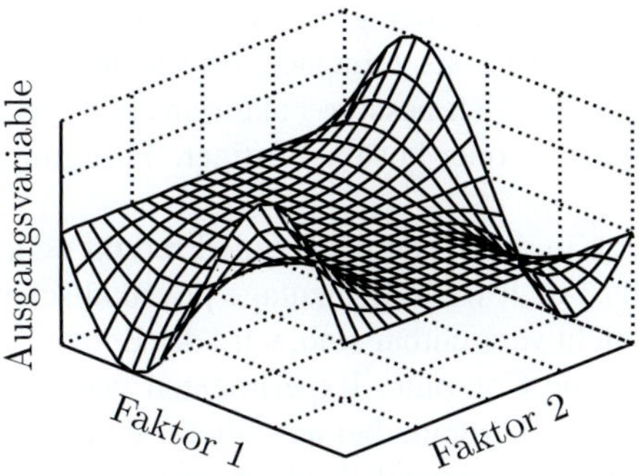

Abb. 6.4a Grafische Darstellung

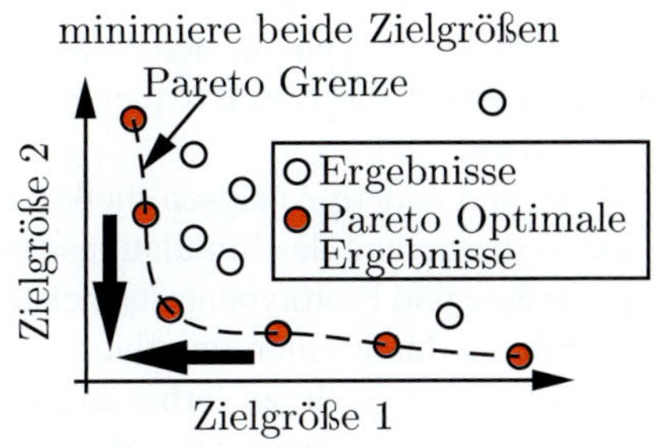

Abb. 6.4b Pareto Grenze

Neben allgemeinen Analysen zum Verständnis des zu analysierenden Systems werden ebenfalls Optimierungen durchgeführt (Kapitel 9). Hierbei sind meistens mehrere Zielgrößen zu berücksichtigen, die nicht unabhängig voneinander sind und widersprechende Ziele verfolgen. Neben klassische Verfahren, die mehrere Zielgrößen beispielsweise mit Gewichtungsfaktoren zu einer globalen Zielgröße zusammenfassen, kommen bei Computer-Experimenten häufig Verfahren zur Bestimmung der *Pareto Grenze* zum Einsatz (Abbildung 6.4b). Abbildung 6.4b zeigt beispielhaft zwei Zielgrößen, die jeweils minimiert werden sollen. Jeder dargestellte Kreis ist genau ein mögliches Ergebnis, welches durch eine Kombination der Faktoren im Simulationsmodell erzielt wird. Bei Verwendung eines klassischen Optimierungsverfahrens, bei dem beide Zielgößen (Z_1, Z_2) zu einer globalen Zielgröße Z_{global} zusammengefasst werden ($Z_{global} = Z_1 w_1 + Z_2 [1 - w_1]$ mit $0 \leq w_1 \leq 1$), ist das Ergebnis der Optimierung genau *ein* Punkt auf der Pareto Grenze. Welcher Punkt auf der Pareto Grenze gefunden wird, hängt dabei entscheidend von der Kombination der einzelnen Zielgrößen zur globalen Zielgröße ab. In unserem Beispiel von der Wahl des Gewichtungsfaktors w_1. In der Praxis wird dann meistens mit dem ermittelten Ergebnis und den dazugehörigen Faktoreinstellungen weiter gearbeitet. Die Art der Zielgrößenkombination und die Wahl der Gewichtungen ist jedoch mehr oder weniger subjektiv und willkürlich, wodurch das erzielte Optimum und die dazugehörigen Faktoreinstellungen ebenfalls variabel sind. Falls die gefundenen Faktoreinstellungen aus einem Grund nicht akzeptabel sind (z.B. hoher Fertigungsaufwand oder hohe Kosten der benötigten Bauteile) kann ein weiteres Optimum auf der Pareto Grenze nur gefunden werden, wenn die Art der Zielgrößenkombination oder die Gewichtungsfaktoren verändert werden und eine komplett neue Optimierung durchgeführt wird.

Für jeden Punkt der Pareto Grenze gilt, dass keine Zielgröße verbessert werden kann ohne eine andere zu verschlechtern. Diese Eigenschaft wird auch als *Pareto Optimal* bezeichnet. Ziel einer Optimierung für mehrere Zielgrößen ist es eine Gruppe von pareto optimalen Punkten auf der Pareto Grenze zu finden, die gleichmäßig auf der gesamten Pareto Grenze verteilt sind. In der Praxis ergibt sich dadurch die Möglichkeit aus den gefundenen pareto optimalen Lösungen, welche nicht durch vordefinierte Gewichtungen eingeschränkt wurden, einen sinnvollen Kompromiss nicht nur zwischen den Zielgrößen zu wählen sondern auch gleichzeitig die dazugehörigen Faktoreinstellungen zu betrachten. In der Praxis zeigt sich, dass sich durch kleine Verschiebungen auf der Pareto Grenze deutlich bessere Faktoreinstellungen ergeben können, die zum Beispiel eine einfachere oder kostengünstigere Fertigung ermöglichen.

Diese und andere Analysen fließen zurück in das zu entwickelnde Produkt oder in die Verbesserung des Simulationsmodells. Auch wenn heutzutage physikalische Experimente und Prototypentests meistens nicht verzichtbar sind, wird der Entwicklungsprozess durch einen iterativen Einsatz von Computer-Experimenten verkürzt und das Ergebnis spürbar verbessert. Es zeigt sich gerade bei anschließenden physikalischen Experimenten, dass der Bereich für das physikalische Experiment auf enge und sinnvolle Bereiche eingegrenzt werden kann.

Kapitel 7
Versuchspläne für komplexe Zusammenhänge

7.1 Einleitung

Der Bedarf an Versuchsplänen (Testfelder), die zur Analyse komplexer und nichtlinearer Systeme eingesetzt werden, nimmt durch den steigenden Einsatz von Computer-Experimenten (siehe Kapitel 6) während Produktentwicklungen stetig zu. Die Erhöhung der Faktorstufenanzahl gegenüber klassischen Versuchsplänen für physikalische Experimente ist dabei eine grundlegende Forderung an diese Versuchspläne. Nur so wird eine umfangreiche Datenbasis geschaffen, die eine Abbildung komplexer Zusammenhänge ermöglicht. Betrachtet wird dazu eine unbekannte Funktion $y = f(x_1)$, von der beispielhaft drei Stützstellen bekannt sind (Abbildung 7.1, 'Kreise').

Aus mathematischer Sicht ist durch drei Punkte eine quadratische Funktion ausreichend genau definiert. In den meisten Fällen kann jedoch von einem rein quadratischem Zusammenhang nicht ausgegangen werden. Neben der quadratischen Lösung existieren unendlich viele theoretische Funktionszusammenhänge (Bild 7.1) welche durch die drei gegebenen Stützstellen verlaufen. In der Praxis zeigt sich, dass in den häufigsten Fällen zwar von komplexeren Zusammenhängen als linear oder quadratisch ausgegangen werden muss, jedoch hoch komplexe Zusammenhänge, wie in Bild 7.1 ebenfalls dargestellt, nicht zu erwarten und somit zu vernachlässigen sind. Eine sinnvolle Vorhersage der zu beschreibenden Zusammenhänge wird durch die Erhöhung der Stützstellenanzahl (Faktorstufen) erreicht. Im dargestellten Beispiel ist bereits durch eine vierte Stützstelle (Abbildung 7.1, 'Dreiecke') die Wahrschein-

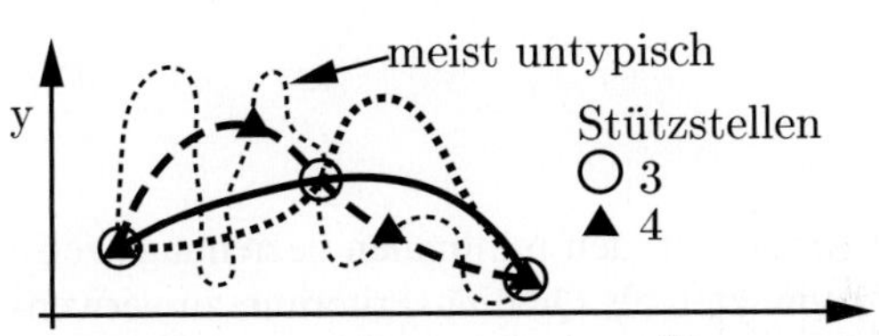

Abb. 7.1 Stützstellen zur Bestimmung einer unbekannten nichtlinearen Funktion

K. Siebertz et al., *Statistische Versuchsplanung*, VDI-Buch,
DOI 10.1007/978-3-642-05493-8_7, © Springer-Verlag Berlin Heidelberg 2010

lichkeit, den wahren aber unbekannten Zusammenhang zwischen x_1 und y zu finden, deutlich erhöht.

Da komplexe nichtlineare Modelle hauptsächlich bei Verwendung von Computer-Experimenten benötigt werden, können die speziellen deterministischen Eigenschaften von Simulationsmodellen, wie keine Versuchsstreuung (siehe Kapitel 6), zur Konstruktion von Testfeldern Berücksichtigung finden. Bei der Auslegung eines Vesuchsfelds (Testfelds) für Computer-Experimente wird eine Gruppe von *ideal* verteilten Testpunkten $D_{n_r} = \{x_1, \cdots, x_{n_r}\}$ aus einem Faktorraum der Dimension $n_f (= Faktoranzahl)$ gesucht. Zur Vereinfachung der im Weiteren dargestellten Gleichungen und Herleitungen wird als Basis für den Faktorraum der Einheitsraum $C^{n_f} = [0,1]^{n_f}$ verwendet.

Das übergeordnete Ziel für die Wahl der Testpunkteverteilung ist meist eine exakte und robuste Vorhersage des globalen Mittelwerts einer zu untersuchenden Funktion y bei Berücksichtigung des gesamten Faktorraums C^{n_f}.

$$\frac{1}{n_r}\sum_{i=1}^{n_r} y(x_i) = \int_{C^{n_f}} y \tag{7.1}$$

7.2 Gütekriterien für Testfelder

Für die Erzeugung von Testfeldern ist entsprechend zu Entwicklungen von technischen Systemen ein Gütekriterium zur Beurteilung der Qualität notwendig. Neben grundsätzlichen Qualitätskriterien wie Orthogonalität oder Symmetrie wurden verschiedene Qualitätskriterien zur Beurteilung von Testfeldern entwickelt.

Liegen bereits grundlegende Informationen über das zu untersuchende System (z.B. Simulationsmodell) vor (z.B. Messdaten oder Zusammenhänge zwischen Faktoren und Ausgangsvariablen), werden diese in die Konstruktion der Testfelder integriert, wodurch speziell an die jeweiligen Vorinformationen angepasste Testfelder entstehen. Eine Verallgemeinerung ist in diesen Fällen durch die Vielzahl an unterschiedlichen Vorinformationen nicht möglich, so dass sich die folgenden Erläuterungen auf Anwendungen beziehen, bei denen nur geringe oder keine Informationen vorhanden sind. In diesen Fällen liegt das Augenmerk auf einem gleichmäßigen und hohen Informationsgewinn im gesamten Faktorraum. In der Praxis zeigt sich, dass der Einsatz von allgemeinen Feldern in vielen Anwendungen mit vorhandenen Vorinformationen ebenfalls sinnvoll ist.

7.2.1 MiniMax und MaxiMin

JOHNSON et al. [82] schlägt in seiner Arbeit vor, den minimalen beziehungsweise maximalen Abstand zwischen allen Testpunkten als Qualitätskriterium zu verwenden. Dabei erfüllt eine Abstandsdefinition $d(x_1, x_2)$ zweier Testpunkte x_i folgende

Eigenschaften:

$$
\begin{aligned}
d(x_1,x_2) &\geq 0 \\
d(x_1,x_2) &= d(x_2,x_1) \\
d(x_1,x_2) &\leq d(x_1,x_3) + d(x_3,x_2) \\
\text{mit} \quad & x_i \in C^{n_f}
\end{aligned}
\tag{7.2}
$$

Diese Eigenschaften werden von der *euklidischen Norm* d_e erfüllt, wobei aus Effizienzgründen häufig die Betrachtung des Quadrats d_e^2 vorgezogen wird.

$$
d_e(x_1,x_2) = \sqrt{\sum_{j=1}^{n_f} \left(x_{x_1 j} - x_{x_2 j}\right)^2}
\tag{7.3}
$$

Sei nun D die Menge aller Abstände zwischen den Testpunkten $(x_1 \cdots, x_{n_r})$ eines Testfelds T.

$$
D = \{d(x_i, x_k)\} \quad 1 \leq i < k \leq n_r
\tag{7.4}
$$

Die Verteilung der Testpunkte im Faktorraum C^{n_f} wird als gleichmäßig angenommen (*space filling*), wenn der kleinste Wert von D maximiert wird. Das Ziel des sogenannten *MaxiMin*-Kriteriums ist es folglich, den Wert $min(D)$ durch geschickte Wahl der Testpunkte zu maximieren. Entsprechend wird beim *MiniMax*-Kriterium der Maximalwert von D minimiert.

Morris et al. [121] hat einige Jahre nach der Veröffentlichung von Johnson das *MaxiMin*-Kriterium folgendermaßen erweitert. Die Abstände D werden zuerst aufsteigend sortiert. Auf Basis der sortierten Abstände werden folgende Kennwerte ermittelt:

$$
\begin{array}{ll}
d_1 & \text{kleinster Abstand in } D \\
J_1 & \text{Häufigkeit des Abstands } d_1 \text{ in } D \\
d_2 & \text{zweitkleinster Abstand in } D \\
J_2 & \text{Häufigkeit des Abstands } d_2 \text{ in } D \\
\ldots &
\end{array}
\tag{7.5}
$$

Zur Erzeugung des Testfelds werden anschließen folgende Zielgrößen definiert und nacheinander optimiert.

$$
\begin{array}{l}
1a)\ \textit{maximiere } d_1 \\
1b)\ \textit{minimiere } J_1 \\
2a)\ \textit{maximiere } d_2 \\
2b)\ \textit{minimiere } J_2 \\
\ldots
\end{array}
\tag{7.6}
$$

Die Verwendung eines einfachen skalaren Kriteriums ist in der Praxis einfacher als die in Liste 7.6 dargestellten Kriterien, so dass typischerweise das folgende Kriterium minimiert wird:

$$
MaxiMin_p = \left[\sum_{k=1}^{m} \frac{J_k}{d_k^p}\right]^{1/p}
\tag{7.7}
$$

Dabei sind m und p ganzzahlige positive Werte, die vom Anwender zu wählen sind. Sollen alle Abstände eines Testfelds betrachtet werden, so vereinfacht sich das $MiniMax_p$-Kriterium zu:

$$MaxiMin_p^{\infty} = \left[\sum_{1 \leq i < k \leq n_r} d(x_i, x_k)^{-p} \right]^{1/p} \tag{7.8}$$

was eine Sortierung der Abstände in D und die Bestimmung von J_k überflüssig macht.

7.2.2 Entropie

SHANNON [166] führte bereits 1948 das Entropie-Kriterium ein, welches die Menge an Informationen misst, die in einem Datensatz enthalten sind. Sei $v(x)$ die Wahrscheinlichkeitsverteilung der Testpunkte im Faktorraum C^{n_f}, so ist die Entropie allgemein definiert durch [50]:

$$Ent(x) = -\int_{C^{n_f}} v(x) \log(v(x))\, dx \quad \text{mit } Ent(x) \geq 0 \tag{7.9}$$

Für eine *mehrdimensionale Normalverteilung* $v(x)$ mit n_f-Dimensionen ist weiterhin definiert:

$$v(x) = \frac{1}{\pi^{\frac{n_f}{2}}} \frac{1}{\sqrt{|Cov(x)|}} e^{-\frac{1}{2}(x-E(x))' Cov(x)^{-1} (x-E(x))} \tag{7.10}$$

$$\text{mit } x = \left[x_1, x_2, \cdots, x_{n_f}\right]' \quad , \quad E(x) = \left[E(x_1), E(x_2), \cdots, E\left(x_{n_f}\right)\right]' \tag{7.11}$$

$$\text{und } Cov(x) = \begin{bmatrix} Cov(x_1, x_1) & \cdots & Cov\left(x_1, x_{n_f}\right) \\ \vdots & \ddots & \vdots \\ Cov\left(x_{n_f}, x_1\right) & \cdots & Cov\left(x_{n_f}, x_{n_f}\right) \end{bmatrix} \tag{7.12}$$

Wobei $E(x_i)$ der Erwartungswert des Faktors x_i und $|\bullet|$ die Determinante von $\bullet$[1] ist. Die Entropie ist dann definiert durch [50]:

$$Ent(x) = \frac{n_f}{2}(1 + \log(2\pi)) + \frac{1}{2}\log(|Cov(x)|) \tag{7.13}$$

Eine Maximierung der Entropie entspricht bei konstanter Faktoranzahl n_f der Maximierung von $\log(|Cov(x)|)$ beziehungsweise $|Cov(x)|$ (siehe Kapitel 2.6.1).

---

[1] $\bullet$ ist ein Platzhalter für einen beliebigen Inhalt

Bayes'scher Ansatz

Der sogenannte Bayes'sche Ansatz (*Bayesian Approach*) geht davon aus, dass bereits Informationen über ein anzupassendes Modell und des eingesetzten Metamodellansatzes vorhanden sind [50]. Aufbauend auf dieser Voraussetzung wird ein Testfeld gesucht, welches die vorhandene Informationsmenge (gemessen durch Entropie) am stärksten erhöht. Wird beispielsweise ein Kriging-Modell mit einer dazugehörigen Korrelationsfunktion r_{ij} vorgegeben (Kapitel 8.5), so führt die Maximierung von $\log |R|$ mit $R = [r_{ij}]$ zum optimierten Testfeld [50].

7.2.3 Integrated und Maximum Mean Square Error

Zur Vollständigkeit wird hier das 1989 von SACKS et al. eingeführte *Integrated Mean Square Error* (IMSE) Kriterium kurz dargestellt [156]. Sei $\hat{y}(x) = c(x)\, y_T$ ein lineares Vorhersagemodell der Funktion $y(x)$ und y_T der Ergebnisvektor für ein gewähltes Testfeld $T = \{x_1, \cdots, x_{n_r}\}$. Der Vektor $c(x)$, welcher den *Mean Square Error* (MSE) minimiert und gleichzeitig den Erwartungswert E nicht verzerrt, wird der unverzerrte Prädiktor mit der geringsten Varianz oder auch *Best Linear Unbiased Predictor* (BLUE) genannt. Dabei ist der MSE definiert durch:

$$MSE(\hat{y}(x)) = E[\hat{y}(x) - y(x)]^2 \tag{7.14}$$

$$\text{mit} \quad E[\hat{y}(x)] = E[y(x)] \quad \Rightarrow \text{ unverzerrt} \tag{7.15}$$

Das optimale Testfeld nach dem IMSE-Kriterium minimiert das Integral des MSE über den gesamten Faktorraum C^{n_f}, wobei zusätzlich eine zu definierende Gewichtungsfunktion $G(x)$ berücksichtigt werden kann.

$$IMSE = \int_{C^{n_f}} MSE(\hat{y}(x))\, G(x)\, dx \tag{7.16}$$

Ist der Typ des Metamodells $\hat{y}(x)$ bekannt, für welches mit dem Testfeld Daten ermittelt werden (z.B. Kriging, Kapitel 8.5), so kann eine Lösung für MSE und IMSE in Abhängigkeit des gewählten Modells und der Testpunktverteilung gefunden werden [156, 92, 50].

Da die Anwendung des IMSE zur Optimierung von Testfeldern aufwendig ist, wird zur Vereinfachung häufiger der *Maximum Mean Square Error* eingesetzt [50]. Eine Verringerung des MMSE führt dabei zu besseren Testfeldern.

$$MMSE = max\, MSE(\hat{y}(x)) \tag{7.17}$$

7.2.4 Gleichverteilung (Uniformity)

FANG et al. schlägt zur Beurteilung von Testfeldern verschiedene Kriterien vor, welche die Gleichverteilung (Uniformity) von Testpunkten im Faktorraum beschreiben [44, 189, 95, 48, 100, 45, 47, 50]. Eine Grundvoraussetzung für ein allgemeingültiges Gütekriterium ist dabei, dass es unabhängig von Vertauschungen von Faktorspalten oder der Versuchsreihenfolge ist. Zwei Testfelder X_1 und X_2, die durch Vertauschungen von Spalten oder Zeilen ineinander übergeführt werden können, müssen daher als gleichwertig beurteilt werden [50].

Diskrepanz

Sei T ein Testfeld mit n_f Faktoren und n_r Testläufen sowie z ein beliebiger Punkt aus dem Faktorraum C^{n_f}. $N(T,[0,z))$ gibt weiterhin die Anzahl aller Testpunkte x des Testfeldes T an, die in das Rechteck $[0,z)$ fallen (Bild 7.2a). Das Verhältnis der Anzahl N zur Gesamtanzahl der Testpunkte im Vergleich zum eingeschlossenen Volumen des n_f-dimensionalen Rechtecks ergibt die Diskrepanz (discrepancy) des Punkts z.

$$Diskrepanz(z) = \left| \frac{N(T,[0,z))}{n_r} - Vol([0,z)) \right| \tag{7.18}$$

Abbildung 7.2a zeigt beispielhaft drei Diskrepanzen eines Monte-Carlo-Testfelds mit zwei Faktoren (x_1,x_2) und 30 Testpunkten.

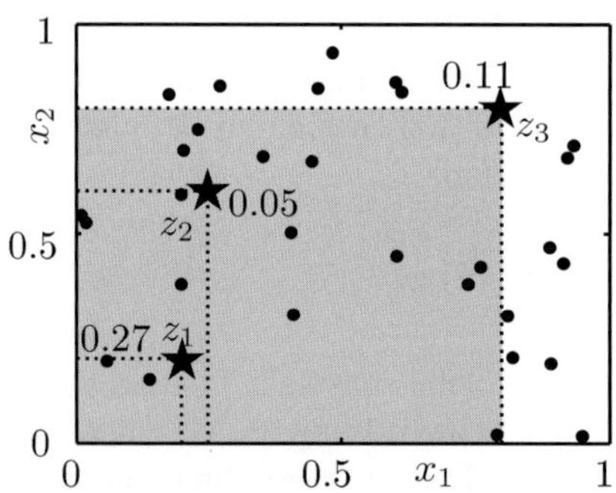

Abb. 7.2a Diskrepanz eines zweidimensionalen Monte-Carlo-Testfeldes

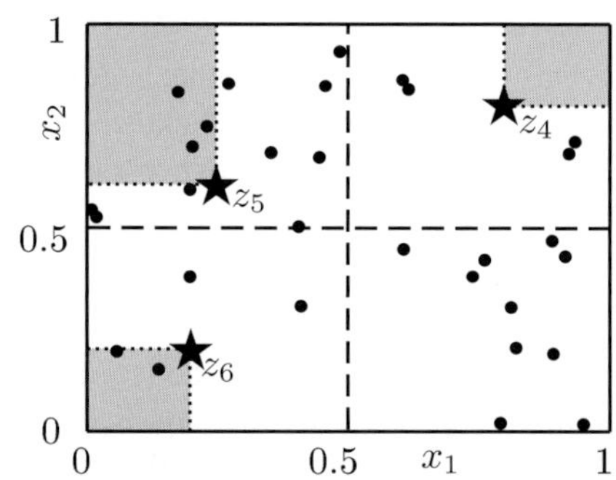

Abb. 7.2b Zentrierte L_2-Diskrepanz

L_p-Diskrepanz

Der Mittelwert der L_p *Norm* der Diskrepanz im gesamten Faktorraum wird Stern (star)-Diskrepanz genannt und dient als Maß für die Gleichverteilung der Testpunkte im Faktorraum C^{n_f}.

$$D_p(T) = \left\{ \int_{C^{n_f}} Diskrepanz(z)^p \right\}^{\frac{1}{p}} \tag{7.19}$$

Die Stern-Diskrepanz mit $p \rightarrow \infty$ spielt bei Quasi-Monte-Carlo-Methoden und in der Statistik eine große Rolle, ist jedoch schwierig zu berechnen. Algorithmen zur Berechnung oder Abschätzung der Diskrepanz mit $p \rightarrow \infty$ wurden von BUNDSCHUH et al. [21] sowie WINKLER et al. [196] vorgestellt. Es gilt allgemein:

$$D_\infty(T) = \max_{z \in C^{n_f}} (Diskrepanz(z)) \tag{7.20}$$

Ist hingegen $p = 2$, so kann nach Warnock die L_2-Diskrepanz für ein Testfeld T analytisch durch folgende Gleichung berechnet werden [190]:

$$[D_2(T)] = 3^{n_f} \frac{2^{1-n_f}}{n_r} \sum_{i=1}^{n_r} \prod_{j=1}^{n_f} \left(1 - x_{ij}^2\right) + \frac{1}{n_r^2} \sum_{k=1}^{n_r} \sum_{i=1}^{n_r} \prod_{j=1}^{n_f} \left[1 - \max\left(x_{kj}, x_{ij}\right)\right] \tag{7.21}$$

Es zeigt sich, dass die L_2-Diskrepanz Eigenschaften von Unterräumen des Faktorraums C^{n_f} vernachlässigt und somit für Computer-Experimente nur eingeschränkt geeignet ist [50]. Weiterhin ist die allgemeine L_p-Diskrepanz nicht unabhängig von einer Rotation des Testfelds, da der Ursprung '0' eine besondere Bedeutung in der Berechnungsvorschrift einnimmt. Dieses erschwert einen aussagekräftigen Vergleich verschiedener Testfelder mit dem L_p-Kriterium.

Zentrierte und Einhüllende Diskrepanz
Zur Bestimmung verbesserter Diskrepanz-Kriterien wurden verschiedene Forderungen aufgestellt, die eine sinnvolle Beurteilung von Testfeldern sicher stellen [50]:

1. Invariant gegenüber Permutation von Spalten und/oder Zeilen
2. Invariant gegenüber Rotation des Testfelds T
3. Berücksichtigung der Gleichverteilung über C^{n_f} und über jeden nichtleeren Unterraum C^u von C^{n_f}
4. Sinnvolle geometrische Bedeutung des Kriteriums
5. Leicht zu berechnen
6. Erfüllt die Koksma-Hlawka-Ungleichung (s.u.)
7. Das Kriterium ist widerspruchsfrei zu anderen Kriterien aus dem Bereich DoE

Koksma-Hlawka-Ungleichung: [124]
Ist f eine gleichmäßig verteilte Funktion mit endlicher Variation $V(f)$ (im Sinne von Hardy und Krause), die in C^{n_f} definiert ist, und T eine Verteilung von Punkten in C^{n_f}, so gilt:

$$\left| \frac{1}{n_r} \sum_{i=1}^{n_r} f(x_i) - E(f) \right| \leq V(f) D_\infty(T) \tag{7.22}$$

Basierend auf den aufgelisteten Bedingungen schlägt HICKERNELL [68, 69] verschiedene erweiterte Diskrepanz-Kriterien vor.

Sei R_z ein Rechteck, welches eindeutig durch die Wahl eines Punktes z aus C^{n_f} definiert wird und die Bedingung (2) nicht verletzt. Sei R_{z_u} weiterhin die Projektion von R_z in den Unterraum C^{n_u}. Die modifizierte Diskrepanz, welche alle Unterräume berücksichtigt, ist dann allgemein definiert durch:

$$[D_m(T)]^2 = \sum_{u \neq \emptyset} \int_{C^{n_u}} \left| \frac{N(T, R_{z_u})}{n_r} - Vol(R_{z_u}) \right|^2 du \tag{7.23}$$

Bei der **zentrierten L_2-Diskrepanz** (ZD) wird ein Rechteck R_z zwischen dem Punkt z und dem Eckpunkt, der dem Punkt z am nächsten liegt, aufgespannt (Abbildung 7.2b). Ist ein Testfeld T gegeben, lässt sich das ZD-Kriterium wie folgt berechnen [68]:

$$\begin{aligned}[ZD(T)]^2 &= \left(\tfrac{13}{12}\right)^2 - \tfrac{2}{n_r} \sum_{i=1}^{n_r} \prod_{j=1}^{n_f} \left[1 + \tfrac{1}{2}\left|x_{ij} - 0.5\right| - \tfrac{1}{2}\left|x_{ij} - 0.5\right|^2\right] \\ &+ \tfrac{1}{2n_r^2} \sum_{i=1}^{n_r} \sum_{k=1}^{n_r} \prod_{j=1}^{n_f} \left[1 + \tfrac{1}{2}\left|x_{ik} - 0.5\right| + \tfrac{1}{2}\left|x_{kj} - 0.5\right| - \tfrac{1}{2}\left|x_{ij} - x_{kj}\right|\right]\end{aligned} \tag{7.24}$$

Anstelle des Rechtecks R_z zwischen einem Punkt z und einer Ecke des Faktorraums kann ebenfalls ein Rechteck durch zwei beliebige Punkte z_1 und z_2 im Faktorraum aufgespannt werden (R_{z_1,z_2}) (Abbildung 7.3).

$$R_{z_1,z_2} = \begin{cases} [z_1, z_2) & z_1 \leq z_2 \\ [0, z_2) \cup [z_1, 1) & z_1 > z_2 \end{cases} \tag{7.25}$$

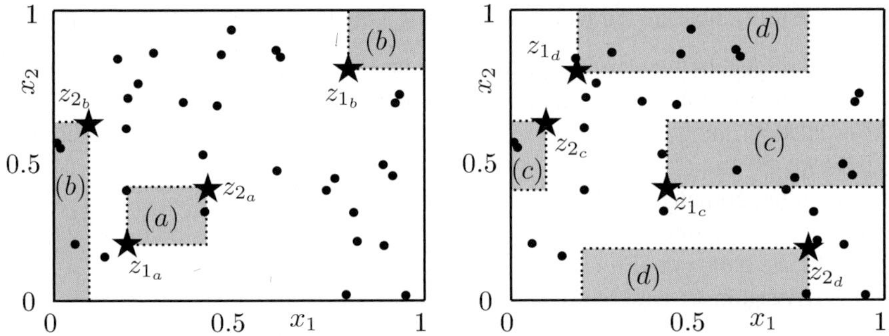

Abb. 7.3 Einhüllende Diskrepanz

Durch die Verwendung des Rechtecks R_{z_1,z_2} wird die **Einhüllende Diskrepanz** (Wrap Around Discrepancy) definiert und kann für ein Testfeld T wie folgt berechnet werden [69, 50]:

$$[ED(T)]^2 = \left(\frac{4}{3}\right)^{n_f} \frac{1}{n_r^2} \sum_{i=1}^{n_r} \sum_{k=1}^{n_r} \prod_{j=1}^{n_f} \left[\frac{3}{2} - \left|x_{ij} - x_{kj}\right| \left(1 - \left|x_{ij} - x_{kj}\right|\right)\right] \tag{7.26}$$

Die zentrierte (ZD) und die einhüllende (ED) Diskrepanz erfüllen beide die ersten sechs Bedingungen für verbesserte Diskrepanz-Kriterien [68, 69]. Weitere Diskrepanz-Kriterien finden sich in Arbeiten von HICKERNELL [69, 70].

7.2.5 Vergleich verschiedener Gütekriterien

Zum Vergleich der dargestellten Gütekriterien werden 2000 verschiedene OLHDs (Kapitel 7.3.3) mit $n_r = 65$ Testpunkten und $n_f = 4$ Faktoren erzeugt und die dazugehörigen Gütekriterien grafisch gegenübergestellt (Abbildung 7.4). Zwischen den Kriterien *einhüllende Diskrepanz*, *zentrierte Diskrepanz*, $MiniMax_p$ und der *Entropie* ($\log(|R|)$) ist eine deutliche Korrelation vorhanden. Wird ein Testfeld mit einem dieser Kriterien optimiert, ergeben sich zwar nicht zwangsläufig die besten Werte für die anderen Gütekriterien, jedoch kann davon ausgegangen werden, dass auch die anderen Kriterien dieses Feld positiv bewerten. Das einfache *MaxMin* (*MIN*) und besonders das *MinMax*(*MAX*)-Kriterium zeigen nur eine geringe Korrelation mit den restlichen Kriterien. Diese Kriterien sollten nur mit Bedacht oder besser direkt das $MiniMax_p$-Kriterium verwendet werden. Besteht in der Praxis die Möglichkeit, mehrere Kriterien gleichzeitig zu verwenden, so ist das Testfeld zu wählen, welches für alle Kriterien gute Werte ergibt. Die Bandbreite der Gütekriterien kann durch eine Analyse der Kriterien-Streuung bei zufälligen Testfeldern abgeschätzt werden. Für die einhüllende Diskrepanz *ED* stellt FANG et al. in [53] eine allgemeine Berechnungsvorschrift zur Bestimmung der unteren Grenze eines Testfelds $U\left(n_r, n_s^{n_f}\right)$ dar.

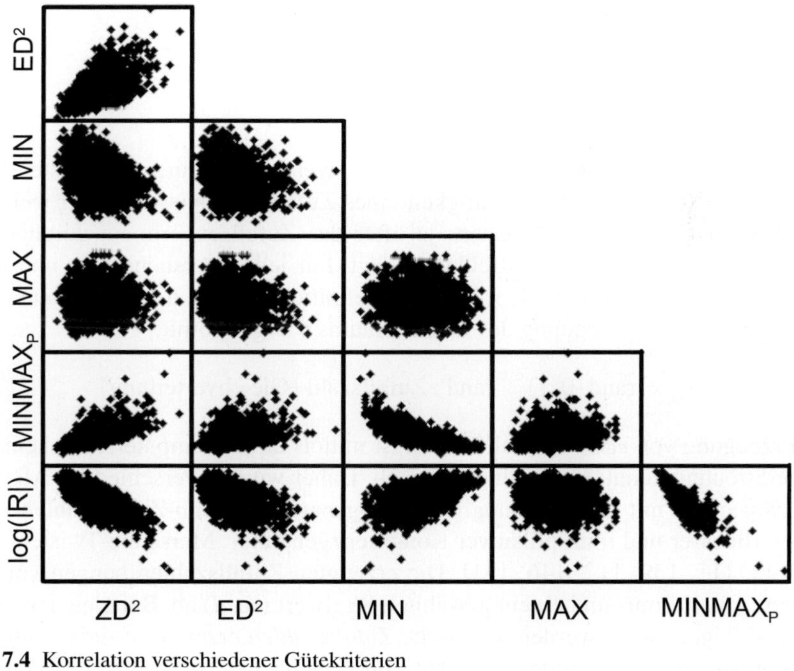

Abb. 7.4 Korrelation verschiedener Gütekriterien

7.3 Konstruktionsmethoden gleichverteilter Testfelder

Zur Erzeugung eines gleichverteilten Testfelds T mit n_r Versuchsläufen und n_f Faktoren sind über die letzten Jahrzehnte unterschiedliche Algorithmen entwickelt worden. Verfahren zur Erzeugung von Testfeldern für Computer-Experimente gehen meist davon aus, dass keine oder nur wenig Vorinformationen über das zu untersuchende System bzw. komplexe Simulationsmodell vorhanden sind. Die Verteilung der Testpunkte im Faktorraum $C^{n_f} = [0,1]^{n_f}$ werden daher so gewählt, dass in allen Bereichen des Faktorraums so viele Informationen wie möglich, bei gegebener Anzahl von Versuchsläufen, gewonnen werden. Zur Beurteilung der Qualität eines Testfelds werden dabei verschiedene Kriterien verwendet, welche in Kapitel 7.2 dargestellt sind.

Die Algorithmen zur Erzeugung von Testfeldern für Computer-Experimente profitieren von den speziellen Eigenschaften der Simulationsmodelle, wie keine Versuchsstreuung oder einfache Variation von Faktoreinstellungen (Kapitel 6). Das grundlegende Optimierungsziel zur Erzeugung eines Testfelds ist dabei die Minimierung der Varianz einer unverzerrten (Gleichung 7.15) Vorhersage des globalen Mittelwerts der zu analysierenden Ausgangsvariablen y.

$$\bar{y}(T) = \frac{1}{n_r} \sum_{i=1}^{n_r} y(x_i) \tag{7.27}$$

7.3.1 *(Quasi) Monte-Carlo*

Basierend auf dem *Gesetz der großen Zahlen*, welches in seiner einfachsten Form aussagt, dass sich die relative Häufigkeit eines Zufallsergebnisses immer weiter an dessen Wahrscheinlichkeit annähert, je öfter das Zufallsexperiment durchgeführt wird, werden *Monte-Carlo*-Testfelder erzeugt. Für jeden Versuchslauf i und jeden Faktor j wird dabei ein zufälliger Wert im Definitionsbereich des betrachteten Faktors gewählt. Bei Verwendung des Einheitsraums C^{n_f} gilt somit:

$$x_{ij} = \mathrm{rand}(0,1) \qquad \mathrm{rand}: \text{Zufallszahl (Gleichverteilung)} \tag{7.28}$$

Die Erzeugung von *echten* Zufallszahlen ist mittels eines Computers, der keine zufällige Streuung kennt, nur bedingt möglich. Daher wurden verschiedene Algorithmen entwickelt, mit denen es möglich ist, sogenannte *Pseudo*-Zufallszahlen zu erzeugen (linearer und multiplikativer Kongruenzgenerator, Mersenne-Twister, usw.) [90, 142, 111, 139, 112, 146, 131]. Die erzeugten Zufallszahlen hängen vom gewählten Algorithmus und einem gewählten Startwert (*seed*) ab. Bei gleichem Startwert und Algorithmus werden identische *Zufallszahlen* erzeugt, so dass häufig der Startwert in Abhängigkeit der aktuellen Zeit gewählt wird um variierende Zufallszahlen zu erzeugen.

Bei Verwendung der Monte-Carlo-Methode wird eine große Anzahl von Versuchsläufen benötigt, da der absolute Fehler des vorhergesagten Erwartungswerts lediglich mit $\frac{1}{\sqrt{n_r}}$ gegen 0 konvergiert. Eine Halbierung des Fehlers wird somit erst durch eine Vervierfachung der Testpunkteanzahl erreicht. Wird im Vergleich dazu ein kartesisches Gitter in den Faktorraum gelegt und an jedem Gitterschnittpunkt ein Testpunkt gelegt, so kann der Fehler bereits mit $\frac{1}{n_r}$ gegen 0 konvergieren. Dieses deterministische Verfahren hat jedoch den Nachteil, dass vor dem Computer-Experiment die Feinheit des Gitters (Gitterabstand) festgelegt werden muss und typischerweise alle geplanten Testpunkte zur anschließenden Analyse benötigt werden. Gewünscht ist hingegen ein Monte-Carlo-Verfahren, welches den Faktorraum gleichmäßig und *zufällig* ausfüllt, wobei eine bessere Konvergenz als $\frac{1}{\sqrt{n_r}}$ erreicht wird. Dabei soll der Faktorraum am Anfang grob und bei steigender Anzahl der Testläufe kontinuierlich feiner abgetastet werden. Abbildung 7.5 zeigt im linken Teil eine Sequenz von 64 Testpunkten, welche gleichmäßig über den 2-dimensionalen Faktorraum verteilt sind. Die folgenden 64 Punkte der gleichen Sequenz füllen die Zwischenräume und verfeinern somit die vorhandene Struktur, wie im rechten Diagramm dargestellt ist.

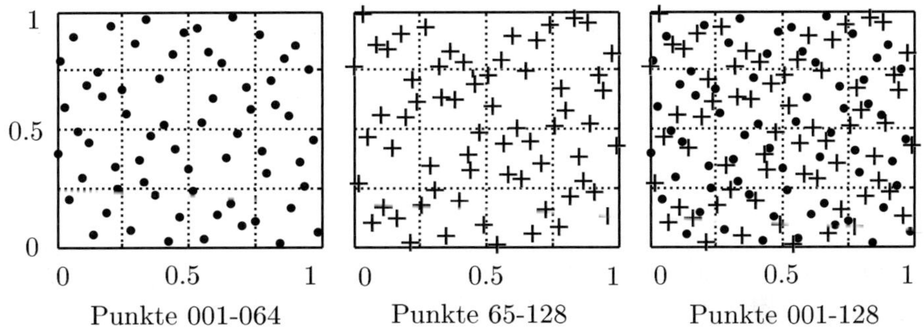

Abb. 7.5 Quasi-Monte-Carlo (Sequenz)

Obwohl es sich hier nicht um zufällige sondern deterministisch ermittelte Testpunkte handelt, werden die Verfahren im allgemeinen Sprachgebrauch als Quasi-Monte-Carlo-Methoden (oder auch *Low Discrepancy Procedures*) gekennzeichnet.

Halton- und Hammersley-Sequenz

Ein einfach zu berechnender Algorithmus ist die *Halton-Sequenz*, welche auf die *Van-der-Corput-Sequenz* basiert [146]. Bei diesem Algorithmus wird jedem Faktor eine unterschiedliche Primzahl (2, 3, 5, 7, 11, 13, 17, 19, 23, 29,$\cdots$) [128] zugewiesen, die im Folgenden die Zahlenbasis b_j für den jeweiligen Faktor j ist. Um den Wert eines Faktors j und eines Testpunkts i zu erhalten wird der Wert i im Zahlensystem zur Basis b_j dargestellt.

$$i = \sum_k a_{ij_k} b_j^k \quad a_{ij_k} \in \{0, 1, \cdots, b_j - 1\} \tag{7.29}$$

Der *zufällige* Zahlenwert für x_{ij} lässt sich anschließend ermitteln durch:

$$x_{ij} = \sum_k \frac{a_{ij_k}}{b_j^{k+1}} \tag{7.30}$$

Ein Beispiel für 2 Faktoren und Primzahlen $b_j = \{2,3\}$ findet sich in Tabelle 7.1 und Abbildung 7.6.

	i	2^0	2^1	2^2		$1/2^1$	$1/2^2$	$1/2^3$		x_{ij}
	1	1	0	0		1/2	0	0		1/2
	2	0	1	0		0	1/4	0		1/4
	3	1	1	0		1/2	1/4	0		3/4
$b_j = 2 \rightarrow$	4	0	0	1	$\rightarrow$	0	0	1/8	$\rightarrow$	1/8
	5	1	0	1		1/2	0	1/8		6/8
	6	0	1	1		0	1/4	1/8		3/8
	7	1	1	1		1/2	1/4	1/8		7/8
	8	⋮	⋮	⋮		⋮	⋮	⋮		⋮

	i	3^0	3^1	3^2		$1/3^1$	$1/3^2$	$1/3^3$		x_{ij}
	1	1	0	0		1/3	0	0		1/3
	2	2	0	0		2/3	0	0		2/3
	3	0	1	0		0	1/9	0		1/9
$b_j = 3 \rightarrow$	4	1	1	0	$\rightarrow$	1/3	1/9	0	$\rightarrow$	4/9
	5	2	1	0		2/3	1/9	0		7/9
	6	0	2	0		0	2/9	0		2/9
	7	1	2	0		1/3	2/9	0		5/9
	8	2	2	0		2/3	2/9	0		8/9
	9	⋮	⋮	⋮		⋮	⋮	⋮		⋮

Tabelle 7.1 Halton-Sequenz für 2 Faktoren

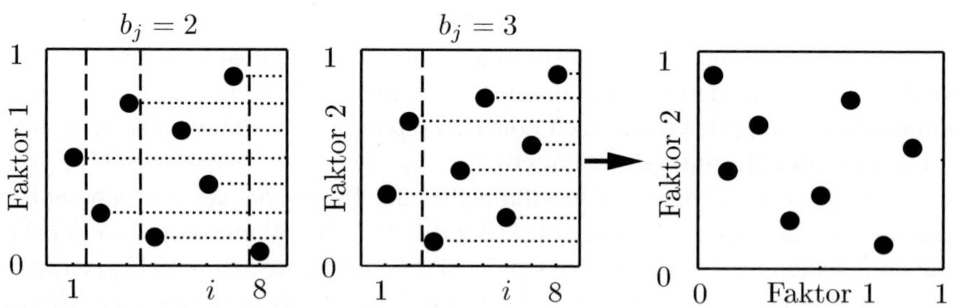

Abb. 7.6 Halton-Sequenz für $b_j = \{2,3\}$

Die gewählte Primzahl b_j bestimmt den Werteabstand des Faktors j während des ersten *groben* Durchlaufs durch den Faktorraum [0,1]. Eine größere Primzahl führt dabei zu kleineren Abständen und zu einer größeren Anzahl an benötigten Testläufen n_r, um die dazugehörige Dimension zu durchlaufen. Bei gegebenen Primzahlen wird daher empfohlen, $n_r > \prod b_j$ zu wählen, wodurch die benötigte Anzahl von Testläufen bei Erhöhung der Faktoranzahl schnell ansteigt. Bei zu geringer Anzahl von Testpunkten ergeben sich Bereiche im Faktorraum, welche durch die Sequenz noch nicht vollständig ausgefüllt sind und somit wichtige Informationen aus diesen Bereichen fehlen. In Abbildung 7.7a ist zur Veranschaulichung für ein Testfeld mit 10 Faktoren und 1024 Testpunkten die Verteilung der Testpunkte für die Faktoren 8 bis 10 bei Verwendung der Halton-Sequenz dargestellt.

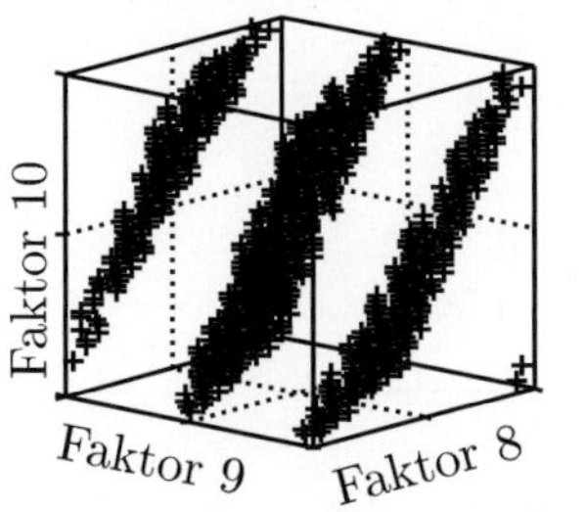

Abb. 7.7a Halton-Sequenz (10 Faktoren)

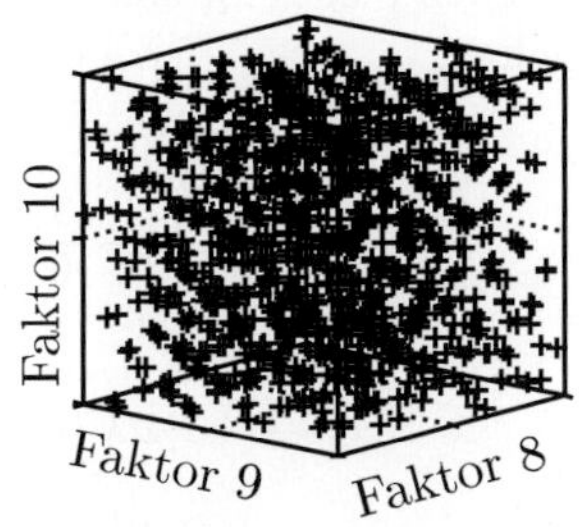

Abb. 7.7b Sobol-Sequenz (10 Faktoren)

Die *Hammersley-Sequenz* ersetzt die Werte eines Faktors einer Halton-Sequenz durch eine aufsteigende Zahlenfolge mit konstanten Abständen. Dadurch kann die benötigte Anzahl an Primzahlen um eins reduziert werden, so dass bereits früher als in der Halton-Sequenz eine Gleichverteilung im Faktorraum erzielt wird.

Kronecker-Sequenz

Durch die *Kronecker-Sequenz* wird eine Zahlenreihe bezeichnet, welche durch die Nachkommastellen reeller Zahlen definiert ist. Der Ausdruck $\{\alpha\}$ steht dabei für die Nachkommastellen einer reellen Zahl α (*z.B.* $\{3.2341\} = 0.2341$). Bei gegebenem α ist die Kronecker-Sequenz definiert durch: $(\{1\alpha\}, \{2\alpha\}, \{3\alpha\}, \cdots)$. Wird für jeden Faktor j eine unterschiedliche Primzahl b_j und $\alpha_j = \sqrt{b_j}$ gewählt, so entspricht die Sequenz dem sogenannten *Torus-Algorithmus*. Bei Verwendung der Primzahl $b_j = 5 \rightarrow \alpha_j = \sqrt{5} = 2.2361$ für Faktor j ergibt sich folglich die Sequenz zu: $0.2361, 0.4721, 0.7082, 0.9443, 0.1803, \cdots$

Faure-Sequenz

Die *Faure-Sequenz* baut auf der Halton-Sequenz auf, verwendet jedoch nur eine Primzahl. Typischerweise wird die kleinste Primzahl b gewählt, welche größer oder gleich der Faktorenanzahl n_f ist. Die Werte des ersten Faktors entsprechen der Halton-Sequenz zur gewählten Basis b. Alle weiteren Faktoren j werden in Abhängigkeit des jeweiligen vorhergehenden Faktors $j-1$ oder direkt in Abhängigkeit zum ersten Faktor bestimmt.

$$x_{ij} = \sum_k \frac{a_{ijk}}{b^{k+1}} \quad \text{mit} \quad a_{ijk} = \left[\sum_{m \geq k} (j-1)^{m-k} \binom{m}{k} a_{i1k} \right] \mod b$$
$$\text{und} \quad \binom{m}{k} = \frac{m!}{k!(m-k)!} \tag{7.31}$$

$$\text{oder} \quad a_{ijk} = \left[\sum_{m \geq k} \binom{m}{k} a_{i(j-1)k} \right] \mod b \tag{7.32}$$

Bei drei Faktoren ($n_f = 3$) wird beispielsweise die Basis $b = 3$ gewählt. Die Werte für den ersten Faktor x_{i1} sind wie in Tabelle 7.2 dargestellt durch die Halton-Sequenz festgelegt.

$k \downarrow$	$i \rightarrow$	1	2	3	4	5	6	7	8	9	⋯
0	$a_{i1_0} \rightarrow$	1	2	0	1	2	0	1	2	0	⋯
1	$a_{i1_1} \rightarrow$	0	0	1	1	1	2	2	2	0	⋯
2	$a_{i1_2} \rightarrow$	0	0	0	0	0	0	0	0	1	⋯
	$x_{i1} \rightarrow$	1/3	2/3	1/9	4/9	7/9	2/9	5/9	8/9	1/27	⋯
	$x_{i2} \rightarrow$	1/3	2/3	4/9	7/9	1/9	8/9	2/9	5/9	16/27	⋯
	$x_{i3} \rightarrow$	1/3	2/3	7/9	1/9	4/9	5/9	8/9	2/9	13/27	⋯

Tabelle 7.2 Faure-Sequenz

Der Testpunkt $x_{9;3}$ mit $i = 9$ und $j = 3$ wird wie in Gleichung 7.33 dargestellt berechnet.

Bei steigender Faktorzahl zeigt sich am Anfang der Faure-Sequenz eine Häufung von Testpunkten in der Nähe des Ursprungs O. Aus diesem Grund werden häufig die ersten $\left(b^4 - 1\right)$ Punkte übersprungen[62], wodurch jedoch die Gefahr besteht, Bereiche des Faktorraums nicht gleichmäßig zu füllen.

Tezuka führt eine *Verallgemeinerte Faure-Sequenz* (Generalized Faure Sequence) ein, welche ebenfalls auf der Van-der-Corput-Sequenz aufbaut, jedoch Polynome zur Anordnung der Faktorwerte verwendet [181, 153].

Sobol-Sequenz

Die *Sobol-Sequenz* verwendet für alle Dimensionen (Faktoren) die Primzahl 2 als Basis [171]. Für den ersten Faktor wird die Van-der-Corput-Sequenz eingesetzt. Alle anderen Faktoren werden durch Permutation des ersten Faktors erzeugt. Das Ergebnis der Sobol-Sequenz wird dabei von der Wahl verschiedener *primitiver* Polynome für den Algorithmus (Permutationen) beeinflusst. Es zeigt sich, dass die Sobol-Sequenz neben der verallgemeinerten Faure-Sequenz eine sehr gute Gleichverteilung aufweist (Abbildung 7.7b). In der Literatur und im Internet finden sich verschiedene Algorithmen, mit denen bereits Sobol-Sequenzen bis 2500 Dimensionen erzeugt wurden [146, 171, 5, 62, 29, 127].

Alle dargestellten Sequenzen sind Spezialfälle der sogenannten (t,m,s)-Netze und (t,s)-Sequenzen, welche 1992 durch NIEDERREITER beschrieben wurden [124, 126].

$$
\left.\begin{array}{l}
k=0\ m=0\ a_{9;3_{0;m=0}}=2^0\begin{pmatrix}0\\0\end{pmatrix}a_{9;1_0}=1\cdot 1\cdot 0=0\\
\quad\ \ m=1\ a_{9;3_{0;m=1}}=2^1\begin{pmatrix}1\\0\end{pmatrix}a_{9;1_1}=2\cdot 1\cdot 0=0\\
\quad\ \ m=2\ a_{9;3_{0;m=2}}=2^2\begin{pmatrix}2\\0\end{pmatrix}a_{9;1_2}=4\cdot 1\cdot 1=4
\end{array}\right\} a_{9;3_0}=[0+0+4] \bmod 3=1
$$

$$
\left.\begin{array}{l}
k=1\ m=1\ a_{9;3_{1;m=1}}=2^0\begin{pmatrix}1\\1\end{pmatrix}a_{9;1_1}=1\cdot 1\cdot 0=0\\
\quad\ \ m=2\ a_{9;3_{1;m=1}}=2^1\begin{pmatrix}2\\1\end{pmatrix}a_{9;1_2}=2\cdot 2\cdot 1=4
\end{array}\right\} a_{9;3_1}=[0+4] \bmod 3=1
$$

$$
k=2\ m=2\ a_{9;3_{2;m=2}}=2^0\begin{pmatrix}2\\2\end{pmatrix}a_{9;1_2}=1\cdot 1\cdot 1=1\ \Big\}\ a_{9;3_2}=[1] \bmod 3=1
$$

$$
\Rightarrow a_{9;3}=\frac{a_{9;3_0}}{3}+\frac{a_{9;3_1}}{9}+\frac{a_{9;3_2}}{27}=\frac{13}{27} \tag{7.33}
$$

Hybrid-Quasi-Monte-Carlo

Unter den Begriff *Hybrid-Quasi-Monte-Carlo* Methoden wird eine Mischung aus Quasi-Monte-Carlo-Methoden und *zufälligen* Permutationen zusammengefasst. So können beispielsweise die Einstellungen für den ersten Faktor mit der Van der Corput-Sequenz bestimmt werden, und alle weiteren Faktoren sind lediglich zufällige Permutationen des ersten Faktors. Da bei diesem Verfahren nur die Basis $b=2$ verwendet wird, weisen die erzeugten Testfelder auch in höheren Dimensionen eine gute Gleichverteilung auf.

7.3.2 Orthogonale Testfelder

Orthogonale Testfelder (*Orthogonal Arrays*) $OA(n_r, n_s, s, t)$ bezeichnen Felder mit n_r Versuchsläufen und n_s Faktoren, wobei jeder Faktor s Stufen aufweist. Die Stärke t gibt an, dass in beliebigen t Spalten (Faktoren) der $n_r \times n_s$ Matrix jedes mögliche t-Tupel der s Stufen vorkommt und gleichhäufig auftritt [137, 6, 10]. SLOANE stellt im Internet eine umfangreiche Liste verschiedener orthogonaler Feldern zur Verfügung [132].

Testfelder mit unterschiedlichen Stufen für verschiedene Faktoren werden als gemischte orthogonale Testfelder $OA(n_r, n_f, s_1^{k_1} \times s_2^{k_2} \times \cdots \times s_l^{k_l}, t)$ (*mixed orthogonal arrays*) bezeichnet. Dabei geben die Parameter $k_1 \cdots k_l$ die Häufigkeit der Stufen $s_1 \cdots s_l$ an, so dass gilt: $n_f = \sum k$. Für jede verwendete Stufe s muss dabei gelten, dass n_r ein ganzzahliges Vielfaches von n_s ist $(n_r = s_j a\ , a \in Z)$. Für einige Kombinationen von Faktoren, Stufen und Versuchsläufen wie beispielsweise $OA\left(36, 15, 3^6 4^8, 2\right)$ existieren keine OA. Für diese Felder können sogenannte fast

$$\text{OA}(9,4,3,2) \quad \rightarrow \quad \begin{pmatrix} 0\,0\,0\,0 \\ 0\,1\,1\,2 \\ 0\,2\,2\,1 \\ 1\,0\,1\,1 \\ 1\,1\,2\,0 \\ 1\,2\,0\,2 \\ 2\,0\,2\,2 \\ 2\,1\,0\,1 \\ 2\,2\,1\,0 \end{pmatrix} \quad \begin{array}{c} \text{neun zweier} - \text{Tupel mit 3 Stufen} \\ 00,01,02,10,\cdots \end{array}$$

Abb. 7.8 Beispiel eines Orthogonalen Testfelds

orthogonale Felder (*nearly orthogonal arrays*: NOA) eingesetzt werden. XU stellt dazu in [197, 198] ein Verfahren vor, welches ein NOA spaltenweise aufbaut und dabei die D_2-Diskrepanz (siehe Kapitel 7.2.4) minimiert.

Orthogonale Design-Tabellen

Unter den Begriff orthogonale Design-Tabellen L_n (*orthogonal design tables*) werden spezielle orthogonale Testfelder der Stärke $t = 2$ zusammengefasst, die folgende Eigenschaften aufweisen:

1. Jede Stufe eines Faktors (Spalte) kommt gleich häufig vor
2. Alle Stufenkombinationen zweier Faktoren kommen gleich häufig vor

Somit gilt beispielsweise $L_n\left(s^{n_f}\right) = OA\left(n_r, n_f, s, 2\right)$ oder
$L_n\left(s_1^{k_1} s_2^{k_2} \cdots s_l^{k_l}\right) = OA(n_r, n_f, s_1^{k_1} s_2^{k_2} \cdots s_l^{k_l}, 2)$ mit $n_f = \sum k$.

7.3.3 Latin Hypercube

Ein *Latin Hypercube Design* $LHD\left(n_r, n_f\right)$ ist eine $n_r \times n_f$ Matrix, bei der jede Spalte aus einer zufälligen Permutation der Zahlen $\{1, 2, 3, \cdots, n_r\}$ besteht. Ein *Latin Hypercube Sampling* LHS wird aus einem LHD erzeugt, indem von jedem Wert des LHD eine Zufallszahl aus dem Bereich $[0, 1)$ abgezogen wird und anschließend jeder Wert durch n_r geteilt wird, wodurch ein Testfeld im Einheitsraum C^{n_f} entsteht (Abbildung 7.9) [115, 157].

$$x_{ij} = \frac{x_{ij}^{LHD} - \text{rand}\,[0,1)}{n_r} \qquad x_{ij}^{LHD} \in \{1, 2, \cdots, n_r\} \tag{7.34}$$

Da das LHS den Faktorraum in Schichten (strata) aufteilt, wird es auch als Erweiterung des *Stratified Sampling* betrachtet [157]. Werden die Zufallszahlen durch den konstanten Wert 0.5 ersetzt, so wird ein zentriertes LHS (MLHS)(*Midpoint- oder Centered LHS*) erzeugt.

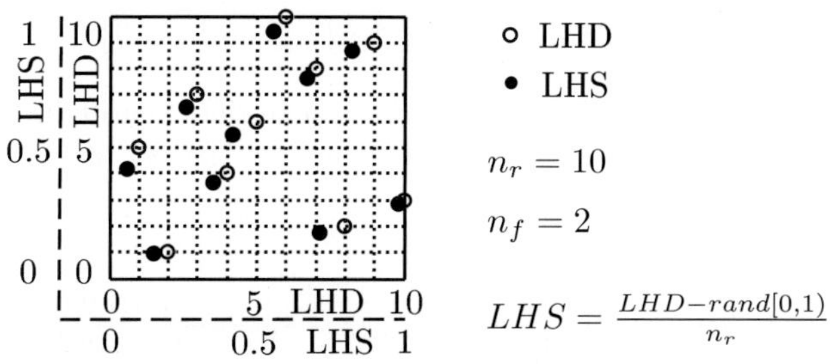

Abb. 7.9 Latin Hypercube Design und Latin Hypercube Sampling

Die grundlegende Konstruktionsmethode eines LHS bzw. LHD garantiert kein gleichverteiltes und korrelationsfreies Testfeld, wie in Abbildung 7.10 beispielhaft dargestellt ist. Das *schlechte* Testfeld [o] erfüllt zwar die Konstruktionskriterien für ein LHS mit 20 Testpunkten und zwei Faktoren, jedoch weisen die Faktoren die größtmögliche Korrelation und nur eine schlechte Gleichverteilung im Faktorraum auf. Eine sinnvolle Auswertung der daraus ermittelten Testergebnisse ist nicht möglich. Das zweite Feld [•] weist hingegen deutlich bessere Eigenschaften auf und ist zu verwenden.

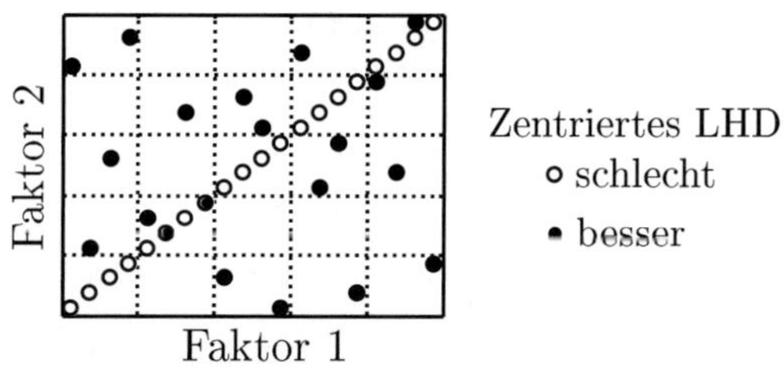

Abb. 7.10 Zwei theoretische LHS mit 20 Testpunkten

Es zeigt sich, dass bei gutem Aufbau eines LHS die Varianz des globalen Mittelwerts $\hat{y}$ deutlich geringer ist als bei Verwendung eines zufälligen Monte-Carlo-Felds mit gleicher Testpunkteanzahl [115, 175, 134].

Zur weiteren Verringerung der Varianz eines LHS kann dieses auf Basis von orthogonalen Testfeldern (orthogonal arrays) erzeugt werden (Kapitel 7.3.2) [135, 136, 180, 97]. Diese Testfelder werden in der Literatur entweder *orthogonal array-based Latin Hypercubes* oder *randomized orthogonal arrays* (OA-based LHD) genannt. Bei diesen Verfahren werden jeder *Stufe* des orthogonalen Testfelds Zufallszahlen (Stufen) aus der Menge $\{1 \cdots n_r\}$ zugewiesen. Beispielhaft wird dazu das orthogonale Testfeld $L_n\left(3^4\right)$ betrachtet (Tabelle 7.3, siehe auch Kapitel 2.7). Jede Stufe tritt in diesem Feld jeweils dreimal auf. Jeder Stufe werden im ersten Schritt drei beliebige aber unterschiedliche ganze Zahlen aus dem Bereich 1 bis n_r zugewiesen. Im dargestellten Beispiel sind dies:

$$1 \rightarrow \{1,2,3\} \quad 2 \rightarrow \{4,5,6\} \quad 3 \rightarrow \{7,8,9\}$$

In jeder Spalte des orthogonalen Felds werden im zweiten Schritt die Stufen des orthogonalen Felds durch eine zufällige Permutation der zugewiesenen Gruppe ersetzt (Tabelle 7.3 und Abbildung 7.11).

$L_9(3^4)$					$OA-LHD(9,9^4)$			
1	1	1	1		1	3	1	2
1	2	2	2		2	4	6	5
1	3	3	3		3	9	7	8
2	1	2	3		5	2	5	9
2	2	3	1	$\rightarrow$	6	5	9	1
2	3	1	2		4	8	3	6
3	1	3	2		8	1	8	4
3	2	1	3		7	6	2	7
3	3	2	1		9	7	4	3

Tabelle 7.3 Latin Hypercube Testfeld auf Basis eines orthogonalen Testfelds

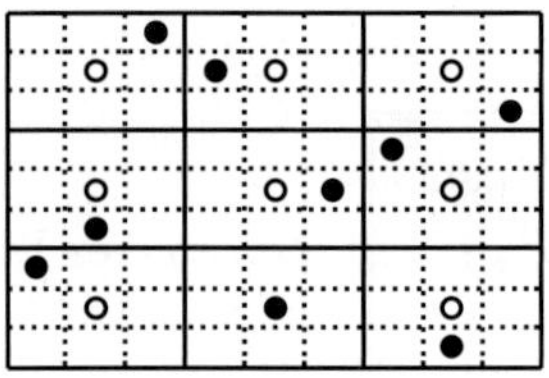

Abb. 7.11 OALHD Struktur im Vergleich zum grundlegendem OA für 2 Faktoren

Da LHDs grundsätzlich durch Permutationen der Zahlenfolge $\{1,\cdots,n_r\}$ erzeugt werden, existieren insgesamt $n_r^{n_f}$ verschiedene Testfelder. Die Suche nach einem ausgeglichenem Feld wird dadurch schnell rechenintensiv. Bei $n_r = 20$ und $n_f = 5$ existieren bereits $3.5035 \cdot 10^{73}$ mögliche Testfelder, was einen Vergleich aller Felder für die Praxis zu zeitaufwändig macht.

In der Praxis zeigt sich, dass symmetrische LHDs vorteilhafte Eigenschaften für Computer-Experimente aufweisen [141, 121]. Ein symmetrisches LHD ist symmetrisch zum Zentrum, welches für jede Dimension bei $(n_r+1)/2$ liegt. Somit gibt es zu jedem Testpunkt $x_j = \left\{x_{j_1},\cdots,x_{j_{n_f}}\right\}$ einen gespiegelten Punkt $x_j^* = \left\{n+1-x_{j_1},\cdots,n+1-x_{j_{n_f}}\right\}$, wobei gilt $x_j + x_j^* = \{n_r+1, n_r+1,\cdots\}$ (Tabelle 7.4).

Weiterhin zeigt sich, dass Testfelder mit geringer Korrelation zwischen den einzelnen Faktoren (Dimensionen) vorteilhaft sind, um im Anschluss Metamodelle mit guter Vorhersagequalität zu erzeugen [77, 138]. YE [199] stellt aus diesem Grund ein Verfahren vor, mit dem paarweise (jeweils zwei Faktoren) orthogonale LHDs erzeugt werden (OLHD). Die paarweise Orthogonalität garantiert dabei die unab-

	1	3	8	5
	2	8	3	2
Punkte: x_j	3	7	5	3
	4	5	2	1
	8	6	1	4
gespiegelte	7	1	6	7
Punkte: x_j^*	6	2	4	6
	5	4	7	8

Tabelle 7.4 Symmetrisches LHD

hängige Bestimmung aller Haupteffekte. Die Konstruktionsmethode nach Ye ist begrenzt auf LHDs mit folgender Größe:

$$n_r = \begin{cases} 2^{1+\frac{i+1}{2}} + 1 & , i \text{ ungerade} \\ 2^{1+\frac{i}{2}} + 1 & , i \text{ gerade} \end{cases} \quad \text{mit } i \geq n_f \tag{7.35}$$

Mit der Hilfsgröße $m = \log_2(n_r - 1)$ wird ein OLHD in wenigen Schritten erzeugt. Die Konstruktionsmethode wird hier an einem Beispiel mit $n_f = 6$ und $n_r = 17 \rightarrow m = 4$ erläutert (Tabelle 7.5).

a) Erzeuge eine Matrix M mit $s = 2(m-1)$ Spalten und $z = (n-1)/2$ Zeilen. Die erste Spalte ist eine zufällige Permutation der Zahlen $1, 2, \cdots, s$ und wird als Erzeugungsvektor e bezeichnet, da aus ihm alle weiteren Spalten abgeleitet werden. Für die Spalten $j = 2, \cdots, m-1$ wird e in aufeinander folgende Gruppen von 2^{j-1} Zahlen aufgeteilt und in umgekehrter Reihenfolge aufgetragen. Die Spalte m ist der umgekehrte Erzeugungsvektor e. Die folgenden Spalten $j > m$ werden durch aufteilen der Spalte m in Gruppen mit je 2^{j-m} Elementen und der Umkehrung erzeugt (Tabelle 7.5).

b) Erzeuge eine sogenannte *PlusMinus*-Matrix mit der gleichen Dimension wie M, wobei die erste Spalte mit $+1$ gefüllt ist. Die Spalten $j = 2, \cdots m$ werden mit abwechselnden Gruppen von -1 und $+1$ der Größe 2^{j-1} belegt. Die weiteren Spalten werden durch die Multiplikation (Interaktion) zwischen den Spalten 2 und $j - m + 2$ erzeugt.

c)+d) Multipliziere die in Schritt a und b erzeugten Felder und füge eine Spalte mit Nullen hinzu.

e) Kopiere die Zeilen $1, \cdots, (n_r - 1)/2$ in die Zeilen $(n_r - 1)/2 + 2, \cdots, n_r$ und multipliziere diese mit -1.

f) Im letzte Schritt wird zur Erzeugung des Felds der Wert $(n_r + 1)/2$ addiert, so dass für jeden Faktor die Stufen $1, \cdots n_r$ auftreten.

Die Konstruktion eines OLHD durch Permutation seines Erzeugungsvektors führt zu $[(n_r - 1)/2]!$ möglichen OLHDs. Bei lediglich $n_r = 33$ Testpunkten ergeben sich dadurch bereits $2.09 \cdot 10^{13}$ verschiedene Felder. Zur Auswahl eines bevorzugten Felds werden die in Kapitel 7.2 dargestellten Qualitätskriterien eingesetzt.

a:

1	2	4	8	7	5
2	1	3	7	8	6
3	4	2	6	5	7
4	3	1	5	6	8
5	6	8	4	3	1
6	5	7	3	4	2
7	8	6	2	1	3
8	7	5	1	2	4

$+$

b:

+1	-1	-1	-1	+1	+1
+1	+1	-1	-1	-1	-1
+1	-1	+1	-1	-1	+1
+1	+1	+1	-1	+1	-1
+1	-1	-1	+1	+1	-1
+1	+1	-1	+1	-1	+1
+1	-1	+1	+1	-1	-1
+1	+1	+1	+1	+1	+1

$\rightarrow$

c,d:

+1	-2	-4	-8	+7	+5
+2	+1	-3	-7	-8	-6
+3	-4	+2	-6	-5	+7
+4	+3	+1	-5	+6	-8
+5	-6	-8	+4	+3	-1
+6	+5	-7	+3	-4	+2
+7	-8	+6	+2	-1	-3
+8	+7	+5	+1	+2	+4
0	0	0	0	0	0

$\downarrow$

-1 $\rightarrow$

e:

+1	-2	-4	-8	+7	+5
+2	+1	-3	-7	-8	-6
+3	-4	+2	-6	-5	+7
+4	+3	+1	-5	+6	-8
+5	-6	-8	+4	+3	-1
+6	+5	-7	+3	-4	+2
+7	-8	+6	+2	-1	-3
+8	+7	+5	+1	+2	+4
0	0	0	0	0	0
-1	+2	+4	+8	-7	-5
-2	-1	+3	+7	+8	+6
-3	+4	-2	+6	+5	-7
-4	-3	-1	+5	-6	+8
-5	+6	+8	-4	-3	+1
-6	-5	+7	-3	+4	-2
-7	+8	-6	-2	+1	+3
-8	-7	-5	-1	-2	-4

Tabelle 7.5 Erzeugung eines OLHD (Beispiel)

7.3.4 Gleichverteilte Testfelder (Uniform Designs)

Ein Testfeld $U\left(n_r, s_1 \times s_2 \times \cdots \times s_{n_f}\right)$, mit n_r Testpunkten und n_f Faktoren, bei dem jeder Faktor j genau s_j Stufen aufweist, die jeweils gleich häufig auftreten, wird *U-type*, *ballanced* oder *lattice* Design genannt [50, 103, 99]. Treten bei verschiedenen Faktoren die gleiche Stufenzahlen auf, so werden diese Felder vereinfacht durch $U\left(n_r, s_1^{r_1} \times \cdots \times s_k^{r_k}\right)$ dargestellt, wobei gilt: $n_f = \sum r$. Weisen alle Faktoren die gleiche Stufenanzahl s auf, so wird von einem symmetrischen U-type Design $U\left(n_r, s^{n_f}\right)$ gesprochen. Typischerweise sind den einzelnen Stufen die ganzzahligen Werte $u_{ij} \in \left\{1, \cdots, s_j\right\}$ zugewiesen. Die Transformation in den Einheitsraum $C^{n_f} = [0,1]^{n_f}$ wird durch folgende Rechenvorschrift ermöglicht:

$$x_{ij} = \frac{2u_{ij} - 1}{2s_j} \quad , i = 1, \cdots, n_r \quad , j = 1, \cdots, n_f \tag{7.36}$$

Das dadurch erzeugte Testfeld im Einheitsraum wird als induziertes (*induced*) Design D_U von U bezeichnet [50]. Bei Verwendung identischer Stufenanzahl s für alle Faktoren n_f besteht das induzierte Design D_U lediglich aus den Elementen $\left\{\frac{1}{2s}, \frac{3}{2s}, \cdots, \frac{2s-1}{2s}\right\}$.

Sei nun D ein Maß für die Gleichverteilung eines Felds D_U wie sie in Kapitel 7.2.4 dargestellt werden. Das U-type Design $U\left(n_r, s^{n_f}\right)$ welches das Kriterium D optimiert ($\neq$ d-optimal) wird als *Uniform Design* bezüglich D bezeichnet $\left[U_{n_r}\left(n_r^{n_f}\right)\right]$ [103]. Bei der Betrachtung eines einzelnen Faktors ist jede Punktereihenfolge mit äquidistanten Abständen ein Uniform Design (UD) [52]. Im Faktorbereich $[0,1]$ ist somit das UD definiert durch die Punkte $\left\{\frac{1}{2n_r}, \frac{3}{2n_r}, \cdots, \frac{2n_r-1}{2n_r}\right\}$. Bei

Verwendung mehrerer Faktoren $n_f > 1$ wird die Suche nach einem UD schnell rechenaufwändig, so dass verschiedene Methoden eingesetzt werden, um die in Frage kommenden Testfelder zu begrenzen.

Ein häufig eingesetztes Verfahren ist die Gute-Gitterpunkt-Methode (GGM) (*good lattice point method (glp)*) [93, 50]. Im ersten Schritt dieses Verfahrens werden alle Zahlen $h < n_r$ gesucht, für die der größte gemeinsame Teiler (GGT) von h und n_r eins ist $GGT(h, n_r) = 1$. Für $n_r = 21$ sind das beispielsweise die folgenden 12 Zahlen $h \in \{1, 2, 4, 5, 8, 10, 11, 13, 16, 17, 19, 20\}$. Nachdem für jeden Faktor j eine unterschiedliche Zahl h_j gewählt wurde, werden die Elemente der Matrix U wie folgt berechnet:

$$u_{ij} = \begin{cases} (h_j i) \bmod n_r & \text{für } h_j i \bmod n_r \neq 0 \\ n_r & \text{für } h_j i \bmod n_r = 0 \end{cases} \tag{7.37}$$

Der Vektor aller gewählten h_j wird dabei als Erzeugungsvektor bezeichnet. Das Design mit dem besten Gleichverteilungs-Kriterium (Kapitel 7.2) wird als (nahezu) Gleichverteiltes Design (*nearly uniform design*) bezeichnet.

Bei zwei Faktoren und beispielsweise $n_r = 21$ Testpunkten ergeben sich daraus $\binom{12}{2} = \frac{12!}{2!(12-2)!} = 66$ Kombinationen der Kandidaten aus h und folglich genau soviel mögliche GLP-Testfelder. Der Erzeugungsvektor $(1, 13)$ ergibt im dargestellten Beispiel ein Testfeld mit guter Gleichverteilung nach der zentrierten Diskrepanz (ZD) [50].

Faktor 1 =	1	2	3	4	5	6	7	8	9	10	11	12	13	14	15	16	17	18	19	20	21
Faktor 2 =	13	5	18	10	2	15	7	20	12	4	17	9	1	14	6	19	11	3	16	8	21

Da auch bei der GLP Methode die Anzahl der möglichen Testfelder bei steigender Testpunkteanzahl n_r und Faktoranzahl n_f schnell zunimmt, wird ein Erzeugungsvektor (*power generator*) der folgenden Form vorgeschlagen, wobei die einzelnen Elemente unterschiedlich sein müssen [50]:

$$\left(h_1, \cdots, h_{n_f}\right) = \left(1, a, a^2, \cdots, a^{n_f - 1}\right) (\bmod n_r) \quad , 0 < a < n_r \tag{7.38}$$

Auch hier wird wie in Gleichung 7.37 die *mod* Funktion soweit verändert, dass sie Werte zwischen 1 und n_r liefert (0 durch n_r ersetzen).

Werden Testfelder mit wenigen Testpunkten gesucht, existieren in einigen Fällen nur wenige Kandidaten h ($n_r = 6 \rightarrow h \in \{1, 5\}$). Die daraus kombinierbaren Erzeugungsvektoren führen meist zu Feldern mit schlechter Gleichverteilung. In diesen Fällen kann ein Testfeld für $n_r + 1$ Testpunkte erzeugt und der letzte Testpunkt gestrichen werden. Besonders wenn $n_r + 1$ eine Primzahl ist, stehen deutlich mehr Kandidaten für h zur Verfügung ($n_r = 6 + 1 = 7 \rightarrow h \in \{1, 2, 3, 4, 5, 6\}$) und das erzeugte Testfeld weist meist eine bessere Gleichverteilung als die erzeugten Originalfelder auf [50, 189, 46]. Verschiedene Uniform Designs wurden unter Anderem von FANG, MA und WINKLER im Internet zur Verfügung gestellt [130].

Da Testfelder die mit der *good lattice point*-Methode erzeugt werden in einigen Fällen, bei denen n_r keine Primzahl ist, schlechte Gleichverteilungen aufweisen, schlagen MA und FANG [103] zur Verbesserung die sogenannte Schnitt (*cutting*) Methode vor. Dabei wird aus einem gleichverteiltem Testfeld $U_p^{n_f} = U\left(p, p^{n_f}\right)$ mit $p > n_r$ oder $p >> n_r$ ein Testfeld mit n_r Testpunkten herausgeschnitten. Dabei ist p oder $p+1$ eine Primzahl, so dass das verwendete Testfeld eine gute Gleichverteilung aufweist. Um ein Testfeld $U\left(n_r, n_r^{n_f}\right)$ aus $U\left(p, p^{n_f}\right)$ zu erzeugen, werden die Testpunkte (Zeilen) des Basisfelds U_p so sortiert, dass in einer gewählten Spalte j die Stufenwerte kontinuierlich ansteigen $\left(x_{i,j} < x_{i+1,j}\right)$. Startend von einem beliebig gewählten Testpunkt i werden anschließend n_r aufeinander folgende Punkte ausgewählt (Abbildung 7.12). Sollte das letzte Element von U_p erreicht werden, wird beim ersten Testpunkt von U_p fortgefahren. Anschließend werden die n_r gewählten Testpunkte gleichmäßig in jeder Dimension (Spalte) verteilt. Dazu werden die n_r Werte jeder Spalte entsprechend ihrer Größe durch die Zahlen $k = 1, 2, \cdots n_r$ ersetzt. Als Beispiel wird aus einem U_{30}^2 Testfeld ein $U\left(10, 10^2\right)$ Testfeld erzeugt, wobei nach der ersten Dimension sortiert wird und ab Position 25 zehn Testpunkte gewählt werden.

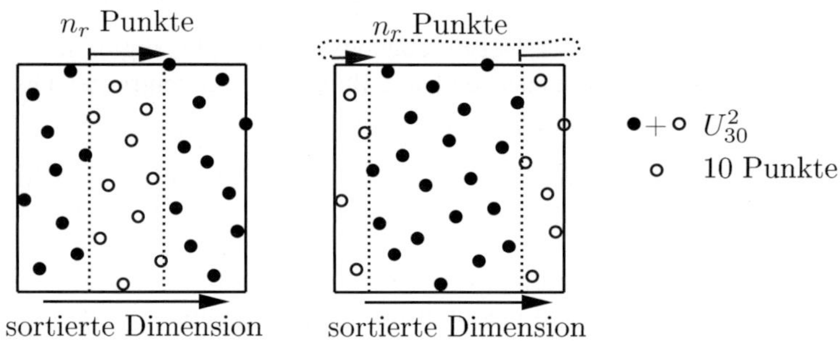

Abb. 7.12 Wahl von 10 Testpunkten aus einem gleichverteilten Testfeld

24	23	1	9	5	11	19	6	21	3	12	15	20	18	17	26	7	4	28	27	25	13	14	29	22	8	2	16	30	10
25	6	12	18	16	7	4	9	11	3	14	20	30	15	24	2	29	21	13	28	17	27	1	8	19	5	26	10	22	23

$\downarrow$

1	**2**	**3**	**4**	5	6	7	8	9	10	11	12	13	14	15	16	17	18	19	20	21	22	23	24	**25**	**26**	**27**	**28**	**29**	**30**
12	**26**	**3**	**21**	16	9	29	5	18	23	7	14	27	1	20	10	24	15	4	30	11	19	6	25	**17**	**2**	**28**	**13**	**8**	**22**

$\downarrow$

25	26	27	28	29	30	1	2	3	4
17	2	28	13	8	22	12	26	3	21

$\downarrow$

5	6	7	8	9	10	1	2	3	4
6	1	10	5	3	8	4	9	2	7

Abb. 7.13 Erzeugung eines $U\left(10, 10^2\right)$ aus einem $U\left(30, 30^2\right)$

Ein Basisfeld $U_p^{n_f}$ kann grundsätzlich in jeder Dimension sortiert werden, wodurch insgesamt n_f verschieden sortierte Basisfelder erzeugt werden. Aus jedem sortierten Basisfeld können p unterschiedliche Startpunkte zur Auswahl der n_r Testpunkte gewählt werden, wodurch insgesamt $n_f p$ verschiedene $U\left(n_r, n_r^{n_f}\right)$ Testfelder erzeugt werden. Das Testfeld mit der besten Gleichverteilung (z.B. geringste ZD, Kapitel 7.2.4) wird zur weiteren Untersuchung gewählt. Die Cutting-Methode erzeugt in vielen Fällen Testfelder mit besserer Gleichverteilung als die einfache *good lattice point*-Methode. Weiterhin können durch ein Basisfeld der Form $U\left(p, p^{n_f}\right)$ mit geringem Rechenaufwand gute Felder für n_f Faktoren und $n_r \leq p$ Testpunkte erzeugt werden [103, 50].

Eine besondere Gruppe der U-type Designs bilden *Latin Squares* (LS) der Form $U(n_r, n_r^{n_r})$. Basierend auf einem Erzeugungsvektor e (Permutation der Zahlen $1 \cdots n_r$) wird durch eine Verschiebung der Elemente ein Testfeld konstruiert. Bei Verwendung einer einfachen *Links*verschiebung um genau eine Stelle

$$L(x_{i1}, x_{i2}, \cdots, x_{in_r}) = (x_{i2}, x_{i3}, \cdots, x_{in_r}, x_{i1}) \tag{7.39}$$

wird ein *links zyklischer Latin Square* (LCLS: left cycle latin square) wie folgt erzeugt:

$$x_{i+1} = L(x_i) \quad , i = 1, \cdots, n_r - 1 \tag{7.40}$$

Durch die eindeutige Definition des LS durch den Erzeugungsvektor, existieren bei gegebenem n_r genau $n_r!$ unterschiedliche LCLS. Ein gleichverteiltes Testfeld mit n_r Testpunkten und $n_f \leq n_r$ Faktoren wird in zwei Schritten mittels eines LS der Größe n_r erzeugt [49, 50].

1. Erzeuge ein LS mit n_r Testpunkte und bestmöglicher Gleichförmigkeit für ein gewähltes Gütekriterium aus Kapitel 7.2.4.
2. Wähle n_f Spalten des LS, so dass das gewählte Gütekriterium für das entstandene Testfeld $U\left(n_r, n_r^{n_f}\right)$ optimiert wird.

Ein Vorteil dieses Verfahrens ist die Möglichkeit mit geringem Aufwand verschiedene Testfelder mit $n_f < n_r$ aus einem *LS* zu erzeugen. Der Optimierungsaufwand zur Erzeugung des LS ist somit nur einmal für eine Testpunkteanzahl n_r durchzuführen.

Asymmetrische Testfelder der Form $U\left(n_r, s_1^{r_1} \times \cdots \times s_k^{r_k}\right)$ können aus einem symmetrischen Testfeld $U\left(n_r, n_r^{n_f}\right)$ mit wenig Aufwand erzeugt werden, wenn n_r ein ganzzahliges Vielfaches jeder Stufenanzahl s_j ist. Zur Konstruktion des gesuchten Testfelds werden jeder Stufe eines Faktors j genau n_r/s_j zufällige Stufen des symmetrischen Testfelds zugewiesen. So kann beispielsweise aus einem $U\left(12, 12^2\right)$ ein $U\left(12, 6^1 \times 4^1\right)$ folgendermaßen erstellt werden:

$$U\left(12,12^2\right)=\begin{pmatrix}4&8\\10&11\\9&5\\8&9\\5&4\\3&2\\6&12\\7&1\\1&6\\11&3\\2&10\\12&7\end{pmatrix}\quad\text{mit}\quad\begin{bmatrix}\{1,2\}\to 1 & \{1,2,11\}\to 1\\ \{3,4\}\to 2 & \{3,4,12\}\to 2\\ \{5,6\}\to 3 & \{5,6,10\}\to 3\\ \{7,8\}\to 4 & \{7,8,9\}\to 4\\ \{9,10\}\to 5 & \\ \{11,12\}\to 6 & \end{bmatrix}$$

$$\to\quad U\left(12,6^1\times 4^1\right)=\begin{pmatrix}2&4\\5&1\\5&3\\4&4\\3&2\\2&1\\3&2\\4&1\\1&3\\6&2\\1&3\\6&4\end{pmatrix}$$

Durch unterschiedliche Zuweisungen der s_j Stufen zu den gegebenen n_r Stufen des Basisfelds entstehen Felder mit unterschiedlich guten Gleichverteilungen, wobei das Feld mit der besten Gleichverteilung nach dem gewählten Gütekriterium (Kapitel 7.2) verwendet wird. Es zeigt sich, dass die erzeugten Felder eine gute Gleichverteilung aufweisen. Das dargestellte Ersetzungverfahren kann ebenfalls zur Erzeugung eines $U\left(n_r, n_s^{n_f}\right)$ mit $n_s < n_r$ verwendet werden.

Ein alternatives Verfahren zur Erzeugung asymmetrischer Testfelder der Form $U\left(n_r, s_1^{r_1}\times\cdots\times s_k^{r_k}\right)$ ist die *Collapsing*-Methode [51, 50]. Dabei werden zwei gleichverteilte Testfelder (Uniform Designs) $U_v\left(n_{r_v}, s_1\times s_2\times\cdots\times s_v\right)$ und $U_w\left(n_{r_w}, n_{r_w}^w\right)$ zu einem kombinierten Testfeld $U_{v,w}\left(n_{r_v}n_{r_w}, s_1\times s_2\times\cdots\times s_v\times n_{r_w}^w\right)$ zusammengefasst. Die Konstruktion basiert auf einem Kronecker-Produkt $\otimes$ [20, 43] der Testfelder U_v und U_w mit jeweils einem ein-dimensionalen Vektor aus Einsen der Länge n_{r_v} bzw. n_{r_w}.

$$U_{v,w}=\left(1_{n_{rw}}\otimes U_v \vdots U_w\otimes 1_{n_{rv}}\right) \tag{7.41}$$

$$A\otimes B=\begin{pmatrix}a_{11}B&\cdots&a_{1n}B\\ \vdots&\ddots&\vdots\\ a_{m1}B&\cdots&a_{mn}B\end{pmatrix}\quad\text{mit}\quad A=(a_{ij})\ ,\ \text{m}\times\text{n Matrix}$$

Betrachten wir zur Erläuterung das folgende Beispiel [50]:

$$U_v = \begin{pmatrix} 1 & 1 & 1 \\ 2 & 1 & 2 \\ 3 & 2 & 2 \\ 4 & 2 & 1 \end{pmatrix}, \; U_w = \begin{pmatrix} 1 & 3 \\ 2 & 2 \\ 3 & 1 \end{pmatrix} \rightarrow U_{v,w} = \left(\begin{bmatrix} 1 & 1 & 1 \\ 2 & 1 & 2 \\ 3 & 2 & 2 \\ 4 & 2 & 1 \end{bmatrix} \begin{bmatrix} 1 & 3 \\ 1 & 3 \\ 1 & 3 \\ 1 & 3 \end{bmatrix} \\ \begin{bmatrix} 1 & 1 & 1 \\ 2 & 1 & 2 \\ 3 & 2 & 2 \\ 4 & 2 & 1 \end{bmatrix} \begin{bmatrix} 2 & 2 \\ 2 & 2 \\ 2 & 2 \\ 2 & 2 \end{bmatrix} \\ \begin{bmatrix} 1 & 1 & 1 \\ 2 & 1 & 2 \\ 3 & 2 & 2 \\ 4 & 2 & 1 \end{bmatrix} \begin{bmatrix} 3 & 1 \\ 3 & 1 \\ 3 & 1 \\ 3 & 1 \end{bmatrix} \right) \quad (7.42)$$

Bei Verwendung von gleichverteilten Testfeldern für U_v und U_w ergeben sich kombinierte Testfelder mit ebenfalls guter Gleichverteilung [50].

7.4 Optimierung von Testfeldern

Abhängig vom Einsatz eines Testfelds T werden verschiedene Qualitätskriterien zur Beurteilung der Güte eingesetzt (Kapitel 7.2). Jedes gewählte Qualitätskriterium ist dabei eine direkte Funktion des Testfelds $q(T)$ und kann so definiert werden, dass die Minimierung der Funktion q zu einem optimalen Testfeld bezüglich des gewählten Qualitätskriteriums führt. Eine Optimierung des Testfelds wird dabei in fünf Schritten durchgeführt:

1. Wahl eines Basis-Testfelds T_0
2. Erzeugung eines neuen Testfelds T_i, welches auf einem vorhergehenden Testfeld (meistens T_{i-1}) beruht.
3. Berechnung des Qualitätskriteriums $q(T_i)$ für das neue Testfeld bzw. die Änderung des Qualitätskriteriums zum vorhergehenden Testfeld $\Delta q = q(T_i) - q(T_{i-1})$
4. In Abhängigkeit der Veränderung des Qualitätskriteriums wird das Testfeld T_i als neues Basis-Testfeld akzeptiert oder verworfen.
5. Basierend auf einem Stop-Kriterium wird die Optimierung beendet oder mit Schritt (2) fortgesetzt.

Erzeugung eines neuen Testfelds T_i

Zur Erzeugung eines neuen Testfelds T_i wird in vielen Fällen eine einfache Vertauschung von Faktorstufen innerhalb eines Faktors (Spalte) favorisiert. Dabei werden im ersten Schritt zufällig ein Faktor und zwei Testpunkte ausgewählt [99]. Anschließend werden die Faktorstufen der beiden Testpunkte für den gewählten Faktor vertauscht (Gleichung 7.43). Durch die Vertauschung innerhalb eines Faktors wird sichergestellt, dass die korrekte Stufenanzahl und -häufigkeit für jeden Faktor auch nach der Vertauschung vorhanden ist. Eine gleichzeitige Vertauschung mehrerer Faktorstufen ist ebenfalls möglich. Werden Testfeldkonstruktionen verwendet, die auf einem Erzeugungsvektor basieren (z.B. orthogonale LHD, Kapitel 7.3.3), so wird die Vertauschung lediglich im Erzeugungsvektor durchgeführt, da sich das restliche Feld aus diesem Vektor automatisch ergibt. Neben der *zufälligen* Vertauschung von Testpunkten ist je nach Wahl des Qualitätskriteriums ebenfalls eine *gezielte* Vertauschung von Elementen zur Verbesserung des Gütekriteriums möglich.

$$T_{i-1} = \begin{pmatrix} 3 & 4 & 1 \\ 2 & 1 & 4 \\ 1 & 3 & 3 \\ 4 & 2 & 2 \end{pmatrix} \rightarrow \begin{array}{c} \text{Faktor :3} \\ \text{Testpunkte : } 1,3 \end{array} \rightarrow T_i = \begin{pmatrix} 3 & 4 & 3 \\ 2 & 1 & 4 \\ 1 & 3 & 1 \\ 4 & 2 & 2 \end{pmatrix} \tag{7.43}$$

Ersetzungsregeln

Die Entscheidung, ob ein neues Testfeld T_i das vorherige Feld T_{i-1} ersetzt, wird im nachfolgenden Schritt durch eine Ersetzungsregel entschieden. Die einfachste Regel ist der lokale Suchalgorithmus (LS:local search), welcher in Abhängigkeit der Qualitätsänderung $\Delta q = q(T_i) - q(T_{i-1})$ definiert wird:

$$LS \begin{cases} \text{ersetzen} & , \Delta q \leq 0 \\ \text{nicht ersetzen} & , \Delta q > 0 \end{cases} \tag{7.44}$$

Wie die Bezeichnung bereits impliziert, besteht die Gefahr, dass die lokale Suche (LS) in lokalen Minima verharrt. Sollte die Qualitätsfunktion q verschiedene lokale Minima aufweisen ist es somit notwendig, die Optimierung von verschiedenen Startpunkten (Basisfeldern) zu beginnen, um das globale Optimum oder ein annähernd gutes Testfeld zu ermitteln. Zur Verbesserung der Sucheigenschaften wurden erweiterte Regeln entwickelt, welche einen meist variablen Schwellwert S_k (*threshold*) anstelle der festen Grenze $\Delta q = 0$ einsetzen.

$$TA: \begin{cases} \text{ersetzen} & , \Delta q \leq S_k \\ \text{nicht ersetzen} & , \Delta q > S_k \end{cases} \tag{7.45}$$

Bei der *Threshold Accepting* (TA) Methode wird der Schwellwert während des Optimierungsprozesses kontinuierlich, startend von einem vorgegeben Anfangswert, verringert [38, 195]. Dieses wird beispielsweise in der folgenden Form durchgeführt:

$$S_k = \frac{S_0}{n_{TA}} (n_{TA} - k) \quad \text{mit } 0 \leq k \leq n_{TA}$$

n_{TA} ist dabei eine ganze Zahl größer Null, welche die Anzahl der Stufen angibt, in denen der Startwert S_0 bis auf Null reduziert wird. Dabei kann der Schwellwert nach jedem oder nach mehreren Optimierungsschritten reduziert werden. Umso größer der Schwellwert, desto wahrscheinlicher ist es, dass auch ein schlechteres Testfeld als das vorhergehende akzeptiert wird. Dadurch besteht die Möglichkeit sich aus einem lokalem Minimum zu entfernen. Wenn die maximale Bandbreite des Qualitätskriteriums $\Delta q_{max} = q_{max} - q_{min}$ bekannt ist, so wird empfohlen den Startwert mit

$S_0 = 0.1\Delta q_{max}$ festzulegen. In der Literatur finden sich verschiedene Variationen der *Threshold-Accepting*-Methode.

Eine weitere Variante der Ersetzungsregel ist das *Simulated Annealing* (SA: Simuliertes Abkühlen), welches sich an dem Abkühlverhalten einer Masse orientiert [86]. Der *Temperatur*-Faktor T_k nimmt dabei ähnlich wie der Schwellwert S_k beim TA über der Optimierung kontinuierlich ab $T_k = \alpha T_{k-1}$ (α: Abkühlungsgeschwindigkeit). Im Gegensatz zu TA wird als Schwelle jedoch nicht direkt die *Temperatur* als Schwellwert verwendet, sondern eine Zufallszahl zwischen 0 und 1 (Gleichung 7.46). Es zeigt sich, dass die Qualität des SA deutlich von der Wahl des Abkülungsfaktors α und der Starttemperatur T_0 abhängt.

$$SA : \begin{cases} \text{ersetzen} & , e^{-\frac{\Delta q}{T_k}} \geq r \\ \text{nicht ersetzen} & , e^{-\frac{\Delta q}{T_k}} < r \end{cases} \quad \text{mit } r = \text{rand}(0,1) \tag{7.46}$$

Eine Kombination und Erweiterung der Verfahren LS und SA bietet das stochastische Evolutionsverfahren (SE), welches zusätzlich zur Ersetzung bei $\Delta q \leq 0$ eine zufallsgesteuerte Ersetzung ermöglicht [154].

$$SE : \begin{cases} \text{ersetzen} & , \Delta q \leq Sr \\ \text{nicht ersetzen} & , \Delta q > Sr \end{cases} \quad \text{mit } r = \text{rand}(0,1) \tag{7.47}$$

Das SE startet typischerweise mit einem kleinen Schwellwert S_0, was die Gefahr einschließt, in einem lokalen Minimum (Testfeld:T_{lm}) zu verharren. Scheint dieses zu geschehen, wird der Schwellwert kontinuierlich erhöht, bis ein besseres Ergebnis (Testfeld) gefunden wird als das letzte lokale Minimum T_{lm}. Danach wird erneut auf den kleineren Schwellwert S_0 umgeschaltet und weiter im lokalen Umfeld optimiert. Das Verfahren zeigt zwar gute Konvergenzeigenschaften, jedoch ist die Entscheidung, wann der Schwellwert erhöht werden muss, schwierig, so dass ein verbessertes SE (*enhanced stochastic evolutionary algorithmus*) entwickelt wurde [81]. Der Algorithmus basiert dabei auf einer inneren Schleife, welche neue Testfelder generiert und gleichzeitig bewertet. Eine überlagerte äußere Schleife kontrolliert in Abhängigkeit vom Verhältnis zwischen Anzahl der verbesserten Testfelder und berechneter Felder eine Anpassung des Schwellwerts S. Dabei wird zwischen den zwei grundsätzlichen Zuständen a) lokale Optimierung (S_{klein}) und b) globale Erforschung (S_{gro}) unterschieden [81].

Reduktion des Rechenaufwands

Der Rechenaufwand der Testfeldoptimierung hängt wesentlich vom Aufwand zur Berechnung des Gütekriteriums q bzw. der Veränderung Δq ab. Wenn zur Erzeugung eines neuen Testfelds nur geringe Veränderungen durchgeführt werden, ist es in vielen Fällen nicht notwendig, das Gütekriterium durch eine vollständige Neuberechnung zu ermitteln. Bei gegebenem Gütekriterium müssen lediglich die Teile des Berechnungsalgorithmus erneut analysiert werden, die sich durch die Vertauschungen im Testfeld verändert haben. Betrachten wir dazu eine einfache Vertauschung von zwei Faktorstufen i_1 und i_2 eines Faktors k, wie es bereits in Gleichung 7.43 dargestellt wurde. Wird zur Beurteilung des Testfelds das einfache MaxMin- oder

MinMax-Kriterium (Kapitel 7.2.1) verwendet, so werden die Abstände zwischen allen (vier) Testpunkten benötigt ($n_r = 4$). Eine komplette Neuberechnung würde somit $\sum_{i=1}^{n_r-1} i = 6$ Abstände berechnen. Es verändern sich jedoch lediglich die Abstände mit den zwei vertauschten Testpunkten und somit $2(n_r - 2) = 4$ Abstände. Bei Erhöhung der Testpunkteanzahl zum Beispiel auf $n_r = 100$ ergibt sich dadurch bereits eine deutliche Verringerung des Rechenaufwands von 4950 auf 196 Abstandsberechnungen (Reduktion: 96%).

Für die Gütekriterien $\mathbf{MaxiMin_p}$, ZD_2 und *Entropie* (Kapitel 7.2) geben JIN, CHEN und SUDJIANTO [81] einfache Berechnungsvorschriften für die Vertauschung zweier Elemente eines Faktors $x_{i_1,k}$ und $x_{i_2,k}$ an.

$$MiniMax_{p,\mathrm{NEU}} = \left[\begin{array}{l} \left[MiniMax_{p,\mathrm{ALT}}\right]^p \\ + \sum\limits_{1 \le j \le n_r, j \ne i_1, i_2} \left[d_{\mathrm{NEU}}^{-p}(i_1, j) - d_{\mathrm{ALT}}^{-p}(i_1, j)\right] \\ + \sum\limits_{1 \le j \le n_r, j \ne i_1, i_2} \left[d_{\mathrm{NEU}}^{-p}(i_2, j) - d_{\mathrm{ALT}}^{-p}(i_2, j)\right] \end{array}\right]^{\frac{1}{p}} \tag{7.48}$$

Zur Berechnung der zentrierten $\mathbf{L_2}$**-Diskrepanz** eines zentrierten Testfelds Z wird eine symmetrische Matrix $C = (c_{ij})$ definiert durch:

$$c_{ij} = \begin{cases} \frac{1}{n_r^2} \prod\limits_{m=1}^{n_f} \frac{1}{2}\left(2 + |z_{im}| + |z_{jm}| - |z_{im} - z_{jm}|\right) & \text{, für } i \ne j \\ \frac{1}{n_r^2} \prod\limits_{m=1}^{n_f} (1 + |z_{ik}|) - \frac{2}{n_r} \prod\limits_{m=1}^{n_f} \left(1 + \frac{1}{2}|z_{im}| - \frac{1}{2} z_{im}^2\right) & \text{, für } i = j \end{cases} \quad \text{mit } z_{im} = x_{im} - 0.5 \tag{7.49}$$

Die zentrierte Diskrepanz (Gleichung 7.24) ist berechenbar durch:

$$[ZD]^2 = \left(\frac{13}{12}\right)^2 + \sum_{i=1,j=1}^{n_r} c_{ij} \tag{7.50}$$

Weiterhin werden folgende Hilfsfunktionen definiert:

$$\begin{array}{ll} g_i = \prod\limits_{m=1}^{n_f} (1 + |z_{im}|) & h_i = \prod\limits_{m=1}^{n_f} \left(1 + \frac{1}{2}|z_{im}| - \frac{1}{2} z_{im}^2\right) \\ \alpha(i_1, i_2, m) = \frac{1 + |z_{i_2 m}|}{1 + |z_{i_1 m}|} & \beta(i_1, i_2, m) = \frac{2 - |z_{i_2 m}|}{2 - |z_{i_1 m}|} \\ \gamma(i_1, i_2, m, j) = \frac{2 + |z_{i_2 m}| + |z_{jm}| - |z_{i_2 m} - z_{jm}|}{2 + |z_{i_1 m}| + |z_{jm}| - |z_{i_1 m} - z_{jm}|} & \end{array} \tag{7.51}$$

Für das neue Testfeld bei Vertauschung von $x_{i_1,k}$ und $x_{i_2,k}$ wird weiterhin definiert:

$$
\begin{aligned}
c_{i_1 j,\mathrm{NEU}} &= c_{j i_1,\mathrm{NEU}} = \gamma(i_1,i_2,k,j)\, c_{i_1 j,\mathrm{ALT}} \\
c_{i_2 j,\mathrm{NEU}} &= c_{j i_2,\mathrm{NEU}} = \frac{c_{i_2 j,\mathrm{ALT}}}{\gamma(i_1,i_2,k,j)} \\
c_{i_1 i_1,\mathrm{NEU}} &= \frac{\alpha(i_1,i_2,k) g_{i_1}}{n_r^2} - \frac{2\alpha(i_1,i_2,k)\beta(i_1,i_2,k) h_{i_1}}{n_r} \\
c_{i_2 i_2,\mathrm{NEU}} &= \frac{g_{i_2}}{n_r^2 \alpha(i_1,i_2,k)} - \frac{2 h_{i_2}}{n_r \alpha(i_1,i_2,k)\beta(i_1,i_2,k)}
\end{aligned} \tag{7.52}
$$

Bei den dargestellten Gleichungen ist zu beachten, dass sie sich alle auf die x- beziehungsweise z-Werte des vorherigen Testfelds beziehen. Mit den Gleichungen wird dann die zentrierte L_2-Diskrepanz für das neue Testfeld durch folgende Gleichung berechnet [81]:

$$
\begin{aligned}
[ZD]^2_{\mathrm{NEU}} = \; & [ZD]^2_{\mathrm{ALT}} + c_{i_1 i_1,\mathrm{NEU}} - c_{i_1 i_1,\mathrm{ALT}} + c_{i_2 i_2,\mathrm{NEU}} - c_{i_2 i_2,\mathrm{ALT}} \\
& + 2 \sum_{j=1, j\neq i_1,i_2}^{n_r} \left(c_{i_1 j,\mathrm{NEU}} - c_{i_1 j,\mathrm{ALT}} + c_{i_2 j,\mathrm{NEU}} - c_{i_2 j,\mathrm{ALT}} \right)
\end{aligned} \tag{7.53}
$$

Zur Berechnung des **Entropie**-Kriteriums wird die Korrelationsmatrix $R = [r_{ij}]$ verwendet, wobei r_{ij} allgemein definiert ist durch:

$$
\begin{aligned}
& r_{ij} = e^{-\sum_{k=1}^{n_f} \theta_k |x_{ik} - x_{jk}|^p} \\
& \text{mit } 1 \leq i,j \leq n_r \,,\; 1 \leq p \leq 2 \text{ und } \theta_k :\; k \text{ Gewichtungsfaktoren}
\end{aligned} \tag{7.54}
$$

Da R eine positiv definierte Matrix ist, existiert eine Cholesky-Zerlegung der Form $R = U'U$, wobei U eine Dreiecks-Matrix mit $u_{ij} = 0, i < j$ ist. Dadurch ist die Determinante der Korrelationsmatrix ebenfalls berechenbar durch [81]:

$$
|R| = \prod_{i=1}^{n_r} u_{ii}^2 \tag{7.55}
$$

Die Determinante des neuen Testfelds $|R_{NEU}|$ kann nicht direkt aus der Determinante des vorhergehenden Testfelds $|R_{ALT}|$ berechnet werden. Mit $n_1 = \min(i_1, i_2)$, wobei $i_{1,2}$ die vertauschten Testpunkte darstellen, kann die Korrelationsmatrix R jedoch folgendermaßen aufgeteilt werden.

$$
R = \begin{bmatrix} (R_1)_{n_1 \times n_1} & (R_2)_{n_1 \times (n_r - n_1)} \\ R_2' & (R_3)_{(n_r - n_1)\times(n_r - n_1)} \end{bmatrix} \tag{7.56}
$$

Die Cholesky-Zerlegung U wird damit durch die Zerlegungen der Matritzen R_1, R_2 und R_3 bestimmt, wobei U_3 eine obere Dreiecksmatrix ist [81].

$$
U = \begin{bmatrix} (U_1)_{n_1 \times n_1} & (U_2)_{n_1 \times (n_r - n_1)} \\ 0 & (U_3)_{(n_r - n_1)\times(n_r - n_1)} \end{bmatrix} \tag{7.57}
$$

Die Terme der neuen Matrix U_{NEU} werden anschließend durch folgenden Algorithmus berechnet [50]:

$$
\begin{aligned}
&a)\, 1 \le i, j \le n_1 \rightarrow u_{ij,\text{NEU}} = u_{ij} \\
&b)\, i \le n_1\ ,\ n_1 < j \le n_r \rightarrow u_{ij,\text{NEU}} = \frac{r_{ij,\text{NEU}} - \sum_{k=1}^{i-1} u_{ki,\text{NEU}} u_{kj,\text{NEU}}}{u_{ii,\text{NEU}}} \\
&c)\, n_1 < i \le n_r \rightarrow \begin{cases} 1) & u_{ii,\text{NEU}} = \sqrt{1 - \sum_{k=1}^{i-1} u_{ki,\text{NEU}}^2} \\ 2)\ i+1 \le j \le n_r \rightarrow & u_{ij} = \frac{r_{ij,\text{NEU}} - \sum_{k=1}^{i-1} u_{ki,\text{NEU}} u_{kj,\text{NEU}}}{u_{ii,\text{NEU}}} \end{cases}
\end{aligned}
\tag{7.58}
$$

Die Reduktion des Rechenaufwands hängt bei diesem Verfahren direkt von $n_1 = \min(i_1, i_2)$ ab. Umso größer n_1 ist, desto größer ist die Verringerung des Rechenaufwands.

7.5 Ungleichverteilte Testfelder

In Kapitel 7.3 werden verschiedenste Verfahren zur Erzeugung gleichverteilter Testfelder vorgestellt. Werden für die Untersuchungen andere Verteilungen benötigt, so können diese mit Hilfe der Verteilungsfunktion (*Cumulative Normal Distribution*) aus gleichverteilten Feldern erzeugt werden [96]. Betrachten wir als Beispiel die Normalverteilung (Gauß-Verteilung, Glockenkurve, Standard Normal Distribution), welche wohl neben der Gleichverteilung die am häufigsten benötigte Verteilungsform darstellt. Sei x eine Zufallsvariable mit der folgenden Wahrscheinlichkeitsdichte f (Mittelwert = 0 und Varianz = 1) und Verteilungsfunktion F (Abbildung 7.14):

$$
f(x) = \frac{1}{\sqrt{2\pi}} e^{-\frac{x^2}{2}} \qquad F(x) = \frac{1}{\sqrt{2\pi}} \int_{-\infty}^{x} e^{-\frac{s^2}{2}} ds \tag{7.59}
$$

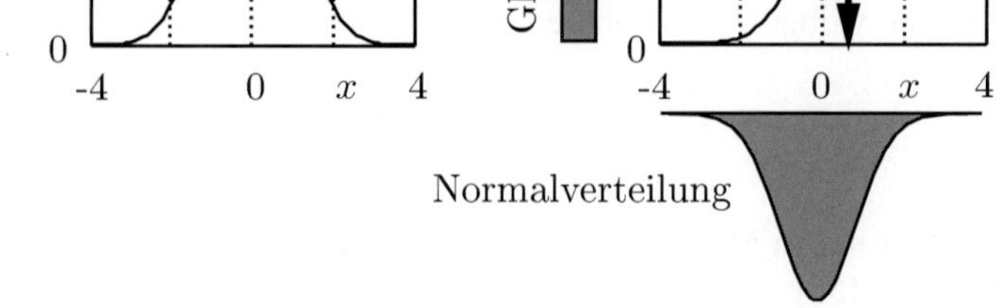

Abb. 7.14 Normalverteilung: Verteilungsfunktion und Wahrscheinlichkeitsdichte

Die y-Achse der Wahrscheinlichkeitsdichte weist den gleichen Definitionsbereich wie die bereits erzeugten gleichverteilten Testfelder auf ($0 \leq F(x) \leq 1$). Da die Funktion F monoton steigend ist, kann zu jedem y-Wert genau ein dazugehöriger x-Wert ermittelt werden (Abbildung 7.14). Durch die inverse Verteilungsfunktion $F^{-1}(x)$ können somit gleichverteilte Testpunkte in eine Normalverteilung oder jede beliebige durch $F(x)$ bestimmte Verteilung umgewandelt werden. Die Berechnung der inversen Normalverteilung erfolgt dabei mittels einer numerischen Approximation, wie sie von MORO vorgeschlagen wurden [120, 84].

$$
\begin{aligned}
x &= y\frac{\left[(a_4y^2+a_3)y^2+a_2\right]y^2+a_1}{\left\{\left[(b_4y^2+b_3)y^2+b_2\right]y^2+b_1\right\}y^2+1} && \text{, wenn } |y| < 0.42 \\
x &= (\mathrm{c}_1+\mathrm{d}\{\mathrm{c}_2+\mathrm{d}[\mathrm{c}_3+\mathrm{d}(\mathrm{e})]\})\,\mathrm{sign}(y) && \text{, wenn } |y| \geq 0.42 \\
e &= \mathrm{c}_4+\mathrm{d}\langle \mathrm{c}_5+\mathrm{d}\{\mathrm{c}_6+\mathrm{d}[\mathrm{c}_7+\mathrm{d}(\mathrm{c}_8+\mathrm{dc}_9)]\}\rangle
\end{aligned}
\tag{7.60}
$$

$$\text{mit } y = F(x) - 0.5$$

$$
\text{und} \quad
\begin{aligned}
d &= \log(-\log(1-F(x))) && \text{, wenn } y > 0 \\
d &= \log(-\log(\mathrm{F}(\mathrm{x}))) && \text{, wenn } y \leq 0
\end{aligned}
$$

$$
\begin{aligned}
a_{1-4} &= [2.50662823884, -18.61500062529, 41.39119773534, -25.44106049637] \\
b_{1-4} &= [-8.4735109309, 23.08336743743, -21.06224101826, 3.13082909833] \\
c_{1-3} &= [0.337475482272615, 0.976169019091719, 0.160797971491821] \\
c_{4-6} &= [2.76438810333863E-2, 3.8405729373609E-3, 3.951896511919E-4] \\
c_{7-9} &= [3.21767881768E-5, 2.888167364E-7, 3.960315187E-7]
\end{aligned}
$$

Der zentrale Bereich der Verteilung ($|y| < 0.42$) wird dabei durch ein Verfahren von BEASLEY und SPRINGER [12] berechnet. Die schwieriger zu berechnenden Randbereiche ($|y| \geq 0.42$) werden jedoch zur Verbesserung der Genauigkeit durch eine Chebyschev-Reihe ermittelt [146]. Weitere Verfahren oder Verbesserung finden sich in verschiedenen Literaturstellen [84, 194, 125, 167].

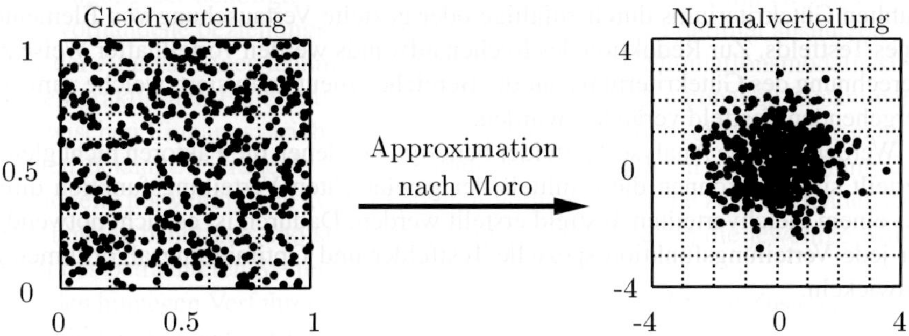

Abb. 7.15 Erzeugung einer Normalverteilung aus einer Gleichverteilung (Monte Carlo)

Zusammenhänge der Faktoren und der zu analysierenden Ausgangsvariablen vor, so zeigt sich, dass auch mit klassischen Verfahren ausreichend genaue Metamodelle erzeugt werden.

Unabhängig von der gewählten Methode zur Metamodellerzeugung gilt, dass die Modelle für eine weitere Analyse erst dann eingesetzt werden können, wenn sichergestellt ist, dass sie eine ausreichende Genauigkeit bei der Vorhersage von neuen Kombinationen der Eingangsvariablen (Faktoren) aufweisen. Bei Verwendung von klassischen Regressionsmodellen ist dieses durch eine Analyse der Residuen an den gegebenen Stützstellen (Daten) möglich (Gleichverteilung, Absolutwerte, $\cdots$). Werden hingegen selbstanpassende Algorithmen ohne Vorgabe fester Zusammenhänge verwendet, ist die Betrachtung der Residuen meist nicht ausreichend, da diese an den Stützstellen durch die Flexibilität der Modellanpassung schnell kleine Absolutwerte annehmen. In diesen Fällen sind weitere Prüfungen der Vorhersagequalität der Metamodelle notwendig. Dazu werden typischerweise die Abweichungen der Vorhersage an Datenpunkten herangezogen, die nicht zur Erzeugung des Metamodells verwendet wurden.

8.2 Lineare Regression

Die lineare Regression wird bei vielen Analysen und Entwicklungsaufgaben zur Erzeugung von Metamodellen eingesetzt. Durch die umfangreichen Erfahrungen, welche über den Einsatz von linearen Regressionen vorliegen, ist dieses Verfahren auch bei komplexeren Systemen mit gutem Erfolg einsetzbar. Gerade wenn *alle* grundlegenden Zusammenhänge zwischen Ein- und Ausgangsvariablen bekannt sind, liefert die lineare Regression ausreichend genaue Metamodelle bei geringem Rechenaufwand. Da eine Vielzahl von Büchern zur linearen Regression existieren, werden hier nur die wichtigsten Grundinformationen dargestellt, die für das Verständnis folgender Verfahren hilfreich sind.

Das allgemeine lineare Regressionmodell weist die folgende Form auf:

$$y_i = b_0 + b_1 x_{i1} + b_2 x_{i2} + \cdots + b_{n_f} x_{i\,n_f} + \varepsilon_i \tag{8.1}$$

y ist dabei die zu analysierende Ausgangsvariable und $x_1, \cdots, x_{nf}$ sind unabhängige Faktoren welche y beeinflussen. $b_1, \cdots, b_{n_f}$ sind unbekannte Konstanten, welche zur Anpassung des linearen Regressionsmodells mittels gegebener Messdaten bestimmt werden. Der Term ε steht für einen zufälligen Fehler, der den Teil des zu beschreibenden Systems darstellt, der nicht durch das lineare Regressionmodell erklärt werden kann. Der Erwartungswert von ε über alle n_r Beobachtungen (Datenpunkte) ist Null $E(\varepsilon|x) = 0$. Weiterhin sind alle ε_i der Datenpunkte $1, \cdots, n_r$ voneinander unabhängig und weisen eine vor der Analyse unbekannte Varianz $Var(\varepsilon|x) = \sigma^2$ auf.

Allgemein wird das lineare Regressionsmodell folgendermaßen dargestellt:

$$y_i = \sum_{j=0}^{n_f} b_j x_{ij} + \varepsilon_i \quad \text{mit } x_{i0} \equiv 1 \tag{8.2}$$

In Matrix-Schreibweise lautet die Gleichung:

$$y = Xb + \varepsilon$$

$$y = \begin{pmatrix} y_1 \\ y_2 \\ \vdots \\ y_{n_r} \end{pmatrix}, \; X = \begin{pmatrix} x_{10} & \cdots & x_{1n_f} \\ \vdots & \ddots & \vdots \\ x_{n_r 0} & \cdots & x_{n_r n_f} \end{pmatrix}, \; b = \begin{pmatrix} b_0 \\ b_1 \\ \vdots \\ b_{n_r} \end{pmatrix}, \; \varepsilon = \begin{pmatrix} \varepsilon_1 \\ \varepsilon_2 \\ \vdots \\ \varepsilon_{n_r} \end{pmatrix} \tag{8.3}$$

Zur Ermittlung der gesuchten Konstanten $b_0, \cdots, b_{n_f}$ wurde bereits Anfang des 19ten Jahrhunderts die *Methode der kleinsten Fehlerquadrate* (method of least squares) eingeführt. Dabei wird die Summe der quadratischen Abweichungen zwischen dem wahren Datenpunkt y_i und der Vorhersage des linearen Regressionsmodells $\hat{y}_i$ minimiert.

$$\begin{gathered} S(b) = \sum_{i=1}^{n_r} \left(y_i - \sum_{j=0}^{n_f} x_{ij} b_j \right)^2 \\ S: \text{ Summe quadratischer Abweichungen} \\ \Rightarrow S(b) = (y - Xb)' (y - Xb) \end{gathered} \tag{8.4}$$

Die Ableitung von $S(b)$ nach b führt zu der Gleichung:

$$X'y = X'Xb \tag{8.5}$$

Ist $X'X$ invertierbar, können die gesuchten Koeffizienten b folgendermaßen abgeschätzt werden:

$$\hat{b} = \left(X'X\right)^{-1} X'y \tag{8.6}$$

Bei Einhaltung der Bedingungen für ein lineares Modell wird die Varianz von ε folgendermaßen ermittelt:

$$\hat{\sigma}^2 = \frac{\sum_{i=1}^{n_r} y_i - \hat{y}_i}{n_r - n_f - 1} = \frac{\sum_{i=1}^{n_r} \left(y_i - \sum_{j=0}^{n_f} x_{ij} \hat{b}_j \right)}{n_r - n_f - 1} \tag{8.7}$$

Eine Überprüfung der Gültigkeit und der Vorhersagegenauigkeit eines linearen Regressionsmodells ist gerade bei komplexeren Systemen unabdingbar. Hierzu werden typischerweise die Abweichungen zwischen gemessenen Datenpunkten und den Vorhersagen des linearen Regressionsmodells analysiert (Residuen): $r_i = y_i - \hat{y}_i$ Die Residuen müssen dabei gleichmäßig über alle Datenpunkte variieren und für die durchzuführende Analyse ausreichend geringe Absolutwerte aufweisen. Eine genauere Darstellung der linearen Regression findet sich in Kapitel 1.3.4 und in einer Vielzahl von mathematischen Fachbüchern [155, 118].

8.3 Polynome

Polynome werden in unterschiedlichsten Bereichen zur Bildung von Metamodellen eingesetzt, wobei typische polynominale Metamodelle folgende Form aufweisen:

$$y_i = b_0 + b_1 x_{i1} + b_2 x_{i1}^2 + b_3 x_{i2} + b_4 x_{i2}^2 + \cdots + b_k x_{i1} x_{i2} + \cdots \tag{8.8}$$

Durch einfache Substitution der nichtlinearen Terme mit Ersatzvariablen kann ein Polynom in ein lineares Gleichungssystem umgewandelt werden, so dass auch hier die Regressionskoeffizienten mittels der *Methode der kleinsten Fehlerquadrate* berechenbar sind. Im dargestellten Beispiel würde folgende Ersetzung durchgeführt werden:

$$\begin{gathered} x_{n_f+1} = x_{i1}^2 \quad , \quad x_{n_f+2} = x_{i2}^2 \quad \cdots \quad x_{n_f+3} = x_{i1} x_{i2} \quad \cdots \\ \Rightarrow y_i = b_0 + b_1 x_{i1} + b_2 x_{n_f+1} + b_3 x_{i2} + b_4 x_{n_f+2} + \cdots + b_k x_{n_f+3} + \cdots \end{gathered} \tag{8.9}$$

Die Anzahl der Terme steigt mit Erhöhung der Faktoranzahl oder des Grads (des Polynoms) stark an, wodurch ein hoher Rechenaufwand zur Bestimmung der Konstanten b_i und eine hohe Anzahl von Datenpunkten notwendig wird. Aus diesem Grund werden Polynome meist auf maximal quadratische Terme beschränkt, wobei in modernen Softwaretools auch höhere Ordnungen zur Verfügung stehen.

Bei komplexeren Polynomen ist weiterhin zu berücksichtigen, dass die Terme meist nicht orthogonal sind, was die eindeutige Zuweisung von Effekten zu einzelnen Termen erschwert. Sollte dieses zu Problemen während einer Analyse führen, kann ein Verfahren von AN und OWEN Abhilfe schaffen, welches basierend auf univariablen Funktionen orthogonale Polynome erzeugt [2].

8.4 Splines

Verschiedenste Arten von Splines werden zur Approximation von Zusammenhängen eingesetzt. Bekannte Verfahren sind zum Beispiel B-Splines oder kubische Splines. Grundsätzlich wird bei allen Verfahren der Faktorraum durch sogenannte Knoten (Stützstellen) in Unterbereiche aufgeteilt und die Zusammenhänge zwischen Ein- und Ausgangsvariablen durch unterschiedliche Polynome für die Teilbereiche approximiert.

Als Beispiel wird die Konstruktion eines Splines für *eine* Eingangsvariable (Faktor) basierend auf der sogenannten *Power Basis* betrachtet. Im ersten Schritt werden l verschiedene Knotenpunkte K (Stützpunkte) im ein-dimensionalen Faktorraum festgelegt $\{K_1, K_2, \cdots, K_l\}$. Dieses wird hier durch eine äquidistante Aufteilung des Faktorbereichs erreicht. Ein Spline der Ordnung $p > 1$, wobei p eine ganze Zahl ist, wird mittels der *Power Basis* allgemein definiert durch [50]:

$$s(x) = b_0 + b_1 x + b_2 x^2 + \cdots + b_p x^p + \sum_{k=1}^{l} b_{p+k} (x_1 - K_k)_+^p$$
$$\text{mit} \quad (a)_+ = \max(0, a) \tag{8.10}$$

$s(x)$ ist ein Polynom p^{ten} Grades zwischen jedem Knotenpunkt und hat im gesamten Definitionsbereich $p-1$ stetige Ableitungen.

Auf eine weitere detailliertere Betrachtung der unterschiedlichen in der Praxis auftretenden Verfahren wird im Rahmen dieses Buchs verzichtet.

Werden, wie in den meisten Fällen, mehrere Faktoren betrachtet, so kann die benötigte mehrdimensionale Spline-Basis durch ein Tensorprodukt erzeugt werden. Zur Vereinfachung werden die Eingangsvariablen $x_i, \cdots, x_{n_f}$ dabei so normiert, dass sie den gleichen Definitionsbereich (zum Beispiel $0 \cdots 1$ oder $-1 \cdots 1$) aufweisen. Weiterhin werden häufig gleiche Knotenpositionen für alle Dimensionen festgelegt $\{K_1, K_2, \cdots, K_l\}$, was zu den folgenden Grundfunktionen führt:

$$\begin{aligned} &s_{0j}(x_j) = 1, \ s_{1j}(x_j) = x_j, \ s_{2j}(x_j) = x_j^2, \ \cdots, s_{pj}(x_j) = x_j^p \\ &s_{p+1\,j}(x_j) = (x_j - K_1)_+^p, \ \cdots, s_{p+l\,j}(x_j) = (x_j - K_l)_+^p \end{aligned} \tag{8.11}$$

Die gesuchten Basisfunktionen lassen sich nun durch Multiplikation jeweils eines Terms $s_{0j}, \cdots, s_{p+l\,j}$ für jeden Faktor x_j erzeugen:

$$B_{r_1, \cdots r_{nf}}(x) = \prod_{j=1}^{n_f} s_{r_j j}(x_j) \tag{8.12}$$

Zwei Beispiele für Basisfunktionen mit $n_f = 3$, $l = 5$ und $p = 2$:

$$\begin{aligned} B_{0,0,0} &= s_{0,1}(x_1) \cdot s_{0,2}(x_2) \cdot s_{0,3}(x_3) = 1 \cdot 1 \cdot 1 = 1 \\ B_{2,0,5} &= s_{2,1}(x_1) \cdot s_{0,2}(x_2) \cdot s_{5,3}(x_3) = x_1^2 \cdot 1 \cdot (x_3 - K_3) \end{aligned} \tag{8.13}$$

Werden mittels des Tensorprodukts n_b Basisfunktionen B_k erzeugt, so ist das Regressionsmodell definiert durch die Gleichung:

$$\hat{y}(x) = \sum_{k=1}^{n_b} b_k B_k(x) \tag{8.14}$$

Dabei sind b_k entsprechend zum linearen Regressionsmodell zu bestimmende Konstanten, so dass die Methode der kleinsten Fehlerquadrate zur Bestimmung herangezogen werden kann.

Die Übertragung vom ein-dimensionalen Ansatz in mehrere Dimensionen wird durch das Tensor-Produkt auf einfache Weise ermöglicht. Problematisch ist jedoch der exponentielle Anstieg der möglichen Basisfunktionen ($n_{b_{max}} = (p+l)^{n_f}$) bei Erhöhung der Faktoranzahl.

Zur Bestimmung der Konstanten b_i werden $n_r > n_b$ Datensätze benötigt. Im oben dargestellten Beispiel mit drei Faktoren, fünf Stützstellen und einem Polynomgrad von zwei ergeben sich bereits mindestens 344 benötigte Datensätze. Zur Reduktion der erforderlichen Datenpunkte ist eine Auswahl aus allen möglichen Basisfunktionen notwendig, was sich in der Praxis als schwierig erweist.

Multivariate Adaptive Regression Splines

Eine praxisorientierte Variante der Splines bietet das von FRIEDMAN 1991 eingeführte Verfahren *Multivariate Adaptive Regression Splines* [79, 80, 178]. In diesem Algorithmus werden neben der Basisfunktion $B_{0,\cdots,0} = 1$ nur Basisfunktionen aus Kombinationen der Terme $[x_j - K_k]_+$ und $[K_k - x_j]_+$ verwendet. Betrachten wir zur Erläuterung die Funktion $y(x) = e^{2x}$ im Bereich $x \in [0,1]$ (Beispiel 1), welche in Abbildung 8.1 als gepunktete Linie dargestellt ist. Auf Basis von 21 Testpunkten, die mit einer normalverteilten Störung $\mu = 0$ und $s = 0.5$ überlagert sind, werden zwei einfache Metamodelle ermittelt. Die lineare Regression führt zu dem folgenden Modell, welches zwar die steigende Tendenz des eigentlichen Zusammenhangs richtig abbildet, jedoch in großen Teilbereichen deutliche Abweichungen aufweist (Abbildung 8.1, rechts).

$$\hat{y}_{lR} = 0.301 + 6.1192x \tag{8.15}$$

Ein Regression Spline Modell mit nur einem Knotenpunkt bei $K = 0.6083$ liefert bereits eine deutlich bessere Approximation des wahren Zusammenhangs $y(x) = e^{2x}$.

$$\hat{y} = 3.606 + 9.684\,[x - 0.6083]_+ - 4.2141\,[0.6083 - x]_+ \tag{8.16}$$

Die Konstante 3.606 entspricht dabei dem Mittelwert der 21 Testpunkte. Die Approximation des Ausgangswerts y wird durch die Addition von drei Termen erzielt, die in Abbildung 8.2a separat skizziert sind. Durch Erhöhung der Anzahl an Knotenpunkten kann der Zusammenhang in weitere Teilbereiche (Terme) aufgeteilt und die Vorhersagegüte des Modells weiter erhöht werden. Komplexe Zusammenhänge zwischen Ein- und Ausgangsvariablen werden somit bei Betrachtung eines einzelnen Faktors durch eine Addition von linearen Funktionen approximiert.

Mehrdimensionale Zusammenhänge ($n_f > 1$) enthalten typischerweise Interaktionen zwischen Faktoren, welche durch Multiplikation einzelner Terme $\left([\bullet]_+\right)$ dargestellt werden, so dass auch im mehrdimensionalen Raum komplexe Funktionszusammenhänge einfach dargestellt werden (Abbildung 8.2b, Beispiel 2).

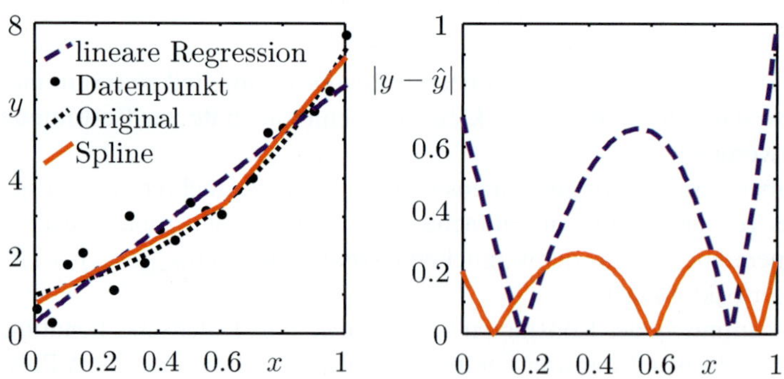

Abb. 8.1 Einfacher ein-dimensionaler Regression Spline (Beispiel 1)

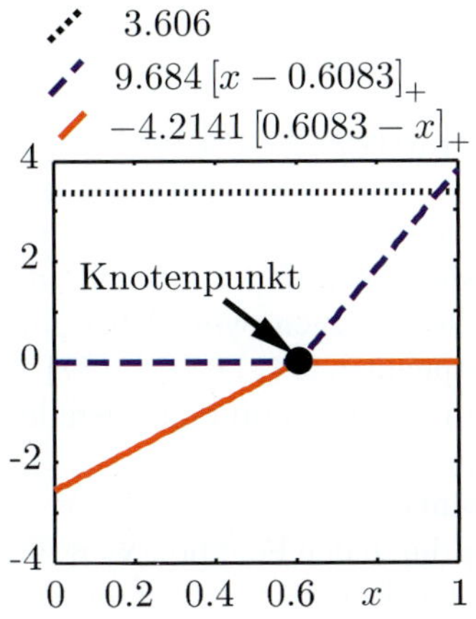

Abb. 8.2a Regression Spline: Terme

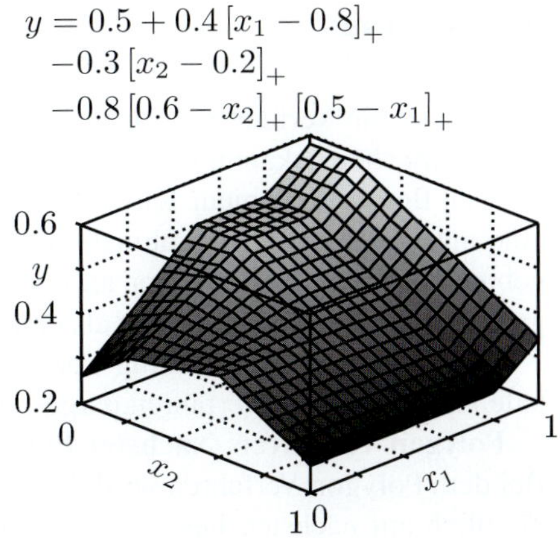

Abb. 8.2b Regression Spline (Beispiel 2)

Die eigentliche Herausforderung ist auch in diesem Verfahren die Auswahl der Knotenpunkte (Anzahl und Position) sowie die Ermittlung der dazugehörigen Konstanten. Zur Lösung dieser Aufgabe führt FRIEDMAN einen zweistufigen Algorithmus ein.

Der erste Teil des Algorithmus (*forward pass*) startet mit einem Metamodell welches nur aus dem globalen Mittelwert aller Testpunkte besteht: $\hat{y} = \sum_{i=1}^{n_r} y_i/n_r$. Anschließend werden Schritt für Schritt neue Basisfunktionen erzeugt und dem Modell hinzugefügt. Dabei wird in jedem Schritt nach der Variablen- und Knotenkombination gesucht, welche den Modellfehler am stärksten reduziert. Grundsätzlich werden dem Modell immer zwei Basisfunktionen hinzugefügt, die sich nur darin unterscheiden, dass die einzelnen Terme jeweils die unterschiedlichen Seiten des Knotenpunkts beschreiben $b_1\,[x-K]_+\,, b_2\,[K-x]_+$. Zur Auswahl der Terme für eine Basisfunktion wird die Methode des kleinsten Fehlerquadrats eingesetzt. Die Erweiterung des Metamodells wird solange fortgeführt bis ein vorgegebener Fehler unterschritten oder eine maximale Anzahl an Basisfunktionen erreicht wurde. Normalerweise wird durch den *forward pass* ein überangepasstes (*overfitted*) Metamodell erzeugt, das zwar die gegebenen Testpunkte gut approximiert, die Vorhersagegenauigkeit für neue (unbekannte) Punkte jedoch ungenügend ist [79].

Aus diesem Grund wird im zweiten Teil des Algorithmus (*backward pass*) das Modell wieder gestutzt (*pruned*), so dass eine bessere Allgemeingültigkeit erreicht wird. Dabei wird in jedem Schritt jeweils die Basisfunktion des Metamodells entfernt, welche den geringsten Effekt auf die Vorhersagequalität aufweist. Im Vergleich zum ersten Teil des Algorithmuses, wo immer nur das nächste Basisfunktions-Paar gesucht wird, kann hier jede beliebige einzelne Basisfunktion gelöscht werden [79].

Zur Reduktion des Rechenaufwands im *foward pass* schlägt FRIEDMAN verschiedene Erweiterungen seines Verfahrens vor [80].

8.5 Kriging

Kriging ist ein Verfahren, welches im Bereich der Geowissenschaften zur Interpolation zwischen bekannten Messdaten entwickelt wurde. Es ist nach dem südafrikanischen Bergbauingenieur KRIGE benannt und approximiert den Funktionswert für eine unbekannte Faktorkombination auf Basis von Messdaten in der *lokalen* Umgebung. Messdaten, die näher an der gesuchten Stelle x_0 liegen, wird dabei eine größere Bedeutung zugewiesen als entfernteren Datenpunkten [94, 110, 25, 157].

Zur Erläuterung des Kriging-Verfahrens werden im ersten Schritt einfachere lokale Approximationsverfahren dargestellt.

Polygon Verfahren, Nächster Punkt (nearest point)
Bei dem Polygon Verfahren wird der Funktionswert y durch den Funktionswert des räumlich am nächsten liegenden Messpunkts geschätzt. Der gesamte Faktorraum wird dabei bei 2 Faktoren in Polygone mit gleichem Funktionswert aufgeteilt. An den Grenzen der Polygone treten Sprünge auf, so dass kein kontinuierliches Metamodell erzeugt wird. In den meisten Anwendungsgebieten weist dieses Verfahren zu hohe Approximationsfehler auf. Abbildung 8.3 zeigt die Approximation der folgenden Testfunktion bei Verwendung von 10 bekannten Datenpunkten:

$$y = \sin(\pi x_1)\, x_2 \tag{8.17}$$

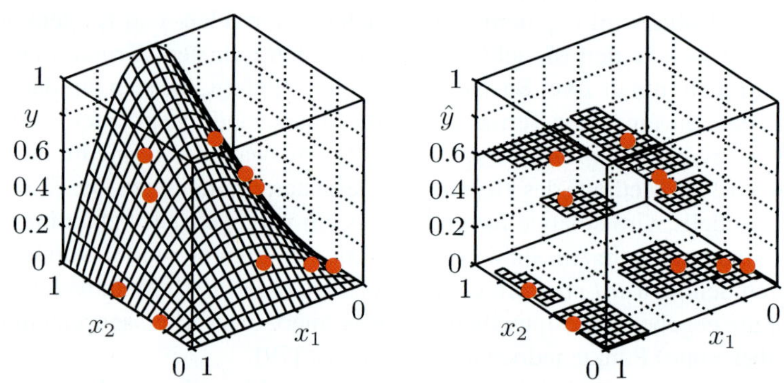

Abb. 8.3 Polygon Methode

Gewichteter Abstand
Sollen mehrere Datenpunkte in der Umgebung des gesuchten Punkts in die Approximation einbezogen werden, wird die Bedeutung der einzelnen Datenpunkte im einfachsten Fall durch ihren Abstand d_i zum gesuchten Punkt ermittelt. Bei der Inversen-Abstands-Gewichtungs Methode (*Inverse-Distance-Weighting Method*) wird der gesuchte Funktionswert für den unbekannten Punkt x_0 wie folgt approximiert:

$$\hat{y}(x_0) = \sum \frac{y(x_i)}{d_i} / \sum \frac{1}{d_i} \tag{8.18}$$

Bei diesem Verfahren ist es dem Anwender überlassen ob alle Datenpunkte, nur Datenpunkte bis zu einer maximalen Entfernung oder eine feste Anzahl von Datenpunkten (die dem gesuchten Punkt am nächsten sind) zur Approximation verwendet werden. Da das Ergebnis direkt von der Abstandsbestimmung abhängt, ist es eventuell notwendig die Eingangsvariablen (Faktoren) zu normieren. Ein grundlegendes Problem des Verfahrens ist, dass es keine Korrelation innerhalb der Messdaten berücksichtigt. Liegen in den Daten zum Beispiel Clusterungen (Häufung von Messdaten an einer bestimmten Faktorkombination) vor, so werden alle Datenpunkte im Cluster uneingeschränkt berücksichtigt und die dazugehörige Faktorkombination nimmt an Bedeutung für die Approximation zu. Für ein gutes Approximationsmodell sollte jedoch in den meisten Fällen das Vorhersageergebnis nicht davon beeinflusst werden, dass in einem lokalen begrenzten Bereich zufällig mehr Datenpunkte vorhanden sind als in anderen Bereichen.

(Gaussian) Kriging

Die Kriging Methode berücksichtigt neben den Abständen der einzelnen Testpunkte zur gesuchten Faktorkombination ebenfalls die Zusammenhänge (Korrelation) zwischen den Messdaten. Treten zum Beispiel Häufungen von Messdaten an einem Punkt des Faktorraums auf, so wird das Gewicht jedes einzelnen Datenpunkts aus dieser Gruppe automatisch reduziert.

Das **einfache Kriging**-Verfahren geht von einem konstanten globalen Mittelwert $\mu^* = 0$ aus. Um dieses bei gegebenen Messdaten zu erreichen, wird vom Ausgangsvektor y der Mittelwert μ subtrahiert. Ist der Mittelwert μ nicht bekannt, kann dieser durch den Mittelwert aller Messdaten geschätzt werden. Im nächsten Schritt wird für den gesuchten Punkt x_0 eine Abschätzung ermittelt, wie weit der gesuchte Funktionswert vom Mittelwert $\mu^* = 0$ abweicht. Der Funktionswert y_0 für den Punkt x_0 wird wie folgt approximiert:

$$y_0 = \mu + \sum_{i=0}^{n_r} g_i (y_i - \mu) \tag{8.19}$$

Die zu bestimmenden Gewichte g_i sind dabei direkt vom gewählten Punkt x_0 abhängig. Zur Ermittlung der unterschiedlichen g_i wird die Kovarianz zwischen allen Messdaten (Faktoreinstellungen) ermittelt, wobei die folgende Gleichung häufig Anwendung findet:

$$r_{ij} = e^{-\sum_{k=1}^{n_f} \theta_k |x_{ik} - x_{jk}|^p} \quad \text{mit } 0 < p \leq 2 \tag{8.20}$$

Der Faktor θ_k ist dabei ein zusätzlicher Gewichtungsfaktor, der meist als konstant angenommen wird. Zusätzlich zu der $n_r \times n_r$ Matrix $R = [r_{ij}]$ wird der Zusammenhang zwischen den Positionen der gegebenen Messdaten und des gesuchten Punkts x_0 berechnet, wodurch ein Vektor der Länge n_r entsteht $(D = [r_{i0}])$. Die Gewichte werden damit berechnet durch:

$$g = R^{-1}D \tag{8.21}$$

Abbildung 8.4 zeigt die Approximation der Testfunktion (Gleichung 8.17) bei Verwendung von 15 zufällig gewählten Datenpunkten und einem einfachen Kriging-Modell. Der Gewichtungsfaktor θ wird dabei zwischen $\theta = 0.001$ und $\theta = 100$ variiert, wobei $p = 2$ konstant ist. Deutlich ist zu erkennen, dass mit Hilfe des Gewichtungsfaktors θ der Einfluss von Messdaten bei Erhöhung der Entfernung vom gesuchten Punkt verändert wird.

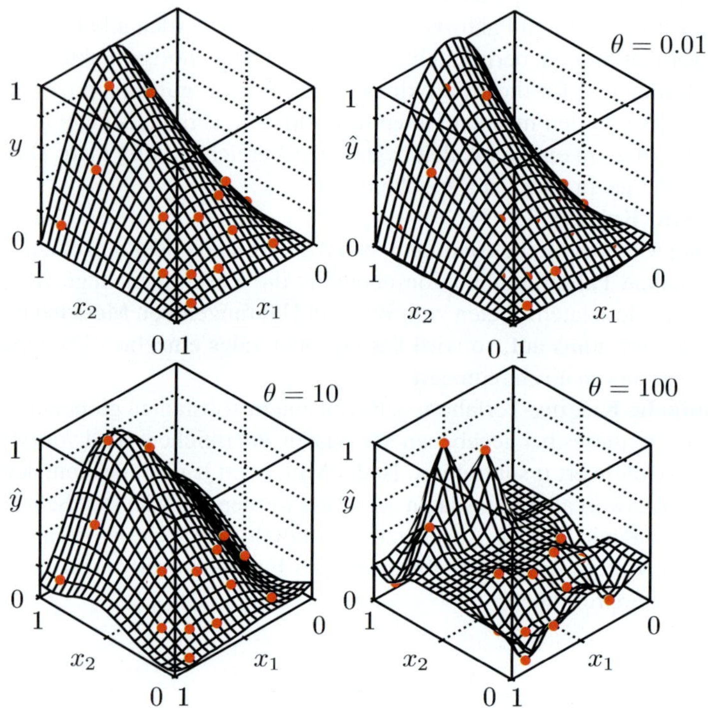

Abb. 8.4 Einfaches Kriging

Im Vergleich zum einfachen Kriging-Modell zeigt ein Metamodell basierend auf einem Polynom zweiten Grades (Gleichung 8.22) zwar auch den grundsätzlichen Zusammenhang zwischen den Faktoren x_1, x_2 und der Ausgangsvariablen y, jedoch zeigt ein gut ausgelegtes, einfaches Kriging Modell bereits deutlich geringere Abweichungen bei der Vorhersage unbekannte Funktionswerte von y (Abbildung 8.5, $\Theta = 0.01$).

$$\hat{y}_{Pol} = -0.4807 + 2.3x_1 + 0.8279x_2 - 2.0420x_1^2 + 0.4415x_2^2 - 0.8785x_1x_2 \tag{8.22}$$

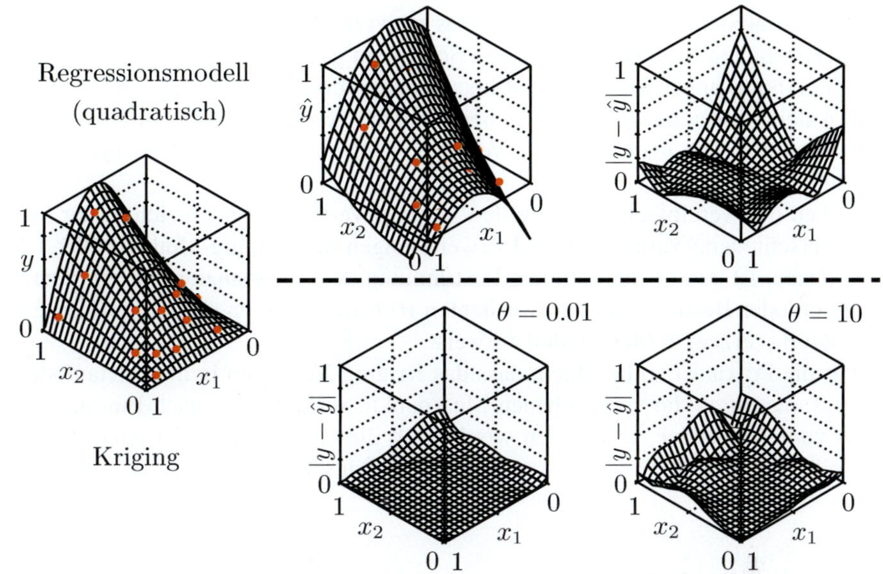

Abb. 8.5 Approximationsfehler eines Polynoms 2ten Grads und eines Kriging-Modells

Das **normale Kriging**, welches wohl die am häufigsten eingesetzte Kriging Methode darstellt, geht im Gegensatz zum einfachen Kriging von einem beliebigen und konstanten aber unbekannten Mittelwert μ aus. Unter der Bedingung, dass der Approximationsfehler des Metamodells minimiert werden soll, der Erwartungswert des Fehlers gleich Null ist $E\left(y-\hat{y}\right) == 0$ und die Summe der Gewichte eins ergibt $\sum g = 1$, können die benötigten Gewichte g eindeutig bestimmt werden. Durch die Verwendung eines Lagrange Multiplikators ν als Hilfsvariable wird das zu lösende Gleichungssystem folgendermaßen erweitert:

$$\begin{bmatrix} r_{11} & \cdots & r_{1n_r} & 1 \\ \vdots & \ddots & \vdots & \vdots \\ r_{n_r1} & \cdots & r_{n_rn_r} & 1 \\ 1 & \cdots & 1 & 0 \end{bmatrix} \begin{bmatrix} g_1 \\ \vdots \\ g_{n_r} \\ \nu \end{bmatrix} = \begin{bmatrix} r_{10} \\ \vdots \\ r_{n_r0} \\ 1 \end{bmatrix} \quad \rightarrow \quad Rg = D \tag{8.23}$$

Wird dieses Gleichungssystem entsprechend der einfachen Kriging-Methode durch $g = R^{-1}D$ gelöst, so ist der Funktionswert für den gesuchten Punkt x_0 folgendermaßen zu approximieren:

$$\hat{y} = \sum_{i=1}^{n_r} g_i y_i \tag{8.24}$$

Der zusätzlich bestimmte Lagrange-Multiplikator ν wird dabei für die Bestimmung des approximierten Funktionswerts nicht benötigt.

Eine zusätzliche Erweiterung stellt das **universelle Kriging** dar, wobei anstelle des konstanten Mittelwerts im ersten Schritt ein globales Approximationsmodell (z.B. Polynom) angepasst wird. Erst im zweiten Schritt wird Kriging eingesetzt um die lokalen Abweichungen von der meist einfach gewählten globalen Funktion zu approximieren. Das mathematische Vorgehen ist dabei identisch zu den bereits vorgestellten Verfahren.

Neben den vereinfacht dargestellten Kriging Verfahren finden sich in der Literatur verschiedene Variationen und Erweiterungen der Kriging-Methode [98, 176, 148]. Dabei ist gerade die optimale Bestimmung der Covarianzmatrix (eingesetzte Funktion oder Bestimmung der Konstanten θ) bedeutsam, da sie den größten Einfluss auf das erzeugte Metamodell aufweist.

Für die Praxis ist zu beachten, dass das Kriging-Verfahren immer Metamodelle erzeugt, die durch die vorgegebenen Messpunkte verlaufen. Je nach Einsatzgebiet muss vom Anwender entschieden werden, ob dieses gewünscht ist oder eher ein Modell gesucht wird, welches zum Beispiel ein Rauschen in den Messdaten glättet.

8.6 Radial Basis Funktion

Unter dem Begriff Radial Basis Funktionen (RBF: *radial basis functions*) werden Methoden zur exakten Dateninterpolation im mehrdimensionalen Faktorraum zusammengefasst [145]. Zur Approximation des Zusammenhangs zwischen Ein- und Ausgangsvariablen wird eine Linearkombination von Basisfunktionen eingesetzt, die über den Abstand eines zu analysierenden Punkts x_0 zu den gegebenen Messdaten definiert sind.

$$\hat{y}(x_0) = \mu + \sum_{i=1}^{n_r} b_i g_{0i}(\|x_0 - x_i\|) \tag{8.25}$$

μ ist dabei der globale Mittelwert der Funktion, welcher über den Mittelwert aller Messdaten ermittelt werden kann, und b_i sind durch die Methode der kleinsten Fehlerquadrate zu bestimmende Konstanten.

Die verwendeten Basisfunktionen $g_{0i}(\|x_0 - x_i\|)$, welche über den Abstand des gesuchten Punkts x_0 zu den gegebenen Punkten x_i definiert sind, können verschiedene Grundformen annehmen:

$$\begin{array}{lc} \text{Linear} & g_{0i}(\|x_0 - x_i\|) = \|x_0 - x_i\| \\ \text{Polynom} & g_{0i}(\|x_0 - x_i\|) = \|x_0 - x_i\|^k \quad k = 1,3,5,\cdots \\ \text{Polynom} & g_{0i}(\|x_0 - x_i\|) = \|x_0 - x_i\|^k \log(\|x_0 - x_i\|) \quad k = 2,4,6,\cdots \\ \text{Gauss} & g_{0i}(\|x_0 - x_i\|) = e^{-\theta_i \|x_0 - x_i\|^2} \end{array} \tag{8.26}$$

Mit Hilfe der quadratischen Matrix $G = (g_{ki})$ mit $k,i = 1,\cdots,n_r$ werden die zur Erstellung des Metamodells benötigten Konstanten $b_1,\cdots,b_{n_r}$ durch die Methode des kleinsten Fehlerquadrats wie folgt bestimmt:

$$b = \left(G'G\right)^{-1} G(y - \mu) \tag{8.27}$$

Abbildung 8.6 zeigt die Approximation mit drei unterschiedlichen Basisfunktionen (Polynom; $k = 1,3,5$). Alle drei Modelle zeigen gute Approximationseigenschaften im Faktorbereich, der von Messdaten eingeschlossen ist. Die Extrapolation zu den Rändern zeigt deutliche Abweichungen vom wahren Zusammenhang und sind nur mit Vorsicht zu verwenden und vorteilhafter Weise zu vermeiden. Gerade an Randbereichen des Faktorraums treten auch bei der Verwendung von gleichförmig ausgelegten Testfeldern (Kapitel 7) deutlich höhere Abweichungen als im inneren Bereich auf. Diese Tendenz ist keine Besonderheit der Radial Basis Funktionen sondern tritt grundsätzlich bei allen Formen von Metamodellen auf. Die Fehler im Bereich der Extrapolation hängen dabei vom verwendeten Metamodell und dem zu approximierenden wahren Zusammenhang ab.

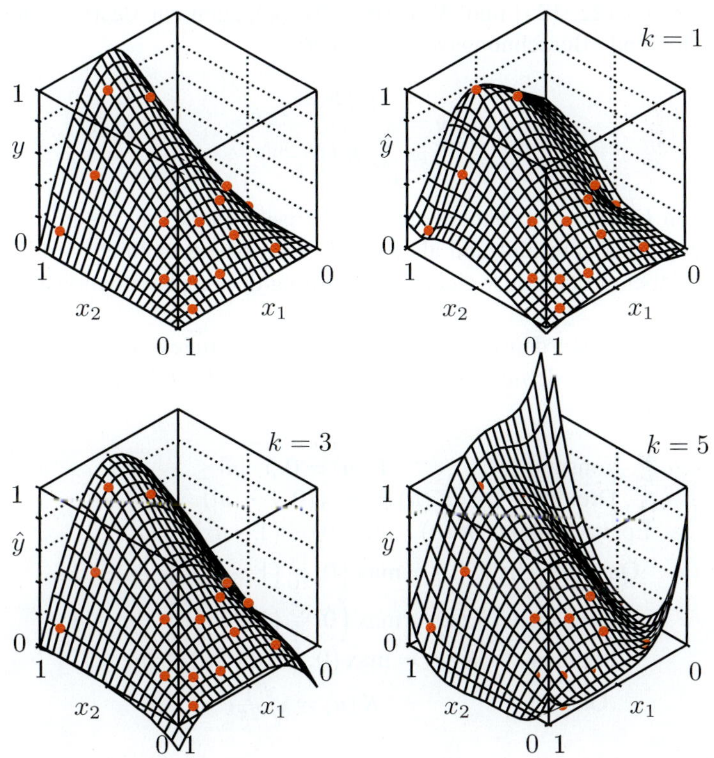

Abb. 8.6 Radial Basis Funktion: Beispiel

8.7 Kernel- und Lokale Polynom-Regression

Ziel einer Kernel-Regression ist es eine Abschätzung für den Funktionswert y an einer bislang nicht untersuchten Faktoreinstellung x_0 auf Basis gewichteter Messdaten zu erhalten. Die bisher häufigsten Einsatzgebiete dieser Methode weisen eine geringe Faktoranzahl $n_f \leq 2$ auf. Die grundlegende Form der Approximationsgleichung lautet dabei:

$$\hat{y}_0 = \sum_{i=1}^{n_r} b_{0i} y_i \tag{8.28}$$

Jedem der n_r Datenpunkte wird ein Gewicht b zugeordnet, welches nicht nur von den gegebenen Datenpunkten selbst, sondern zusätzlich von der Faktoreinstellung des gesuchten Punkts x_0 abhängt.

NARDARAYA[122, 123] und WATSON [191] schlagen zur Bestimmung der Gewichte b_{0i} folgende Berechnungsvorschrift vor:

$$b_{0i} = \frac{K\left(\frac{x_i - x_0}{h}\right)}{\sum\limits_{k=1}^{n_r} K\left(\frac{x_k - x_0}{h}\right)} \tag{8.29}$$

Die Funktion $K(u) \geq 0$ ist dabei eine symmetrische Funktion, die mit steigendem Absolutwert von u abnimmt und als *Kernel*-Funktion bezeichnet wird. Die Bandbreite h ist dabei ein Faktor, welcher die Glättung der Approximationsfunktion beeinflusst.

Als Kernel $K(u)$ werden verschiedene Funktionen eingesetzt, wobei die meisten nur im Bereich $|u| \leq 1$ definiert sind. Im übrigen Bereich ist der Funktionswert Null (Abbildung 8.7).

$$\begin{array}{cc} \text{Konstant} & K(u) = 0.5 \quad |u| \leq 1 \\ \text{Dreieck} & K(u) = \max(0, 1 - |u|) \quad |u| \leq 1 \\ \text{Epanechnikov} & K(u) = \max\left(0, \frac{3}{4}\left(1 - u^2\right)\right) \quad |u| \leq 1 \\ \text{Quadratisch} & K(u) = \max\left(0, \frac{15}{16}\left(1 - u^2\right)^2\right) \quad |u| \leq 1 \\ \text{Kubisch} & K(u) = \max\left(0, \frac{35}{32}\left(1 - u^2\right)^3\right) \quad |u| \leq 1 \\ \text{Kosinus} & K(u) = \max\left(0, \frac{\pi}{4}\cos\left(\frac{\pi}{2}u\right)\right) \quad |u| \leq 1 \\ \text{Gauss} & K(u) = \sqrt{\frac{1}{2\pi}} e^{-\frac{u^2}{2}} \end{array} \tag{8.30}$$

Für alle Kernel-Funktionen gilt:

$$\begin{array}{l} \int\limits_{-\infty}^{\infty} K(u)\,du = 1 \\ K(-u) = K(u) \quad \text{symmetrisch} \end{array} \tag{8.31}$$

Die Wahl der Kernel-Funktion K hat im Vergleich zur Wahl der Bandbreite h nur einen geringen Einfluss auf die Quallität des erzeugten Modells [107, 74]. Wird h

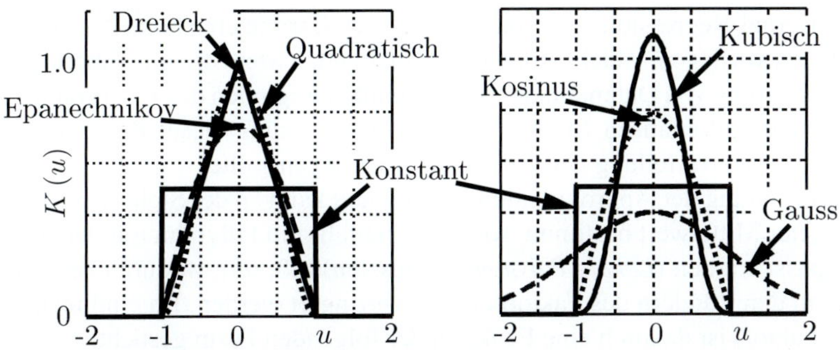

Abb. 8.7 Kernel-Funktionen

sehr klein gewählt, so erhalten lediglich die Messdaten in der lokalen Umgebung des gesuchten Punkts x_0 ein deutliches Gewicht für die Approximation des gesuchten Funktionswerts. Das erzeugte Metamodell ist in diesen Fällen meist zu stark an die gegebenen Messdaten angepasst (*overfitting*). Die Approximation der bekannten Messdaten ist dann zwar sehr genau jedoch können hohe Abweichungen bei Faktorkombinationen auftreten, die nicht zur Erstellung des Metamodells verwendet wurden. Große Werte für h führen auf der anderen Seite zu einer starken Glättung des Funktionszusammenhangs, so dass die Vorhersage des Funktionswerts immer weiter auf den globalen Mittelwert $\bar{y}$ zuläuft.

Ein grundsätzliches Problem tritt an den Rändern des Faktorraums auf, bei denen die gegebenen Datenpunkte zur Approximation nicht mehr symmetrisch um den gesuchten Punkt x_0 verteilt sind. Wird beispielsweise eine eindimensionale Funktion f betrachtet, die am Rand des Faktorraums kontinuierlich fallend ist, so stehen zur Approximation lediglich Datenpunkte mit Funktionswerten größer als y_0 zur Verfügung. Die Vorhersage $\hat{y}_0$ wird dadurch größer sein als der wahre Funktionswert y_0. Typischerweise steigt der Fehler zum Rand hin an (Abbildung 8.8).

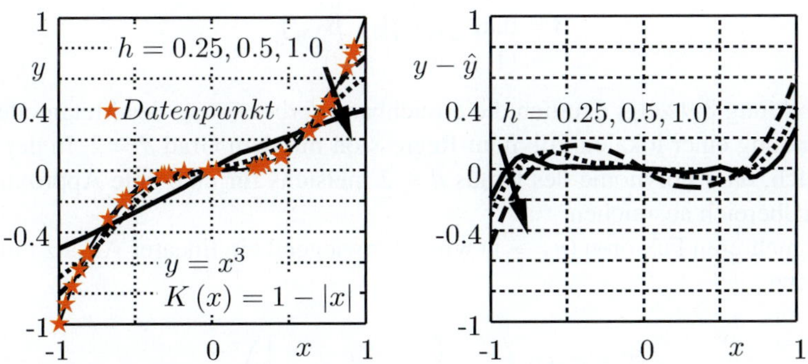

Abb. 8.8 Kernel-Regression, Beispiel: $y = x$

Die Kernel-Regression wird sinnvoll eingesetzt, wenn eine hohe Anzahl von Datenpunkten vorliegen, welche mit einer zu glättenden Messstreuung überlagert sind. Eine Anhäufung von Datenpunkten in bestimmten Regionen des Faktorraums (Clusterung) führt automatisch zu einer stärkeren Gewichtung dieser Regionen, so dass eine gute Gleichverteilung der Datenpunkte vorliegen sollte.

Zur Erhöhung der Approximationsgenauigkeit kann an der Stelle x_0 nicht nur ein gewichteter Mittelwert bestimmt, sondern ebenfalls ein Polynom mit dem Grad $d \neq 0$ angepasst werden (*Lokale Polynom-Regression*) [23, 65], wodurch besonders die Fehler an den Rändern des Faktorbereichs verringert werden. Im eindimensionalen Fall (1 Faktor) ist dadurch eine Funktion der folgenden Form gesucht:

$$\hat{y}(x_0) = \beta_0(x_0) + \beta_1(x_0)x_0 + \beta_2(x_0)x_0^2 + \cdots + \beta_d(x_0)x_0^d = \beta_0(x_0) + \sum_{k=1}^{d} \beta_k(x_0)x_0^k \tag{8.32}$$

Die gesuchten $\beta_k(x_0)$ werden mittels der gewichteten Methode der kleinsten Fehlerquadrate ermittelt, bei der das Minimum der folgenden Gleichung bestimmt wird:

$$\min_{\beta} \sum_{i=1}^{n_r} K\left(\frac{x_i - x_0}{h}\right)\left(y_i - \left[\beta_0 + \sum_{k=1}^{d} \beta_k x_i^k\right]\right)^2 \tag{8.33}$$

Gelöst wird diese Minimierungsaufgabe durch die Gleichung:

$$\hat{y}(x_0) = X_0\left(X'B(x_0)X\right)^{-1} X'B(x_0)Y \tag{8.34}$$

$$\begin{aligned} \text{mit X} &= \begin{pmatrix} 1 & x_1 & x_1^2 & \cdots & x_1^d \\ 1 & x_2 & x_1^2 & \cdots & x_1^d \\ \vdots & \vdots & \vdots & \ddots & \vdots \\ 1 & x_{n_r} & x_{n_r}^2 & \cdots & x_{n_r}^d \end{pmatrix} \\ X_0 &= \left(1, x_0, x_0^2, \cdots, x_0^d\right) \\ \text{B} &= \text{diag}\left(\beta_{0,1}, \beta_{0,2}, \beta_{0,n_r}\right) \\ Y &= \left(1, y_1, y_2, \cdots, y_{n_r}\right)' \end{aligned} \tag{8.35}$$

Abbildung 8.9 zeigt deutlich die erreichbare Verbesserung des Metamodells bei Verwendung einer lokalen Polynom-Regression mit dem Grad $d = 2$. In der Praxis zeigt sich, dass Polynome des Grads $d \leq 2$ meistens für eine gute Approximation im Randbereich ausreichen.

Bei mehreren Faktoren ($n_f > 1$) wird überwiegend ein linearer Ansatz mit $d = 1$ eingesetzt.

$$\begin{aligned} &\min_{\beta} \sum_{i=1}^{n_r} \frac{K(x_i - x_0)}{\prod_{j=1}^{n_f} h_j}\left(y_i - \left[\beta_0 + \sum_{j=1}^{n_f} \beta_j x_{ij}\right]\right)^2 \\ &\text{mit } K(x_i - x_0) = K\left(\frac{x_{i1} - x_{01}}{h_1}, \frac{x_{i2} - x_{02}}{h_2}, \cdots, \frac{x_{in_f} - x_{0n_f}}{h_{n_f}}\right) \end{aligned} \tag{8.36}$$

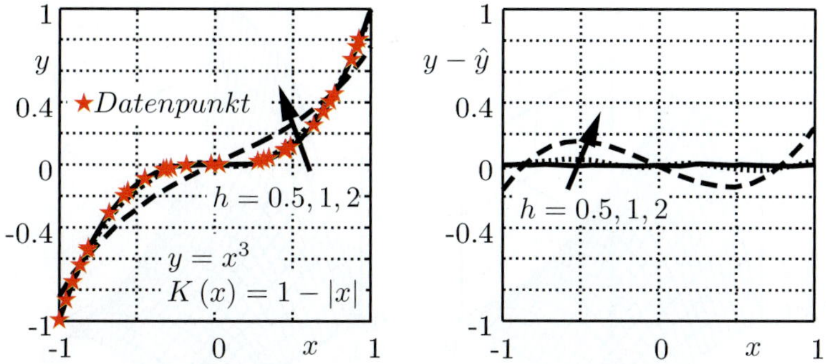

Abb. 8.9 Lokale Polynom-Regression (Polynom Grad 2)

Für jeden Faktor kann dabei eine unterschiedliche Bandbreite h_j gewählt werden, was den Aufwand zur optimalen Wahl der Bandbreiten erschwert. Die mehrdimensionale Kernel-Funktion muss ebenfalls die folgende Grundvoraussetzung erfüllen.

$$\int K(u)\, du = 1 \tag{8.37}$$

Die einfachste Form zur Erzeugung einer mehrdimensionalen Kernel-Funktion ist die Multiplikation eindimensionaler Kernel-Funktionen, die für jede Dimension (Faktor) separat berechnet werden.

$$K\left(\frac{x_{i1}-x_{01}}{h_1}, \frac{x_{i2}-x_{02}}{h_2}, \cdots, \frac{x_{in_f}-x_{0n_f}}{h_{n_f}}\right) = K\left(\frac{x_{i1}-x_{01}}{h_1}\right) K\left(\frac{x_{i2}-x_{02}}{h_2}\right) \cdots K\left(\frac{x_{in_f}-x_{0n_f}}{h_{n_f}}\right) \tag{8.38}$$

Zur Approximation von y an der Stelle x_0 wird ebenfalls Gleichung 8.34 eingesetzt, wobei die folgenden Definitionen gelten:

$$\begin{aligned} \mathrm{X} &= \begin{pmatrix} 1 & x_{11} & x_{12} & \cdots & x_{1n_f} \\ 1 & x_{21} & x_{22} & \cdots & x_{2n_f} \\ \vdots & \vdots & \vdots & \ddots & \vdots \\ 1 & x_{n_r1} & x_{n_r2} & \cdots & x_{n_rn_f} \end{pmatrix} \\ X_0 &= \begin{pmatrix} 1, x_{01}, x_{02}, \cdots, x_{0n_f} \end{pmatrix} \\ \mathrm{B} &= \mathrm{diag}\left(K(x_1 - x_0), K(x_2 - x_0), \cdots, K(x_{n_r} - x_0)\right) \end{aligned} \tag{8.39}$$

Abbildung 8.10 zeigt die Approximation des zwei-dimimensionalen Beispiels aus Gleichung 8.17 bei Verwendung unterschiedlicher Bandbreiten $h = const$. Durch eine steigende Bandbreite nähert sich das Metamodell immer weiter der einfachen linearen Regression, was zu deutlich höheren Approximationsfehlern führt. Kleinere Bandbreiten liefern genauere Vorhersagen im inneren Bereich, weisen aber bei Extrapolation in diesem Beispiel deutliche Fehler auf.

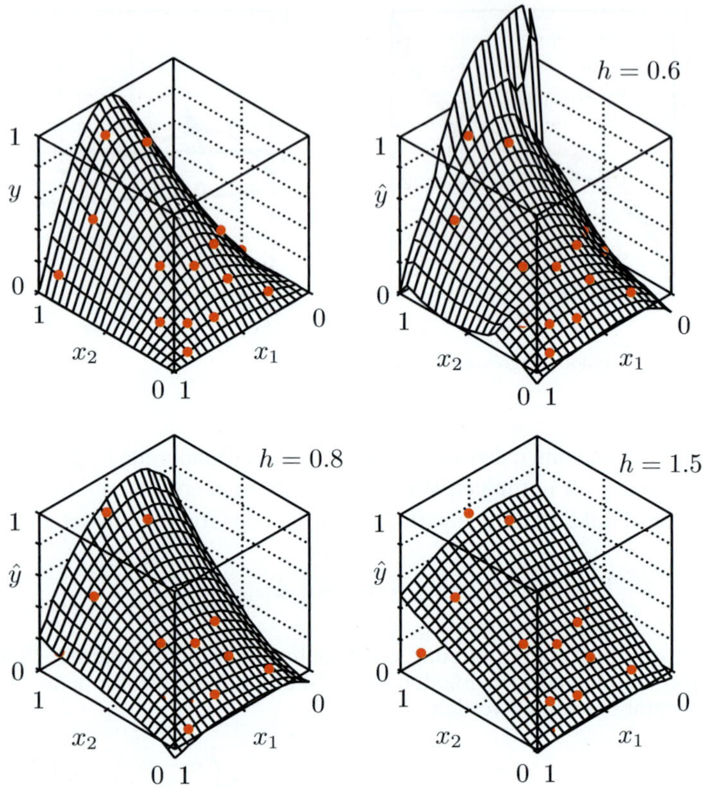

Abb. 8.10 Lokale Polynom-Regression: Beispiel

Soll zur Verbesserung der Approximationsgenauigkeit ein komplexeres Polynom eingesetzt werden, so fließt dieses in die Bestimmung von X und X_0 ein $\left[X_0 = \left(1, x_{01}, x_{02}, x_{01}^2, x_{02}^2\right)\right]$.

In verschiedenen Literaturstellen wird die Wahl der Bandbreite bei einem oder mehreren Faktoren diskutiert [106, 83, 158, 188, 39, 85].

Eine interessante Anwendung der lokalen Polynom-Regression bietet die Kombination mit einem Kriging (Kapitel 8.5) Verfahren. Dabei wird der globale Trend des zu approximierenden Zusammenhangs durch die lokale Polynom-Regression modelliert und durch ein Kriging Modell die verbleibende Abweichung zwischen dem globalen Trend und den bekannten Datenpunkten [174].

8.8 Künstliche Neuronale Netzwerke

Künstliche Neuronale Netzwerke (KNN) sind Metamodelle die durch das biologische Nervensystem inspiriert wurden. Die Hauptelemente eines KNNs bilden sogenannte *Neuronen*, welche durch Informationsaustausch untereinander verschiedene Aufgaben (zum Beispiel Approximation eines Funktionswerts y an einer unbekannten Faktorkombination x_0) lösen können. KNNs werden dabei durch Beispieldaten (bekannte Versuchsdaten) trainiert. Trainieren bedeutet in diesem Zusammenhang, entsprechend den biologischen Vorgängen im Gehirn, die Anpassung der Verbindungen beziehungsweise des Informationsaustauschs zwischen den einzelnen Neuronen.

Die ersten Künstlichen Neuronalen Netzwerke wurden bereits 1943 von dem Neurophysiologen WARREN MCCULLOCH und dem Logiker WALTER PITS vorgestellt. Bedeutsame Weiterentwicklungen und Einsatzmöglichkeiten sind jedoch erst zwischen 1970 und 1980 erzielt worden. In Kombination mit modernen Computer-Systemen bieten KNNs eine gegen Störgrößen und einzelne Fehler in den Daten robuste Methode zur Erzeugung von Metamodellen [109].

Neben anderen Netzwerktypen wird das *einfache Feedforward Netzwerk* in vielen Fällen zur Erzeugung von Metamodellen eingesetzt. Abbildung 8.11 zeigt eine schematische Darstellung dieses Grundtyps, bei dem die Neuronen (Punkte) in unterschiedlichen Ebenen aufgeteilt werden. Die erste Ebene (Eingangs Ebene) erhält die verschiedenen Faktoreinstellungen $(x_1, \cdots, x_{n_f})$ des untersuchten Systems als Eingangssignal. Auf der gegenüberliegenden Seite befindet sich die Ausgangsebene in der sich die gesuchte Approximation $\hat{y}$ wiederfindet. Das Künstliche Neuronale Netzwerk kann dabei eine oder auch gleichzeitig mehrere Ausgangsvariablen approximieren. In den meisten Fällen ist es sinnvoll für jede zu untersuchende Ausgangsvariable y ein eigenes KNN zu verwenden, da dieses nur dadurch speziell an die zu untersuchende Ausgangsvariable angepasst werden kann. Zwischen Ein- und Ausgangsebene können sich eine oder mehrere *versteckte* Ebenen befinden, wobei in den meisten praktischen Fällen nicht mehr als zwei versteckte Ebenen benötigt werden.

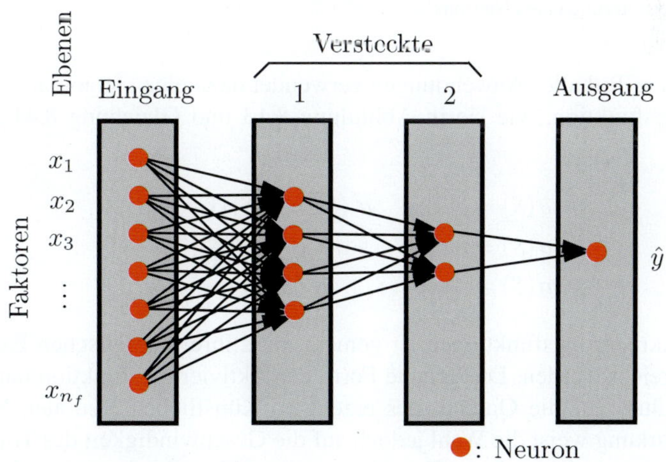

Abb. 8.11 Feedforward Netzwerk

Aktivierung eines Neurons

Die Hauptinformation jedes einzelnen Neurons ist seine *Aktivierung*, welche durch eine reelle Zahl $a = [0,1]$ repräsentiert wird. Die Aktivierung in einem einfachen Feedforward Netzwerk hängt dabei nur von der Aktivierung der Neuronen aus der vorhergehenden Ebene ab.

Abbildung 8.12 zeigt schematisch die Berechnungsmethode zur Ermittlung der Aktivierung *eines* Neurons aus Ebene $k+1$ in Abhängigkeit *aller* Neuronen aus Ebene k und einer Konstanten b_{k0}. Im ersten Schritt wird dazu jedem Neuron aus Ebene k ein Gewicht b_k zugeordnet und die Summe aller gewichteten Aktivierungen und der Konstante b_{k0} gebildet.

$$S_{k+1} = b_{k0} + a_{k1}b_{k1} + a_{k2}b_{k2} + \cdots + a_{kn_e}b_{kn_e} \tag{8.40}$$

Die Aktivierung des Neurons aus Ebene $k+1$ wird im zweiten Schritt durch eine im Voraus definierte Aktivierungsfunktion $a(S)$ bestimmt.

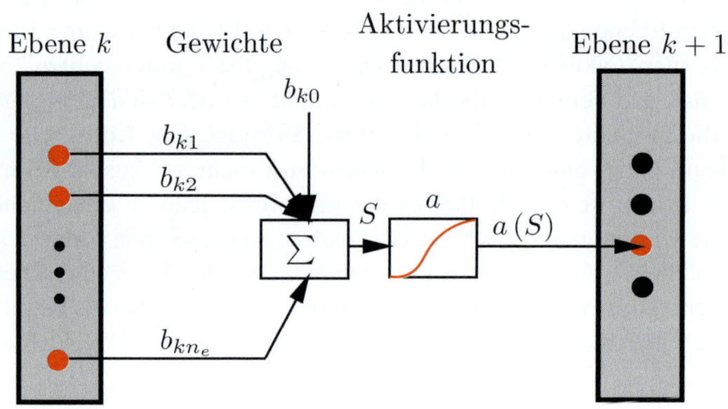

Abb. 8.12 Aktivierung eines Neurons

Der größte Teil aller Anwendungen verwendet dazu eine sigmoidale (s-förmige) Aktivierungsfunktion, wie sie in Abbildung 8.13 und Gleichung 8.41 dargestellt sind.

$$\begin{aligned} a(S) &= \tfrac{1}{1+e^{-S}} \;,\; a'(S) = a(S)\left[1 - a(S)\right] \\ a(S) &= \tanh(S) \;,\; a'(S) = \tfrac{\sinh(S)}{\cosh(S)} \\ a(S) &= \tfrac{2}{\pi}\operatorname{acos}(S) \;,\; a'(S) = \tfrac{2}{\pi}\tfrac{1}{\sqrt{1-S^2}} \end{aligned} \tag{8.41}$$

Allen Aktivierungsfunktionen ist gemein, dass ihre theoretischen Extremwerte niemals erreicht werden. Die genaue Form der Aktivierungsfunktion hat einen geringen Einfluss auf die Qualität des erzeugten Künstlichen Neuralen Netzwerks. Eine Auswirkung weist die Wahl jedoch auf die Geschwindigkeit des Trainingsprozesses auf. Durch die einfache Berechnung der Ableitung der ersten dargestellten Aktivierungsfunktion (logistische Funktion) wird diese in der Praxis häufig den anderen Funktionen vorgezogen. Aktivierungen von $a \geq 0.9$ werden dabei meistens als

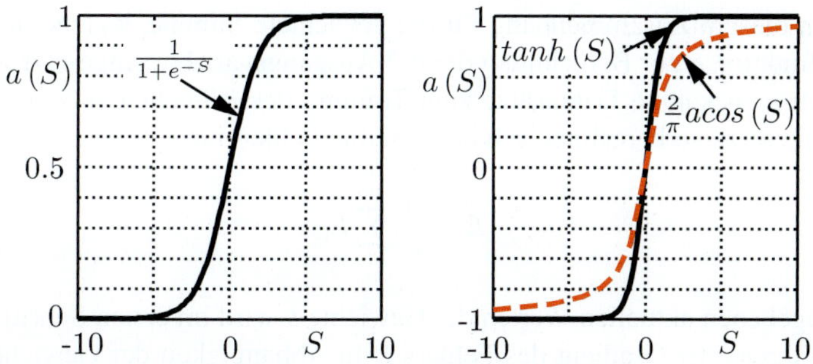

Abb. 8.13 Aktivierungsfunktionen

komplett aktiviert und $a \leq 0.1$ als nichtaktiviert interpretiert, so dass hauptsächlich der Funktionsbereich $[0.1, 0.9]$ verwendet wird. Durch die flache Form der sigmoidalen Funktionen bei großen Absolutwerten wird der Einfluss von Extremwerten (zum Beispiel Ausreißer) in den Daten deutlich gedämpft.

Normierung von Daten
Daten aus physikalischen Experimenten können durch die Verwendung des Mittelwerts μ, der Standardabweichung σ und einem gewählten Z-Wert mit folgenden Gleichungen normiert beziehungsweise zurückkonvertiert werden:

$$\begin{array}{ll} \text{normieren} & n_j = \frac{r}{\sigma} x_j + \left(0.1 - r\left[\frac{\mu}{\sigma} + x^*_{j,\min}\right]\right) \\ \text{Rücktransformation} & x_j = \frac{\sigma}{r} n_j + \left(\mu + \sigma\left[x^*_{j,\min} - \frac{0.1}{r}\right]\right) \\ \text{mit} \quad r = \frac{0.8}{x^*_{j,\max} - x^*_{j,\min}} & \text{und} \quad x^*_{j,\min/\max} = \mu \mp Z\sigma \end{array} \tag{8.42}$$

Sollen hingegen gleichverteilte Daten auf den Bereich $[0.1, 0.9]$ normiert werden, wird folgende Umrechnung verwendet, wobei $x_{j,\min/\max}$ der wahre minimale beziehungsweise maximale Wert der Variablen x_j darstellt:

$$\begin{array}{ll} \text{normieren} & n_j = \frac{x_j - x_{j,\min}}{x_{j,\max} - x_{j,\min}} 0.8 + 0.1 \\ \text{Rücktransformation} & x_j = \frac{n_j - 0.1}{0.8} \left(x_{j,\max} - x_{j,\min}\right) + x_{j,\min} \end{array} \tag{8.43}$$

Training (Fehlerrückführung)
Zur Bestimmung der verschiedenen Gewichte b wird das Künstliche Neurale Netzwerk mit bekannten Daten *trainiert*. Dazu wird beispielsweise die Fehlerrückführung (*Backpropagation*) eingesetzt, welche mittels eines Gradientenverfahrens den quadratischen Fehler der Approximation $y - \hat{y}$ minimiert. Im allgemeinen Fall kann ein neuronales Netzwerk $n_a \geq 1$ Ausgangsvariablen $(\hat{y}_1, \cdots, \hat{y}_{n_a})$ aufweisen, so dass der quadratischen Fehler für eine gegebene Faktoreinstellung die Summe aller einzelnen Fehlerterme ist:

$$E_i = \frac{1}{2} \sum_{l=1}^{n_a} [y_l - \hat{y}_l]^2 = \frac{1}{n_a} \sum_{l=1}^{n_a} [y_l - a(S_l)]^2 \tag{8.44}$$

S_l steht in diesem Zusammenhang für die gewichtete Summe, welche in die Aktivierungsfunktion a zur Berechnung der l^{ten} Ausgangsvariable eingesetzt wird.

Werden n_r bekannte Datensätze zum Training des Künstlichen Neuralen Netzwerks eingesetzt, so berechnet sich der gesamte Fehler durch:

$$E = \frac{1}{n_r} \sum_{i=1}^{n_r} E_i \tag{8.45}$$

Bei gegebenen aktuellen Werten der Gewichte b wird im ersten Schritt des Trainingsverfahrens der Gradient des Fehlers E in Abhängigkeit der Gewichte $\frac{\partial E}{\partial b}$ bestimmt. Dazu wird der Einfluss der Gewichte auf den Fehler ausgehend von der letzten Ebene (Ausgangsebene) *rückwärts* bis zur ersten Ebene (Eingangsebene) berechnet, wodurch auch der Name des Verfahrens (Fehlerrückführung) entstanden ist.

Die partielle Ableitung des Fehlers E für jedes Gewicht b_{kl} zwischen einem Ausgangs-Neuron l und einem Neuron k aus der vorherigen Ebene mit der momentanen Aktivierung a_k lässt sich berechnen durch:

$$\frac{\partial E}{\partial b_{lk}} = -a_k a'(S_l)[y_k - \hat{y}_k] = -a_k \delta_l \tag{8.46}$$

Im Gegensatz zur Ausgangsebene, in der die Zielwerte y_k bekannt sind, existieren für alle anderen Ebenen keine direkten Zielwerte, wodurch die partiellen Ableitungen in Abhängigkeit der δ_m und b_{ml} Werte der folgenden Ebene berechnet werden müssen (Abbildung 8.14).

$$\begin{gathered} \delta_l = a'(S_l) \sum_m \delta_m b^*_{ml} \\ \text{mit} \quad b^* : \text{Gewichte der folgenden Ebene} \end{gathered} \tag{8.47}$$

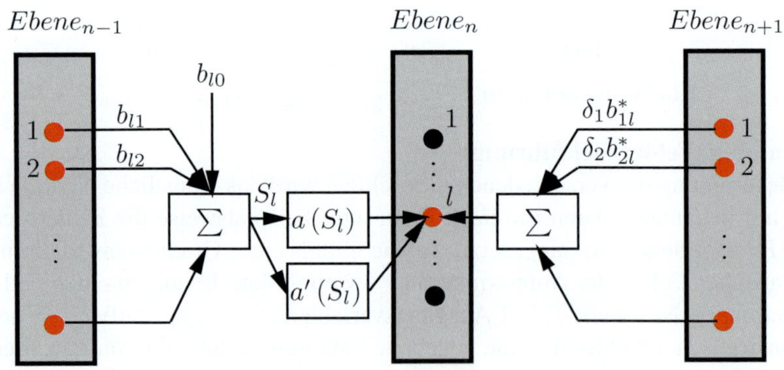

Abb. 8.14 Berchnung von $\frac{\partial E}{\partial b_{lk}}$

Durch die Gleichungen 8.46 und 8.47 können somit die Gradienten des Fehlers E in Abhängigkeit jedes Gewichts b bei Betrachtung eines bekannten Datensatzes bestimmt werden. Bei der Berücksichtigung von n_r Datensätzen wird der Gradient jedes Gewichts b durch die Summe der einzelnen Gradienten berechnet:

$$\left[\frac{\partial E}{\partial b_{lk}}\right]_{\Sigma} = \sum_{i=1}^{n_r} \left[\frac{\partial E}{\partial b_{lk}}\right]_i \tag{8.48}$$

Nachdem durch die Bestimmung der Gradienten ein Richtungsvektor B_g zur Minimierung von E bestimmt wurde, wird die Länge s entlang dieses Vektors gesucht, die ausgehend von den momentanen Gewichten B_0 den Fehler E minimiert.

$$\min_s E\left(B_0 + sB_g\right) \tag{8.49}$$

Neben anderen Verfahren wird hierzu das Konjugierte-Gradienten-Verfahren eingesetzt [109, 146, 19].

In einem iterativen Prozess wird das Training solange fortgesetzt, bis ein Abbruchkriterium erreicht wird (zum Beispiel Unterschreiten einer maximalen Fehlergrenze oder Überschreiten einer maximalen Anzahl an Iterationen). Aus mathematischer Sicht ist die Minimierung des Fehlers komplex, da meist viele lokale Minima und Bereiche mit sehr flachen Gradienten existieren.

One-of-N Kodierung

Zur Erhöhung der Vorhersagequalität von Künstlichen Neuronalen Netzwerken ist es gerade bei komplexen Zusammenhängen sinnvoll den Faktorraum in überlappende Unterbereiche aufzuteilen. Dieses wird beispielsweise durch die *One-Of-N* Kodierung erreicht, welche aus der Fuzzy-Technologie bekannt ist (Abbildung 8.15). Eine Eingangsvariable (Faktor) x_j wird dazu durch N Variablen $x_{j_0},\cdots,x_{j_{N-1}}$ ersetzt, wodurch das Neuron der Eingangsebene für die Variable x_j durch N neue Neuronen (Eingangsvariablen) substituiert wird. Die einzustellenden Werte für die N Variablen $x_{j_0},\cdots,x_{j_{N-1}}$ werden wie folgt in Abhängigkeit von der Originalvariablen x_j berechnet (Abbildung 8.15).

$$\begin{aligned} x_{jl} &= \max\left(0, \frac{d_{x_j} - \left|\min(x_j) + l d_{x_j} - x_j\right|}{d_{x_j}}\right) \qquad l = 0,\cdots,N-1 \\ \text{mit}\ \ d_{x_j} &= \frac{\max(x_j) - \min(x_j)}{N-1} \end{aligned} \tag{8.50}$$

Durch die Aufteilung werden für unterschiedliche Bereiche des Faktors x_j unterschiedliche Neuronen und somit unterschiedliche Bereiche des Künstlichen Neuronalen Netzwerks aktiviert. Mit der zusätzlichen Erhöhung der Gewichteanzahl kann meist ein besseres Netzwerk trainiert werden, als wenn die Erhöhung der Anzahl lediglich durch mehr Neuronen in den versteckten Ebene erzielt wird.

Wahl der Schichten

In der Praxis tritt die Schwierigkeit auf, eine sinnvolle Wahl für die Anzahl der Schichten und Neuronen sowie die Iterationsanzahl des Trainingsprozesses zu finden. In nahezu allen Fällen ist *eine* versteckte Ebene zur Abbildung auch kom-

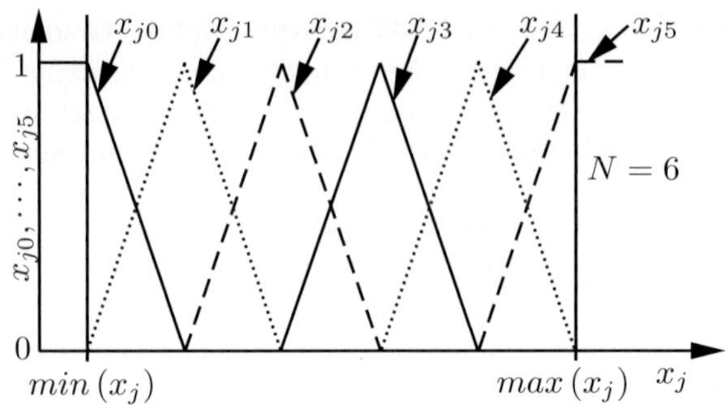

Abb. 8.15 *One-of-N* Kodierung mit N=6

plexer Zusammenhänge ausreichend. Eine zweite versteckte Ebene ist nur bei sehr komplexen oder nicht-kontinuierlichen Zusammenhängen notwendig (zum Beispiel Sägezahn-Funktion). In allen anderen Anwendungen wird die Genauigkeit des Künstlichen Neuronalen Netzweks durch eine zweite versteckte Ebene zwar geringfügig verbessert, jedoch nimmt die Trainingsgeschwindigkeit des Netzwerks deutlich ab.

Für die Wahl der Neuronenanzahl existieren lediglich Faustformeln. Bei der Verwendung von einer versteckten Ebene kann als erster Startpunkt die folgende Anzahl an Neuronen gewählt werden [109]:

$$n_{vE1} = \sqrt{n_y n_f} \quad \text{mit } n_y < n_f \tag{8.51}$$

Bei sehr komplexen Zusammenhängen können mehr Neuronen und bei einfachen Zusammenhängen weniger Neuronen sinnvoll sein. Um ein Overfitting des Netzwerks zu verhindern, sollte mit kleiner Anzahl von Neuronen gestartet und in einem iterativen Prozess sukzessive erhöht werden. Für die Verwendung von zwei versteckten Ebenen existiert die folgende Faustformel zur Berechnung der Anzahl der Neuronen [109]:

$$n_{vE1=n_y r^2} \quad n_{vE2=n_y r} \quad \text{mit } r = \sqrt[3]{\frac{n_f}{n_y}} \text{ und } n_y < n_f \tag{8.52}$$

Bei der Wahl der Neuronen ist zu beachten, dass die Anzahl der zu bestimmenden Gewichte b schnell mit steigender Anzahl der Neuronen wächst und dadurch ebenfalls die Anzahl der benötigten Trainingsdaten $n_r > n_b$.

$$
\begin{array}{cc}
\text{Versteckte Ebenen} & \text{Anzahl Gewichten}_\text{b} \\
0 & n_y\left(n_f+1\right) \\
1 & \text{n}_\text{vE1}\left(n_f+1\right)+n_y\left(n_\text{vE1}+1\right) \\
2 & \text{n}_\text{vE1}\left(n_f+1\right)+\text{n}_\text{vE2}\left(n_\text{vE1}+1\right)+n_y\left(n_\text{vE2}+1\right)
\end{array}
\tag{8.53}
$$

n_f: Anzahl Neuronen der Eingangsebene [Faktoren]
$\text{n}_{\text{vE}1/2}$: Anzahl Neuronen der vesteckten Ebene 1 bzw. 2
n_y: Anzahl Neuronen der Ausgangsebene [Ausgangsvariablen]

Ende des Trainings
Das Training eines Künstlichen Neuronalen Netzwerks wird abgebrochen, wenn mindestens eine der folgenden Kriterien erreicht wird:

1. der Approximationsfehler der Trainingsdaten einen vorgegeben Grenzwert unterschreitet,
2. der Approximationsfehler von ausgewählten Testdaten, die nicht in den Traingsdaten enthalten sind, deutlich ansteigt, welches ein Zeichen für Overfitting an die gegebenen Trainingsdaten ist (Abbildung 8.16). Die verwendeten Testdaten sollten dabei genauso wie die Trainingsdaten gleichmäßig über den gesamten Faktorraum verteilt sein, so dass die Qualität des Netzwerks im gesamten Faktorraum geprüft wird.
3. eine vorher festgelegte maximale Anzahl an Trainingsschritten überschritten wird

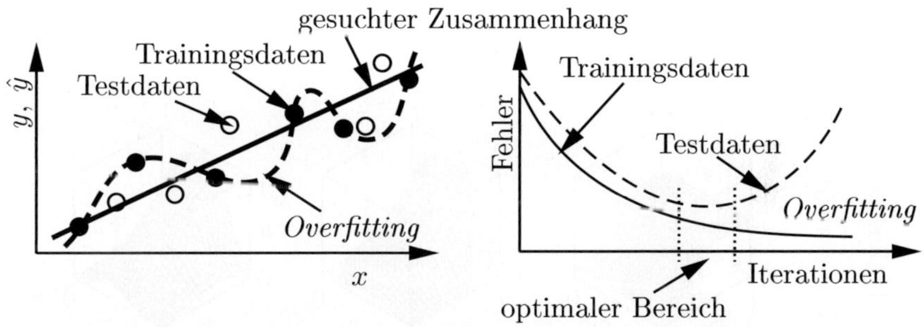

Abb. 8.16 Approximationsfehler und Overfitting

Neben den hier dargestellten Feedforward Netzwerken existieren deutlich komplexere Strukturen, in denen beispielsweise die Aktivierung eines Neurons nicht nur von den Neuronen der vorhergehenden Ebene, sondern auch anderen Ebenen abhängt. Grundsätzlich können mit Künstlichen Neuronalen Netzwerken komplexe Zusammenhänge gut abgebildet werden, wobei bereits einfache Feedforward Netzwerke mit einer oder zwei versteckten Ebenen in fast allen Anwendungsfällen ausreichend sind. Die optimale Wahl der Netzwerkstruktur (z.B. Anzahl Neuronen pro Ebene) ist im Vorfeld häufig schwierig und führt in der Praxis dazu, dass verschiedene Netzwerke erzeugt werden und durch ein zu definierendes Beurteilungskriterium das vorteilhafteste für die aktuelle Aufgabe gewählt wird.

Abbildung 8.17 zeigt die Approximation der Beispielfunktion aus Gleichung 8.17 bei Verwendung verschiedener Netzwerke mit *einer* versteckten Ebene und unterschiedlicher Neuronenzahl. Bereits zwei Neuronen in der versteckten Ebene genügen, um den gesuchten Zusammenhang ausreichend genau zu approximieren (Abbildung 8.17 [Mitte,oben] und 8.18). Durch die Verwendung von einem Neuron wird hingegen lediglich ein globaler Trend abgebildet und die Wahl von fünf Neuronen erhöht die Qualität der Approximation nur geringfügig. Die Gefahr des Overfittings steigt bei fünf Neuronen an, da mehr Gewichte als Datenpunkte zum Training vorhanden sind. Die untere Zeile in Abbildung 8.17 zeigt die Approximation der jeweils gleichen Netzstrukturen, wenn zum Training andere Startwerte für die Gewichte als in der ersten Zeile verwendet werden. In dem dargestellten Beispiel wird dadurch ein deutlich anderer Zusammenhang zwischen Ein- und Ausgangsvariablen ermittelt. Die Summe der Approximationsfehler der gegebenen Trainingspunkte ist nahezu identisch zu den Modellen aus der ersten Zeile. Dieses zeigt, dass mit Künstlichen Neuronalen Netzwerken einerseits komplexe Zusammenhänge dargestellt werden können, auf der anderen Seite es aber ebenfalls notwendig ist, das ermittelte Metamodell auf seine Allgemeingültigkeit zu prüfen. Dieses wird in den meisten Fällen durch die Prüfung der Approximationsgenauigkeit an bekannte Datenpunkte (Testpunkte), welche nicht zum Training des Netzes verwendet wurden, durchgeführt. Grundsätzlich ist eine Prüfung des Metamodells nach seiner Erstellung nicht nur für Künstliche Neuronale Netzwerke notwendig, sondern für alle dargestellten Metamodelle durchzuführen, die sich automatisch an komplexe Zusammenhänge anpassen können.

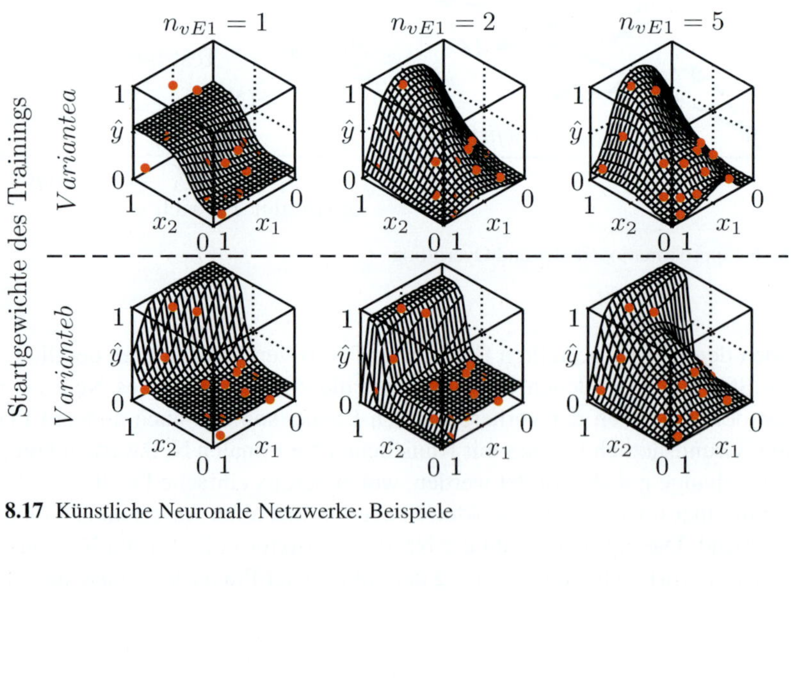

Abb. 8.17 Künstliche Neuronale Netzwerke: Beispiele

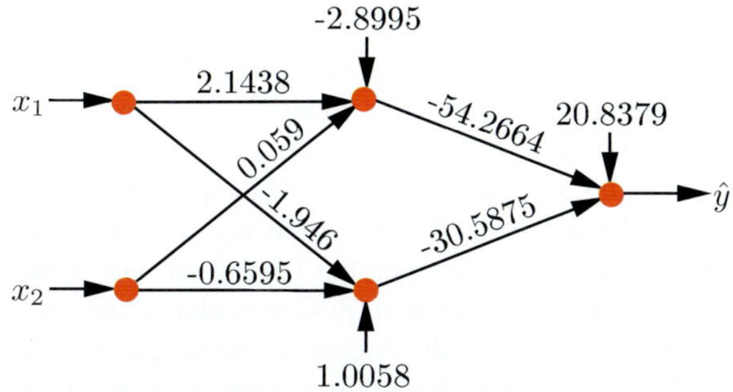

Abb. 8.18 KNN mit zwei Neuronen in einer versteckten Ebene

8.9 Qualität von Metamodellen

Die hohe Flexibilität und Anpassungsfähigkeit vieler Verfahren zur Erstellung von Metamodellen ermöglicht eine gute Approximation von unbekannten und komplexen Zusammenhängen zwischen Ein- und Ausgangsvariablen eines zu analysierenden Systems. Es besteht jedoch die Gefahr, ein Metamodell zu erzeugen, welches sich zwar gut an die gegebenen Datenpunkte anpasst, dessen Vorhersagegenauigkeit für neue Faktorkombinationen jedoch gering ist. Dieses kann durch falsch gewählte Parameter (Abbildung 8.19,$\Theta = 100$), eine falsche Interpretation des Zusammenhangs basierend auf den gegeben Daten (Abbildung 8.17, Zeile 2) oder ein Overfitting an die gegebenen Daten (Abbildung 8.16) auftreten. Daher ist ein niemals zu vernachlässigender Kernpunkt bei der Verwendung von Metamodellen die Überprüfung beziehungsweise Abschätzung der Qualität des Metamodells für die Approximation von unbekannten Faktorkombinationen.

Eine typische Beurteilungsgröße ist dazu der mittlere quadratische Approximationsfehler (MSE:*mean squared error*):

$$MSE = \frac{1}{n_r} \sum_{i=1}^{n_r} (y_i - \hat{y}_i)^2 \tag{8.54}$$

In einigen Anwendungen wird anstelle des MSE der Mittelwert der absoluten Differenz $(|y_i - \hat{y}_i|)$ verwendet. Zur Stabilisierung des Ergebnisses ist ebenfalls der Einsatz des Medians anstelle des Mittelwerts möglich.

Eine Betrachtung des Approximationsfehlers beziehungsweise der Residuen $(y_i - \hat{y}_i)$ an den Datenpunkten D_e, welche zur Erzeugung des Metamodells verwendet wurden, wie es bei einfachen linearen Regressionsmodellen aus physikalischen Experimenten bekannt ist, reicht bei komplexen Metamodellen basierend auf Computer-Simulationen nicht aus. So verläuft beispielsweise ein Metamodell auf Basis des Kriging-Ansatzes immer genau durch die zum Training verwendeten Datenpunkte (Abbildung 8.4), was eine sinnvolle Beurteilung des Metamodells durch die Residuen dieser Datenpunkte ausschließt. Entsprechendes gilt bei Overfitting an die gegebenen Trainingsdaten.

Testdaten

Eine der einfachsten Möglichkeiten zur Beurteilung eines Metamodells ist die Ermittlung der Residuen oder des mittleren quadratischen Approximationsfehlers an zusätzlichen Datenpunkte D_t, welche nicht zur Erzeugung des Metamodells verwendet wurden. Sind die Residuen an diesen Datenpunkten in der gleichen Größenordnung wie die Residuen der Datenpunkte D_e und gleichzeitig in einer für die durchzuführenden Analysen akzeptablen Größe, so wird davon ausgegangen, dass das Metamodell den grundsätzlichen Zusammenhang zwischen Ein- und Ausgangsvariablen richtig abbildet und die Approximationsgenauigkeit ausreichend ist. Bei der Wahl der Testpunkte D_t ist darauf zu achten, dass der gesamte Faktorraum gleichmäßig und vollständig abgedeckt wird, da die Modellqualität für den gesamten Faktorraum gewährleistet sein muss, um im Weiteren vertrauenswürdige Untersuchungen durchzuführen.

Der MSE von 10 zufällig gewählten Faktorkombinationen für die drei Kriging-Modelle aus Abbildung 8.4 zeigen bereits deutlich, dass im dargestellten Beispiel die Wahl von $\Theta = 0.01$ das sinnvollste Metamodell erzeugt (Abbildung 8.19).

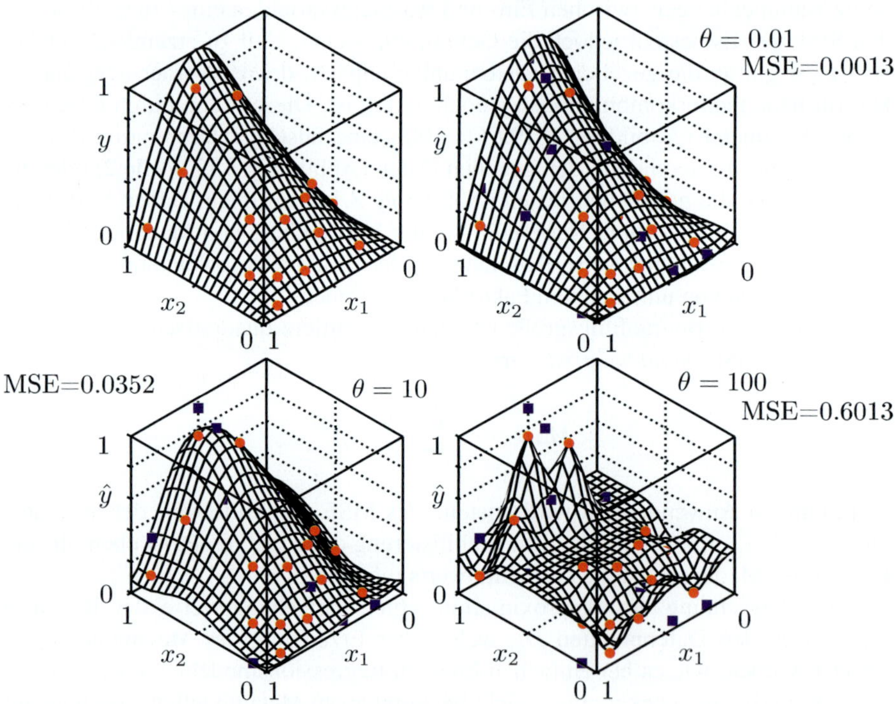

Abb. 8.19 Testdaten zur Überprüfung eines Metamodells

Grundsätzlich muss der Anwender bei einer begrenzten Anzahl an Datenpunkten entscheiden, wie viele Datenpunkte für die Erzeugung des Metamodells verwendet werden sollen und wie viele zur Kontrolle der Qualität.

Kreuzvalidierung

Werden zur Analyse komplexe Simulationsmodelle mit langen Rechenzeiten verwendet, so ist es häufig notwendig, alle Datenpunkte zur Erzeugung des Metamodells zu verwenden, da ansonsten die vorhandene Komplexität der Zusammenhänge nicht abgebildet werden kann. In diesen Fällen wird die Kreuzvalidierung (*cross validation*) zur Prüfung der Modellqualität eingesetzt. Dabei werden drei Verfahren der Kreuzvalidierung unterschieden.

Die *zufällige Untergruppen-Validierung* unterteilt die vorhandenen Datenpunkte in eine Trainings- und eine Testgruppe, wobei die Testsgruppe meist kleiner ist als die Gruppe der Trainingsdaten. Das Metamodell wird nur mit den Trainingsdaten erzeugt und die Qualität des Metamodells mit den Daten der Testgruppe gemessen (zum Beispiel mit MSE). Dieses wird mehrmals mit unterschiedlichen (zufälligen) Aufteilungen der Daten wiederholt und der Mittelwert aller MSE gebildet, welcher dann als Gütekriterium verwendet wird. Problematisch kann sich hierbei auswirken, dass die Aufteilung zufällig durchgeführt wird. So können einige Datenpunkte niemals und andere mehrmals zur Testgruppe gehören, was den Datenpunkten unterschiedliche Bedeutung in der Modellerzeugung beziehungsweise Kontrolle zukommen lässt.

Aus diesem Grund wird in den meisten Fällen die *k-fold* Kreuzvalidierung verwendet. Dabei werden die gegebenen Datenpunkte in k gleichgroße Untergruppen $K_1, \cdots, K_k$ unterteilt. Eine Untergruppe wird dann zum Test der Qualität und die restlichen $k-1$ Untergruppen zur Erzeugung des Metamodells verwendet. Dieses wird für jede der k Gruppen durchgeführt und anschließend der Mittelwert aller k Qualitätswert gebildet. Typischerweise wird $k=10$ gewählt. Der Vorteil dieser Methode ist, dass jeder Punkt genau einmal als Testpunkt und $k-1$ mal zur Erzeugung des Metamodells verwendet wird und somit jeder Datenpunkt gleichberechtigt eingesetzt wird. Eine sinnvolle Erweiterung der k-fold Kreuzvalidierung ist die Erzeugung der Untergruppen, so dass jede der k Gruppen annähernd den gleichen Mittelwert aufweist. Dieses kann zwar nicht garantieren, dass die k Untergruppen gleichmäßig verteilt sind, jedoch steigt die Wahrscheinlichkeit deutlich an.

Wird jeder einzelne Datenpunkt als Gruppe betrachtet ($k=n_r$), so wird von *Leave-One-Out* Kreuzvalidierung gesprochen (siehe auch DFFITS Kapitel 3.4.3.1). Hierbei handelt es sich um einen Sonderfall der *k-fold* Kreuzvalidierung, so dass das grundsätzliche Berechnungsverfahren sich nicht unterscheidet. In der Praxis wird die *Leave-One-Out* Kreuzvalidierung bei steigender Anzahl der gegebenen Datenpunkte sehr rechenintensiv, so dass dieser Sonderfall hauptsächlich bei geringen Datenmengen angewendet wird.

Auch wenn die Kreuzvalidierung bei einem Vergleich verschiedener Metamodellansätze oder Parameter nicht garantieren kann, dass das Metamodell mit dem kleinsten mittleren MSE das für die Anwendung beste Modell darstellt, hat es sich in vielen Bereichen als sinnvolles Kriterium etabliert.

8.10 Faktorwahl

In der Praxis treten meist eine Vielzahl von Faktoren (Parameter) auf, die während der Analyse eines technischen Systems berücksichtigt werden können. Die Beurteilung, ob ein Faktor für das gesuchte Metamodell notwendig oder vernachlässigbar ist, ist vor der eigentlichen Analyse oft schwierig. Die Berücksichtigung aller Faktoren mit dazugehörigen Interaktionen und nachträglicher Auswahl durch eine Sensitivitätsanalyse (Kapitel 10) ist dabei meist zu rechen- und zeitaufwendig.

In verschiedenen Anwendungen ist es somit sinnvoll, bereits während der Erstellung des Metamodells eine Auswahl der verwendeten Faktoren zu ermöglichen. Wird beispielsweise ein einfaches lineares Regresionsmodell (Kapitel 8.2 und 8.3) der folgenden Form verwendet, so können verschiedenste Faktoren $\left(x_j, x_j^2, \cdots\right)$ berücksichtigt werden.

$$\hat{y}_i = b_0 + b_1 x_{i1} + b_2 x_{i2} + \cdots + b_{n_f} x_{i\,n_f} \tag{8.55}$$

Zur Abbildung komplexer Zusammenhänge werden meist viele Terme verwendet, was zu einem überangepassten (overfitting) Metamodell führt welches auch unwichtige Faktoren mitberücksichtigt. Eine schnelle und sinnvolle Sensitivitäts- oder weiterführende Analyse ist mit diesen Metamodellen nur schwer möglich.

Klassische Verfahren

Zur Bestimmung signifikanter Faktoren existieren verschiedene Verfahren, die ein 'gutes' aber nicht unbedingt das für die Aufgabe 'beste' Metamodell erzeugen.

Bei der *Vorwärts-Selektion* (forward selection) wird mit einem einfachen Basismodell M_0 gestartet. Dieses Modell enthält dabei nur eine Konstante ($\hat{y} = b_0$). Sind bereits Faktoren bekannt, die in jedem Fall für das Metamodell signifikant sind, werden diese ebenfalls dem Basismodell zugefügt. In einem iterativen Prozess wird anschließend in jedem Schritt das Metamodell mit einem Faktor erweitert. Dazu wird in jedem Schritt dem aktuellen Metamodell jede der noch verfügbaren Faktoren und Faktorkombinationen einzeln hinzugefügt und jeweils die Verbesserung der Modellgüte des Metamodells bestimmt. Der Faktor, welcher die Modellgüte am stärksten verbessert, wird anschließend dem Metamodell hinzugefügt. Im folgenden Iterationsschritt ist dann das erweiterte Metamodell als Basismodell zu verwenden. Die Erweiterung des Metamodells endet, wenn eine vorgegebenes Güte des Metamodells erreicht wurde oder keine signifikante Verbesserung mehr erzielt werden kann.

Die *Rückwärts-Selektion* (backward selection) geht im Gegensatz zur Vorwärts-Selektion von einem Metamodell aus, welches alle zur Verfügung stehenden Faktoren enthält. In einer Iteration wird in jedem Schritt der Faktor gesucht, welcher die Modellgüte am wenigsten verschlechtert. Dieser Faktor wird aus dem Modell entfernt.

Der Begriff *Schrittweise-Regression* (stepwise regression) bezeichnet eine Kombination der Vorwärts- und Rückwärts-Selektion, wobei nach jedem zugefügten Faktor geprüft wird, ob ein beliebiger Faktor aus dem Metamodell wieder entfernt werden kann [41].

Existiert nur eine geringe Anzahl von möglichen Faktoren und Faktorkombinationen, werden in seltenen Fällen alle möglichen Metamodelle (Faktorkombinationen) erzeugt und anschließend das Modell mit der besten Güte gewählt. Der Rechenaufwand steigt jedoch bei diesem Verfahren (*all subsets*) schnell mit steigender Faktoranzahl an [61].

Gütekriterien

Zur Beurteilung der Modellgüte werden in der Praxis verschiedene Kriterien vorgeschlagen [1, 165, 104].

adjusted R^2	$\mathrm{adj}R^2 = 1 - \frac{n_r-1}{n_r-n_f-1}\left(1-R^2\right)$
Aikaike's Informationskriterium	$AIC = n_r \log\left(\frac{SSE}{n_r}\right) + 2\left(n_f+1\right)$
Bayessches Informationskriterium	$BIC = n_r \log\left(\frac{SSE}{n_r}\right) + \log(n_r)\left(n_f+1\right)$
PRESS	$\hat{=}$ Leave – One – Out Kreuzvalidierung
Mallows C_p	$C_p = \frac{SSE}{\hat{\sigma}^2} + 2\left(n_f+1\right) - n_r$ $\hat{\sigma}^2$ aus Gesamtmodell (alle Faktoren) geschätzt

Der Einsatz des *BIC*-Kriteriums führt dabei im Vergleich zum *AIC*-Kriterium typischerweise zu weniger Faktoren im optimierten Modell. Neben diesen hauptsächlich eingesetzten Gütekriterien existieren viele erweiterte Kriterien wie *CIC, DIC, EIC, MAIC3, CAIC, ABIC* [151, 173, 78, 18, 150]

Die dargestellten Verfahren sind relativ instabil, so dass sich bei kleinen Änderungen in den vorhandenen Daten teilweise deutlich andere Metamodelle ergeben.

Ridge Regression

Zur Ermittlung des gesuchten Metamodells wird daher alternativ die Summe der Fehlerquadrate minimiert, wobei eine zusätzliche Straffunktion für die Regressionskoeffizienten zur Regulierung des Modells verwendet wird [71, 117, 37].

$$\min_b \left[\sum_{i=1}^{n_r} (y_i - \hat{y}_i)^2 + \lambda \sum_{j=0}^{n_f} b_j^2\right] \tag{8.56}$$

Bei steigendem λ sinken die Absolutwerte der einzelnen Regressionskoeffizienten, wobei Koeffizienten für unsignifikante Faktoren schnell gegen Null streben und somit eine Variablenselektion stattfindet. Die erzeugten Metamodelle werden bei steigendem λ einfacher, wodurch die Varianz des Metamodells sinkt jedoch der Approximationsfehler für die einzelnen Datenpunkte steigt. Durch eine Kreuzvalidierung werden die erzeugten Metamodelle typischerweise beurteilt, wodurch das geeignetste λ (Metamodell) gewählt wird. Damit die Straffunktion unabhängig von den Dimensionen der einzelnen Faktoren ist, werden die Daten auf eine einheitliche Varianz von eins normiert. Dieses Verfahren ist in der Literatur als *Ridge Regression* bekannt und die gesuchten Regressionskoeffizienten können in Abhängigkeit von λ direkt wie folgt bestimmt werden [192]:

$$\begin{aligned} \hat{b}_\lambda &= (X'X + \lambda I)X'Y \\ \hat{Y} &= X\hat{b}_\lambda \end{aligned} \tag{8.57}$$

I ist dabei die quadraitsche Einheitsmatrix der Größe $n_f + 1$.

LASSO

Im sogenannten *LASSO* Verfahren wird anstelle der quadratischen Straffunktion die Summe der Absolutwerte verwendet $\lambda \sum_{j=0}^{n_f} |b_j|$ [182, 183]. Diese Straffunktion drückt unsignifikante Faktoren deutlich stärker gegen Null, wobei die Regressionskoeffizienten im Gegensatz zur Ridge-Regression wirklich zu Null werden, so dass eine eindeutige Faktorselektion ermöglicht wird. Neben der Ridge Regression und LASSO existieren in der Literatur weitere Ansätze für Straffunktionen und weiterentwickelte Verfahren [60, 40, 67].

Da die meisten Metamodelle in folgende allgemeine Form umgewandelt werden können, sind die dargestellten Ansätze auch bei anderen Modelltypen als lineare Regressionmodelle grundsätzlich einsetzbar [50].

$$\hat{y}_i = \sum_{k=0}^{n_k} F_k(x_i)\, b_k \tag{8.58}$$

Dabei sind F_k beliebige Basisfunktionen, die jeweils von mehreren Faktoren abhängen können.

8.11 Zusammenfassung

Zur Analyse und Optimierung technischer Systeme werden in der Praxis immer häufiger komplexe Simulationsmodelle eingesetzt. Obwohl die zur Verfügung stehende Rechenleistung kontinuierlich ansteigt, ist die benötigte Rechenzeit einer der kritischsten Punkte im Entwicklungs- und Analyseprozess. Parallel zur Rechenkapazität steigt nämlich die Komplexität der Simulationsmodelle zur Erhöhung der Simulationsqualität und die zu berücksichtigenden Faktoren ebenfalls stetig an. Eine direkte Analyse mit einem komplexen Simulationsmodell ist dadurch in den meisten Fällen aus zeitlicher Sicht nicht sinnvoll. Daher werden Metamodelle gesucht, welche den zur Analyse benötigten Zusammenhang zwischen Eingangsvariablen (Faktoren) x und der zu untersuchenden Ausgangsvariablen y mit ausreichender Genauigkeit und minimaler Rechenzeit abbilden. Die dazu erzeugten Metamodelle benötigen zur Approximation eines Ergebnisses wenige Millisekunden, wobei das komplexe Simulationsmodell Stunden oder Tage rechnet.

Metamodelle werden grundsätzlich auf Basis von bekannten Datenpunkten aufgebaut welche durch Messungen oder Simulationen ermittelt wurden. Dabei kann es sich um bereits vorhandene Daten oder speziell für die Projektaufgabe ermittelte Daten handeln. Werden neue Daten erzeugt, ist es sinnvoll speziell für diesen Zweck ausgelegte Testfelder wie Latin Hypercubes oder gleichverteilte Testfelder, wie sie in Kapitel 7 beschrieben sind, zu verwenden. Sie liefern bei einer gegebenen Anzahl von bestimmbaren Datenpunkten die größte Menge an Informationen über die gesuchten Zusammenhänge. Grundsätzlich gilt, dass eine Erhöhung der Datenpunkteanzahl und somit der Informationsmenge zu einem genaueren Metamodell führt.

Basierend auf den vorhandenen Datenpunkten wird ein Metamodell erzeugt, welches komplexe Zusammenhänge abbildet und dazu die vorhandenen Informationen der Datenpunkte optimal ausnutzt. Dabei ist eine automatische Anpassung des Metamodells an die gegebenen Datenpunkte ohne Vorgabe eines Zusammenhangs zwischen Ein- und Ausgangsvariablen, wie es bei einer einfachen linearen Regression notwendig ist. Wäre eine Vorgabe des Zusammenhangs bereits vor der eigentlichen Analyse erforderlich und nicht korrekt vom Anwender definiert, so kann kein Metamodell erzeugt werden, welches die wahren Zusammenhänge optimal abbildet.

Grundsätzlich wird bei Metamodellen zwischen lokalen und globalen Verfahren unterschieden. Lokale Verfahren wie das Kriging approximieren den gesuchten Funktionswert y an einer unbekannten Faktorkombination x_0 durch Datenpunkte in einer vorher definierten Umgebung um x_0. Globale Verfahren wie Künstliche Neuronale Netzwerke bilden hingegen ein Metamodell, welches auf allen Datenpunkten basiert.

Vor der Erzeugung eines Metamodells muss entschieden werden, ob die Approximation des Modells wie beim Kriging genau durch die bekannten Datenpunkte verlaufen soll oder ob die Approximation eines mittlerer Verlaufs sinnvoller ist. Bei vorhandenen Streuungen in den Datenpunkten ist der mittlere Verlauf des Zusammenhangs für eine Analyse vorzuziehen. Auch bei Verwendung von Computer-Simulationen bei denen keine direkte zufällige Streuung auftritt, kann durch kleine Änderungen der Faktoreinstellungen das Ergebnis deutlich schwanken, da das Simulationsmodell zum Beispiel am Ende des Simulationslauf noch nicht vollständig eingeschwungen ist. Auch in diesen Fällen ist die Vorhersage des mittleren Verlaufs der Ausgangsvariablen oft sinnvoller.

Neben der Wahl der zu verwendenden Faktoren und der Wahl aussagekräftiger Variablen zur Beurteilung des betrachteten Systems sowie die Wahl des Modelltyps ist die Überprüfung der erzeugten Metamodelle einer der wichtigsten Schritte in der Erzeugung von Metamodellen. Die Vernachlässigung der Qualitätsprüfung ist einer der häufigsten Fehler für den missglückten Einsatz von Metamodellen in der Praxis. Eine Prüfung der Metamodelle kann durch die Beurteilung der Approximationsgenauigkeit von zusätzlichen Datenpunkten erfolgen, die nicht zur Erzeugung des Metamodells verwendet wurden oder durch Verfahren wie die Kreuzvalidierung, welche zur Erzeugung des Metamodells Datenpunkte auslassen, um diese anschließend zur Überprüfung zu verwenden.

Grundsätzlich sind bei allen Metamodellen Extrapolationen außerhalb der abgesicherten Datenpunkte, welche zur Erzeugung des Metamodells verwendet wurden, zu vermeiden oder nur mit Vorsicht und weiteren Kontrollen zu verwenden.

SIMPSON et al. vergleicht verschiedene Metamodelle und gibt folgende grundsätzlichen Empfehlungen [170]. Metamodelle auf Basis von Polynomen wurden ursprünglich für Daten mit zufälligen Fehlern (physikalische Experimente) entwickelt. Durch ihre einfache Implementierung finden sie jedoch auch bei Computer-Experimenten häufig Anwendung. Sie sollten lediglich zur Analyse bei wenigen Faktoren und einfachen Zusammenhängen eingesetzt werden. Zur Verbesserung der

Metamodelle können bei geringer Faktoranzahl ebenfalls Splines eingesetzt werden. Treten keine oder unwesentliche zufällige Streuungen in den Daten auf (deterministisch) wird bei stark nichtlinearen Zusammenhängen und einer Faktoranzahl $n_f < 50$ Kriging empfohlen. Werden viele Faktoren, betrachtet sind Künstliche Neuronale Netzwerke vorteilhaft. Das optimale Verfahren zur Erstellung des Metamodells hängt von vielen Randbedingungen ab, so dass alle Empfehlungen lediglich als Hinweise gedeutet werden können. Bei korrekter Anwendung bieten jedoch alle Metamodellansätze ausreichend gute Ergebnisse, wobei ein Vergleich verschiedener Ansätze während einer Analyse zur zusätzlichen Absicherung sinnvoll ist.

Kapitel 9
Optimierung

9.1 Einleitung

Neben Analysen zur Bestimmung von Zusammenhänge zwischen kontrollierbaren Eingangsvariablen (Faktoren) und Ausgangsgrößen (Qualitätsmerkmale) eines technischen Systems ist meist eine Optimierung von Systemeigenschaften durchzuführen. Dabei sind Faktoreinstellungen gesucht, welche ausgewählte Zielgrößen (Qualitätsmerkmale) $z_1, \cdots, z_{n_z}$ für den angestrebten Systemeinsatz optimieren. Die Zielgrößen sollen dabei einen vorgegebenen Wert annehmen beziehungsweise minimiert oder maximiert werden. Optimierungsziele werden zur Vereinfachung der angewendeten Algorithmen in Minimierungsaufgabe umgewandelt. .

$$\begin{array}{ccc} \text{Optimierungsziel} & & \text{Minimierung} \\ \min[z(x)] & \Rightarrow & \min[z(x)] \\ \max[z(x)] & \Rightarrow & \min[-z(x)] \\ z(x) = c & \Rightarrow & \min|c - z(x)| \end{array} \tag{9.1}$$

Bei der Betrachtung mehrerer Zielgrößen ist es nur in den wenigsten Fällen möglich eine Faktorkombination zu finden, die alle Zielgrößen gleichzeitig minimiert (optimiert), so dass nach einem optimalen Kompromiss zwischen allen Zielgrößen (und den dazugehörigen Faktoreinstellungen) gesucht wird. Abbildung 9.1 zeigt dazu ein fiktives Beispiel mit zwei Zielgrößen und zwei ausgewählten Faktoren. Gesucht ist ein Computersystem, welches eine Simulationsaufgabe in einer möglichst kurze Zeit berechnet und gleichzeitig wenig kostet. Dabei werden beide Zielgrößen unter anderem durch die Anzahl der Prozessoren und die Rechengeschwindigkeit jedes einzelnen Prozessors beeinflusst. Zwischen den betrachteten Zielgrößen muss ein Kompromiss gefunden werden, wobei eventuell nicht nur die beiden Zielgrößen (Preis, Rechenzeit) sondern ebenfalls die dazugehörigen Faktoreinstellungen zu berücksichtigen sind. So kann bei ähnlichen Eigenschaften für die Zielgrößen (ähnlicher Preis und Rechengeschwindigkeit) zum Beispiel ein Einzelrechner einem Rechencluster vorgezogen werden.

K. Siebertz et al., *Statistische Versuchsplanung*, VDI-Buch,
DOI 10.1007/978-3-642-05493-8_9, © Springer-Verlag Berlin Heidelberg 2010

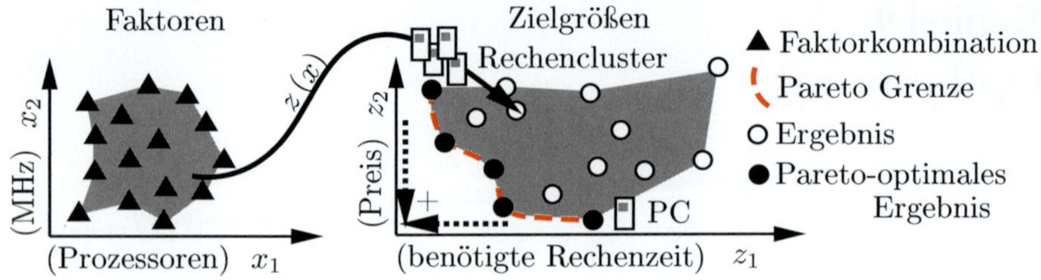

Abb. 9.1 Optimierung mehrerer Zielgrößen

Im ersten Schritt des Optimierungsprozesses sind Lösungen gesucht, die auf oder in der Nähe der *Pareto Grenze* liegen. Die Pareto Grenze wird dabei durch *Pareto optimale* Ergebnisse definiert. Ein Pareto optimales Ergebnis zeichnet sich dadurch aus, dass keine Zielgröße verbessert (verringert) werden kann ohne eine andere Zielgröße zu verschlechtern. Somit sind alle Ergebnisse auf der Pareto Grenze als 'optimal' anzusehen. Sind genügend Punkte auf der Pareto Grenze bestimmt worden wird im zweiten Schritt ein akzeptabler Kompromiss zwischen den Zielgrößen mit optionaler Berücksichtigung der Faktoreinstellungen gewählt.

9.2 Dominanz

Zur Bestimmung, ob ein Datenpunkt x_0 mit den dazugehörigen Zielgrößen zur gesuchten Pareto Grenze gehört, wird überprüft, ob der Datenpunkt im Zielgrößenraum von anderen Punkten *dominiert* wird beziehungsweise welche Datenpunkte von ihm *dominiert* werden. Dabei dominiert ein Punkt *a* einen Punkt *b*, wenn er in mindestens einer Zielgröße besser und in allen anderen mindestens gleichwertig ist (Abbildung 9.2). Im Gegensatz dazu wird ein Punkt *a* von einem Punkt *b* dominiert wenn er in mindestens einer Zielgröße schlechter und in allen anderen Zielgrößen gleichwertig oder schlechter ist.

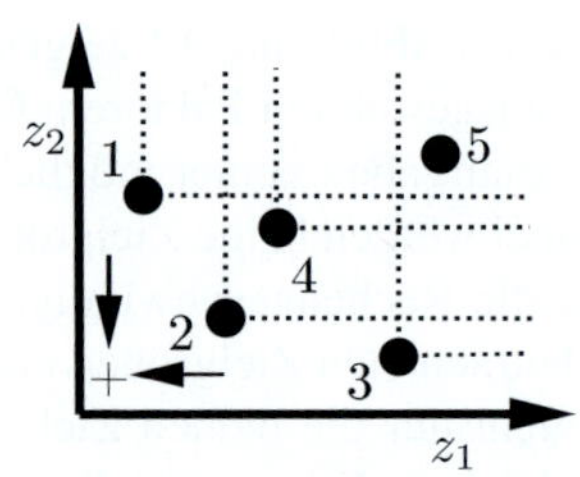

a dominiert b	a wird dominiert von b
$1 \rightarrow 5$	$1 \rightarrow$ keinem
$2 \rightarrow 4{,}5$	$2 \rightarrow$ keinem
$3 \rightarrow 5$	$3 \rightarrow$ keinem
$4 \rightarrow 5$	$4 \rightarrow 2$
$5 \rightarrow$ keinen	$5 \rightarrow 1{,}\cdots{,}4$

Abb. 9.2 Dominanz von Datenpunkten im Zielgrößenraum

Wird nur ein Individuum (Datenpunkt) I_i betrachtet, existiert ein eindeutiger Bereich im Zielgrößenraum, welcher durch das Individuum I_i dominiert wird und ein zweiter welcher Individuen enthält, welche das Individuum I_i dominieren (Abbildung 9.3). In allen anderen Bereichen kann keine Aussage über die Dominanz des Individuums I_i getroffen werden, da einige Zielgrößen besser und andere schlechter sind als die der Individuen dieser Bereiche.

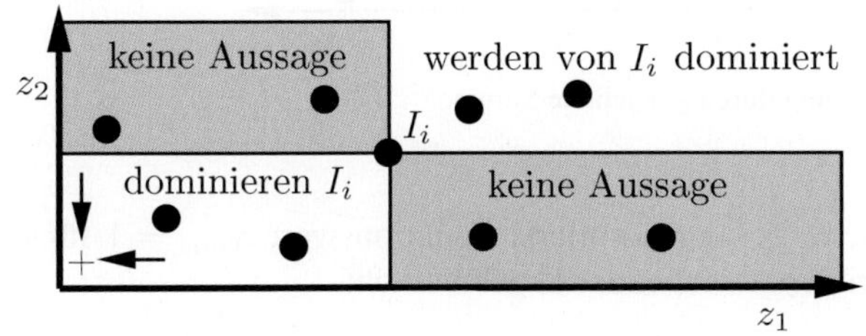

Abb. 9.3 Dominanz eines Individuums I_i

9.3 Reduktion auf eine Zielgröße

Eine auch heute noch weit verbreitete Methode verschiedene Zielgrößen gleichzeitig zu optimieren ist die Zusammenfassung in eine übergeordnete Zielgröße z^*.

$$z^* = g\left(z_1, \cdots, z_{n_z}\right) \tag{9.2}$$

Die Schwierigkeit dabei ist eine sinnvolle Kombination $\left[g\left(z_1, \cdots, z_{n_z}\right)\right]$ der einzelnen Zielgrößen *vor* der Optimierung zu bestimmen. Dazu ist bereits *vor* der eigentlichen Optimierung ein umfangreiches Wissen über die Abhängigkeiten der einzelnen Zielgrößen und Faktoren notwendig.

Gewichtete Summe
Eine beliebte und einfache Kombination der Zielgrößen ist die *gewichtete Summe* bei der jede Zielgröße mit einem vorher festgelegtem Gewicht w_k multipliziert wird.

$$z^* = \sum_{k=1}^{n_z} w_k z_k \quad \text{mit} \quad \sum_{k=1}^{n_z} w_k = 1 \tag{9.3}$$

Das optimierte Ergebnis hängt dabei direkt von dem Verhältnis der einzelnen Gewichte zueinander ab (Abbildung 9.4). Ist die Pareto Grenze konvex, so kann grundsätzlich jeder Punkt der Grenze durch eine geeignete Kombination der Gewichte ermittelt werden. Bei konkaven Pareto Grenzen sind jedoch eventuell wichtige Bereiche nicht ermittelbar.

Gewichtetes Produkt
Ein weiteres Kombinationsverfahren der Zielgrößen ist das *Produkt normierter und gewichteter Größen* (siehe Kapitel 5.2.1). Dazu werden die Zielgrößen $z_1, \cdots, z_{n_z}$ im ersten Schritt auf den Bereich $[0, 1]$ normiert. Die Abbildung 9.5 zeigt eine typische

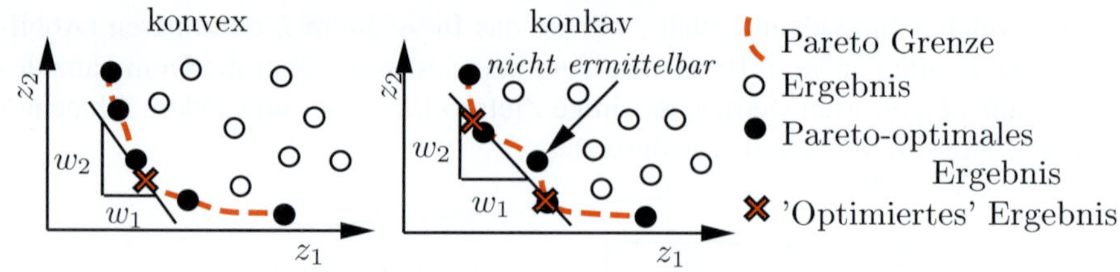

Abb. 9.4 Optimierung durch gewichtete Summe

Normierungen, wobei der normierte Funktionswert $z_{norm} = 1$ für ein ideales und $z_{norm} = 0$ für ein unzureichendes Ergebnis steht.

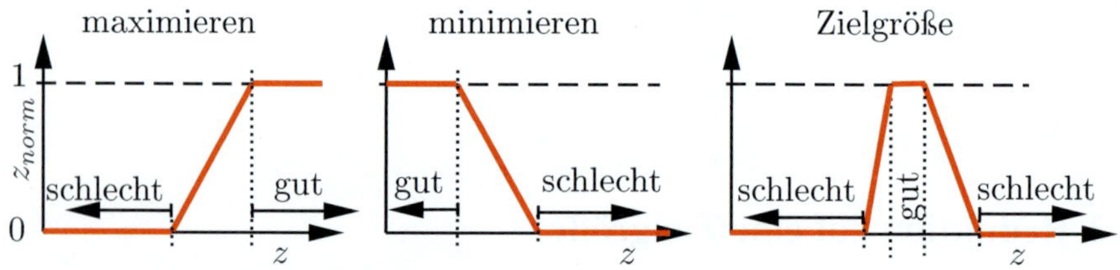

Abb. 9.5 Normierung von Zielgrößen

Neben den dargestellten linearen Normierungsfunktionen werden häufig auch sigmoidale (s-förmige) Funktionen verwendet, wie sie in Gleichung 8.41 (Kapitel 8.8) als Aktivierungsfunktion für künstliche Neuronale Netzwerke eingesetzt werden. Die übergeordnete Zielgröße z^* ist das (negative) Produkt der normierten Zielgrößen.

$$z^* = -\prod_{k=1}^{n_z} z_{norm,k} \tag{9.4}$$

Nimmt die übergeordnete Zielgröße den Wert $z^* = 0$ an, ist mindestens eine der Zielgrößen $z_{norm,k} = 0$ im nicht akzeptierten Bereich. Ein Wert von $z^* = -1$ bedeutet hingegen, dass alle normierten Zielgrößen im optimalen Bereich liegen.

Werden alle Zielgrößen in eine übergeordnete Zielgröße kombiniert, so kann diese mit klassischen Minimierungsverfahren optimiert werden. Dabei kommen meist Gradientenverfahren [146] aber auch Verfahren wie simulated annealing (Kapitel 7.4) oder genetische Optimierung (Kapitel 9.4) zum Einsatz. Bei der Anwendung eines Gradientenverfahrens ist zu beachten, dass diese bei Löchern im Faktorraum häufig Probleme aufweisen, so dass genetische Algorithmen hier Vorteile bieten können. Abbildung 9.6 zeigt schematisch den Optimierungsfortschritt bei Verwendung von zwei verschiedenen Startpunkten eines Gradientenverfahrens beziehungsweise bei Kombination der Zielgrößen zu unterschiedlichen übergeordneten Zielgrößen.

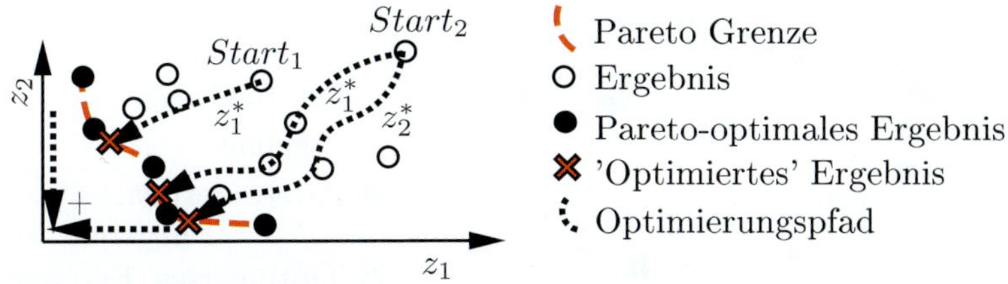

Abb. 9.6 Optimierung mittels einer übergeordneten Zielgröße

Je nach Startpunkt oder Kombination der Zielgrößen werden andere oder auch gleiche Lösungen auf der Pareto Grenze gefunden. Bei Verwendung klassischer Verfahren wird lediglich ein Ergebnis ermittelt, welches zum großen Teil von dem vorher definierten Zusammenhang der Zielgrößen abhängt. Das ermittelte Ergebnis wird in den folgenden Entwicklungsschritten als 'optimales' Ergebnis verwendet. Neben dem 'optimierten' Ergebnis befinden sich jedoch verschiedene Ergebnisse mit nahezu identischen oder ebenfalls akzeptablen Zielwertkombinationen. Diese alternativen Lösungen, die dem Anwender nicht zur Verfügung stehen, können jedoch entscheidende Vorteile gegenüber der gefundenen Lösung aufweisen. Dieses können beispielsweise vorteilhafte Faktorkombinationen sein, die eine einfachere Fertigung ermöglichen oder eine robustere Lösung darstellen. Weitere Ergebnisse auf der Pareto Grenze sind nur durch eine erneute Optimierung mit neuen Zielgrößenkombinationen oder neuem Startpunkt ermittelbar. Der benötigte Rechenaufwand für die Optimierung wird dadurch vervielfacht und das grundsätzliche Problem der richtigen Wahl der Gewichte und Kombinationsfunktion ist nicht gelöst, so dass das gefundene Ergebnis bei jeder Optimierung in gewissen Grenzen zufällig ist.

ε-Constraint

Eine Alternative zur Kombination der Zielgrößen zu einer übergeordneten Zielgröße z^* bietet die *ε-Constraint*-Methode [116]. Dabei wird lediglich eine der Zielgrößen $z_a \in \{z_1, \cdots, z_{n_z}\}$ optimiert. Alle anderen Zielgrößen werden als Nebenbedingung mit festzulegenden Maximalwerten ε definiert (Abbildung 9.7):

$$z_b \leq \varepsilon_b \qquad b = 1, \cdots, n_z \qquad b \neq a \tag{9.5}$$

Existiert eine Lösung für die Minimierungsaufgabe von z_a so ist diese Lösung eine Lösung der Pareto Grenze. Durch die Optimierung der einzelnen Zielgrößen in Kombination mit unterschiedlichen Maximalwerten ε für die übrigen Zielgrößen können grundsätzlich alle Punkte der Pareto Grenze ermittelt werden.

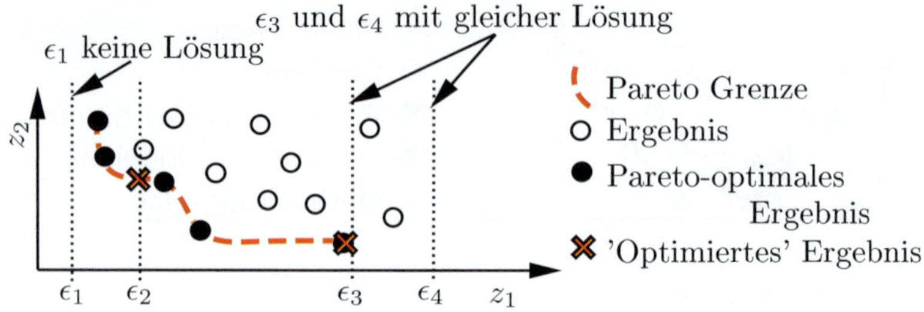

Abb. 9.7 ε-Constraint-Methode

9.4 Genetische Evolutionsverfahren für mehrerer Zielgrößen

In der Praxis ist es im Gegensatz zu den im Vorfeld dargestellten Optimierungsverfahren mit einer übergeordneten Zielgröße vorteilhaft, alle Zielgrößen parallel zu betrachten und die komplette Pareto Grenze zu bestimmen. Die ermittelten Pareto optimalen Lösungen sollen dabei möglichst gleichmäßig auf der Pareto Grenze verteilt sein (siehe Abbildung 9.4). Zur Ermittlung der Lösungen haben sich genetische Optimierungsverfahren für mehrere Zielgrößen bewährt und durchgesetzt. Sie bieten die Möglichkeit alle Bereiche einer Pareto Grenze zu bestimmen, auch wenn komplexe Zusammenhänge zwischen Faktoren und Zielgrößen oder unter Zielgrößen vorliegen. Weiterhin bereiten ihnen nicht definierte Bereiche im Faktorraum (Löcher) keine Schwierigkeiten und Randbedingungen für Faktoren und Zielgrößen lassen sich leicht in die Optimierungsalgorithmen integrieren. Bei steigender Anzahl der Zielgrößen steigt der Rechenaufwand zur Bestimmung der Pareto Grenze schnell an, so dass typischerweise Metamodelle (Kapitel 8) mit kurzer Rechenzeit und hoher Genauigkeit anstelle von komplexen Simulationsmodellen eingesetzt werden.

In der Literatur finden sich verschiedenste genetische Optimierungsverfahren, die mehr oder weniger die biologische Evolution nachahmen. So werden Merkmale von einer zur nächsten Generation vererbt mit anderen gekreuzt oder zufällig mutiert. In folgenden Generationen 'überleben' hauptsächlich die Individuen (Faktoreinstellungen), die fitte (gute) Eigenschaften in den Zielgrößen aufweisen. Abbildung 9.8 zeigt den verallgemeinerten Ablauf einer genetischen Optimierung. Basierend auf einer vorhandenen Gruppe von Individuen mit unterschiedlichen Faktoreinstellungen (i^{te} Genaration) werden durch ein zu bestimmendes Verfahren verschiedene Individuen ausgewählt und als *Eltern* deklariert. Durch Kreuzung der verschiedenen Eltern entstehen sogenannte *Kinder*, wobei die Eigenschaften (Faktoreinstellungen) direkt von den Eltern und der Art der Kreuzung abhängen. Im Anschluss an die Kreuzung findet mit geringer Wahrscheinlichkeit eine Mutation der einzelnen Eigenschaften (Faktoreinstellungen) statt. Dazu werden die Faktoreinstellungen unabhängig von den Eltern verändert, wodurch gewährleistet wird, dass während des Optimierungsprozesses beliebige Faktoreinstellungen erzeugt werden können, die nicht aus der Elterngeneration erzeugbar sind. Dadurch wird gewährleistet, dass das

Optimierungsverfahren nicht in einem lokalen Minimum stecken bleibt und mit einer voreingestellten Wahrscheinlichkeit alle Bereiche des Faktorraums geprüft werden. Sind die Faktoreinstellungen der Kinder festgelegt, werden die dazugehörigen Zielgrößen bestimmt und im nächsten Schritt die neue Generation G_{i+1} ermittelt. Dazu werden durch ein zu bestimmendes Verfahren die fittesten (besten) Individuen aus den Kindern und der vorgehenden i^{ten} Generation gewählt. In einem iterativen Prozess werden diese vier Schritte solange wiederholt bis eine maximale Iterationsanzahl erreicht wurde oder keine signifikante Verbesserung der gefundenen Pareto Grenze mehr erzielt wird.

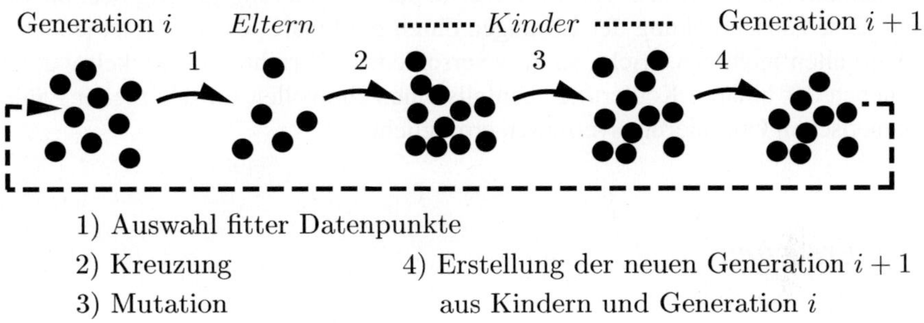

Abb. 9.8 Genetisches Evolutionsverfahren

Binäre Kodierung

Traditionell werden in Computer gestützten genetischen Optimierungsverfahren die Faktoreinstellungen binär kodiert. Seien x_u und x_o die untere und obere Grenze eines Faktors $x_u \leq x \leq x_o$ und n_b die Anzahl der verwendeten Bits $\left(b_0, \cdots, b_{n_b-1}\right)$ zur Darstellung des Faktors x. Bei gegebener Binärdarstellung wird die Faktoreinstellung für x durch folgende Gleichung berechnet:

$$x = x_u + \sum_{k=0}^{n_b-1} 2^k b_k \frac{x_o - x_u}{2^{n_b} - 1} \tag{9.6}$$

Zur Veranschaulichung wird ein Rohrdurchmesser d mit zwei Bits kodiert ($2^2 =$ 4 Stufen), wobei $x_u = 6$ und $x_o = 9$ sind (Tabelle 9.1). Der binäre Wert $'10'$ ($b_1 = 1$ $b_0 = 0$) repräsentiert damit die Faktoreinstellung:

$$x = 6 + \left(2^0 0 + 2^1 1\right) \frac{9-6}{2^2 - 1} = 6 + 2\frac{3}{3} = 8 \tag{9.7}$$

Wird eine minimale Auflösung Δ_{min} eines Faktors x für eine Optimierung benötigt, so muss die Anzahl n_b so gewählt werden, dass folgende Ungleichung erfüllt ist.

$$2^{n_b} \geq \frac{x_o - x_u}{\Delta_{min}} \tag{9.8}$$

b_1	b_0	x
0	0	6
0	1	7
1	0	8
1	1	9

Tabelle 9.1 Binäre Kodierung

Die binäre Kodierung der Faktoren begrenzt im Vergleich zur Verwendung des reellen Zahlenraums die möglichen Faktorstufen und somit auch die erzeugbaren Datenpunkte, was eine schnelle Konvergenz der Optimierung günstig beeinflussen kann. Eine Einschränkung der Lösungen durch die binäre Kodierung ist jedoch in vielen Fällen nicht erwünscht, so dass verschiedene Verfahren entwickelt wurden, die neben der binären Kodierung ebenfalls einen sinnvollen Einsatz reeller Zahlen in genetischen Optimierungsverfahren ermöglicht.

9.4.1 Kreuzung

Die Kreuzung jedes Faktors x zweier Eltern a und b wird in der genetischen Optimierung mit einer vorgegebenen Wahrscheinlichkeit p_K durchgeführt, wobei typische Werte im Bereich $p_K \in [0.6, 1.0]$ liegen.

Binäre Kodierung

Die Kreuzung zweier *binär* kodierter Variablen (Faktoren) mit zwei Schnittpunkten ist beispielhaft in Abbildung 9.9 dargestellt. Im ersten Schritt des Kreuzungsalgorithmus werden zufällig zwei Schnittpunkte in der binären Darstellung ausgewählt. Anschließend werden die Kinder durch einfaches Vertauschen der Bits zwischen den zwei Schnittpunkten ermittelt. Durch die Kreuzung werden zwei Kinder erzeugt, die ähnliche Faktorwerte aufweisen wie deren Eltern. In der Literatur finden sich ähnliche Verfahren mit nur einem Schnittpunkt, bei dem alle Bits auf einer Seite des Schnittpunkts vertauscht werden oder Verfahren bei denen für jedes Bit einzeln mit einer vorgegeben Wahrscheinlichkeit entschieden wird, ob das Bit vertauscht wird.

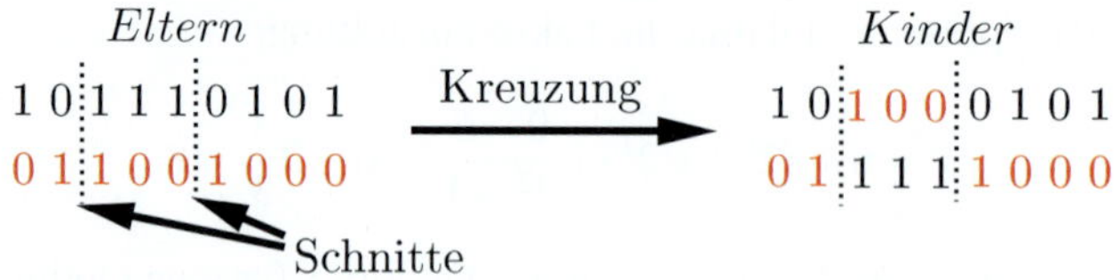

Abb. 9.9 Kreuzung (binär)

Reelle Faktoren

Zur Kreuzung *reeller* Zahlen sind verschiedene Algorithmen entwickelt worden

(Fuzzy Recombination [187], BLX [42], SBX [31, 33, 7], vSBX [7, 8], PCX [32], XLM [179], PNX [8], PBX [102], UNDX [133]).

Das einfache BLX (*Blend Crossover*) erzeugt Kinder aus zwei Eltern a und b durch die zufällige Wahl einer reellen Zahl aus einem Bereich, der wie folgt definiert ist (Abbildung 9.10):

$$[\min(a,b) - \alpha\,|a-b|\,, \max(a,b) + \alpha\,|a-b|] \tag{9.9}$$

Bei steigendem α wird somit ein größerer Bereich durch die Kinder abgedeckt. Ein typischer Wert für α liegt bei $\alpha = 0.5$.

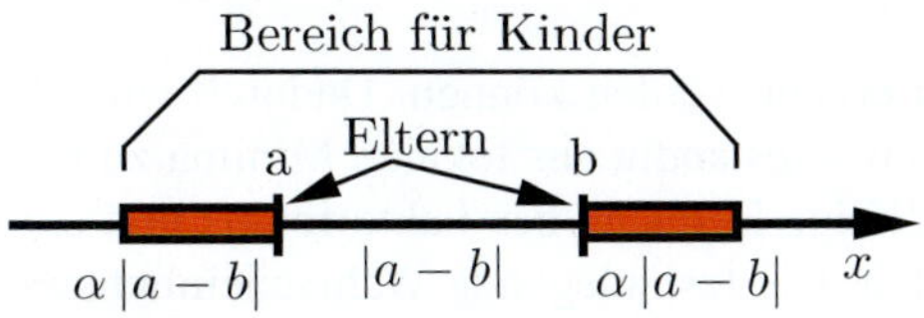

Abb. 9.10 Kreuzung durch BLX

Der *vSBX* Algorithmus ist eine Verbesserung des *SBX* (*Simulated Binary Crossover*) und verwendet zur Bestimmung der Faktoreinstellung k eines Kindes zwei unterschiedliche Gleichungen $k_{1,2}$, wobei vor der Kreuzung eine der beiden Gleichungen mit gleicher Wahrscheinlichkeit ausgewählt wird:

$$\begin{aligned} k_1 &= \begin{cases} 0.5\,[(1+\beta_1)\,a + (1-\beta_1)\,b] & 0 < u \leq 0.5 \\ 0.5\,[(3-\beta_2)\,a - (1-\beta_2)\,b] & 0.5 < u \leq 1 \end{cases} \\ k_2 &= \begin{cases} 0.5\,[(1-\beta_1)\,a + (1+\beta_1)\,b] & 0 < u \leq 0.5 \\ 0.5\,[-(1-\beta_2)\,a + (3-\beta_2)\,b] & 0.5 < u \leq 1 \end{cases} \end{aligned} \tag{9.10}$$

$$\beta_1 = \left(\frac{1}{2u}\right)^{\frac{1}{\eta_K+1}} \qquad \beta_2 = \left(\frac{1}{2\,(1-u)}\right)^{\frac{1}{\eta_K+1}} \tag{9.11}$$

Die Zufallsvariable $u \in [0,1]$ ist dabei für jede Variable (Faktor) und Kreuzung neu zu bestimmen. Der im Vorfeld festzulegende und meist konstante Parameter η_K bestimmt die Streuung der Kinder um die Eltern. Abbildung 9.11 zeigt beispielhaft den Einfluss von η_K auf die Kreuzung zweier Eltern, welche durch zwei Faktoren (x_1, x_2) definiert sind. Die Erhöhung von η_K führt zu einer Verringerung der Streuung. Typische Werte für η liegen zwischen 5 und 20.

9.4.2 Mutation

Die Mutation ändert zufällig Faktorstufen im Faktorraum, wodurch die Erzeugung von Datenpunkten (Kinder) ermöglicht wird, die nicht durch eine Kreuzung der

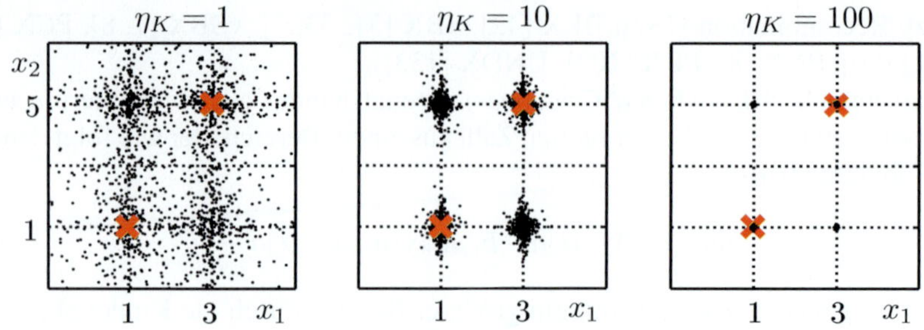

Abb. 9.11 Kreuzung reeller Zahlen (1,1) und (3,5) durch vSBX

ausgewählten Eltern erzielt werden können. Dadurch wird dem Optimierungsverfahren ermöglicht sich selbständig aus lokalen Minima zu befreien, da in regelmäßigen Abständen zufällige Bereiche des Faktorraums und die dazugehörigen Zielgrößen geprüft werden. Die festzulegende Wahrscheinlichkeit der Mutation ist mit $p_M = 0 \cdots 0.5$ deutlich geringer als die Wahrscheinlichkeit der Kreuzung (Kapitel 9.4.1).

Binäre Kodierung

Die Mutation eines *binär* kodierten Faktors wird durch eine zufällige Änderung einzelner Bits erzeugt (Abbildung 9.12), wobei jedes einzelne Bit mit der vorgegebenen Wahrscheinlichkeit p_M vertauscht wird.

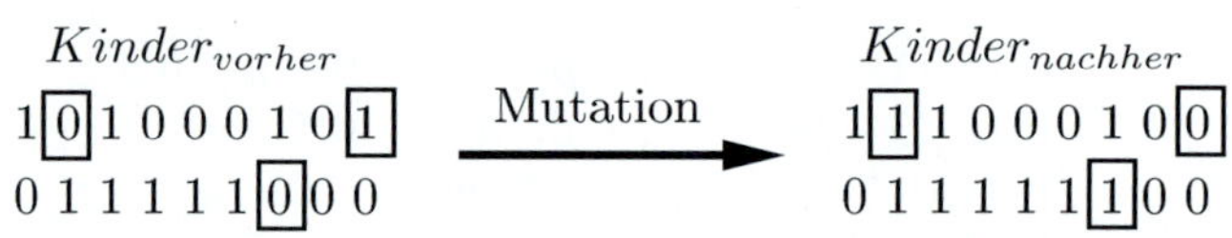

Abb. 9.12 Mutation (binär)

Reelle Faktoren

Die Mutation eines *reellen* Faktors kann grundsätzlich durch die Wahl eines zufälligen Wertes aus dem Definitionsbereich erreicht werden, wobei sich jedoch zeigt, dass eine Streuung um den aktuellen Faktorwert sich positiv auf den Optimierungsprozess auswirkt. Typische Verfahren sind dabei *non-uniform-*, *Normverteilung* und *Polynom* Mutation [147]. Bei gegebener unterer und oberer Grenze des zu mutierenden Faktors $x_u \leq x \leq x_o$ wird die *Polynom* Mutation durch folgende Gleichung berechnet.

$$x_M = x + \beta\,(x_o - x_u)$$
$$\text{mit}\quad \beta = \begin{cases} \left(2u + [1-2u]\left[1 - \frac{x-x_u}{x_o-x_u}\right]^{\eta_{M+1}}\right)^{\frac{1}{\eta_{M+1}}} - 1 & u \leq 0.5 \\ 1 - \left(2\,[1-u] + 2\,[u-0.5]\left[1 - \frac{x_o-x}{x_o-x_u}\right]^{\eta_{M+1}}\right)^{\frac{1}{\eta_{M+1}}} & u > 0.5 \end{cases} \tag{9.12}$$

Dabei ist u eine Zufallszahl im Bereich $u \in [0,1]$ und η_M eine Zahl größer Null, welche die Streubreite der Mutation beeinflusst. Abbildung 9.13 zeigt die Auswirkung von η_M auf die Mutation zweier Faktoren $(x_1 = 3, x_2 = 5)$ mit $x_1, x_2 \in [1,9]$. Typische Werte für η_M liegen im Bereich $\eta_M \in [5,50]$.

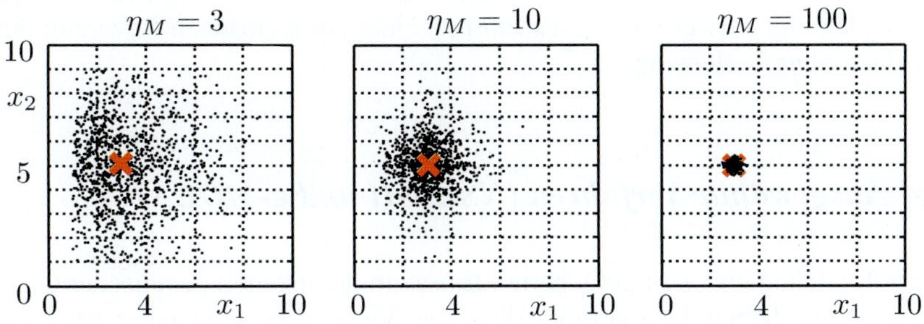

Abb. 9.13 Polynom Mutation reeller Zahlen $(x_1 = 3, x_2 = 5)$

9.4.3 Randbedingungen

Die Integration von komplexen Randbedingungen für Faktoren *und* Zielgrößen ist in den meisten genetischen Optimierungsverfahren einfach. Zur Verallgemeinerung wird für jede Randbedingung $g(x,z)$, welche eine Funktion der Faktoren und Zielgrößen ist, eine Gleichung $c(x,z)$ so formuliert, dass bei Verletzung der Randbedingung ein negativer Funktionswert auftritt.

$$
\begin{array}{rcl}
\text{Randbedingung} & & \text{Gleichung} \\
g(x,z) \leq K & \Rightarrow & c(x,z) = [K - g(x,z)]\, w \\
g(x,z) \geq K & \Rightarrow & c(x,z) = [g(x,z) - K]\, w \\
g(x,z) = K & \Rightarrow & c(x,z) = |g(x,z) - K|\, w \\
K_1 \leq g(x,z) \leq K_2 & \Rightarrow & c(x,z) = \left[\frac{|K_1 - K_2|}{2} - \left|g(x,z) - \frac{K_1 + K_2}{2}\right|\right] w
\end{array}
$$

Dabei sind K Konstanten und $w \geq 0$ optionale Gewichtungsfaktoren, die eine Normierung der Randbedingungen und einen direkten Vergleich untereinander ermöglichen.

Verletzt ein Testpunkt eine Randbedingung $c(x,z) < 0$, schließt dieses die Zugehörigkeit zur Pareto Grenze aus. Werden zwei Individuen in einem Fitnesstest verglichen, so gewinnt das Individuum, welches keine Randbedingungen verletzt gegenüber ein Individuum, welches mindestens eine Randbedingung verletzt. Sollen oder können Randbedingungen im Fitnesstest nicht separat betrachtet werden, da dieses im verwendeten Algorithmus nicht vorgesehen ist, so wird jede Zielgröße bei Verletzung mindestens einer beliebigen Randbedingung durch den Maximalwert der Zielgröße plus den Absolutbetrag der Summe aller verletzenden Randbedingungen ersetzt.

$$z_i^* = z_{i,max} + \left|\sum min\left(0, c\left(x,z\right)\right)\right| \quad \text{Verletzung} \rightarrow c\left(x,z\right) < 0 \tag{9.13}$$

Dadurch wird sichergestellt, dass die Individuen mit Verletzung mindestens einer Randbedingung schlechtere Zielgrößenwerte aufweisen als die Individuen, die keine Verletzung aufweisen. Dieses führt zu einer automatischen Bevorzugung der Individuen ohne Verletzung.

9.4.4 Ausgewählte Verfahren (NSGA-II und ε-MOEA)

Die erfolgreichen und weit gefächerten Einsatzmöglichkeiten genetischer Optimierungsverfahren haben dazu geführt, dass eine Vielzahl verschiedener Algorithmen entwickelt wurden. Bekannte Verfahren sind unter Anderen: VEGA [162, 163], HLGA [101], MOGA [58, 57], NPGA [73], SPEA(2) [202, 203, 200, 201], NSGA-II [30, 35, 129], PAES [89], PESA [24] und ε-MOEA [34].

Im Rahmen dieser Arbeit werden exemplarisch die Verfahren *NSGA-II* und *ε-MOEA* kurz dargestellt wurden.

NSGA-II (Non-dominated Sorting Genetic Algorithm)
Das Verfahren *NSGA-II* findet sich in vielen kommerziellen und freien Optimierungstools [30, 35, 129]. Der prinzipielle Ablauf dieses Verfahrens besteht aus den folgenden Schritten:

1. Wähle n_g zufällige Individuen, welche die Start-Generation G_0 bilden
2. Bestimme den *Rang* und die *Crowding Distance* (CD) für jedes der n_g Ind.
3. Wähle geeignete Eltern E_i aus der aktuellen Generation G_i mittels Rang und CD
4. Berechne Kinder K_i durch Kreuzung der Eltern und anschließender Mutation
5. Bestimme Rang und CD für alle Individuen $(G_i \cup K_i)$
6. Erzeuge eine neue Generation G_{i+1} mittels Rang und CD aus $G_i \cup K_i$
7. Weiter bei Schritt 3, wenn Abbruchbedingung der Optimierung nicht erfüllt ist

Im Initialisierungsschritt des NSGA-II werden n_g zufällige Individuen ausgewählt, welche die erste Generation G_0 bilden. Zur Beurteilung und Vergleich der einzelnen Individuen wird der *Rang* und die *Crowding Distance* (CD) jedes einzelnen Individuums bestimmt.

Zur Bestimmung des **Rangs** eines Individuums werden alle Individuen in Grenzen (Fronten) eingeteilt (Abbildung 9.14). Der Rang *eins* enthält dabei alle Individuen der aktuellen Pareto Grenze, also alle Individuen, die nicht von einem anderen Individuum dominiert werden. In Rang zwei befinden sich alle Individuen, die auf der Pareto Grenze liegen, wenn alle Individuen des Rangs *eins* entfernt und somit nicht berücksichtigt werden. Alle weiteren Ränge enthalten entsprechend die Individuen, welche auf der Pareto Grenze liegen, wenn alle Individuen der vorherigen

Ränge entfernt wurden. Da dieses grundsätzliche Bestimmungsverfahren viel Rechenzeit beansprucht, wurde von DEB et al. ein Sortierungsalgorithmus entwickelt, welcher die benötigte Rechenzeit deutlich reduziert [35].

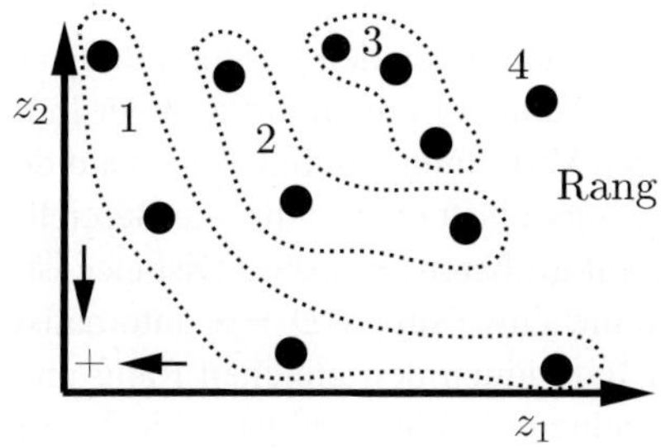

Abb. 9.14 Rang Zuordnung

Die **Crowding Distance** (CD) beurteilt die Individuen eines Rangs untereinander. Dabei ist die CD ein Maß für den Abstand eines Individuums zu seinen benachbarten Individuen. Zur Bestimmung der CD werden die Individuen eines Rangs separat für jede Zielgröße aufsteigend sortiert. Jedem Individuum, welches für eine Zielgröße das kleinste oder größte (erste oder letzte) Element darstellt, wird der Wert $CD_i = \infty$ zugewiesen. Alle anderen Individuen besitzen bei separater Betrachtung jeder Zielgröße mindestens ein Individuum, welches einen kleineren oder größeren Zielgrößenwert aufweist. Die CD eines Individuums ist die Summe der Abstände zu den benachbarten Individuen für jede Zielgröße (Abbildung 9.15). Damit die Zielgrößen untereinander vergleichbar sind, werden diese durch die aktuelle Spannbreite der jeweiligen Zielgröße, welche durch die zwei Randpunkte der Zielgröße definiert sind, normiert.

$$CD_i = \sum_{k=0}^{n_z} \frac{z_{k,i+1} - z_{k,i-1}}{z_{k,max} - z_{k,min}} \tag{9.14}$$

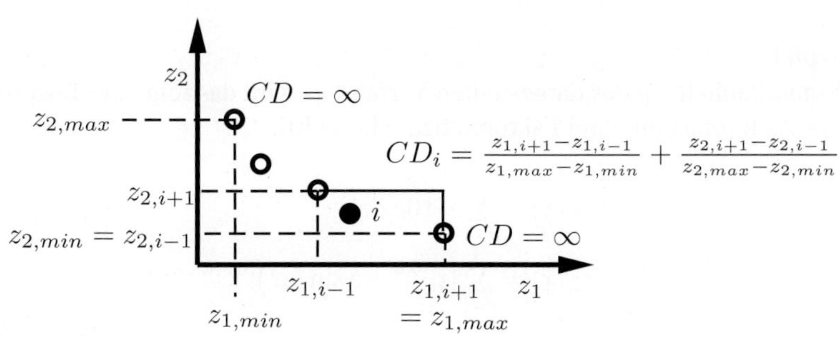

Abb. 9.15 Crowding Distance

Zur Auswahl geeigneter Eltern werden jeweils zwei zufällige Individuen aus der aktuellen Generation ausgewählt und deren Fitness verglichen, wobei das fittere Individuum als ein Elternteil ausgewählt wird. Die Fitness wird dabei durch den Rang und die Crowding Distance beschrieben. Hat ein Individuum einen geringeren Rang, so ist es aus einer Grenze, die näher an der gesuchten Pareto Grenze liegt und somit zu bevorzugen. Weisen beide Individuen den gleichen Rang auf, so ist das Individuum zu bevorzugen, welches in einem Bereich mit weniger Individuen liegt. Zur Verbesserung der gleichmäßigen Verteilung von Individuen auf der betrachteten Grenze wird im nächsten Optimierungsschritt eher in diesem Bereich ein neues Individuum benötigt. Das Individuum mit größerer Crowding Distance ist somit zu bevorzugen. Randpunkte werden durch die Zuweisung $CD = \infty$ automatisch inneren Individuen vorgezogen. Weisen zwei Individuen den gleichen Rang und CD auf, so wird ein zufälliges der beiden Individuen als Elternteil gewählt. Ein Individuum i ist einem Individuum j somit vorzuziehen, wenn:

$$Rang_i < Rang_j \text{ oder } [Rang_i = Rang_j \text{ und } CD_i > CD_j] \tag{9.15}$$

Aus zwei Eltern werden im nächsten Schritt durch Kreuzung (Kapitel 9.4.1) und Mutation (Kapitel 9.4.2) zwei neue Individuen (Kinder) berechnet. Die Auswahl von Eltern und Erzeugung von Kindern wird solange vorgesetzt bis eine vorgegebene Anzahl von neuen Individuen ermittelt wurde (zum Beispiel n_g neue Individuen).

Zur Erzeugung der neuen Generation G_{i+1} werden die Individuen der vorhergehenden Generation G_i und alle neu erzeugten Individuen (Kinder) zusammen betrachtet und sortiert (Rang und CD). Die besten n_g Individuen nach Gleichung 9.15 bilden anschließend die neue Generation G_{i+1} (Abbildung 9.16).

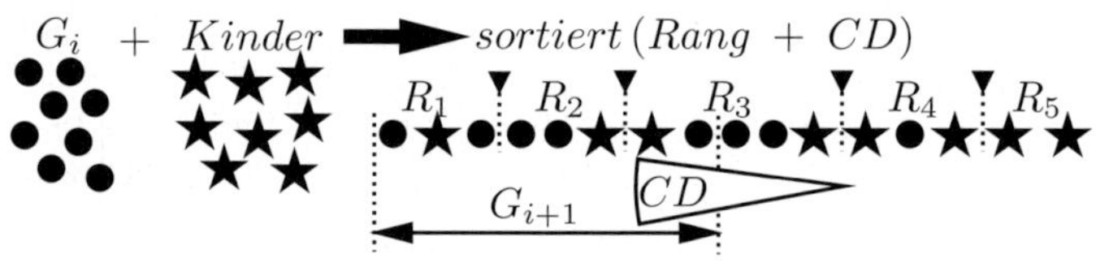

Abb. 9.16 Erzeugung einer neuen Generation (NSGA-II)

Beispiel

Zur Veranschaulichung des dargestellten Verfahrens wird das folgende Testproblem mit zwei Zielgrößen und drei Faktoren betrachtet [30].

$$\begin{aligned} z_1(x) &= \sum_{i=1}^{2} -10e^{-0.2\sqrt{x_i^2+x_{i+1}^2}} \\ z_2(x) &= \sum_{i=1}^{3} |x_i|^{0.8} + 5\sin\left(x_i^3\right) \\ -5 &\leq x_i \leq 5 \end{aligned} \tag{9.16}$$

Eine Monte-Carlo-Simulation (Kapitel 7.3.1) mit 1000 Individuen zeigt eine deutliche Streuung im Zielgrößenraum und lässt die ungefähre Position der gesuchten Pareto Grenze erkennen (Abbildung 9.17). Nur wenige Individuen liegen dabei auf oder in der Nähe der gefundenen Pareto Grenze. Weiterhin zeigt sich, dass in der durchgeführten Monte-Carlo-Simulation die gefundenen Lösungen für kleine z_2 deutlich von der idealen Pareto Grenze abweichen. Eine reine Monte-Carlo-Simulation ist somit zur Bestimmung der Pareto Grenze nicht zielführend.

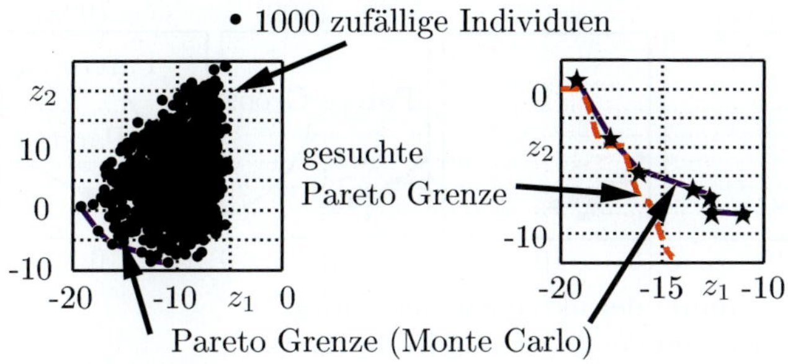

Abb. 9.17 Testproblem, Monte-Carlo

Abbildung 9.18 zeigt hingegen den Verlauf der NSGA-II Optimierung bei einer gewählten Populationsgröße von $n_g = 32$. Ausgehend von der im gesamten Zielraum verteilten Startpopulation G_0 entwickelt sich die Population schnell in Richtung der gesuchten Pareto Grenze. Bereits in der achten Generation G_8 und somit nach 288 Auswertungen der Testfunktion wird eine ähnliche Güte der Pareto Grenze erreicht wie nach 1000 Auswertungen für die Monte-Carlo-Simulation. Nach 800 Auswertungen G_{24} ist die gefundene Pareto Grenze bereits deutlich näher an der idealen und gesuchten Grenze als nach der Monte-Carlo-Simulation (1000 Auswertungen). Nach 3000 Auswertungen und 92 Generationen liegen alle Individuen gleichmäßig verteilt an der gesuchten Pareto Grenze (Abbildung 9.19). Die Konvergenzgeschwindigkeit der Optimierung hängt neben der Komplexität des betrachteten System ebenfalls von der Wahl der Optimierungsparameter (Populationsgröße, Kreuzungswahrscheinlichkeit, $\cdots$) ab.

Zur Veranschaulichung der Crowding Distance (CD) ist in Abbildung 9.20 die erste Generation der durchgeführten NSGA-II Optimierung mit Rang und einigen CDs dargestellt. Alle äußeren Punkte jedes Rangs sind große Zahlen (∞) zugewiesen. Im ersten Rang (aktuelle Pareto Grenze) weist der mittlere Datenpunkt die geringste CD auf, so dass alle anderen Datenpunkte des Rangs im direkten Vergleich dem mittleren Datenpunkt vorzuziehen sind.

Werden zusätzlich folgende Randbedingungen der Optimierungsaufgabe hinzugefügt, so wird die in Abbildung 9.21 dargestellten Pareto Grenze durch das NSGA-II Verfahren ermittelt.

$$\left.\begin{array}{r} z_1 \leq -17.5 \\ z_1 \geq -16.5 \end{array}\right\} \rightarrow g(z_1) = -0.5 + |-17.0 - z_1| \qquad \left.\begin{array}{r} z_2 \leq -11.0 \\ z_2 \geq -9.0 \end{array}\right\} \rightarrow g(z_2) = -1.0 + |-10.0 - z_2| \tag{9.17}$$

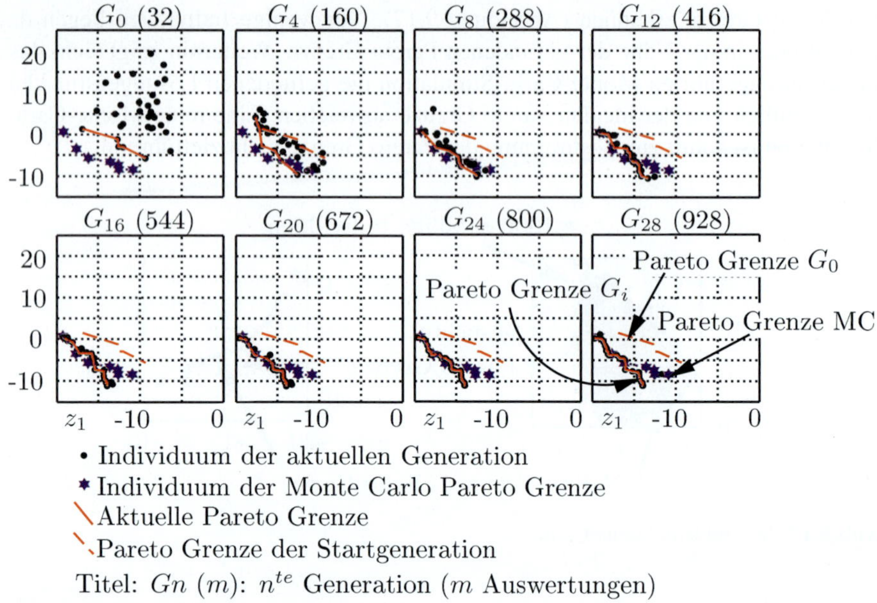

Abb. 9.18 Optimierungsverlauf (NSGA-II)

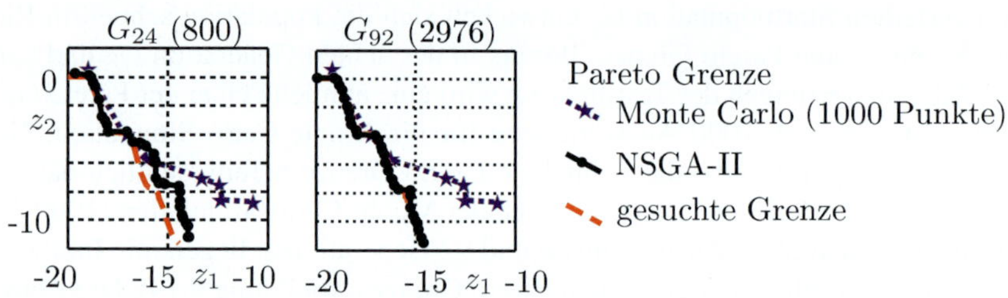

Abb. 9.19 Pareto Grenze (NSGA-II)

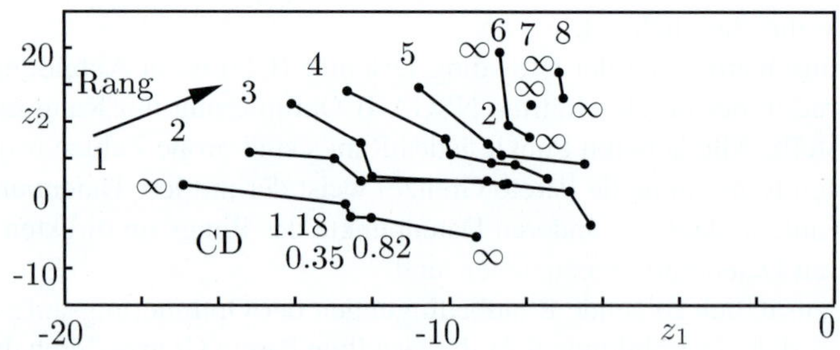

Abb. 9.20 Rang und CD der ersten Generation G_0 des Testproblems

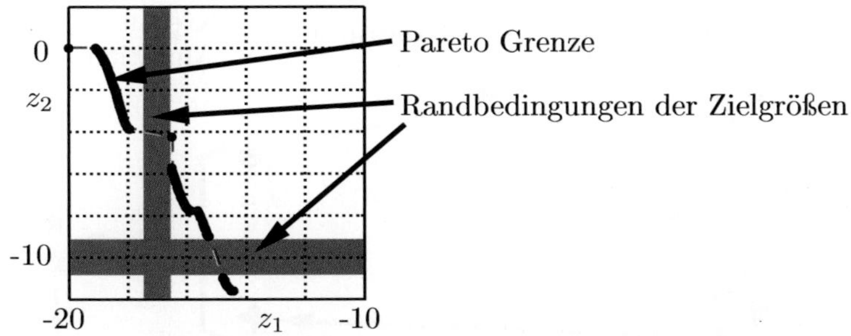

Abb. 9.21 Pareto Grenze mit Randbedingungen für beide Zielgrößen (Testproblem)

ε-MOEA

Neben Verfahren wie NSGA-II, die mit einer einzelnen Gruppe von Individuen arbeiten, welche während des Optimierungsprozesses kontinuierlich verbessert werden, existieren ebenfalls Verfahren wie zum Beispiel das ε-MOEA [34], die zwei separate Gruppen von Individuen zur Optimierung einsetzen. Neben der Populationsgruppe welche Individuen der aktuellen Generation beinhaltet, enthält die zweite Gruppe nur Individuen der aktuellen Pareto Grenze und wird als Elite Gruppe bezeichnet. Die Elite Gruppe besitzt im Gegensatz zur Populationsgruppe keine vorgegebene Größe und kann je nach gefundenen Individuen anwachsen oder schrumpfen. Der grundlegende Optimierungsablauf von ε-MOEA ist in Abbildung 9.22 schematisch dargestellt. Zur Erzeugung zweier Eltern werden aus der Populationsgruppe zwei zufällige Individuen ausgewählt und verglichen. Ist ein Individuum fitter (dominant) als das Andere wird dieses als erstes Elternteil gewählt. Sollte kein Individuum dominant sein so wird ein zufälliges der beiden Individuen ausgewählt. Als zweites Elternteil wird ein zufälliges Individuum der Elitegruppe gewählt, wobei hier sichergestellt ist, dass es sich um ein besonders fittes Individuum handelt, da es auf der aktuellen Pareto Grenze liegt. Durch Kreuzung und Mutation werden aus den Eltern neue Individuen (Kinder) berechnet und anschließend jeweils in die Polpulations- und Elitegruppe einsortiert. Die Populationsgruppe enthält dabei konstant die festgelegte Populationsgröße und die Elitegruppe alle Individuen der aktuellen Pareto Grenze bei Berücksichtigung aller Individuen des gesamten Optimierungsprozesses.

Werden als Faktoren reelle Zahlen eingesetzt, können grundsätzlich unendlich viele Ergebnisse auf der Pareto Grenze gefunden werden. Während der Optimierung würde dadurch die Individuenanzahl der Elitegruppe kontinuierlich ansteigen. Eine uneingeschränkte Steigerung der Individuenanzahl würde jedoch den Optimierungsprozess deutlich verlangsamen, da die gesamte Pareto Grenze und somit jeder Punkt der Elitegruppe gleichzeitig optimiert werden muss. In der Praxis sind Lösungen für ein Problem gesucht, die sich merklich voneinander unterscheiden, so dass eine gezielte Auswahl der 'besten' Pareto optimalen Lösung stattfinden kann, was gegen eine uneingeschränkte Anzahl an Individuen in der Elite Gruppe spricht.

Der ε-MOEA Algorithmus verwendet zur Begrenzung der Elitegruppe eine Unterteilung des Zielgrößenraums in Schichten der Breite ε_i, wie es in Abbildung 9.23

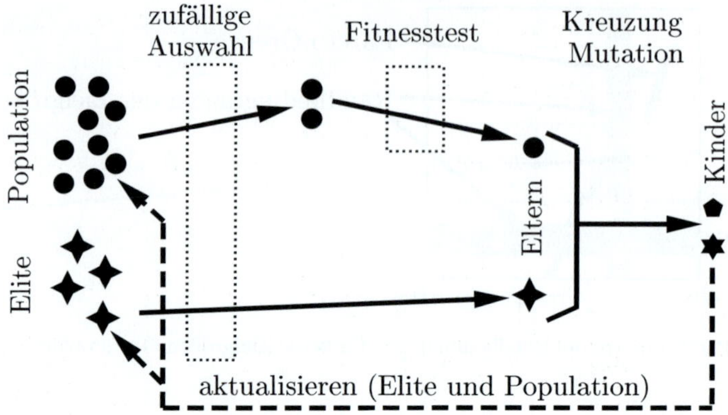

Abb. 9.22 ε-MOEA

dargestellt ist. In jedem durch diese Unterteilung gebildeten Unterraum darf nur *ein* Individuum der Elitegruppe existieren. Sind mehrere Individuen in einem Unterraum vorhanden, so wird nur das Individuum in die Elitegruppe übernommen, welches den geringsten Abstand zum Ursprung des Unterraums aufweist (Abbildung 9.23, rechts). Dieses zusätzliche Gütekriterium wird eingeführt, da alle Individuen aus der Elitegruppe auf der Pareto Grenze liegen und somit über die Dominanz keine Entscheidung getroffen werden kann welches Individuum zu bevorzugen ist.

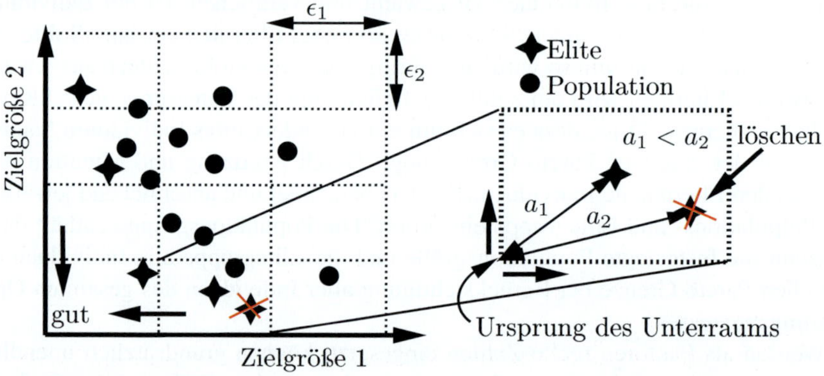

Abb. 9.23 ε-MOEA Gitter

Abbildungen 9.24 und 9.25 zeigen den Optimierungsverlauf der Optimierungsaufgabe aus Gleichung 9.16. Beginnend mit einer weit streuenden Startpopulation werden schnell Individuen in der Nähe der wahren Pareto Grenze ermittelt. Bereits in Generation 6 (nach 280 Auswertungen der Funktion) wird die Pareto Grenze gut abgebildet. Die Vergrößerung der Schichtweite von $\varepsilon = 0.1$ auf $\varepsilon = 0.5$ weist eine deutliche Reduktion der Individuenanzahl der Elitegruppe auf, wobei eine gute Gleichverteilung bei beiden Einstellungen erzielt wird.

Bei steigender Anzahl der betrachteten Zielgrößen weist ε-MOEA schnell große Elitegruppen auf, so dass die geschickte Wahl der ε Werte an Bedeutung zunimmt. Abhilfe können hier zusätzliche Randbedingungen für die Zielgrößen (Maximalwerte) schaffen, die sich zum Beispiel automatisch an die aktuell gefundenen Bereiche der Zielgrößen anpassen und somit bei steigender Anzahl von Individuen in der Elitegruppe den Zielgrößenbereich weiter einschränken.

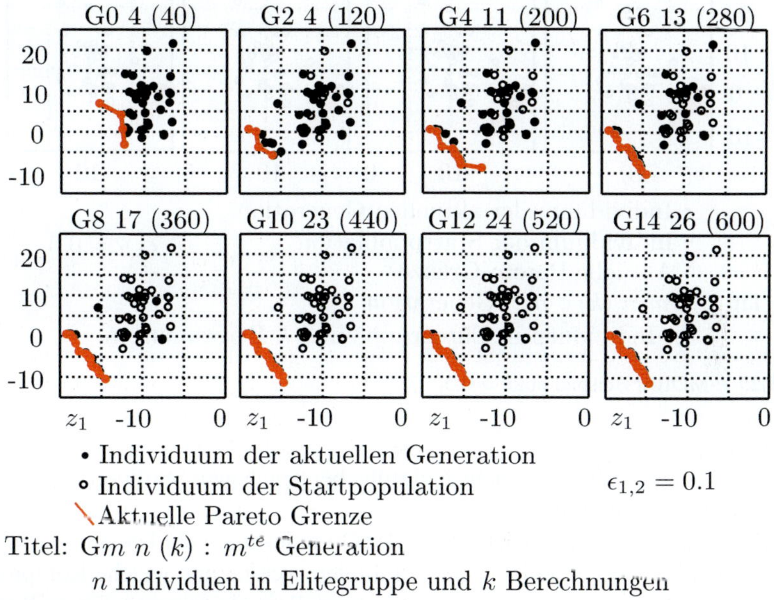

Abb. 9.24 ε-MOEA: Beispiel mit $\varepsilon = 0.1$

9.5 Zusammenfassung

Typische Optimierungsaufgaben technischer Systeme weisen mehrere Zielgrößen $(z_1, \cdots, z_{n_z})$ auf, die gleichzeitig verbessert werden müssen, sich jedoch teilweise widersprechen. Das optimierte System wird daher ein optimierter Kompromiss zwischen allen betrachteten Zielgrößen sein.

Klassische Optimierungsalgorithmen (z.B. Gradientenverfahren, genetische Optimierung, $\cdots$) sind in der Lage lediglich eine Zielgröße zu betrachten, so dass durch eine mathematische Kombination der Zielgrößen eine übergeordnete Zielgröße $z^* = f(z_1, \cdots, z_{n_z})$ erzeugt wird, welche anstelle der einzelnen Zielgrößen optimiert wird. Der durchzuführende Kompromiss zwischen den einzelnen Zielgrößen wird dabei bereits vor der eigentlichen Optimierung durch die gewählte übergeordneten Zielgröße festgelegt. Das Ergebnis der Optimierung ist genau die eine

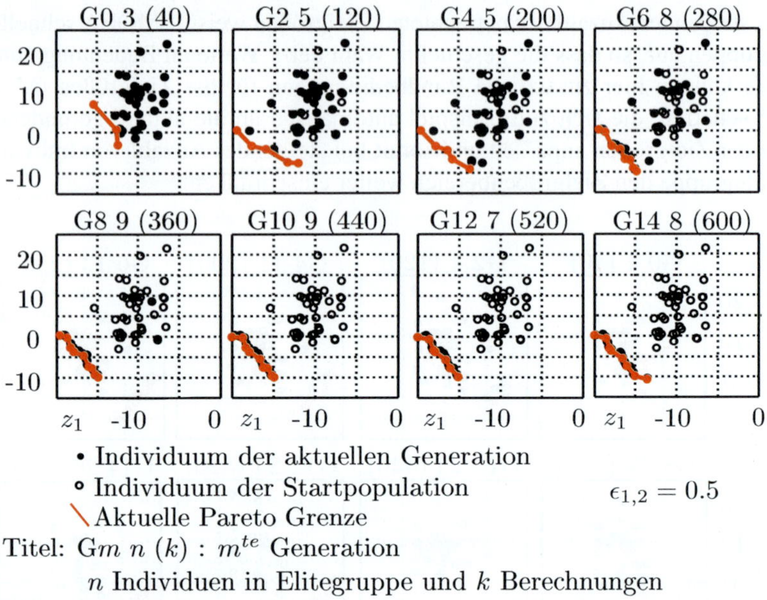

Abb. 9.25 ε-MOEA: Beispiel mit $\varepsilon = 0.5$

Lösung, welche die übergeordnete Zielgröße bei gegebenen Startwert und Optimierungsalgorithmus optimiert.

In der Praxis ist jedoch meistens vor der Optimierung nicht bekannt wie die einzelnen Zielgrößen am geschicktesten kombiniert werden und welche Kompromisse zwischen den Zielgrößen eingegangen werden sollen oder können. Sinnvoll ist deshalb eine gleichzeitige Betrachtung jeder einzelnen Zielgröße und Ermittlung von 'optimalen' Lösungen bei denen eine beliebige Zielgröße nur verbessert werden kann, wenn mindestens eine der andere Zielgrößen verschlechtert wird. Diese Lösungen stellen die Menge der Kompromisslösungen dar, welche bei Betrachtung aller Zielgrößen gefunden werden können. Sie werden *Pareto optimale* Lösungen genannt und bilden die *Pareto Grenze*. Mit diesen Lösungen ist es dem Anwender im Anschluss an den Optimierungsprozess möglich einen sinnvollen Kompromiss zwischen den Zielgrößen zu ermitteln, da er *alle* Kompromisse zwischen den Zielgrößen plus den zugehörigen Faktoreinstellungen (Fertigungsaufwand, Kosten, $\cdots$) kennt.

Zur Bestimmung der Pareto optimalen Lösungen beziehungsweise der Pareto Grenze haben sich genetische Optimierungsalgorithmen für mehrere Zielgrößen bewährt. Sie besitzen nur eine geringe Wahrscheinlichkeit in lokale Optima zu verharren, können mit komplexen, nichtlinearen und nichtstetigen Funktionszusammenhängen arbeiten, sind flexibel an unterschiedlichste Problemstellungen anpassbar und nicht definierte Faktorbereiche sind unproblematisch. In der Praxis zeigt sich, dass bereits die heute vorhandenen Algorithmen für fast alle Anwendungen ausreichend sind und hauptsächlich Unterschiede in der Konvergenzgeschwindigkeit auftreten.

Da im Gegensatz zu den klassischen Verfahren mit nur einer Zielgröße und jeweils einer aktuellen optimalen Lösung gleichzeitig mehrere Zielgrößen und dadurch eine mehrdimensionale Pareto Grenze mit mehreren Lösungen optimiert wird, sind meistens deutlich mehr Berechnungen durchzuführen. Daher ist es sinnvoll komplexe Similuationsmodelle mit langen Rechenzeiten durch Metamodelle (Kapitel 8) zu ersetzen.

Kapitel 10
Sensitivitätsanalyse

10.1 Einleitung

Mathematische Modelle von realen Systemen (medizinisch, physikalisch, ...) basieren meist auf einer Vielzahl von komplexen, nichtlinearen und gekoppelten Gleichungssystemen. Voraussetzung für eine sinnvolle Analyse dieser Gleichungssysteme ist ein umfangreiches Verständnis von dem Einfluss der Varianz der Eingangsvariablen x auf die Varianz der betrachteten Ausgangsgrößen y. In diesem Zusammenhang werden unter dem Begriff *Sensitivitätsanalyse* (SA) Verfahren bezeichnet, die Kenngrößen ermitteln, welche den Zusammenhang zwischen der Varianz der Eingangsgrößen $x = \left(x_1, \cdot\cdot x_{n_f}\right)$ und der Varianz der Ausgangsgröße y ermitteln.

Grundsätzlich wird dabei zwischen drei Bereichen der Sensitivitätsanalyse unterschieden [149]:

Faktor Screening: Durch ein Faktor Screening wird der *qualitative* Einfluss von Faktoren (Eingangsvariablen) auf eine Ausgangsvariable ermittelt. Dieses Verfahren wird hauptsächlich zur Unterscheidung von signifikanten und nicht signifikanten Faktoren eingesetzt, wobei keine quantitativen Kenngrößen ermittelt werden. Da in der Praxis qualitative Vergleiche der Faktoren sinnvoll sind, wird im weiteren keine spezielle Betrachtung dieses Bereichs dargestellt.

Lokale Sensitivitätsanalyse: Die lokale Sensitivitätsanalyse untersucht den Einfluss von Faktoren bei einem bestimmten Funktionswert der Ausgangsvariable y (zum Beispiel beim lokalen Optimum). Grundsätzlich wird dabei untersucht welche Auswirkungen *kleine* Änderungen der Faktoreinstellungen auf die Ausgangsvariablen haben. Mit diesen Verfahren werden beispielsweise Stabilitätsanalysen (Robustheit) für ausgewählten Faktorkombinationen durchgeführt.

Globale Sensitivitätsanalyse: Die globale Sensitivitätsanalyse ermittelt den Einfluss von Faktoren bei Variation über ihren gesamten Definitionsbereich. Die hierzu eingesetzten Verfahren haben sich in der Praxis besonders bewährt um ein besseres Verständnis für die Wichtigkeit von Faktoren in einem Modell zu erlangen und diese gleichzeitig untereinander zu vergleichen. Der grundsätzliche Ablauf der globalen Sensitivitätsanalyse ist in Abbildung 10.1 dargestellt [149].

K. Siebertz et al., *Statistische Versuchsplanung*, VDI-Buch,
DOI 10.1007/978-3-642-05493-8_10, © Springer-Verlag Berlin Heidelberg 2010

Verschiedene Faktoren $(x_1, \cdots, x_{nf})$ weisen gleiche oder unterschiedliche Verteilungen auf. Die Varianz führt in Abhängigkeit vom verwendeten deterministischen Modell zu einer Varianz der Ausgangsvariable y. Durch die globale Sensitivitätsanalyse wird der Anteil der Varianz von y bestimmt, welcher durch den Faktor x_j verursacht wird. Damit ist ein Vergleich der Signifikanz verschiedener Faktoren für die Ausgangsvariable y möglich.

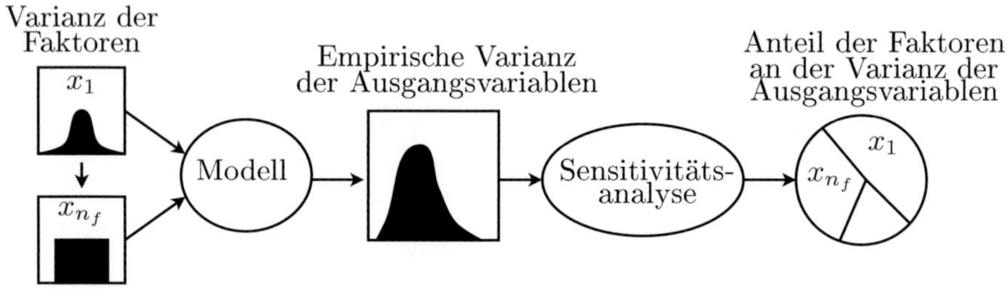

Abb. 10.1 Globale Sensitivitätsanalyse

10.2 Sensitivitätsanalyse bei Linearen Modellen

In vielen Bereichen werden auch heute noch sinnvollerweise lineare Approximationsmodelle (LA) der folgenden Grundform eingesetzt:

$$y_i = c_0 + \sum_{j=1}^{n_f} c_j \cdot x_{ij} + \varepsilon_i \tag{10.1}$$

Für diese Modelltypen gibt es eine Vielzahl von Methoden den Einfluss eines Faktors x_j auf die Ausgangsvariable y zu bestimmen. Die im folgenden dargestellten Sensitivitätsanlysen basieren grundsätzlich auf reellen Werten für x_{ij} und y. Zur Stabilisierung der Algorithmen (zum Beispiel bei nicht gaussverteilten Daten oder bei Ausreißern) können die Daten durch Ihren *Rang* ersetzt werden. Dazu werden die Daten im ersten Schritt aufsteigend nach ihrer Größe sortiert und anschließend durchgehend nummeriert. Beispiel: $y_3 \leq y_1 \leq y_4 \cdots \rightarrow y_3 = 1, y_1 = 2, y_4 = 3 \cdots$. Ob die Verwendung des Rangs sinnvoll ist, muss in jedem Anwendungsfall separat entschieden werden, da durch dieses Verfahren Informationen der Daten (z.B. die Verteilungsform) verloren gehen.

10.2.1 Normierte Regressionskoeffizienten

Ein- und Ausgangsvariablen eines untersuchten Systems können mittels der jeweiligen Standardabweichung (σ_y, σ_{x_j}) und des Mittelwerts $(\bar{y}, \bar{x}_j)$ folgendermaßen normiert werden.

$$x_{ij_{norm}} = \frac{\bar{x_j} - x_{ij}}{\sigma_{x_j}} \ , \ y_{i_{norm}} = \frac{\bar{y} - y_i}{\sigma_y} \ , \ i = 1 \cdots n_r \ , \ j = 1 \cdots n_f \tag{10.2}$$

Die Koeffizienten des Regressionsmodells, welche auf den normierten Variablen basieren, werden als normierte Regressionskoeffizienten (SRC) (*standardized regression coefficient*) bezeichnet und sind ein Maß für den Einfluss jedes Faktors x_j (Eingangsvariable) auf die Ausgangsvariable y. Je größer der SRC-Wert ist desto größer ist der Einfluss der zugehörigen Variablen. Liegt bereits ein Regressionsmodell basierend auf nicht normierte Variablen vor, so können die normierten Regressionskoeffizienten direkt mit folgender Gleichung ermittelt werden [50]:

$$b_{j_{norm}} = b_j \frac{\sigma_{x_j}}{\sigma_y} \tag{10.3}$$

10.2.2 Partialsumme der Quadrate

Die klassische ANOVA (siehe Kapitel 4.5) unterteilt die Varianz des linearen Regressionsmodells in die folgenden Bestandteile (*SSTO: total sum of squares SSE: error sum of squares SSR: regression sum of squares*) :

$$SSTO = SSR + SSE \tag{10.4}$$

$$SSTO = \sum_{i=1}^{n_r} (y_i - \bar{y})^2 \ , \ SSE = \sum_{i=1}^{n_r} (y_i - \hat{y}_i)^2 \ , \ SSR = \sum_{i=1}^{n_r} (\hat{y}_i \quad \bar{y})^2 \tag{10.5}$$

$$R^2 = 1 - \frac{SSE}{SSTO} = \frac{SSR}{SSTO} \tag{10.6}$$

Der Determinationskoeffizient R^2 ist dabei ein Maß für die Güte des Modells. $x_{(1)}, x_{(2)}$ sind nun zwei Untergruppen der betrachteten Faktoren, wobei kein Faktor in beiden Gruppen gleichzeitig enthalten ist. $SSR(x_{(1)})$ bzw. $SSR(x_{(1)}, x_{(2)})$ geben jeweils den SSR-Wert für Regressionsmodelle an, welche nur die Faktoren aus der Untergruppe $x_{(1)}$ bzw. aus beiden Untergruppen enthalten. Der Wert $SSR(x_{(2)}|x_{(1)})$ misst die Verringerung des Modellfehlers für den Fall, dass einem Regressionsmodell, basierend auf den Faktoren der Gruppe $x_{(1)}$, die Faktoren aus der zweiten Gruppe $x_{(2)}$ hinzugefügt werden. Dabei gilt:

$$SSR(x_{(2)}|x_{(1)}) = SSR(x_{(1)}, x_{(2)}) - SSR(x_{(1)}) = SSE(x_{(1)}) - SSE(x_{(1)}, x_{(2)}) \tag{10.7}$$

Besteht nun die Gruppe $x_{(2)}$ lediglich aus einem Faktor x_j und die Gruppe $x_{(2)}$ aus allen restlichen Faktoren (x_{-j}) kann durch

$$p_j = SSR(x_j|x_{-j}) = PSS \tag{10.8}$$

die Wichtigkeit der Eingangsvariablen (Faktors) x_j auf die Ausgangsvariable y bestimmt werden, wobei p_j als '*partial sum of squares*' (PSS) bezeichnet wird [50].

10.2.3 Partieller Determinationskoeffizient

Basierend auf den Gleichungen aus Kapitel 10.2.2 wird der partielle Determinationskoeffizient (*coefficient of partial determination*) definiert:

$$CPD = \sqrt{R^2_{x_j|x_{-j}}} = \frac{SSR\,(x_j|x_{-j})}{SSE\,(x_j)} \tag{10.9}$$

Der CPD ist ebenfalls ein Maß auf die Wichtigkeit des Faktors x_j für die Ausgangsvariable y.

10.2.4 Predictive Error Sum of Squares

Mit dem Begriff *Predictive Sum of Squares* (PRESS) wird in der Literatur der folgende Kennwert bezeichnet

$$PRESS = \sum_{i=1}^{n_r} (y_i - \hat{y}_{-i})^2, \tag{10.10}$$

welcher ein Maß für die Güte des verwendeten Modells darstellt. Dabei steht $\hat{y}_{-i}$ für die Vorhersage von y_i, wenn ein Regressionsmodell verwendet wird, welches ohne den i^{ten} Datenpunkt, also mit $n_r - 1$ Datenpunkte erzeugt wurde. Wird nun der PRESS ohne den Faktor x_j also mit $n_f - 1$ Faktoren erstellt, so kann der Kennwert $PRESS_{-j}$ als Maß für die Wichtigkeit des Faktors x_j für die Ausgangsvariable y interpretiert werden. Dabei steht ein höherer $PRESS_{-j}$ Wert für wichtigere Faktoren, da durch die Vernachlässigung eines wichtigen Faktors die Güte des Regressionsmodell stärker verringert wird als bei Vernachlässigung eines unwichtigen Faktors [50].

10.2.5 Partielle Korrelationsfaktoren

Die Korrelation zwischen y und einem Faktor x_k wird durch den *Partial Correlation Coefficient* (PCC) beschrieben. Zur Berechnung dieses Kennwerts werden Regressionsmodelle für y und x_k basierend auf allen Faktoren außer Faktor k erstellt.

$$\hat{y}_i = c_o + \sum_{j \neq k} c_j x_{ij} \quad und \quad \hat{x_{ik}} = b_o + \sum_{j \neq k} b_j x_{ij} \quad , \quad i = 1 \cdots n_f \tag{10.11}$$

Die Korrelation zwischen $(y_i - \hat{y_i})$ und $(x_{ik} - \hat{x_{ik}})$ wird als Maß für die Korrelation zwischen x_k und y interpretiert [50]. Eine stärkere Korrelation steht dabei für einen wichtigeren Faktor x_k bezüglich y.

10.3 Sensitivitätsanalyse bei nichtlinearen Modellen

Die Bedeutung von nichtlinearen Modellen wie sie durch Neurale Netzwerke oder Regression Splines (Kapitel 8) erzeugt werden nimmt stetig zu. Sie sind in unterschiedlichen Bereichen bereits unverzichtbar geworden. Verfahren zur globalen Sensitivitätsanalyse, die auf linearen Modellen basieren, können bei nichtlinearen Zusammenhängen nicht sinnvoll eingesetzt werden, so dass auf die sogenannten *Varianz basierten* Sensitivitätsanalysen zurückgegriffen werden muss [149].

10.3.1 Korrelationsverhältnis

Die Varianz der Ausgangsvariablen y bezüglich eines Faktors x_j kann in die folgenden Bestandteile aufgespalten werden [143, 149]:

$$V(Y) = V\left[E\left(Y|X_j\right)\right] + E\left[V\left(Y|X_j\right)\right] \tag{10.12}$$

Dabei wird der erste Term als Varianz bedingte Erwartung (*variance conditional expectation* (VCE)) bezeichnet und ist ein brauchbares Maß für den Zusammenhang zwischen x_j und y (siehe auch Kapitel 3.3.2). Basierend auf dem VCE wird das Korrelationsverhältnis (*correlation ratio* (KV)) definiert:

$$KV_j = \frac{V\left[E\left(Y|X_j\right)\right]}{V(Y)} \quad ; \; 0 < KV_j \leq 1 \tag{10.13}$$

Der Wert des Korrelationsverhältnisses für einen Faktor x_j (KV_j) steigt mit der Wichtigkeit von x_j auf die Varianz der Ausgangsvariable y an. Bei Verwendung eines linearen Modells ist das Korrelationsverhältnis gleich dem Determinationskoeffizient aus Kapitel 10.2.2 $\left(R_j^2 = KV_j\right)$.

Zur Abschätzung des Korrelationsverhältnisses schlägt McKay [114] ein Verfahren basierend auf *Latin Hypercube Sampling* (LHS) aus Kapitel 7.3.3 vor. Dabei wird ein $wLHS_{n_r}$ verwendet, welches aus n_r Versuchsläufen und w Wiederholungen besteht. Die w Wiederholungen können dabei durch einfache Permutationen der einzelnen Spalten des ersten LHS erzeugt werden [149]. Eine Abschätzung für $V(Y)$ wird damit folgendermaßen berechnet:

$$\widehat{V(Y)} = \frac{1}{n_r w} \sum_{i=1}^{n_r} \sum_{k=1}^{w} \left(y_{ik} - \bar{y}\right)^2 \text{ mit } \bar{y} = \frac{1}{n_r w} \sum_{i=1}^{n_r} \sum_{k=1}^{w} y_{ik} \tag{10.14}$$

McKay konnte zeigen, dass eine Abschätzung für KV gegeben ist durch [113]:

$$\widehat{KV(X_j)} = \frac{w\sum_{i=1}^{n_r}\left(\overline{y_i}-\bar{y}\right)^2}{\sum_{i=1}^{n_r}\sum_{k=1}^{w}\left(y_{ik}-\bar{y}\right)^2} \tag{10.15}$$

Die Abschätzung konvergiert mit steigender Anzahl der Wiederholungen zum wahren Wert des Korrelationsverhältnisses.

Importance Measure

Hora und Iman führen zur Beurteilung des Einflusses von Faktor x_j auf die Ausgangsvariable y den Kennwert *Importance Measure* I_j ein [22]:

$$I_j = \sqrt{V(Y) - E\left[V(Y|X_j)\right]} = \sqrt{U_j - \left[E(Y)\right]^2} \tag{10.16}$$

Dabei wird U_j definiert durch:

$$U_j = \int \left[E(Y|X_j)\right]^2 \mathrm{pdf}(X_j)\, dX_j \tag{10.17}$$

pdf ist dabei die Wahrscheinlichkeitsdichte (*probability density function*) des Faktors x_j. Da der Term $E(Y)$ konstant ist, kann die Wichtigkeit des Faktors x_j direkt durch U_j beurteilt werden, wobei bei steigender Bedeutung des Faktors x_j der Wert von U_j wächst. Der Zusammenhang zwischen KV und I_j ist gegeben durch:

$$KV = \frac{I_j^2}{V(Y)} \tag{10.18}$$

Soll U_j abgeschätzt werden, so kann dieses durch folgenden Ansatz erfolgen [159]:

$$\widehat{U_j} = \frac{1}{n_r}\sum_{i=1}^{n_r} y_i\left(x_{-j}^a, x_j\right) y_i\left(x_{-j}^b, x_j\right) \tag{10.19}$$

Zur Berechnung von $y_i\left(x_{-j}^a, x_j\right)$ und $y_i\left(x_{-j}^b, x_j\right)$ werden dabei zwei unterschiedliche Testfelder verwendet, bei denen nur die Werte des Faktors x_j identisch sind. Die zur Berechnung des Korrelationsverhältnisses benötigten Funktionswerte $E(Y)$ und $V(Y)$ können durch eine einfache Monte-Carlo-Simulation (Kapitel 7.3.1) abgeschätzt werden. Für die Approximation des Korrelationsverhältnisses gilt dann:

$$\widehat{KV_j} = \frac{\widehat{U_j} - \widehat{E(Y)}^2}{\widehat{V(Y)}} \tag{10.20}$$

Mittlere Stichprobe

Eine weitere Berechnungsmethode des Korrelationsverhältnisses stellt Reedijk vor (Mittlere Stichprobe) [149]. Dabei werden im ersten Schritt $n_r^* = 100 n_r$ unterschiedliche Versuchsläufe durchgeführt. Anschließend werden die Versuchsläufe nach aufsteigenden Faktorstufen des zu untersuchenden Faktors x_j sortiert und in 100 gleiche Gruppen der Größe n_r aufgeteilt. Für jede Gruppe wird anschließend der Erwartungswert $E_k(Y|X_j) = \frac{\sum y_{j(k)}}{n_r}$ ermittelt. Mit steigendem n_r konvergiert die Varianz der 100 Erwartungswerte zur Varianz bedingten Erwartung (VCE), mit dem das Korrelationsverhätnis (Gleichung 10.13) berechnet wird.

Robustheit und Ausreißer

Die Berechnung des Korrelationsverhältnisses wird stark durch Ausreißer beeinflusst. Zur Verbesserung der Robustheit schlagen HORA und IMAN [152] vor die Ausgangsvariable y durch $\log(y)$ zu ersetzen. Damit folgt für das KV_{log}:

$$KV_{log_j} = \frac{V\left[E\left(\log(Y)\,|X_j\right)\right]}{V\left(\log(Y)\right)} \quad 0 \le KV_{log_j} \le 1 \tag{10.21}$$

Eine Interpretation des Ergebnisses bezüglich der ursprünglichen Ausgangsvariable y ist jedoch schwierig.

Die Steigerung der Robustheit kann beim Korrelationsverhältnis ebenfalls durch die Verwendung des Rangs als Ersatz für die wahren Funktionswerte erreicht werden. Hier gilt jedoch entsprechend zu Kapitel 10.2, dass nicht der *wahre* Anteil der Varianz sondern nur ein qualitativer Vergleich der Varianzanteile verschiedener Faktoren bestimmt werden kann.

10.3.2 Sobol's Kennzahl

Zur Bestimmung der Sensitivität eines Faktors x_j auf die Ausgangsvariable y teilt das Verfahren nach Sobol die Funktion $y(x_1,\cdots,x_{n_f})$ in Summanden steigender Ordnung auf. Für dieses Verfahren müssen alle untersuchten Faktoren im Bereich $0 \le x_j \le 1$ definiert sein. Unter einigen Annahmen [172] kann jede zu untersuchende Funktion eindeutig in die folgenden Summanden aufgeteilt werden:

$$y\left(x_1,\cdots,x_{n_f}\right) = g_0 + \sum_{j=1}^{n_f} g_j(x_j) + \sum_{1\le j<k\le n_f} g_{jk}(x_j,x_k) + \cdots + g_{1,\cdots,n_f}\left(x_j,\cdots,x_{n_f}\right) \tag{10.22}$$

Dabei steht g_{jkl} zum Beispiel für einen Summanden, der nur die Faktoren x_j, x_k und x_l enthält. In der Gleichung 10.22 ist g_0 eine Konstante und allgemein definiert als:

$$g_0 = \int_0^1 y\left(x_1,\cdots,x_{n_f}\right) dx_1,\cdots,x_{n_f} \tag{10.23}$$

Für die Integration jedes einzelnen Summanden muss gelten:

$$\int_0^1 g_{j_1\cdots j_s} dx_{j_l} = 0, \quad 1 \le l \le s \tag{10.24}$$

Weiterhin müssen alle Summanden der Gleichung 10.22 orthogonal zueinander sein, so dass gilt:

$$\int_0^1 g_{j_1\cdots j_{s_1}} g_{k_1\cdots k_{s_2}} dx_{j_l} = 0 \;\; mit \;\; \{j_1,\cdots,j_{s_1}\} \neq \{k_1,\cdots,k_{s_2}\} \tag{10.25}$$

Eine allgemeine Abschätzung der Sensitivität der Faktoren $j_1,\cdots,j_s$ ist mit diesen Randbedingungen nach Sobol gegeben durch [172]:

$$S_{j_1\cdots j_s} = \frac{D_{j_1\cdots j_s}}{D} \tag{10.26}$$

Die vollständige Varianz D und die partielle Varianz $D_{j_1\cdots j_s}$ sind dabei wie folgt definiert:

$$D = \int_0^1 y^2\left(x_1,\cdots,x_{n_f}\right) dx_l - g_0^2, \quad 1 \leq l \leq n_f \tag{10.27}$$

$$D_{j_1\cdots j_s} = \int_0^1 g_{j_1\cdots j_s}^2 dx_{j_l}, \quad 1 \leq l \leq s \tag{10.28}$$

Bei Berücksichtigung eines einzelnen Faktors x_j (S_j), wird vom Sensitivitätsindex (SI) erster Ordnung gesprochen (*first oderer sensitivity index*).

$$S_j = \frac{D_j}{D} \tag{10.29}$$

Er gibt den Haupteffekt des Faktors x_j auf y an und entspricht dem Korrelationsverhältnis aus Kapitel 10.3.1. Als Sensitivitätsindex zweiter Ordnung wird $S_{jk}\,(j \neq k)$ bezeichnet und entsprechendes gilt für höhere Ordnungen.

Grundsätzlich gelten folgende Eigenschaften für die Summe aller D und S:

$$D = \sum D_{j_1\cdots j_s} \quad \text{und} \quad \sum S_{j_1\cdots j_s} = 1 \tag{10.30}$$

Bei gegebener Funktion $y(x)$ und den dazugehörigen Summanden $g_{j_1\cdots j_s}$ können die benötigten Terme zum Beispiel mittels einer einfachen Monte-Carlo-Simulation ermittelt werden:

$$\begin{aligned} \hat{D} &= \tfrac{1}{n_r} \sum_{i=1}^{n_r} y^2(x_i) - \hat{g}_0^2 \quad \text{mit } \hat{g}_0 = \tfrac{1}{n_r} \sum_{i=1}^{n_r} y(x_i) \\ \hat{D}_{i_1\cdots i_s} &= \tfrac{1}{n_r} \sum_{i=1}^{n_r} g_{i_1\cdots i_s}^2(x_i) \end{aligned} \tag{10.31}$$

Die Verwendung von Sobol's Kennzahlen ergibt einen guten Einblick in die Zusammenhänge von Faktoren und Ausgangsvariablen bei nichtlinearen und linearen Systemen. Bei steigender Anzahl von Faktoren steigt der Rechenaufwand jedoch stark an.

10.3.3 Totaler Sensitivitätsindex

Neben der Analyse des Haupteffekts eines Faktors x_j ist ebenfalls der gesamte Effekt des Faktors inklusive aller Interaktionen von großem Interesse für eine Analyse nichtlinearer Systeme. HOMMA und SALTELLI [72] teilen dazu die Summanden aus Gleichung 10.22 wie folgt auf:

$$y\left(x_1,\cdots,x_{n_f}\right) = g_0 + g_j(x_j) + g_{-j}(x_{-j}) + g_{j,-j}(x_j,x_{-j}) \tag{10.32}$$

Wobei x_{-j} die Gruppe aller Faktoren bis auf x_j repräsentiert. Die Funktionen g_j, g_{-j} und $g_{j,-j}$ beinhalten alle Terme, die nur x_j, x_{-j} bzw. alle restlichen Terme enthalten. Die gesamte Varianz D kann dadurch in die folgenden Terme aufgeteilt werden:

$$D = D_j + D_{-j} + D_{j,-j} \tag{10.33}$$

Der totale Sensitivitätsindex, welcher den Effekt von Faktor x_j inklusive des Haupteffekts und aller Interaktionen beschreibt, ist definiert durch:

$$S_{T_j} = S_j + S_{j,-j} = 1 - S_{-j} \tag{10.34}$$

S_{-j} ist dabei die Summe aller $S_{i_1\cdots i_s}$ Werte, die den Faktor j nicht enthalten. Er kann durch eine Monte-Carlo-Simulation abgeschätzt werden.

$$S_{T_j} = 1 - \frac{\hat{D}_{-j}}{\hat{D}} = 1 - \frac{\frac{1}{n_r}\sum\limits_{i=1}^{n_r} y_i^* y_i - \hat{g}_0^2}{\hat{D}} \tag{10.35}$$

y_i^* steht dabei für den i^{ten} Wert von y, wobei die gleichen Faktoren wie für y_i eingesetzt werden und lediglich der Faktor x_j zufällig neu gewählt wird.

10.3.4 FAST (Fourier Amplitude Sensitivity Test)

Der *Fourier Amplitude Sensitivity Test* (FAST) wurde zuerst in den 70er Jahren von CUKIER et al. dargestellt [26, 28, 27, 91]. Gegenüber Sobol's Kennzahlen (Kapitel 10.3.2) zeichnet es sich besonders durch einen Ressourcen-effizienteren Rechenalgorithmus aus. Die mehrdimensionale Integration im Verfahren von Sobol wird dabei durch eine eindimensionale Analyse ersetzt. Dazu wird der n_f-dimensionale Faktorraum entlang einer einzelnen vorgegebenen Kurve analysiert. Die Kurve wird dabei durch eine einzelne Laufvariable s eindeutig definiert. Die ursprünglichen Faktorstufen werden dazu durch die folgende Funktion ersetzt [160]:

$$x_j = G_j(\sin[\omega_j s]) \quad -\infty \leq s \leq \infty \tag{10.36}$$

ω_j sind unterschiedliche und *geschickt* ausgewählte Frequenzen, die den Faktoren $1,\cdots,n_f$ zugeordnet sind. G_j sind vorgegebene Transformationsfunktionen, auf die später genauer eingegangen wird. Wenn nun s variiert wird, ändern sich alle Faktoren $x_1\cdots x_{n_f}$ gleichzeitig entlang einer Kurve durch den Faktorraum. Jeder Faktor oszilliert dabei periodisch entsprechend seiner zugeordneten Frequenz ω_j. Die zu analysierende Ausgangsvariable y zeigt dabei je nach der Abhängigkeit von den verschiedenen Faktoren unterschiedlich starke periodische Oszillationen bei den gewählten Frequenzen ω_j. Bei einer starken Abhängigkeit zwischen dem Faktor x_j und y würde somit eine Frequenzanalyse der Ausgangsvariable y eine stärkere Amplitude bei der Frequenz ω_j und deren harmonischen Schwingungen aufweisen als bei Frequenzen unwichtiger Faktoren. Die Analyse der Frequenzen und deren harmonischen Schwingungen kann dadurch als Maß für die Sensitivität zwischen den Faktoren und y verwendet werden.

Ein genaue Berechnung der Sensitivität ist nur dann möglich, wenn die verwendete Kurve, mit der der Faktorraum durchlaufen wird, nahe an jedem möglichen Punkt des Faktorraums entlang läuft. Dieses kann nur dann erreicht werden, wenn für jede gewählte Frequenz ω_j gilt, dass sie nicht durch eine Linearkombination (mit ganzen Zahlen) der anderen verwendeten Frequenzen dargestellt werden kann. Ist dieses der Fall kann die Analyse der Ausgangsvariable y durch eine Auswertung entlang der vorgegebenen Kurve durchgeführt werden. Es gilt beispielsweise für den globalen Mittelwert von y:

$$\bar{y}^r = \lim_{t\to\infty}\frac{1}{2t}\int_{-t}^{t} y^r\left(x_1(s),\cdots x_{n_f}(s)\right)ds = \lim_{t\to\infty}\frac{1}{2t}\int_{-t}^{t} y^r(s)\,ds \tag{10.37}$$

Cukier et al. [26] zeigt, dass bei Verwendung von positiven ω_j eine Betrachtung der Funktion $y(s)$ zwischen $-\pi$ und π ausreicht. Daraus folgt für die Berechnung von $\bar{y}$ und $\bar{D}$:

$$\bar{y}^r = \frac{1}{2\pi}\int_{-\pi}^{\pi} y^r(s)\,ds \tag{10.38}$$

$$\bar{D} = \frac{1}{2\pi}\int_{-\pi}^{\pi} y^2(s)\,ds - \left[\frac{1}{2\pi}\int_{-\pi}^{\pi} y(s)\,ds\right]^2 \tag{10.39}$$

Die Funktion $y(s)$ wird im folgenden Schritt als Fourier Reihe dargestellt:

$$y(s) = \sum_k \left[A_k\cos(ks) + B_k\sin(ks)\right] \quad k\in Z = \{-\infty,\cdots,-1,0,1,+\infty\} \tag{10.40}$$

$$\begin{aligned} \text{mit } A_k &= \tfrac{1}{2\pi}\textstyle\int_{-\pi}^{\pi} y(s)\cos(ks)\,ds \\ \text{und } B_k &= \tfrac{1}{2\pi}\textstyle\int_{-\pi}^{\pi} y(s)\sin(ks)\,ds \end{aligned} \tag{10.41}$$

Das Spektrum der Fourier Reihe ist folgendermaßen definiert: $\Lambda_k = A_k^2 + B_k^2$

Da $y(s)$ eine reelle Funktion ist gilt weiterhin $A_k = A_{-k}, B_k = B_{-k}$ und $\Lambda_k = \Lambda_{-k}$. Die gesuchten Werte für $\hat{D}$ und $\hat{D}_j$ werden im Anschluss durch die Analyse des Frequenzspektrums über den gesamten Frequenzbereichs $\left[\hat{D}\right]$ beziehungsweise nur an der Frequenz ω_j und den harmonischen Frequenzen $k\omega_j(k = 1,2,3,\ldots)$ $[\hat{D}_j]$ bestimmt.

$$\hat{D} = \sum_{k\in Z_{-0}} \Lambda_k = 2\sum_{k=1}^{+\infty} \Lambda_k \quad \text{mit} \quad Z_{-0} = Z - \{0\} \tag{10.42}$$

$$\hat{D}_j = \sum_{k\in Z_{-0}} \Lambda_{k\omega_j} = 2\sum_{k=1}^{+\infty} \Lambda_{k\omega_j} \tag{10.43}$$

Die Sensitivität ist entsprechend der Sobol Kennzahlen (Kapitel 10.3.2) definiert und entspricht der Sensitivität erster Ordnung nach Sobol, welche den Haupteffekt von Faktor x_j auf die Ausgangsvariable y beschreibt [172, 160]:

$$\hat{S}_j^{FAST} = \frac{\hat{D}_j}{\hat{D}} \tag{10.44}$$

eFAST

Zur Ermittlung des totalen Sensitivätsindex erweitert SALTELLI FAST zum erweiterten (extended) FAST (eFAST) [160]. Betrachtet werden dazu alle Frequenzen, die nicht zu den Frequenzen ω_j und den dazugehörigen harmonischen Frequenzen $k\omega_j$ gehören. Diese Frequenzen enthalten alle Abhängigkeiten, die nicht den Haupteffekten der Faktoren $x_1 \cdots x_{n_f}$ zugeordnet werden können. Folglich müssen diese Frequenzen Abhängigkeiten der Ausgangsvariable y mit Interaktionen der Faktoren enthalten $(D - \sum D_j)$.

Zur Abschätzung des gesamten Effekts eines einzelnen Faktors x_j wird ω_j eine deutlich höhere Frequenz zugewiesen als allen anderen Faktoren [160]. Bei der Analyse der harmonischen Frequenzen $k\omega_j$ zeigt sich, dass bei steigendem $k = 1,2,3,4,\ldots$ die Amplitude schnell gegen Null strebt. Für die Abschätzung des Effekts eines Faktors sind somit nur die ersten harmonischen Frequenzen zu berücksichtigen. Da die Frequenz ω_j deutlich größer als die Frequenzen ω_{-j} gewählt wurde, kann der Effekt von allen Faktoren ohne x_j durch Betrachtung der Frequenzen bis $\omega_j/2$ abgeschätzt werden. Es wird dabei $\omega_j/2$ gewählt um Interferenzen mit dem Faktor x_j, also der Frequenz ω_j, auszuschließen. Allgemein wird der Effekt aller Faktoren jeder Ordnung ohne x_j wie folgt abgeschätzt [160, 149]:

$$\hat{D}_{-j} = 2\sum_{k=1}^{\omega_j/2} \Lambda_k \tag{10.45}$$

Der totale Sensitivitätsindex wird damit berechnet durch:

$$\widehat{S_{T_j}}^{FAST} = 1 - \frac{\hat{D}_{-j}}{\hat{D}} \tag{10.46}$$

Transformationsfunktion

Die Wahl der Transformationsfunktionen G_j und der Frequenzen ω_j kommt eine hohe Bedeutung bei der Bestimmung der Sensitivitätswerte zu. In der Literatur werden unterschiedliche Funktionen für G_j vorgeschlagen [26, 27, 91, 160]. SALTELLI schlägt die folgende relativ einfache Funktion vor, die im Bereich $[-\pi, \pi]$ definiert ist und den Bereich $[0,1]$ oszillierend durchläuft.

$$x_j = \frac{1}{2} + \frac{\operatorname{asin}(\sin[\omega_j s])}{\pi} \tag{10.47}$$

Werden beispielsweise zwei Frequenzen $\{\omega_1, \omega_2\} = \{11, 31\}$ gewählt, wird der zwei-dimensionale Raum, wie in den Abbildungen 10.2a und 10.2b dargestellt, durchlaufen. Entlang der Kurve werden beliebig viele Datenpunkte zur Analyse der Sensitivität gewählt (10.2b).

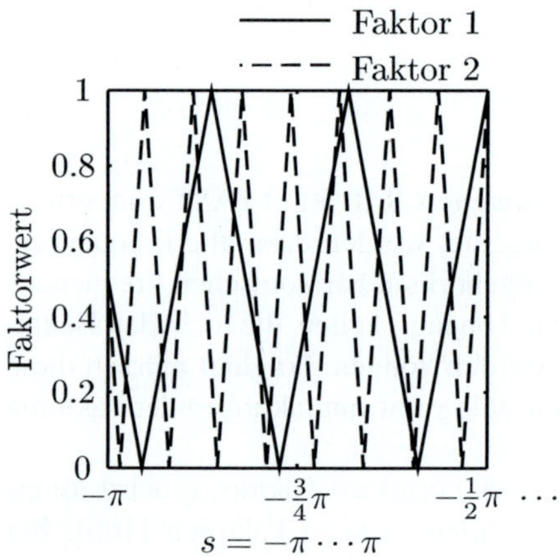

Abb. 10.2a Transformation, $\omega_{1,2} = (11, 31)$

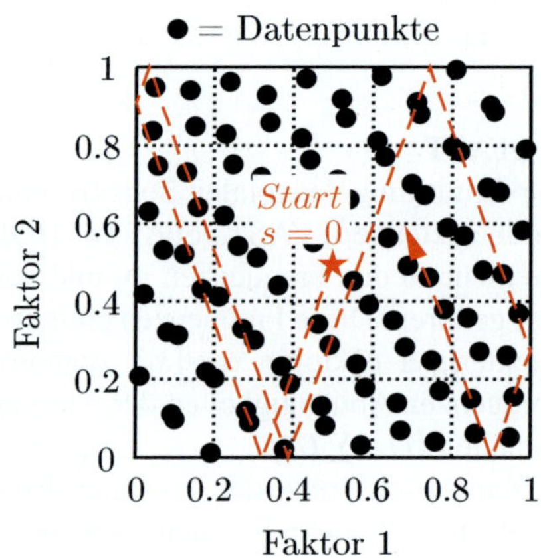

Abb. 10.2b Faktorraum

Wahl der Frequenzen

Zur Auswahl der Frequenzen und zur Bestimmung von ${S_{T_j}}^{FAST}$ werden folgende Regeln verwendet [160].

$$\omega_j = \lfloor \frac{n_r - 1}{2M} \rfloor \tag{10.48}$$

Die Gaußklammer $\lfloor \cdot \rfloor$ bezeichnet dabei die größte ganze Zahl, die kleiner oder gleich der Zahl in der Gaußklammer ist. M ist eine ganze Zahl größer Null und gibt die Anzahl der berücksichtigten harmonischen Schwingungen an. Typische Werte für M liegen bei $M \geq 4$. Die Frequenzen der übrigen Faktoren werden mit folgender Berechnungsvorschrift bestimmt.

$$\omega_{\max} = \left\lfloor \frac{\omega_j}{2M} \right\rfloor \tag{10.49}$$

$$\omega_{-j} \begin{cases} \left\lfloor 1 + \frac{\omega_{\max}}{n_f - 1}(k-1) \right\rfloor & \text{wenn} \quad \omega_{\max} \geq n_f - 1 \\ (k \bmod \omega_{\max}) + 1 & \text{wenn} \quad \omega_{\max} < n_f - 1 \end{cases} \quad \text{mit} \;\; k = 1 \cdots (n_f - 1) \tag{10.50}$$

Als Beispiel wird die folgende Funktion betrachtet:

$$y = x_1 + x_2 + x_3^2 + x_2 x_4 \quad \text{mit}\, x_j \in [-1 \cdots 1] \tag{10.51}$$

x_1 und x_3 weisen nur Haupteffekte und x_4 lediglich Interaktionen auf. Zur Untersuchung der Sensitivität wird $n_r = 1000$ und $M = 4$ gewählt, wodurch sich eine Frequenz von $\omega_j = 124$ für den zu untersuchenden Faktor x_j ergibt. Für die übrigen Frequenzen werden folgende Frequenzen ermittelt: $\omega_{-j} = \{1, 6, 11\}$. Die Sensitivitätsanalyse mittels eFAST ergibt die in Abbildung 10.3a dargestellten Ergebnisse. x_1 und x_2 haben danach den größten Einfluss auf die Varianz von y. Durch die Begrenzung der Faktoren auf den Bereich $-1 \leq x_j \leq 1$ ist der Einfluss von x_3 durch seinen geradzahligen Exponenten bereits deutlich kleiner. Abbildung 10.3b zeigt die FFT (Fast Fourier Transformation) der Sensitivitätsanalyse des Faktors x_2. $\frac{\hat{D}}{2}$ und $\frac{\hat{D}_{-2}}{2}$ berechnen sich dabei durch die Summe aller Amplituden beziehungsweise durch die Summe der Frequenzen bis $\omega = \frac{\omega_j}{2}$. Der Wert von $\frac{\hat{D}_2}{2}$ wird hingegen durch die Summe der Amplituden bei $\omega_2 = 124$ und der drei harmoinschen Frequenzen $(M = 4)$ bestimmt.

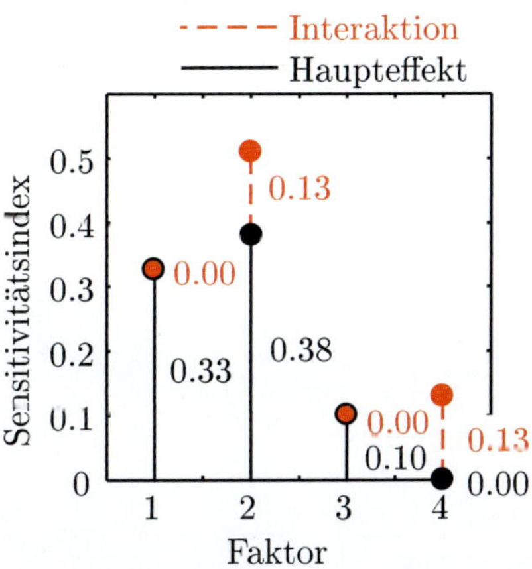

Abb. 10.3a Sensitivitätsanalyse

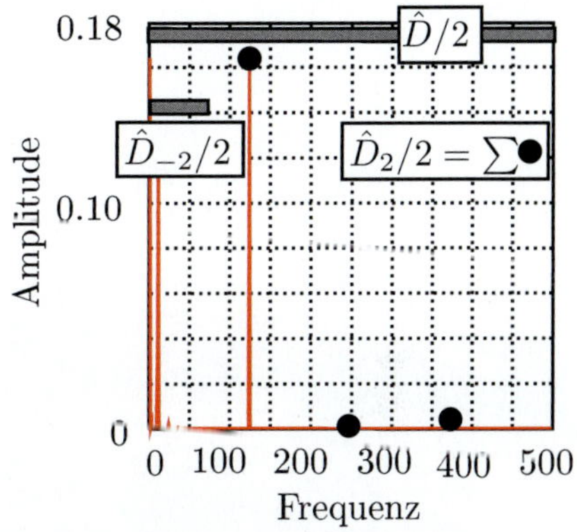

Abb. 10.3b FFT zur SA des Faktors 2

Zur Berechnung aller totalen Sensitivätswerte inklusive der Haupt- und Interaktionskennwerte werden mit eFAST lediglich $n = n_r n_f$ Berechnungen des Modells benötigt. Werden nur die Effekte erster Ordnung untersucht, reduziert sich der Aufwand auf n_r Berechnungen. eFAST wird diese für den Praxiseinsatz empfohlen, weil sie eine einfache, schnelle und aussagekräftige Analyse ist.

10.4 Zusammenfassung

Die Sensitivitätsanalyse bietet bei vielen Analysen hilfreiche Informationen zum Verständnis und zur Weiterentwicklung von Simulationsmodellen und technischen Systemen. Dabei werden allgemein die drei Bereiche *Faktor Screening*, *lokale-* und *globale Sensitivitätsanalyse* unterschieden. In allen Bereichen wird nach Zusammenhängen zwischen der Varianz von Eingangsfaktoren und Ausgangsvariablen gesucht, die als Basis für weitere Entscheidungen dienen. Neben klassischen Verfahren, die für lineare Modelle entwickelt worden sind (Normierte Regressionskoeffizienten, PSS, PRESS, PCC, CPD), sind verschiedene Algorithmen vorhanden, die auch bei Verwendung nichtlinearer Modelle aussagekräftige Ergebnisse liefern (Korrelationsverhältnis, Sobol, FAST, eFAST). Dabei ermöglichen die Verfahren FAST und eFAST, unabhängig vom gewählten Metamodellansatz, mit geringem Rechenaufwand genaue und aussagekräftige Ergebnisse.

Kapitel 11
Strategie

11.1 Einleitung

Statistische Versuchsplanung hat viel mit Mathematik zu tun. Letztlich sind aber oft die nicht-mathematischen Dinge erfolgsentscheidend. Zum Beispiel hilft der strukturierte Ablauf, ein Problem zielgerichtet anzugehen. In sehr vielen Fällen sind ganze Arbeitsgruppen an Vorbereitung und Durchführung einer Versuchsreihe beteiligt, mitunter sogar abteilungsübergreifend. Die DoE hat in gewisser Weise einen teambildenden Character, da sie nicht nur einen favorisierten Faktor nach dem anderen untersucht, sondern von vornherein auf die gleichzeitige Analyse mehrerer Faktoren ausgerichtet ist. Damit wird das Projekt zu einer Sache gemeinsamen Interesses. Nachdem die theoretischen Grundlagen geklärt sind, soll dieses Kapitel dem Leser einige praktische Hinweise vermitteln und so den Einstieg in die Methode erleichtern.

Abb. 11.1 Schematischer Ablauf einer DoE-Anwendung. Die drei Phasen werden nacheinander durchlaufen und bauen aufeinander auf.

K. Siebertz et al., *Statistische Versuchsplanung*, VDI-Buch,
DOI 10.1007/978-3-642-05493-8_11,

11.2 Qualitative Systembeschreibung

Die qualitative Systembeschreibung mit Hilfe eines Parameterdiagramms ist der Dreh- und Angelpunkt jeder DoE. Fehler die hier gemacht werden, kann kein Statistiker jemals wieder korrigieren. Bei einer guten qualitativen Systembeschreibung kommt man mit fast jedem Versuchsplan zum Ziel, bei einer schlechten überhaupt nicht.

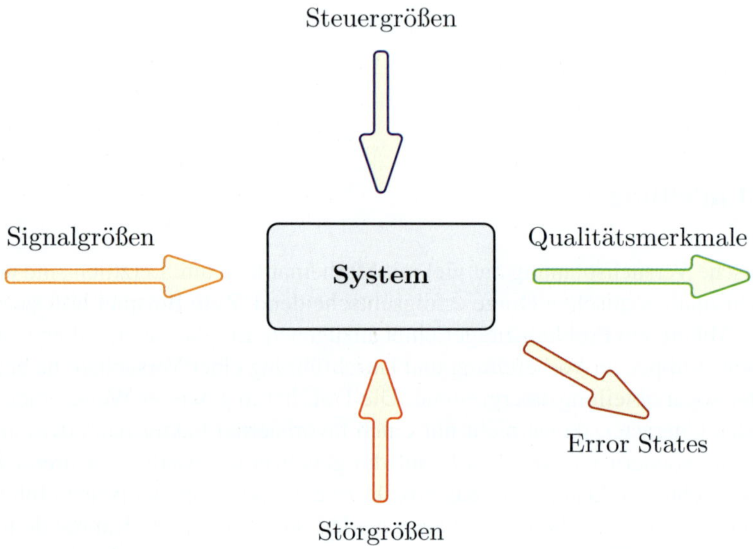

Abb. 11.2 Parameterdiagramm. Steuer-, Signal- und Störgrößen nehmen Einfluss auf das System. Ein Teil der Ergebnisse ist erwünscht, die Qualitätsmerkmale. Error States kennzeichnen die unerwünschten Ergebnisse. Im Abschnitt *Robustes Design* wurde dieses Diagramm im Detail vorgestellt.

Zunächst müssen Systemgrenzen und Qualitätsmerkmale definiert werden. In der Praxis kann sich hierbei eine längere Diskussion entwickeln. Diese ist hilfreich und sollte auf keinen Fall abgewürgt werden. Hierzu einige Kontrollfragen, quasi als Checkliste:

Welches System wird untersucht?
Wo sind die Systemgrenzen?
Ist das Team in Anbetracht der so definierten Systemgrenzen vollständig?

Welche Aufgabe hat das System?
Was unterscheidet ein gutes von einem schlechten System?

Ist das Qualitätsmerkmal messbar?
Wie gut lässt sich das Qualitätsmerkmal messen?

Gibt es eine messbare Ersatzgröße?
Was sollte man sicherheitshalber zusätzlich aufzeichnen?

Gibt es mehrere Qualitätsmerkmale?
Welchen Wert des Qualitätsmerkmals wollen wir jeweils erreichen?
Welches Qualitätsmerkmal hat Vorrang?
Sind wir mit dem System vollständig zufrieden, wenn die gewählten Qualitätsmerkmale in den gewünschten Bereich kommen?

Im nächsten Schritt geht es um die Festlegung der Faktoren für den Versuchsplan. Hierzu sollte man zunächst etwas Abstand von den möglicherweise vorhandenen Einschränkungen gewinnen. Es ist immer besser, aus einer großen Liste einige Favoriten auszuwählen, als sich vorschnell auf die erstbesten Größen festzulegen. Clevere DoE-Berater walzen diesen Teil der Gruppenaktivität kräftig aus, durchaus im Sinne des Gesamterfolgs. Bewährt haben sich Metaplan Karten und Pinnwand, damit keine Gedanken verloren gehen und eine nachfolgende Sortierung möglich ist.

Welche Parameter beeinflussen das System? (Brain-Storming mit Papp-Karten)
Gehören sie wirklich zum System (Steuergrößen)?
Falls nein, sollten sie als Störgrößen betrachtet werden ?
Gibt es sonstige Störgrößen?
Gibt es Signalgrößen, die den Betriebsbereich des Systems beschreiben?

Gab es in der Vergangenheit einen bislang noch nicht genannten Parameter, der Einfluss hatte? Gibt es Parameter, bei denen wir uns nicht sicher sind?
Kann man die Parameter reproduzierbar im Versuch einstellen?
Sind die Parameter voneinander unabhängig?
Gibt es kritische Kombinationen der Parameter untereinander?
Ist eine Veränderung des Parameters in der Serienproduktion durchsetzbar?
Was wissen wir bereits über den Parameter?

Wenn man alle Fragen beantworten kann, weiss man schon recht viel über sein System. Selten fängt man bei Null an, daher ist es immer gut, die Vorgeschichte systematisch zusammenzutragen. Es würde an ein Wunder grenzen (oder deutet auf ein müdes Team hin), wenn auf Anhieb alle Parameter in einem Versuchsplan Platz finden. Ausdünnen gehört zur Übung, sollte aber behutsam vonstatten gehen. Die Metaplan Karten lassen sich auf einer Pinnwand wunderbar sortieren. Doppelnennungen sollte man nicht abhängen (wertet ab), sondern elegant durch Karten gleicher Nennung abdecken. Motto: Alles ist richtig. Oft redet sich das Expertenteam bei der Parametersuche warm und ist sich am Ende einig, dass eine neue Versuchsreihe unbedingt nötig ist. Dann sind alle im Boot (vor allem, wenn der DoE-Berater darauf achtet, dass jede Schlüsselfigur seinen Parameter unterbringen darf).

11.3 Versuchsdurchführung und Auswertung

Bei der nachfolgenden DoE werden aus der Fülle der Parameter die Faktoren des Versuchsplans ausgewählt. In der Regel ist ein zweistufiges Vorgehen empfehlenswert. Zunächst wird man viele Faktoren einem Screening unterziehen und dann wenige Faktoren im Detail untersuchen. Dies hat viele Vorteile. Zum einen sollte man nicht gleich am Anfang die Zahl der Faktoren unnötig beschränken. Jeder nicht beachtete Parameter geht verloren und man weiß letztlich nie so genau, ob er nicht vielleicht doch einen großen Einfluss hat. Ein einziger riesig großer Versuchsplan scheitert in der Praxis sehr oft. Besser sind Versuchspläne in vernünftiger Größe, die in endlicher Zeit ein brauchbares Zwischenergebnis liefern. Welche Größe passend ist, hängt von den Randbedingungen ab. Neben Kosten und Versuchsaufwand spielt die verfügbare Zeit eine große Rolle. In Krisensituationen kann es sinnvoll sein, bewust auf kleinere Felder auszuweichen, um schnell an erste Ergebnisse zu kommen. Möglicherweise denkt man nach der ersten Versuchsreihe auch anders über die Stufeneinstellungen und kann diese in der zweiten Versuchsreihe passend korrigieren. Bei der Screening-DoE wird man auf große Kontraste hinarbeiten, also möglichst weite Stufenabstände wählen. Die nachfolgene Optimierung arbeitet möglicherweise mit einem enger abgesteckten Faktorraum.

Bieten sich einige Stufeneinstellungen von vornherein an?
Wo sind die technisch sinnvollen Grenzen? (Bauraum, Kosten, Verfügbarkeit)
Passen die Stufenabstände der unterschiedlichen Faktoren zueinander?
Sind einzelne Faktoren durch besonders weite Abstände bevorzugt?
Könnte es als Folge von Nichtlinearitäten im mittleren Einstellungsbereich völlig andere Ergebnisse geben?

Screening bedeutet: sichten und ausdünnen. Zunächst sollte man also möglichst viele Parameter als Faktoren in den Versuchsplan aufnehmen. Vorversuche können notwendig sein, um zu testen, ob kritische Kombinationen im Versuchsplan realisierbar sind. Im Zweifelsfall liefert ein großes Screening-Feld mehr Informationen als mehrere kleine Felder. Außerdem ist es besser, zusätzliche Kombinationen zu testen, als die gleiche Kombination mehrfach zu wiederholen. Blockbildung und Randomisierung sollten eingesetzt werden, wo es sinnvoll ist. Aus all diesen Erwägungen erfolgt nun die Auswahl des passenden Screening-Versuchsplans. In der Regel bleibt man bei zweistufigen Versuchsplänen, wobei sich dicht besetzte Pläne nach dem Yates-Standard und vor allem Plackett-Burman Pläne anbieten.

Steht der Versuchsplan, kommt die Logistik in's Spiel. Alle beteiligten Personen müssen die notwendigen Informationen bekommen. Material muss besorgt werden. Prüfstände werden belegt. Nicht selten scheitern gute Pläne an einer mangelhaften Ausführung. Oft ist nicht einmal böser Wille dabei, klare Darstellung ist Trumpf. Der "Operator" (also das Prüfstandspersonal) braucht einen Versuchsplan im Klartext und kann mit $-$ oder $+$ nichts anfangen. Es lohnt sich immer, vor Ort ein wenig Zeit zu investieren und die Beteiligten in die Grundprinzipien der DoE einzuweihen. Die gesamte Testreihe sollte möglichst in einem Zug durchgeführt werden. Dies erfordert eine lückenlose Materialbeschaffung (Stückliste) mit entsprechender Vorbereitung (Zeitplan, Budget,..). Normalerweise sind gute Prüfstände voll ausgelastet. Jede Versuchsreihe muss also vorher korrekt eingesteuert werden (Umfang, Rüstzeiten, etc.). Wer den Betrieb aufhält (zum Beispiel weil das Material fehlt) fliegt vom Prüfstand. Eine DoE bietet in dieser Situation Vor- und Nachteile. Vorteilhaft ist die Möglichkeit, ohne Verzögerung in einem Zug mehrere Faktoren untersuchen zu können. Problematisch ist eine abgebrochene Messreihe, weil sie in der Regel nicht mehr auszuwerten ist. Dann ist entweder alles verloren oder man muss die Aktion mit entsprechendem Aufwand wiederholen, zumindest die fehlenden Versuche. Wiederholungen und Bestätigungsläufe gehören dazu, also sollten sie von Anfang an mit eingeplant werden. Wichtig, bereiten Sie die Entscheidungsträger darauf vor, dass es nicht bei der Screening DoE bleiben wird. Allen sollte das geplant zweistufige Vorgehen bekannt sein, damit es nicht nach einer verpatzten und dann auf andere Weise wiederholten Versuchsreihe aussieht. Normalerweise ist es kein Problem, diesen Punkt zu kommunizieren, weil jede andere Strategie mehr Versuche beinhalten würde.

Nach der Versuchsdurchführung steht die statistische Modellbildung an. Hier müssen Spezialisten aus den Fachabteilungen und Statistiker Hand in Hand arbeiten.

Lassen sich die abgeleiteten Schlussfolgerungen fachlich erklären?
Ist das Beschreibungsmodell hinreichend genau? (Fehlen wichtige Faktoren?)
Welche Faktoren sind signifikant?
Gibt es Faktoren, bei denen sich bereits eine optimale Einstellung gezeigt hat? (Diese Faktoren bleiben im weiteren Verlauf bei dieser Einstellung.)
Liegen möglicherweise starke Wechselwirkungen vor ?
Liegen möglicherweise starke Nichtlinearitäten vor?
Gibt es unterstützende CAE-Modelle oder Komponententests?

Die zweite Runde verläuft ähnlich. Nach der Faktorenauswahl folgt die Festlegung des Versuchsplans. Bei Bedarf sind neue Stufenabstände einstellbar. Möglicherweise ändert sich auch die Grundeinstellung des Systems, indem einige der im Screening untersuchten Faktoren auf eine neue Einstellung gebracht werden. Mit Hilfe der verfügbaren Ergebnisse muss eine Entscheidung getroffen werden, welches Beschreibungsmodell für die Detailuntersuchung angestrebt wird. Wechselwirkungen und Nichtlinearitäten spielen dabei eine Rolle. Im Zweifelsfall ist die schlichte Variation eines einzelnen Parameters eine wertvolle Zusatzinformation. Versuchsplan und Beschreibungsmodell sind miteinander verbunden, von zwei Ausnahmen abgesehen. 1. Monte-Carlo Versuchspläne und deren Derivate (Hypercubes, Space-Filling Design) beinhalten keine Bindung an ein Modell. 2. Man kann zweistufige Versuchspläne der Auflösungsstufe V bei Bedarf nachträglich erweitern, um auch quadratische Effekte zu erfassen. Die zweite Versuchsreihe geht auf den Prüfstand und die zweite Auswertung erfolgt. Diesmal sind natürlich die Anforderung an die Modellgenauigkeit höher. Außerdem geht es um die Festlegung der vorgeschlagenen Systemeinstellung, was immer mit Bestätigungsläufen verbunden sein sollte. Die Besprechung der Ergebnisse sollte wieder im Team erfolgen. Zum einen ist es wichtig, die Schlussfolgerungen zu hinterfragen und passende technische Erklärungen zu finden. Zum anderen bildet dies auch einen würdigen Abschluss der Studie, für die sich oft viele Leute eingesetzt haben.

11.4 CAE

Die DoE Anwendungen für Computermodelle laufen im Grundsatz gleich ab, allerdings meistens mit kleinerer Besetzung. Viele Berechnungsingenieure sind quasi Solisten. Die DoE gibt ihnen die Chance, aus der Isolation auszubrechen. Das klingt zunächst vermessen oder gar zynisch, aber bei genauerem Hinsehen wird die Aussage klar. Die qualitative Systembeschreibung kann auch hier im Team erfolgen. Auch wenn sie das Berechnungsverfahren nicht verstehen, so können Kollegen an dieser Stelle trotzdem einen wertvollen Beitrag leisten. Insofern gilt dieser Abschnitt des Strategiekapitels für Test und CAE in gleichem Maße. Die Ausführung der CAE-Studie verbleibt in der Regel bei Einzelnen. Immer häufiger werden allerdings derartige Studien auch fremdvergeben. Dann müssen beide Seiten wissen, worauf es ankommt. Logistik ist auch hier nicht unbedeutend, denn man muss die Läufe organisieren und die Rechnerkapazität vorhalten. Ratsam sind ebenfalls Rechnungen mit extremen Kombinationen, um zu prüfen ob das gesamte Feld abgearbeitet werden kann.

Oft überspringt man die Screening Phase, was aber nicht die Regel sein muss, denn gerade der Umgang mit vielen Eingangsgrößen ist eine der Stärken der Berechnungsverfahren. Bei der statistischen Modellbildung spielt Streuung normalerweise keine Rolle, dafür liegt das Augenmerk auf den Nichtlinearitäten und Wechselwirkungen. Viele Versuchspläne sind fest mit einem Beschreibungsmodell verbunden. Hier sollte man das Beschreibungsmodell auch mit neuen Kombinationen überprüfen, um darauf hin zu entscheiden, ob ein neuer Versuchsplan nötig ist. Hier kann der Statistiker helfen. An dieser Stelle sei jedoch davor gewarnt, über das Ziel hinaus zu schießen. Jedes Modell ist nur eine Näherung, kann aber für den Anwendungszweck völlig ausreichend sein. Auch hier sollte der Berechnungsingenieur externe Meinungen einholen: Wie genau muss es eigentlich sein? Ist das Ergebnis kommunizierbar?

Die Kommunikation der Ergebnisse ist sehr wichtig und erschließt dem Berechnungsingenieur weitere Quellen der Erfahrung. Mitunter laufen Test und CAE nebeneinander und die Berechner sehen die physischen Tests nicht mehr. Oft zeigen sich im Test Phänomene, die noch nicht im CAE-Modell abgebildet wurden, dann ist die Jagd nach Zehnteln ohnehin Makulatur. In den meißten Fällen werden die Kollegen dankbar sein, wenn der Berechnungsingenieur das Verhalten seines Modells nachvollziehbar dokumentiert. Nicht ohne Grund hat man schließlich mit der Berechnung angefangen. Oft wird leider der Nutzen der CAE-Methoden unterschätzt. Hier leistet die DoE einen Beitrag mit gut darstellbaren Beschreibungsmodellen.

Bei Detailuntersuchungen und Optimierungen kann es sinnvoll sein, das Metamodell mit einem anderen Verfahren aufzubauen, zum Beispiel Radial Basis Function, Neuronale Netze oder Splines. Ausschlaggebend ist die erreichbare Genauigkeit des Metamodells im Vergleich zur angestrebten Verbesserung des Qualitätsmerkmals.

11.5 Software

Mittlerweile bieten sehr viele Programme die Erstellung von Versuchsplänen und deren Auswertung an. Zum Teil handelt es sich um Spezialprogramme, die ausschließlich für diesen Zweck entwickelt wurden. Hinzu kommen aber auch viele Statistikprogramme mit DoE-Zusatzmodul, die ebenfalls einen beachtlichen Leistungsumfang bieten. Die benötigten mathematischen Verfahren sind schon seit vielen Jahren bekannt und nicht sonderlich anspruchsvoll in Bezug auf die Rechnerleistung. Im Vergleich zu den Kosten einer Versuchsreihe oder im Vergleich zu den Lizenzkosten kommerzieller Berechnungsprogramme ist die Software nicht teuer, erschließt aber dafür die Welt der DoE. Also lohnt sich die Anschaffung auf jeden Fall.

Bastellösungen mit Tabellenkalkulationsprogrammen führen nicht weit, binden Ressourcen bei der Programmierung und bleiben immer erklärungsbedürftig für neue Anwender. Einige Nischenprodukte sind kommerzialisierte Softwarelösungen mit sehr begrenztem Leistungsumfang, ursprünglich offenbar eher für den Eigenbedarf entwickelt. Davon ist abzuraten, weil die Beschränkungen bei ernsthafter Anwendung zum Hindernis werden. Bei Berechnungsprogrammen wird mittlerweile oft ein DoE-Paket zur Ansteuerung der Modelle angeboten. Diesen Zweck erfüllen die DoE-Pakete in der Regel tadellos, jedoch ist die Auswertung oft nicht besonders weit entwickelt. Lückenhaft kann auch die Qualitätskontrolle der Versuchspläne sein.

Im Wesentlichen erfüllen die Auswerteprogramme drei Aufgaben:

1. Auswahl eines passenden Versuchsplans
   - Auswahl aus vorkonfektionierten Standard-Versuchsplänen
   - Unterstützung bei der Konstruktion eines individuellen Versuchsplans
   - Möglichkeit zum Import benutzerdefinierter Felder
   - Analyse des Versuchsplans in Bezug auf das geplante Beschreibungsmodell
2. Datenanalyse
   - Import der Versuchsdaten
   - Lösung des Gleichungssystems für jedes Qualitätsmerkmal
   - statistische Analysen (ANOVA, Konfidenzintervalle etc.)
   - Interaktion mit dem Beschreibungsmodell (Planspiele)
   - Verknüpfung der Qualitätsmerkmale (MRO, PCA)
   - Vorhersage einer optimalen Einstellung
   - Export der Daten zur Weiterverarbeitung
3. Darstellung der Ergebnisse

- Interaktive Darstellung für Planspiele
- standardisierte Darstellungen im Programm
- editierbarer Export der Darstellungen für Berichte

Die Softwareanbieter setzen individuelle Akzente in den oben genannten Aufgabenbereichen. Es gibt viele sehr gute Lösungen, aber das Programm muss zur geplanten Anwendung passen. Je nach Anwendung ergeben sich unterschiedliche Leistungsanforderungen.

Bei Anwendungen in der Verfahrenstechnik reichen standardisierte Versuchspläne oft nicht aus. Wenn die Software keine benutzerdefinierten Felder erlaubt und die Erstellung spezieller Felder nicht richtig unterstützt, ist sie in vielen Fällen überhaupt nicht einsetzbar. Auch die Qualitätskontrolle der Felder ist dann wichtig und muss in jedem Fall auf das geplante Beschreibungsmodell abgestimmt sein.

CAE-Anwendungen gestatten häufig eine große Zahl von Faktoren, Stufen und Qualitätsmerkmalen. Die Leistungsgrenze der Auswerteprogramme verschiebt sich jedoch ständig in Richtung aufwendigerer Modelle und einer höheren Zahl von Faktoren. Automatisierter Datenimport wird bei CAE-Anwendungen schnell zum Thema, wenn die Erstellung eines Metamodells routinemäßig geplant ist.

Statistische Analysen der Daten und standardisierte Berechnungen (Effekte, Wechselwirkungen) bieten alle Programme dieser Kategorie an, daraus ergibt sich kein Unterscheidungsmerkmal. Es sei denn, im Unternehmen existiert ein spezieller Standard, der nicht von allen Programmen unterstützt wird. Die Option der Multiple-Response-Optimisation ist immer empfehlenswert, da es selten bei einem Qualitätsmerkmal bleibt. Eine gute Interaktion mit dem Beschreibungsmodell ist für die erfolgreiche Analyse wichtig. Diese "Planspiele" bringen ein gutes Systemverständnis und müssen in der industriellen Anwendung schnell vonstatten gehen, weil sie nicht selten in Besprechungen mit den jeweiligen Fachabteilungen verlangt werden.

Im Großen und Ganzen ergibt sich folgende Fallunterscheidung:

1. Durchschnittlicher Anwender
   Statistikprogramme mit DoE-Zusatzmodul decken den normalen Anwendungsbereich gut ab und bieten darüber hinaus viele Möglichkeiten weiterer statistischer Analysen, unabhängig von der statistischen Versuchsplanung. In vielen Fällen werden die lokalen DoE-Experten im Unternehmen zur Anlaufstelle für Statistikfragen aller Art oder umgekehrt. Ein Universalwerkzeug wie "Statgraphics®", "JMP®", "Statistica™" oder "Minitab™" ist dann sehr praktisch. Wer andere Statistikanwendungen nicht braucht, fährt auch mit einem spezialisierten DoE-Programm sehr gut, zum Beispiel "Design Expert®".
2. Anwender mit Bedarf an speziellen Versuchsplänen
   In der Verfahrenstechnik und der chemischen Industrie allgemein wird der Anwender mit vorkonfektionierten Versuchsplänen nicht zurechtkommen. Hier ist in der Regel ein spezialisiertes DoE-Programm die beste Wahl. "Modde®", "Stavex™" oder "Design Expert®" seien als Beispiel genannt. Ein sorgfältiger Vergleich ist an dieser Stelle sinnvoll, denn die Programme unterscheiden sich in

Bezug auf die Leistungsfähigkeit bei der Erstellung maßgeschneiderter Versuchspläne. “JMP®” ist ebenfalls enorm leistungsfähig, man muss allerdings etwas Zeit in die Scriptsprache investieren, um sich eine passende Lösung zusammenzustecken. Die DoE-Module der Statistikprogramme holen auf und erreichen mittlerweile fast die Leistungsfähigkeit der spezialisierten Programme, jedoch leidet mitunter die Bedienbarkeit an den nachträglich angestückelten Features.

3. CAE-Poweruser
Während normale CAE-Anwender noch mit üblichen Statistikprogrammen alle Versuchspläne bearbeiten können, wird der Poweruser mit seinen großen Metamodellen schnell die Kapazitätsgrenzen sprengen. Im Laufe der Zeit verschieben sich wohlgemerkt die Kapazitätsgrenzen der Auswerteprogramme und in vielen Fällen reicht dann die Leistungsfähigkeit der Standardlösungen völlig aus. Der Poweruser kennt sich in der Regel mit Programmierung aus und schreckt nicht vor einer scriptorientierten Ansteuerung zurück. In diesen Fällen steht die Option offen, gleich zur Multivariaten Datenanalyse mit Regressionsverfahren zu greifen. Dies geht sogar zum Nulltarif mit spartanischen aber leistungsfähigen Freeware-Programmen, zum Beispiel “R”. Für Matlab werden Zusatzpakete angeboten, die alle gängigen Verfahren zur Multivariaten Datenanalyse beinhalten, zum Beispiel die “SUMO-toolbox” (SUrrogate MOdeling). Immer populärer wird eine neue Kategorie von Software, die primär zur automatisierten Ablaufsteuerung von Computermodellen entwickelt wurde und massiv in die multivariate Datenanalyse einsteigt. “modeFRONTIER™”, “Isight”, “optiSLang” , “HyperStudy” und “Optimus” seien exemplarisch genannt. Vorteilhaft ist hier die reichhaltige Auswahl and Solvern und Näherungsverfahren, in Verbindung mit weit gesteckten Kapazitätsgrenzen. Hier gibt es allerdings deutliche Unterschiede, daher ist ein genauer Abgleich mit den individuellen Anforderungen erforderlich.

In jedem Fall ist es sinnvoll, mehrere Testanwendungen zu erstellen und mit den Demoversionen der in Frage kommenden Programme zu bearbeiten. Die Benutzerschnittstellen sind sehr unterschiedlich, auch bei Programmen einer Kategorie. Dies liegt zum Teil an der historischen Entwicklung der Programme. Viele sind bereits seit Jahrzehnten auf dem Markt und wurden von Großrechnern auf PCs portiert. Die aus heutiger Sicht exotische Benutzerführung wird mitunter nur schrittweise umgestellt. Die Entwicklungsziele der Programme sind teilweise auch völlig unterschiedlich. DoE befindet sich aus der Sicht des Softwareherstellers im Zentrum des Interesses, ist ein Randgebiet der Statistik, wird als eine unter mehreren Methoden für eine multivariate Datenanalyse angeboten oder als kleine Zugabe für ein Programm zur automatisierten Ansteuerung von Computermodellen. Darüber hinaus verfolgt jeder Entwickler sein eigenes Konzept, also wird es auch in Zukunft bei der Bedienung und der Darstellung der Ergebnisse Unterschiede geben. Der praktische Nutzwert für den Anwender hängt nicht nur von der objektiven Leistungsfähigkeit des Programms ab, sondern auch vom individuellen Aufwand für Einarbeitung und Gebrauch. Hier gibt es keinen einheitlichen Maßstab.

Ein Software-Ranking wäre immer subjektiv gefärbt und müsste fairerweise in kurzen Zeitintervallen aktualisiert werden, um den jeweils neuesten Versionen

Rechnung zu tragen. Daher die Empfehlung: Vertrauen Sie auf Ihr eigenes Urteil, nachdem Sie an praktischen Beispielen die Demoversionen getestet haben. Innerhalb einer Programmkategorie kann dann eigentlich nichts schief gehen, denn der Marktdruck nivelliert die Leistungsunterschiede [1]

[1] Mit Ausnahme der Programme zum Metamodelling, also den CAE front ends. Hier muss man bis auf Weiteres mit deutlichen Unterschieden in der Funktionalität rechnen.

Literaturverzeichnis

1. AKAIKE, H. A new look at the statistical identification model. *IEEE Transactions on Automatic Control 19* (1974), 716723.
2. AN, J.; OWEN, A. Quasi-regression. *J. Complexity 17* (2001), 588–607.
3. ANDERSON, L. D. The history of latin squares. *Aalborg University, Dept. of Mathematical Sciences.* (2007).
4. ANDERSON, M.; WHITCOMB, P. *RSM Simplified.* Productivity Press, New York, 2005.
5. ANTONOV, I.; SALEEV, V. An economic method of computing lp tau-sequences. *USSR Computational Mathematics and Mathematical Physics 19* (1980), 252–256.
6. ARRAYS: THEORY, O.; APPLICATIONS. *A.S. Hedayat and N.J.A. Sloane and J. Stufken.* Springer-Verlag, New York, 1999.
7. BALLESTER, P.; CARTER, J. Real-parameter genetic algorithms for finding multiple optimal solutions in multi-modal optimization. In *Proceedings of the 2003 Genetic and Evolutionary Computation Conference (GECCO-03)* (2003), Springer, pp. 706–717.
8. BALLESTER, P.; CARTER, J. An effective real-parameter genetic algorithm with parent centric normal crossover for multimodal optimisation. In *Proceedings of the Adaptive Computing in Design and Manufacture* (2004), Springer, pp. 901–913.
9. BANDEMER, HANS; ANDREAS BELLMANN; WOLFHART JUNG, K. R. *Optimale Versuchsplanung.* Verlag Harry Deutsch, Zrich, Frankfurt am Main, Thun, 1976.
10. BARTON, R. Metamodeling: A state of the art review. In *Prceedings of the 1994 Winter Simulation Conference* (1994).
11. BATES, R. A.; BUCK, R. J.; RICCOMAGNO, E.; WYNN, H. P. Experimental design and observation for large systems. *Journal of the Royal Statistical Society, Series B*, 58 (1996), 77–94.
12. BEASLEY, J.; SPRINGER, S. Algorithm as111: The percentage points of the normal distribution. *Applied Statistics 26* (1977), 118–121.
13. BOTHE, H.-H. *Neuro-Fuzzy Methoden.* Springer Verlag, Berlin Heidelberg New York, 1998.
14. BOX, G. Do interactions matter? Tech. rep., Center for Quality and Productivity Improvement, University of Wisconsin - Madison, 1989.
15. BOX, G. Must we randomize our experiment? Tech. rep., Center for Quality and Productivity Improvement, University of Wisconsin - Madison, 1989.
16. BOX, G. Quality improvement: An expanding domain for the application of scientific method. *Phil. Transact. Royal Soc. London, Series A 327* (1989), 617–630.
17. BOX, G.; FRIENDS. *Improving Almost Anything: Ideas and Essays.* John Wiley and Sons, Hoboken, NJ, 2006.
18. BOZDOGAN, H. Model selection and akaikes information criterion (aic): The general theory and its analytical extensions. *Psychometrika 52* (1987), 346–370.

K. Siebertz et al., *Statistische Versuchsplanung*, VDI-Buch,
DOI 10.1007/978-3-642-05493-8, © Springer-Verlag Berlin Heidelberg 2010

19. Brent, R. P. *Algorithms for Minimisation Without Derivatives*. Prentice Hall, 1973.
20. Bronstein, I. N.; Semendjajew, K. A.; Musiol, G. *Taschenbuch der Mathematik*. Deutsch (Harri), August 2008.
21. Bundschuh, P.; Zhu, Y. A metod for exact calculation of the discrepancy of low-dimensional finite point sets (i). *Abhandlungen aus Math. Seminar (Univ. Hamburg) 63* (1993), 115–133.
22. Chan, K.; Saltelli, A.; Tarantola, S. Sensitivity analysis of model output: Variance-based methods make the difference. In *Proceedings of the 1997 Winter Simulation Conference* (1997), S. Andradttir, K. J. Healy, D. H. Withers, and B. L. Nelson, Eds.
23. Cleveland, W. Robust locally weighted regression and smoothing scatter plots. *J. Amer. Stat. Assoc. 74* (1979), 829–836.
24. Corne, D.; Knowles, J.; Oates, M. The pareto envelope-based selection algorithm for multiobjective optimization. In *Proceeding of the sixth International Conference on Parallel problem Solving from nature VI (PPSN VI)* (2000), pp. 839–848.
25. Cressie, N. *Statistics for Spatial Data*. Wiley, New York, 1993.
26. Cukier, R. I.; Fortuin, C. M.; Shuler, K. E.; Petschek, A. G.; Schaibly, J. H. Study of the sensitivity of coupled reaction systems to uncertainties in rate coefficients. i theory. *Journal of Chemical Physics 59* (1973), 3873–3878.
27. Cukier, R. I.; Levine, H. B.; Shuler, K. E. Nonlinear sensitivity analysis of multiparameter model systems. *Journal of Computational Physics 26* (Jan. 1978), 1–42.
28. Cukier, R. I.; Schaibly, J. H.; Shuler, K. E. Study of the sensitivity of coupled reaction systems to uncertainties in rate coefficients. iii. analysis of the approximations. *The Journal of Chemical Physics 63* (1975), 1140–1149.
29. da Silva, M. E.; Barbe, T. Quasi monte carlo in finance: Extending for high dimensional problems. http://www.econ.fea.usp.br/medsilva/Quasi
30. Deb, K. A fast and elitist multi-objective genetic algorithm-nsga-ii. Tech. rep., Kanpur Genetic Algorithms Laboratory, 2000.
31. Deb, K.; Agrawal, R. Simulated binary crossover for continuous search space. *Complex-System 9* (1995), 115–148.
32. Deb, K.; Anand, A.; Joshi, D. A computationally efficient evolutionary algorithm for real-parameter optimization. *Evolutionary Computation 10*, 4 (2002), 371–395.
33. Deb, K.; Kumar, A. Real-coded genetic algorithms with simulated binary crossover: Studies on multimodal and multiobjective problems. *Complex Systems 9* (1995), 115–148.
34. Deb, K.; Mohan, M.; Mishra, S. A fast multi-objective evolutionary algorithm for finding well-spread pareto-optimal solutions. Tech. rep., Kanpur Genetic Algorithms Laboratory, 2003.
35. Deb, K.; Pratap, A.; Agarwal, S.; Meyarivan, T. A fast and elitist multiobjective genetic algorithm: Nsga-ii. *IEEE TRANSACTIONS ON EVOLUTIONARY COMPUTATION 6* (2002), 182–197.
36. Doltsinis, I. *Stochastic Analysis of Multivariate Systems in Computational Mechanics and Engineering*. International Center for Numerical Methods in Engineering, Barcelona, 1999.
37. Draper, N. R.; Smith, H. *Applied Regression Analysis, 3rd edition*. Wiley, 1998.
38. Dueck, G.; Scheuer, T. Threshold accepting: A general purpose algorithm appearing superior to simulated annealing. *Journal of Computational Physics 90* (1990), 161–175.
39. Duong, T.; Hazelton, M. Plug-in bandwidth selectors for bivariate kernel density estimation. *Journal of Nonparametric Statistics 15* (2003), 17–30.
40. Efron, B.; Hastie, T.; Johnstone, L.; Tibshirani, R. Least angle regression. *Annals of Statistics 32* (2002), 407–499.
41. Efroymson, M. *Mathematical Methods for Digital Computers*. John Wiley & Sons Inc, 1960, ch. Multiple regression analysis.
42. Eshelman, L. J.; Schaffer, J. D. Real-coded genetic algorithms and interval-schemata. In *Foundation of Genetic Algorithms 2* (San Mateo, CA, 1993), D. L. Whitley, Ed., Morgan Kaufmann., pp. 187–202.

43. FAHRMEIR, L.; KNEIB, T.; LANG, S. *Regression.* Springer Verlag, Berlin Heidelberg, 2009.
44. FANG, K. The uniform design: application of number-theoretic methods in experimental design. *Acta Math. Appl. Sinica 3* (1980), 363–372.
45. FANG, K. Theory, method and applications of the uniform design. *Inter. J. Reliability, Quality and Safety Engineering 9* (2002), 305–315.
46. FANG, K.; LI, J. Sone new results on uniform design. *Chinese Science Bulletin 40* (1994), 268–272.
47. FANG, K.; LIN, D. Uniform designs and their application in industry. In *Handbook on Statistics in Industry*. Elsevier, North-Holland, Amsterdam, 2003, pp. 131–170.
48. FANG, K.; LIN, D.; WINKER, P.; ZHANG, Y. Uniform design: Theory and applications. *Technometrics 42* (2000), 237–248.
49. FANG, K.-T.; LI, R. Bayesian statistical inference on elliptical matrix distributions. *J. Multivar. Anal. 70*, 1 (1999), 66–85.
50. FANG, K.-T.; LI, R.; SUDJIANTO, A. *Design and Modeling for Computer Experiments (Computer Science & Data Analysis)*. Chapman & Hall/CRC, 2005.
51. FANG, K.-T.; LU, X.; WINKER, P. Lower bounds for centered and wrap-around l2-discrepancies and construction of uniform designs by threshold accepting. *J. Complex. 19*, 5 (2003), 692–711.
52. FANG, K.-T.; MA, C.-X.; WINKER, P. Centered l2-discrepancy of random sampling and latin hypercube design, and construction of uniform designs. *MATHEMATICS OF COMPUTATION 71*, 237 (2000), 275–296.
53. FANG, K.-T.; TANG, Y.; YIN, J. Lower bounds for wrap-around l2-discrepancy and constructions of symmetrical uniform designs. *J. Complex. 21*, 5 (2005), 757–771.
54. FISHER, R. A. *Statistical Methods for Research Workers.* Oliver and Boyd, Edinburgh, 1925.
55. FISHER, R. A. The arrangement of field experiments. *Journal of the Ministry of Agriculture of Great Britain 33* (1926), 503–513.
56. FISHER, R. A. *The Design of Experiments.* Oliver and Boyd, Edinburgh and London, 1935.
57. FONSECA, C.; FLEMING, P. Muliobjective optimization and multible constraint handling with evolutionary algorithms part i: A unified formulation. In *IEEE Transactions on Systems, Man and Cybernetics* (1998), vol. 28, pp. 26–37.
58. FONSECA, C.; FLEMMING, P. Genetic algorithm for multiobjective optimization: Formulation, discussion and generalization. In *Proceedings of the 5th International Conference on Genetic Algorithms* (1993), pp. 416–423.
59. FOWLKES, W.; CREVELING, C. *Engineering Methods for Robust Product Design.* Addison-Wesley, Reading, MA, 1995.
60. FRANK, I. E.; FRIEDMAN, J. H. A statistical view of some chemometrics regression tools. *Technometrics 35* (1993), 109–148.
61. FURNIVAL, G.; WILSON, R. Regression by leaps and bounds. *Technometrics 16* (1974), 499–511.
62. GALANTI, S.; JUNG, A. R. Low-discrepancy sequences: Monte carlo simulation of option prices. *Journal of Derivatives* (1997), 63–68.
63. GAUCH, H.-H. *Scientific Method in Practice.* Cambridge University Press, Cambridge New York, 2003.
64. GROVE, D.; DAVIS, T. *Engineering, Quality and Experimental Design.* Longman Scientific and Technical, Harlow, 1992.
65. HASTIE, T.; LOADER, C. Local regression: automatic kernel carpentry (with discussion). *Statistical Science 8* (1993), 120–143.
66. HELLSTRAND, C. The necessity of modern quality improvement and some experience with its implementation in the manufacture of rolling bearings. Tech. rep., Center for Quality and Productivity Improvement, University of Wisconsin - Madison, 1989.

67. HESTERBERG, T.; CHOI, N. H.; MEIER, L.; FRALEY, C. Least angle and l1 penalized regression: A review. *Statistics Surveys 2* (2008), 61–93.
68. HICKERNELL, F. A generalized discrepancy and quadrature error bound. *Math. Comp. 67* (1998), 299–322.
69. HICKERNELL, F. *Random and Quasi Random Point Sets*. Springer Verlag, Berlin/New York, 1998, ch. Lattice rules: how well do they measure up?, pp. 106–166.
70. HICKERNELL, F. *Monte Carlo and Quasi-Monte Carlo Methods 1998*. Springer Verlag, Berlin, 2000, ch. What affects the accuracy of quasi-Monte Carlo quadrature?, pp. 16–55.
71. HOERL, A. E.; KENNARD, R. W. Ridge regression: biased estimation for nonorthogonal problems. *Technometrics 12* (1970), 55–67.
72. HOMMA, T.; SALTELLI, A. Importance measure in global sensitivity analysis of nonlinear models. *Reliability Engineering and System Safety 52* (1996), 1–17.
73. HORN, J.; NAFPLIOTIS, N. Multiobjective optimization using the niched pareto genetic algorithm. Tech. rep., University of Illinois USA, 1993.
74. HRDLE, W. *Applied Nonparametric Regression*. Cambridge University Press, 1990.
75. HUNTER, G. E. B. W. G.; HUNTER, J. S. *Statistics for Experimenters. An Introduction to Design, Data Analysis, and Model Building*. John Wiley and Sons, Hoboken, NJ, 1978.
76. HUNTER, S. J. Let's all beware the latin square. *Quality Engineering 1 (4)* (1989), 453 – 465.
77. IMAN, R. L.; CONOVER, W. J. A distribution-free approach to inducing rank correlation among input variables. *Communications in Statistics - Simulation and Computation 11* (1982), 311 – 334.
78. ISHIGURO, M.; SAKAMOTO, Y.; KITAGAWA, G. Bootstrapping log likelihood and eic, an extension of aic. *Annals of the Institute of Statistical Mathematics 49* (1997), 411–434.
79. J.H., F. Multivariate adaptive regression splines (with discussion). *Annals of Statistics 19* (1991), 1–141.
80. J.H., F. Fast mars (technical report: 110). Tech. rep., Stanford University Department of Statistics, 1993.
81. JIN, R.; CHEN, W.; SUDJIANTO, A. An efficient algorithm for constructing optimal design of computer experiments. *Journal of Statistical Planning and Inference 134*, 1 (Sep 2005), 268–287. David:005.
82. JOHNSON, M. E.; MOORE, L. M.; YLVISAKER, D. Minimax and maximin distance designs. *Journal of Statistical Planning and Inference 26*, 26 (1990), 131–148.
83. JONES, M.; MARRON, J.; SHEATHER, S. A brief survey of bandwidth selection for density estimation. *Journal of the American Statistical Association 91* (1996), 401–407.
84. JOY, C.; BOYLE, P.; TAN, K. Quasi-monte carlo methods in numerical finance. *Management Science 42* (1996), 926–938.
85. KING, M. L.; ZHANG, X.; HYNDMAN, R. J. Bandwidth selection for multivariate kernel density estimation using mcmc. *Computational Statistics and Data Analysis 50* (2004), 3009–3031.
86. KIRKPATRICK, S.; GELATT, C. D.; VECCHI, M. P. Optimization by simulated annealing. *Science 220* (1983), 671–680.
87. KLEIJNEN, J. P. C. *Statistical tools for simulation practitioners*. Marcel Dekker, Inc., New York, NY, USA, 1986.
88. KLEPPMANN, W. *Taschenbuch Versuchsplanung*. Carl Hanser Verlag, Mnchen Wien, 2008.
89. KNOWLES, J. D.; CORNE, D. W. Approximating the non-dominated front using the pareto archived evolution strategy. *Evolutionary Computation 8* (2000), 149–172.
90. KNUTH, D. *The Art of Computer Programming: seminumerical algorithms, Vol 2*. Addison-Wesley, 2002.
91. KODA, M.; MCRAE, G. J.; SEINFELD, J. H. Automatic sensitivity analysis of kinetic mechanisms. *International J. Chemical Kinetics 11*, 11 (1979), 427–444.
92. KOEHLER, J. R.; OWEN, A. B. Computer experiments. In *Handbook of Statistics* (1996), Elsevier Science.

93. KOROBOV, M. The approximate computation of multiple integrals. *Dokl. Akad. Nauk SSSR 124* (1959), 1207–1210.
94. KRIGE, D. A statistical approach to some mine valuations and allied problems at the witwatersrand. Master's thesis, University of Witwatersrand, 1951.
95. K.T. FANG, F.J. HICKERNELL, F. J. The uniform design and its application. *Bulletin of The International Statistical Institute* (1995), 339–349.
96. LAW, A. M.; KELTON, W. D. *Simulation modeling and analysis*. McGraw-Hill Science/Engineering/Math, 2000.
97. LEARY, S.; BHASKAR, A.; KEANE, A. Optimal orthogonal-array-based latin hypercubes. *Journal of Applied Statistics 30* (2003), 585598.
98. LI, R.; SUDJIANTO, A. Analysis of computer experiments using penalized likelihood in gaussian kriging models. *Technometrics 47* (2005), 111–120.
99. LI, W. W.; WU, C. F. J. Columnwise-pairwise algorithms with applications to the construction of supersaturated designs. *Technometrics*, 39 (1997), 171–179.
100. LIANG, Y.; FANG, K.; XU, Q. Design and its applications in chemistry and chemical engineering. *Chemom. Intell. Lab. Systems 58* (2001), 43–57.
101. LIN, C. Y.; HAJELA, P. Genetic search strategies in multicriterion optimal design. *Structural Optimization 4* (1992), 99–107.
102. LOZANO, M.; HERRERA, F.; KRASNOGOR, N.; MOLINA, D. Real-coded memetic algorithms with crossover hill-climbing. *Evolutionary Computation Journal 12* (2004), 273302.
103. MA, C.; FANG, K.-T. A new approach to construction of nearly uniform designs. *International Journal of Materials and Product Technology 20* (2004), 115 – 126.
104. MALLOWS, C. Some comments on cp. *Technometrics 42* (2000), 87–94.
105. MARCZYK, J. *Principles of Simulation-Based Computer Aided Engineering*. FIM Publications, Madrid, 1999.
106. MARRON, J. S. A comparison of cross-validation techniques in density estimation. *The Annals of Statistc 15* (1987), 152–162.
107. MARRON, J. S.; NOLAN, D. Canonical kernels for density estimation. *Statistics & Probability Letters 7*, 3 (December 1988), 195–199.
108. MASON, R. L.; GUNST, R. F.; HESS, J. L. *Statistical Design and Analysis of Experiments*. Wiley Interscience, 2003.
109. MASTERS. *Practical Neural Network Recipes in C++*, book & disk 1st ed. Morgan Kauf mann, April 1993.
110. MATHERON, G. Principles of geostatistics. *Economic Geology 58* (1963), 1246–1266.
111. MATSUMOTO, M.; NISHIMURA, T. Mersenne twister: A 623-dimensionally equidistributed uniform pseudorandom number generator. *ACM Trans. on Modelling and Computer Simulation 8* (1998), 117–121.
112. MATSUMOTO, M.; SAITO, M. Simd-oriented fast mersenne twister: a 128-bit pseudorandom number generator. In *Monte Carlo and Quasi-Monte Carlo Methods 2006* (2008), Springer Verlag, pp. 607–622.
113. MCKAY, D. M. *Evaluating prediction uncertainty*. The Commission, Washington DC, 1995.
114. MCKAY, D. M. Nonparametric variance-based methods of assessing uncertainty importance. *Reliability engineering & system safety 57* (1997), 267–279.
115. MCKAY, M.; BECKMAN, R.; CONOVER, W. A comparison of three methods for selecting values of input variables in the analysis of output of a computer code. *Technometrics 21* (1979), 239245.
116. MIETTINEN, K. *Nonlinear Multiobjective Optimization*, vol. 12 of *International Series in Operations Research and Management Science*. Kluwer Academic Publishers, Dordrecht, 1999.
117. MILLER, A. *Subset Selection in Regression, Second Editon*. CRC Press Inc, 2002.
118. MONTGOMERY, D. C. *Design and Analysis of Experiments*. John Wiley, New York, 2001.

119. MONTGOMERY, D. C. *Design and Analysis of Experiments (7th edition, international student version)*. John Wiley and Sons, Hoboken, NJ, 2009.
120. MORO, B. The full monte. *Risk 8* (1995).
121. MORRIS, M.; MITCHELL, T. Exploratory design for computational experiments. *Journal of Statistical Planning and Inference 34*, 26 (1995), 381–402.
122. NADARAYA, E. On estimating regression. *Theory Probab. Appl. 9* (1964), 141–142.
123. NADARAYA, E. On non-parametric estimates of density functions and regression curves. *Theory Probab. Appl. 10* (1965), 186–190.
124. NIEDERREITER, H., Ed. *Random number generation and quasi-Monte Carlo methods* (Philadelphia, Pa., 1992), CBMS-NSF regional conference series in applied mathematics, 63, Society for Industrial and Applied Mathematics.
125. N.N. http://home.online.no/ pjacklam/notes/invnorm/, 2009.
126. N.N. http://mint.sbg.ac.at/index.php?i=o, 2009.
127. N.N. http://people.scs.fsu.edu/ burkardt/, 2009.
128. N.N. http://primes.utm.edu, 2009.
129. N.N. http://www.iitk.ac.in/kangal/codes.shtml, 2009.
130. N.N. http://www.math.hkbu.edu.hk/uniformdesign/main.html, 2009.
131. N.N. http://www.math.sci.hiroshima-u.ac.jp/ m-mat/mt/sfmt/index.html, 2009.
132. N.N. http://www.research.att.com/ njas/oadir/index.html, 2009.
133. ONO, I.; KOBAYASHI, S. A real coded genetic algorithm for function optimization using unimodal normal distributed crossover. In *Proceedings of the 7th International Conference on Genetic Algorithms* (1997), T. Bck, Ed., pp. 246–253.
134. OWEN, A. A central limit theorem for latin hypercube sampling. *Journal of the Royal Statistical Society 54* (1992), 541–551.
135. OWEN, A. Randomly orthogonal arrays for computer experiments, integration and visualization. *Statistica Sinica 2* (1992), 439–452.
136. OWEN, A. Lattice sampling revisited: Monte carlo variance of means over randomized orthogonal arrays. *Annals of Statistc 22* (1994), 930–945.
137. OWEN, A. B. Orthogonal arrays for computer experiments. *Integration and Visualisation, Statistica Sinica*, 2 (1992), 439–452.
138. OWEN, A. B. Controlling correlations in latin hypercube samples. *Journal of the American Statistical Association 89* (1994), 1517–1522.
139. PANNETON, F.; L'ECUYER, P.; MATSUMOTO, M. Improved long-period generators based on linear recurrences modulo 2. *ACM Trans. on Mathematical Software 32* (2006), 1–16.
140. PAPULA, L. *Mathematik fr Ingenieure und Naturwissenschaftler, Band 3*. Vieweg, Braunschweig, 1997.
141. PARK, J. Optimal latin-hypercube designs for computer experiments. *Journal of Statistical Planning and Inference*, 39 (1994), 95–111.
142. PARK, S.; MILLER, K. Random number generators: good ones are hard to find. *Association for Computing Machinery 31* (1988), 1192–2001.
143. PEARSON, K. Mathematical contributions to the theory of evolution. In *Proceedings of the Royal Society of London* (1903), vol. 71, pp. 288–313.
144. POKROPP, F. *Lineare Regression und Varianzanalyse*. Oldenbourg Verlag, Mnchen Wien, 1999.
145. POWELL, M. J. D. *Algorithms for approximation*. Clarendon Press, New York, NY, USA, 1987, ch. Radial basis functions for multivariable interpolation: a review, pp. 143–167.
146. PRESS, W. H.; TEUKOLSKY, S. A.; VETTERLING, W. T.; FLANNERY, B. P. *Numerical Recipes: The Art of Scientific Computing*. Cambridge University Press, 2007.
147. RAGHUWANSHI, M.; KAKDE, O. Survey on multiobjective evolutionary and real coded genetic algorithms. *Complexity International 11* (2005), 150–161.
148. RASMUSSEN, C. E.; WILLIAMS, C. K. I. *Gaussian Processes for Machine Learning*. The MIT Press, 2006.

149. REEDIJK, C. Sensitivity analysis of model output: Performance of various local and global sensitivity measures on reliability problems. Master's thesis, Delft University of Technology, 2000.
150. RISSANEN, J. Modelling by shortest data description. *Automatica 14* (1978), 465–471.
151. RODRGUEZ, C. C. The abc of model selection: Aic, bic and the new cic. In *Bayesian Inference and Maximum Entropy Methods in Science and Engineering* (November 2005), K. H. Knuth, A. E. Abbas, R. D. Morris, and J. P. Castle, Eds., vol. 803 of *American Institute of Physics Conference Series*, pp. 80–87.
152. RONALD L. IMAN, C. H. S. A robust measure of uncertainty importance for use in fault tree system analysis. *Risk Analysis 10*, 3 (1990), 401–406.
153. S., S. P.; TRAUB, J. Faster valuation of financial derivatives. *Journal of Portfolio Management 22* (1995), 113 120.
154. SAAB, Y.; RAO, V. Combinatorial optimization by stochastic evolution. *IEEE Transactions on Computer-Aided Design of Integrated Circuits and Systems 10* (1991), 525–535.
155. SACHS, L.; HEDDERICH, J. *Angewandte Statistik, Methodensammlung mit R.* Springer-Verlag Berlin Heidelberg, 2009.
156. SACKS, J.; SCHILLER, S. B.; WELCH, W. J. Designs for computer experiments. Tech. rep., Technometrics, 1989.
157. SACKS, J.; WELCH, W. J.; MITCHELL, T. J.; WYNN, H. P. Design and analysis of computer experiments. *Statistical Sience 4* (1989), 409–423.
158. SAIN, S.; BAGGERLY, K.; SCOTT, D. Cross-validation of multivariate densities. *Journal of the American Statistical Association 89* (1994), 807–817.
159. SALTELLI, A. Sensitivity analysis of model output an investigation of new techniques. *Computational statistics & data analysis* (1993), Vol. 15, No. 2 (1993),211.
160. SALTELLI, A.; TARANTOLA, S.; CHAN, K. P.-S. A quantitative model-independent method for global sensitivity analysis of model output. *Technometrics 41*, 1 (1999), 39–56.
161. SCHADE, H.; KUNZ, E. *Strmungslehre.* Walter de Gruyter, Berlin New York, 1980.
162. SCHAFFER, J. *Multi objective optimization with vector evaluated genetic algorithms.* PhD thesis, Vanderbilt University, Nashville, USA, 1984.
163. SCHAFFER, J. D. Multiple objective optimization with vector evaluated genetic algorithms. In *Proceedings of the 1st International Conference on Genetic Algorithms* (Hillsdale, NJ, USA, 1985), L. Erlbaum Associates Inc., pp. 93–100.
164. SCHULTE, H.; PLATZBCKER, W.; SIEBERTZ, K.; LACH, R. *Design of Experiments (DoE) in der Motorenentwicklung.* Expert Verlag, Renningen, 2003, ch. Hydrodynamic Bearing Calculation as a Potential DoE Applicationwithin the Engine Development Process, pp. 1–19.
165. SCHWARZ, G. Estimating the dimension of a model. *The Annals of Statistics 6* (1978), 461–464.
166. SHANNON, C. E. A mathematical theory of communication. *Bell System Technical Journal 27* (1948), 379423, 623656.
167. SHAW, W. Refinement of the normal quantile: A benchmark normal quantile based on recursion, and an appraisal of the beasley-springer-moro, acklam, and wichura (as241) methods. Tech. rep., Financial Mathematics Group, King's College London, 2007.
168. SIEBERTZ, K. Front impact occupant models with finite element structures to investigate lower leg loads. In *European MADYMO User's Conference, Stuttgart* (1999).
169. SIEBERTZ, K.; MIDOUN, D. Cae driven parameter studies using the doe method and tailored objective functions. In *MADYMO User's Conference, Windsor Canada* (1998).
170. SIMPSON, T.; LIN, D.; CHEN, W. Sampling strategies for computer experiments: design and analysis. *International Journal of Reliability and Safety (IJRS) 2*, 3 (2001), 209–240. David:001.
171. SOBOL, I. M. On the distribution of points in a cube and the approximate evaluation of integrals. *U.S.S.R. Computational Math. and Math. Phys*, 7 (1967), 86–112.
172. SOBOL, I. M. Sensitivity analysis for non-linear mathematical models. *Mathematical Modelling Computational Experiment 1*, 1 (1993), 407–414.

173. SPIEGELHALTER, D.; BEST, N.; CARLIN, B.; VAN DER LINDE, A. Bayesian measures of model complexity and fit (with discussion). *Journal of the Royal Statistical Society 64* (2002), 583–616.
174. ST, G. H. Kriging by local polynomials. *Computational Statistics and Data Analysis 29*, 3 (January 1999), 295–312.
175. STEIN, M. Large sample properties of simulations using latin hypercube sampling. *Technometrics 29* (1987), 143–151.
176. STEIN, M. L. *Interpolation of Spatial Data - Some Theory for Kriging*. Springer, 1999.
177. STUDENT. The probable error of a mean. *Biometrika VI*, 1 (1908), 1–25.
178. T. HASTIE, R. T.; FRIEDMAN, J. *The Elements of Statistical Learning Data Mining, Inference and Prediction*. Springer, 2001.
179. TAKAHASHI, O.; KOBAYASHI, S. An adaptive neighboring search using crossover-like mutation for multi modal function optimization. In *IEEE International Conference on Systems, Man, and Cybernetic* (2001).
180. TANG, B. Orthogonal array-based latin hypercubes. *Journal of the Americal Statistical Association 88* (December 1993), 13921397.
181. TEZUKA, S. *Random and Quasi-Random Point Sets, Lecture Notes in Statistics*. Springer Verlag, Berlin, 1998, ch. Financial applications of Monte Carlo and quasi-Monte Carlo methods, pp. 303–332.
182. TIBSHIRANI, R. Regression shrinkage and selection via the lasso. *Journal of the Royal Statistical Society 58* (1996), 267–288.
183. TIBSHIRANI, R. The lasso method for variable selection in the cox model. *Statistics in medicine 16* (1997), 385–395.
184. TOUTENBURG, H. *Versuchsplanung in der Industrie*. Prentice Hall, Mnchen London, 1996.
185. TOUTENBURG, H.; FIEGER, A. *Deskriptive Statistik*. Prentice Hall, Mnchen London, 1998.
186. TOUTENBURG, H.; GSSL, R.; KUNERT, J. *Quality Engineering, Eine Einfhrung in Taguchi-Methoden*. Prentice Hall, Mnchen London, 1997.
187. VOIGT, H.; MHLENBEIN, H.; CVETKOVIC, D. Fuzzy recombination for the breeder genetic algorithm. In *Proc. of the Sixth International Conference on Genetic Algorithms* (1995), L. Eshelman, Ed., p. 104111.
188. WAND, M.; M.C.JONES. Multivariate plug-in bandwidth selection. *Computational Statistics 9* (1994), 97–116.
189. WANG, Y.; FANG, K. A note on uniform distribution and experimental design. *KeXue TongBao 26* (1981), 485–489.
190. WARNOCK, T. Computational investigations of low discrepancy point sets. In *Applications of Number Theory to Numerical Analysis*. Zaremba, S.K., 1972, pp. 319–343.
191. WATSON, G. Smooth regression analysis. *Sankhaya: The Indian Journal of Statistics A 26* (1964), 359–372.
192. WERMUTH, N. Beobachtungen zur ridge-regression. *Jahrbcher fr Nationalkonomie und Statistik 189* (1975), 300–307.
193. WHITCOMB, P. Fds - a power tool for designers of optimization experiments. *Stat-Teaser Sept* (2008), 1–3.
194. WICHURA, M. Algorithm as 241: The percentage points of the normal distribution. *Applied Statistics 37* (1988), 477–484.
195. WINKER, P. *Optimization Heuristics in Econometrics : Applications of Threshold Accepting*. Wiley, Chichester, 2000.
196. WINKER, P.; FANG, K.-T. Application of threshold-accepting to the evaluation of the discrepancy of a set of points. *SIAM J. Numer. Anal. 34*, 5 (1997), 2028–2042.
197. XU, H. An algorithm for constructing orthogonal and nearly orthogonal arrays with mixed levels and small runs. Tech. rep., Department of Statistics, UCLA (University of California, Los Angeles), 2000.
198. XU, H. An algorithm for constructing orthogonal and nearly-orthogonal arrays with mixed levels and small runs. *Technometrics 44* (2002), 356–368.

199. YE, K. Orthogonal column latin hypercubes and their application in computer experiments. *Journal of the American Statistical Association 93* (1998), 1430–1439.

200. ZITZLER, E. *Evolutionary Algorithms for Multiobjective Optimization: Methods and Applications*. PhD thesis, Institut fr Technische Informatik und Kommunikationsnetze Computer Engineering and Networks Laboratory, 1999.

201. ZITZLER, E.; LAUMANNS, M.; THIELE, L. SPEA2: Improving the Strength Pareto Evolutionary Algorithm. TIK Report 103, Computer Engineering and Networks Laboratory (TIK), ETH Zurich, Zurich, Switzerland, 2001.

202. ZITZLER, E.; THIELE, L. An evolutionary algorithm for multiobjective optimization: the strength pareto approach. Tech. rep., Computer Engineering and Networks Laboratory (TIK), Swiss Federal Institute of Technology Zrich (ETH), 1998.

203. ZITZLER, E.; THIELE, L. Multiobjective evolutionary algorithms: a comparative case studyand the strength pareto approach. *IEEE Transactions on Evolutionary Computation 3* (1999), 257–271.

Anhang A
Berechnungsmodell zum Fallbeispiel Rasensprenger

An warmen Sommertagen gesellt sich zur Bewässerungsfunktion des Rasensprengers noch die Nebenfunktion der Kinderbelustigung. Bei der dann angestrebten langen Nutzungsdauer gelangt zu viel Wasser auf den Rasen. Insgesamt lassen sich drei unabhängige Qualitätsmerkmale identifizieren: große Reichweite, hohe Drehzahl und geringer Wasserverbrauch. Betrachtet wird das System *Rasensprenger* ab Zuleitung hinter dem Absperrhahn.

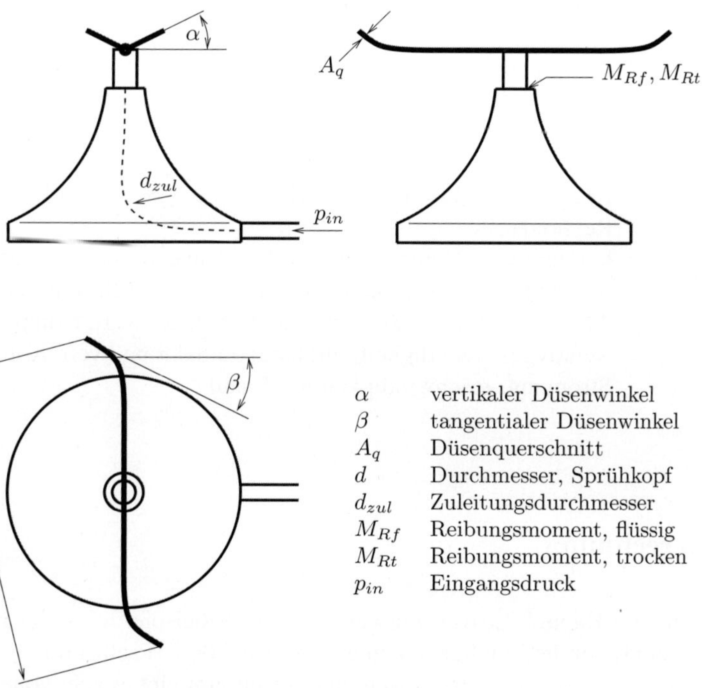

Abb. A.1 Schematische Darstellung eines Rasensprengers.

A.1 Nomenklatur

α	vertikaler Düsenwinkel
β	tangentialer Düsenwinkel
η_L	dynamische Viskosität der Luft
λ	Reibungskoeffizient
ν	kinematische Viskosität
ζ	Widerstandskoeffizient
φ	Winkel des Geschwindigkeitsvektors, bezogen auf die Horizontale
ρ, ρ_L, ρ_W	Dichte
ω	Winkelgeschwindigkeit des Rasensprengerarms
a, a_h, a_v	Beschleunigung, mit horizontaler und vertikaler Komponente
A_q	Düsenquerschnitt
A_{zul}	Querschnitt des Zulaufs
c_v	Widerstandsbeiwert, Druckverlust in der Zuleitung
d	Durchmesser des Rasensprengers
d_{Tr}	Tropfendurchmesser
d_{zul}	Zuleitungsdurchmesser, von Wasseranschluß bis Düse
F_W	Kraft auf einen Tropfen durch den Luftwiderstand
m_{Tr}	Tropfenmasse
M_A	Antriebsmoment
M_R, M_{Rf}, M_{Rt}	Reibungsmoment, mit Anteilen von flüssiger und trockener Reibung
n	Drehzahl des Rasensprengers
p_{en}	effektiv treibender Druck
p_{in}	Eingangsdruck
$\Delta p_v, \Delta p_{zul}$	Druckverluste durch Reibung
$\dot{Q}$	gesamter Volumenstrom
R	Radius eines Rasensprengerarms
Re	Reynoldszahl
s_h, s_v, s_{h0}, s_{v0}	hor. und vert. Komponente der Tropfenposition, mit Startwerten
v_h, v_v, v_{h0}, v_{v0}	hor. und vert. Komponente der Geschwindigkeit, mit Startwerten
$v_a, v_{at}, v_{ar}, v_{av}$	Absolutgeschwindigkeit, mit tang., radialer, vert. Komponente
$v_r, v_{at}, v_{rr}, v_{rv}$	Relativgeschwindigkeit, mit tang., radialer und vert. Komponente
v_{zul}	Strömungsgeschwindigkeit im Zulauf

A.2 Berechnung

Das bereits im Kapitel *Auswertung* verwendete Fallbeispiel wird hier näher erläutert, um dem Leser die Möglichkeit zu geben, es bei Bedarf selbst für eigene Studien zu benutzen, sozusagen als Erstanwendung. Insgesamt gibt es acht voneinander unabhängige Parameter mit dem in der Tabelle vorgeschlagenen Einstellbereich. Das

zugehörige *Octave / Matlab* Modell ist numerisch recht stabil und gestattet auch einen größeren Einstellbereich.

Parameter	Einheit	Einstellung		
		-	0	+
α	$\circ$	15	30	45
β	$\circ$	0	15	30
A_q	mm^2	2	3	4
d	mm	100	150	200
M_{Rt}	Nm	0,01	0,015	0,02
M_{Rf}	$\frac{Nm}{s}$	0,01	0,015	0,02
p_{in}	bar	1	1,5	2
d_{zul}	mm	5	7,5	10

Eine konstante Drehzahl stellt sich ein, wenn Reibungsmoment und Antriebsmoment im Gleichgewicht stehen. Das Reibungsmoment besteht aus einem konstanten Anteil, der trockenen Reibung und einem drehzahlabhängigen Anteil, der flüssigen Reibung.

$$M_R = M_{Rt} + n \cdot M_{Rf} \tag{A.1}$$

Das Antriebsmoment kommt durch den Impuls der Wassertröpfchen zustande.

$$\begin{aligned} M_A &= \rho_W \dot{Q} v_{at} \cdot R && \text{(A.2)} \\ &= 2\rho_W v_r A_q v_{at} \cdot R && \text{(A.3)} \end{aligned}$$

Die Absolutgeschwindigkeit der Tröpfchen folgt aus dem Energiesatz,

$$v_a = \sqrt{\frac{2p_{en}}{\rho}} \tag{A.4}$$

wobei die treibende Druckdifferenz auch die Druckverluste berücksichtigt.

$$P_{en} = P_{in} - \Delta p_v - \Delta p_{zul} \tag{A.5}$$

Die Komponentenzerlegung der Absolutgeschwindigkeit in tangentiale, radiale und vertikale Komponente ist nicht trivial, da die beiden Düsenwinkel die relative Ausrichtung des Wasserstrahls in Bezug zum rotierenden Rasensprenger angeben. Mit Kenntnis der Düsengeschwindigkeit läßt sich jedoch die Relativgeschwindigkeit zunächst betragsmäßig berechnen und anschließend in Komponenten zerlegen. Durch vektorielle Addition mit der Düsengeschwindigkeit folgt daraus dann die gesuchte Absolutgeschwindigkeit als vollständig bestimmter Vektor. Sobald die Relativgeschwindigkeit ermittelt ist, läßt sich auch der Volumenstrom angeben.

$$v_D = \omega R \qquad \text{mit} \quad R = \frac{d}{2} \tag{A.6}$$

$$v_a^2 = v_r^2 + v_D^2 - 2v_r \cos\alpha \cos\beta \cdot v_D \tag{A.7}$$

$$v_r = v_D \cos(\alpha)\cos(\beta) + \sqrt{v_a^2 - v_D^2(\cos^2(\alpha)\cos^2(\beta) - 1)} \tag{A.8}$$

$$\dot{Q} = 2v_r A_q \tag{A.9}$$

$$\mathbf{v_r} = \begin{bmatrix} v_{rt} \\ v_{rr} \\ v_{rv} \end{bmatrix} = v_r \cdot \begin{bmatrix} \cos(\alpha)\cos(\beta) \\ \cos(\alpha)\sin(\beta) \\ \sin(\alpha) \end{bmatrix} \tag{A.10}$$

$$\mathbf{v_a} = \begin{bmatrix} v_{at} \\ v_{ar} \\ v_{av} \end{bmatrix} = \mathbf{v_r} - \begin{bmatrix} \omega \cdot R \\ 0 \\ 0 \end{bmatrix} \tag{A.11}$$

Damit sind alle Größen der Momentengleichungen bis auf ω verfügbar. ω ergibt sich iterativ aus der Forderung nach einem Gleichgewicht der Drehmoment. Ausgehend von einem konservativ abgeschätzten Startwert für ω fährt der Rasensprenger in der Simulation an und erreicht beim Momentengleichgewicht eine Grenzdrehzahl. Die Reibungsenergie wird dem System entzogen und äußert sich durch einen Druckverlust, da es außer dem Wasserstrahl keine weitere Energiequelle gibt.

$$\Delta p_v = \frac{M_R \omega}{\dot{Q}} \tag{A.12}$$

Hinzu kommt der Druckverlust der querschnittsarmen Zuleitung zur Düse innerhalb des Rasensprengers. Nur bei großen Volumenströmen in Verbindung mit einem engen Zuleitungsquerschnitt spielt dies eine Rolle. Näherungslösungen sind also an dieser Stelle unkritisch. Aus tabellierten Daten folgt für glatte Rohre mit der Länge 300mm mit einem Durchmesser von 5mm bis 10mm und einem Volumenstrom zwischen 1 l/min und 10 l/min eine kompakte Näherung für den Verlustkoeffizienten.

$$\Delta p_{zul} = c_v \dot{Q}^2 \tag{A.13}$$

$$c_v = 60000^2 \cdot 10^{5{,}0704 - 0{,}579413 d_{zul} + 0{,}196432 d_{zul}^2} \tag{A.14}$$

Der Vorfaktor ergibt sich durch die Umrechnung von $\frac{l}{min}$ in $\frac{m^3}{s}$, da die Berechnung im Gegensatz zu den tabellierten Daten durchgängig SI-Einheiten benutzt. Erst wenn ω gegen einen stabilen Wert konvergiert, erreichen auch die Druckverluste ihren Endwert. Die Simulation beginnt daher mit einem geeigneten Startwert für v_a, der korrigiert wird, sobald für die Druckverluste bessere Werte vorliegen.

Die Flugbahn der Wassertröpfchen wäre eine Wurfparabel, wenn es keinen Luftwiderstand gäbe. Dieser ist jedoch nicht vernachlässigbar und bremst die Tröpfchen in Abhängigkeit von Ihrer Größe und Fluggeschwindigkeit. Vereinfachend wurde eine bewährte Formulierung von SCHADE, KUNZ übernommen [161], die auf Arbeiten von ABRAHAMS basiert und für einen weiten Bereich der Reynoldszahl gilt.

$$Re = \frac{v_a d_{Tr} \rho_L}{\eta_L} \tag{A.15}$$

$$\zeta = \frac{24}{Re} \cdot \left(1 + 0,11\sqrt{Re}\right)^2 \tag{A.16}$$

Als Konstanten wurden folgende Werte angesetzt:

$$\rho_L = 1,25 \frac{kg}{m^3} \tag{A.17}$$

$$\eta_L = 1,82 \cdot 10^{-5} \frac{kg}{ms} \tag{A.18}$$

$$\rho_W = 1000 \frac{kg}{m^3} \tag{A.19}$$

Tropfendurchmesser und Tropfenmasse richten sich bei kleinen Düsenquerschnitten nach der Größe der Austrittsöffnung.

$$d_{Tr} = \sqrt{\frac{4A_q}{\pi}} \tag{A.20}$$

$$m_{Tr} = \frac{\pi}{6} d_{Tr}^3 \rho_L \tag{A.21}$$

Aus dem Luftwiderstandsbeiwert ergeben sich die Bremskraft und die Tropfenverzögerung. Die Richtung der Tropfenverzögerung hängt von der momentanen Tropfengeschwindigkeit ab und wird in jedem Zeitschritt neu ermittelt. Die Berechnung der Flugbahn ist abgeschlossen, wenn ihre vertikale Komponente den Wert Null erreicht hat.

$$F_W = \frac{\rho_L}{2} v_a^2 A_q \zeta \qquad \text{mit} \quad a = \frac{F_w}{m_{Tr}} \tag{A.22}$$

$$s_{h0} = 0 \qquad s_{v0} = 1mm \tag{A.23}$$

$$v_{h0} = v_a \cos(\alpha) \qquad v_{v0} = v_a \sin(\alpha) \tag{A.24}$$

$$a_h = a\cos(\varphi) \qquad a_v = a\sin(\varphi) \tag{A.25}$$

$$\cos(\varphi) = \frac{v_h(t)}{v(t)} \qquad \sin(\varphi) = \frac{v_v(t)}{v(t)} \tag{A.26}$$

$$v_h = v_{h0} + \int_0^t a_h dt \qquad v_v = v_{v0} + \int_0^t a_v dt \tag{A.27}$$

$$s_h = s_{h0} + \int_0^t v_h dt \qquad s_v = s_{v0} + \int_0^t v_v dt \tag{A.28}$$

A.3 Erweiterungen

Basierend auf der dargestellten Basisvariante des Berechnungsprogramms wurden verschiedene optionale Erweiterungen eingeführt, um größere Stufenbreiten rechnen zu können. Dadurch entstehen stark nichtlineare Zusammenhänge zwischen den Eingangsgrößen und den Qualitätsmerkmalen. Für die Verdeutlichung der aufwendigen Verfahren (Kriging, Radial Based Functions, neuronale Netze etc.) war dies erforderlich.

Druckverlust

Die Berechnung des Druckverlustes in der Zuführleitung kann neben der Basisvariante ebenfalls durch den in Gleichung A.29 dargestellten Ansatz ermittelt werden. Durch die separate Berechnung des Reibungskoeffizienten λ können neben laminaren ebenfalls turbulente Strömungsverluste berücksichtigt werden, worauf im Rahmen dieser Arbeit verzichtet wird. Weiterhin wird im Gegensatz zur Basisvariante nicht ein Zulauf *vor* dem Rasensprenger angenommen, sondern die Arme selbst als Zulauf betrachtet, so dass neben dem Durchmesser d_{zul} der Leitung ebenfalls der Radius R des Rasensprengers einen direkten Einfluss auf den Druckverlust aufweist.

$$\begin{aligned} \Delta p_{zul} &= \lambda \frac{\rho}{2} \frac{\mathrm{R}}{d_{zul}} v_{zul}^2 \\ \text{mit} \quad v_{zul} &= \frac{\frac{\dot{Q}}{2}}{A_{zul}} \quad \text{und} \quad \lambda_{\text{laminar}} = \frac{64}{\text{Re}} = 64 \frac{\nu}{d_{zul} v_{zul}} \end{aligned} \tag{A.29}$$

Flugweite

Soll der Radius R des Rasensprengers in der Flugweitenbestimmung berücksichtigt werden, so kann die Flugweite s^* mit der Basisflugweite s_h bestimmt werden.

$$s^* = \sqrt{[R + \sin(\beta)\, s_h]^2 + [\cos(\beta)\, s_h]^2} \tag{A.30}$$

Haftreibung

Werden die Faktoren α, β und M_{Rt} in großen Bereichen variiert, so treten Faktorkombinationen auf, bei denen das Antriebsmoment des Wasserstrahls geringer ist als das Reibmoment M_{Rt}, so dass keine Rotation des Rasensprengers auftritt ($n = 0$). Da der implementierte Lösungsalgorithmus in diesen speziellen Fällen keinen Gleichgewichtszustand findet, wird vor der Volumenstromberechnung geprüft, ob die Haftreibung bei $n = 0$ überwunden wird. Ist dieses nicht der Fall, so wird die Flugweite mit dem berechneten Volumenstrom $\dot{Q}_0$ und der Drehzahl $n = 0$ ermittelt.

$$\begin{aligned} M_A &= \dot{Q}_0 \rho R v_{\mathrm{t}} \\ v_t &= \frac{\dot{Q}_0}{2A_q \cos(\alpha)\cos(\beta)} \end{aligned} \tag{A.31}$$

$$\text{Energieerhaltung}: p_{in} - \Delta p_{zul} = \frac{\rho}{2} v_{aus}^2 \tag{A.32}$$

$$
\begin{aligned}
&\text{Basisansatz}: \Delta p_{zul} = c_v \dot{Q}_0^2 \\
&\Rightarrow p_{in} - c_v \dot{Q}_0^2 = \tfrac{\rho}{2} v_{aus}^2 = \tfrac{\rho}{2} \left(\tfrac{\dot{Q}_0}{2A_q} \right)^2 \\
&\Rightarrow \dot{Q}_0 = \sqrt{\frac{p_{in}}{c_v + \frac{\rho}{8A_q^2}}}
\end{aligned} \tag{A.33}
$$

$$
\begin{aligned}
&\text{ErweiterterAnsatz}: \Delta p_{zul} = 64 \frac{\nu}{d_{zul} v_{zul}} \frac{\rho}{2} \frac{R}{d_{zul}} v_{zul}^2 \\
&\Rightarrow p_{in} - 64 \frac{\nu}{d_{zul} v_{zul}} \frac{\rho}{2} \frac{R}{d_{zul}} v_{zul}^2 = \tfrac{\rho}{2} \left(\tfrac{\dot{Q}_0}{2A_q} \right)^2 \\
&\Rightarrow p_{in} - 64 \frac{\nu}{2d_{zul}^2} \rho R \frac{\frac{\dot{Q}_0}{2}}{A_{zul}} = \tfrac{\rho}{2} \left(\tfrac{\dot{Q}_0}{2A_q} \right)^2 \\
&\Rightarrow \tfrac{2}{\rho} p_{in} - 64 \frac{\nu}{2d_{zul}^2 A_{zul}} R \dot{Q}_0 = \left(\tfrac{\dot{Q}_0}{2A_q} \right)^2 \\
&\Rightarrow \dot{Q}_0^2 + \frac{32R4A_q^2 \nu}{d_{zul}^2 A_{zul}} \dot{Q}_0 - \frac{2A_q^2 4}{\rho} p_{in} = 0 \\
&\text{mit } c_{zul} = \frac{128RA_q^2 \nu}{d_{zul}^2 A_{zul}} \\
&\Rightarrow \dot{Q}_0 = -\frac{c_{zul}}{2} + \sqrt{\left(\frac{c_{zul}}{2} \right)^2 + \frac{8A_q^2}{\rho} p_{in}}
\end{aligned} \tag{A.34}
$$

Kodierung

Neben der Standardkodierung $[-1;1]$ sind insgesamt folgende Faktorkodierungen implementiert worden:

- keine Kodierung
- $[-1;1]$
- $[0;1]$
- $[1,2,3,\cdots,n_s]$

Variablen-Übergabe

Zur Erleichterung einer Automatisierung verschiedener Versuchsläufe können der Berechnungsfunktion folgende Variablen übergeben werden:

- *FileName*: Name der Eingabedatei (z.B. '1128.inp')
- *Fak*: Faktoreinstellungen [Spalte der Eingabedatei,Min,Max]

Ein Beispiel für eine mögliche Faktoreinstellung ist:

```
Fak=[1, 0   , 90   % alpha [°]
     2, 0   , 90   % beta  [°]
     3, 2e-6, 4e-6 % Aquer [mm^2]
     4, 0.1 , 0.2  % Durchmesser [m]
     5, 0.01, 0.02 % Mtrocken [Nm]
     6, 0.01, 0.02 % Mfluessig [Nm/s]
     7, 1   , 2    % Druck [bar]
     8, 7   , 10 ]; % Durchmesser Zuleitung [mm]
```

A.4 Quellcode

Der folgende Quellcode ist unter Octave und Matlab lauffähig. Erforderlich ist eine Eingabedatei mit dem gewünschten Versuchsplan passend zu der gewählten Kodierung (zum Beispiel -1 bis 1). Jede Zeile entspricht einer separaten Berechnung mit der entsprechenden Faktoreneinstellung. Der gesamte Versuchsplan wird per Stapelverarbeitung mit einem Aufruf abgearbeitet.

```
function Rasensprenger (FileName,Fak)
% Rasensprengerversuch
% (c) 2002 - 2009
% Hauptteil:   Karl Siebertz
% Erweiterung: David van Bebber
%
% Grundlegende Einstellungen
Kodierung      = 1; % 0Keine 1[-1;+1] 2[0;+1] 3[1,2,...,ns]
dpzulVariante = 1; %        1Basis   2Variation
sflVariante    = 1; %        1Basis   2Variation
% Konstanten
g=10; pi=3.141592654; rho=1000; dynVis=1;
kinVis=dynVis/rho; MaxFehler=0.005;
% Datei mit Parameterbelegung einlesen
if nargin < 1
   FileName = 'l128.inp';
end
s=load(FileName);
[kzei, kspa] = size(s);
if nargin >= 2
% Umrechnungsfaktoren für kodierte Daten
 PF = 1; % Position des Faktors
 [aspa,amin,aplu]=SetD(Fak(PF,1),Fak(PF,2),Fak(PF,3));PF=PF+1;
 [bspa,bmin,bplu]=SetD(Fak(PF,1),Fak(PF,2),Fak(PF,3));PF=PF+1;
 [cspa,cmin,cplu]=SetD(Fak(PF,1),Fak(PF,2),Fak(PF,3));PF=PF+1;
 [dspa,dmin,dplu]=SetD(Fak(PF,1),Fak(PF,2),Fak(PF,3));PF=PF+1;
 [espa,emin,eplu]=SetD(Fak(PF,1),Fak(PF,2),Fak(PF,3));PF=PF+1;
 [fspa,fmin,fplu]=SetD(Fak(PF,1),Fak(PF,2),Fak(PF,3));PF=PF+1;
 [gspa,gmin,gplu]=SetD(Fak(PF,1),Fak(PF,2),Fak(PF,3));PF=PF+1;
 [hspa,hmin,hplu]=SetD(Fak(PF,1),Fak(PF,2),Fak(PF,3));PF=PF+1;
else
 [aspa,amin,aplu]=SetD(1, 0    , 90   ); % alpha [°]
 [bspa,bmin,bplu]=SetD(2, 0    , 90   ); % beta  [°]
 [cspa,cmin,cplu]=SetD(3, 2e-6, 4e-6); % Aquer [mm^2]
 [dspa,dmin,dplu]=SetD(4, 0.1 , 0.2 ); % Durchmesser [m]
 [espa,emin,eplu]=SetD(5, 0.01, 0.02); % Mtrocken [Nm]
 [fspa,fmin,fplu]=SetD(6, 0.01, 0.02); % Mfluessig [Nm/s]
 [gspa,gmin,gplu]=SetD(7, 1    , 2    ); % Druck [bar]
 [hspa,hmin,hplu]=SetD(8, 7    , 8    ); % Durchm. Zuleitung [mm]
end
% Ausgabedateien
ido0=fopen('d-kompl.dat','w');ido1=fopen('d-qm1.dat','w');
ido2=fopen('d-qm2.dat'  ,'w');ido3=fopen('d-qm3.dat','w');
```

```
ido4=fopen('d-qm.dat'    ,'w');ido5=fopen('d-par.dat','w');
% große Schleife
ominc=0;
for j=1:kzei
   n=0;sfl=0;qp=0;
% Auswahl der Kodierungsfunktion
   switch Kodierung
       case 0
           NormFunc = @Norm0;
       case 1
           NormFunc = @Norm1;
       case 2
           NormFunc = @Norm2;
       case 3
           NormFunc = @Norm3;
       otherwise
           break
   end
% Berechnung der Parameter
   alpha= feval(NormFunc,amin,aplu,s,j,aspa);
   beta = feval(NormFunc,bmin,bplu,s,j,bspa);
   A    = feval(NormFunc,cmin,cplu,s,j,cspa);
   d    = feval(NormFunc,dmin,dplu,s,j,dspa);
   mt   = feval(NormFunc,emin,eplu,s,j,espa);
   mf   = feval(NormFunc,fmin,fplu,s,j,fspa);
   pin  = feval(NormFunc,gmin,gplu,s,j,gspa);
   dzul = feval(NormFunc,hmin,hplu,s,j,hspa);
   pin  = pin * 1e5;
   h    = pin * 1e-4;
   R    = d/2;
   sina = sin(alpha*pi/180); cosa = cos(alpha*pi/180);
   tana = tan(alpha*pi/180); sinb = sin( beta*pi/180);
   cosb = cos(beta *pi/180); tanb = tan( beta*pi/180);
% Interpolation gültig für d von 5mm bis 10mm
   cvzul = 10^(5.0704 -0.579413*dzul+0.0196432*dzul^2);
   cvzul = (cvzul*60000^2);
% Startwerte
   m0    = 2*rho*A*R*2*g*h*cosa*cosb;
   n1    = 0.1*abs(m0-mt)/(mt+5.0e-4);
   omega = 2*pi*n1;
   msoll = mt+omega*mf;
   mdiff = m0;
   va0   = sqrt(2*pin/rho);
   deltap= abs(msoll*omega)/(A*va0); % Verlustleistung Startwert
   dzul  = dzul * 1e-3;
   Azul  = pi/4*dzul^2;
   if dpzulVariante == 1
      dpzul=cvzul*(A*va0)^2;
   else
      dpzul=0.1*pin;
   end
   it=0; va=0; vr=0; m=m0;
% Durchfluss bei n = 0
   if dpzulVariante == 1
```

```
      qp= sqrt(pin/(cvzul+rho/8/A^2));
   else
      c = 128*R*A^2*kinVis/(dzul^2*Azul);
      qp= -c/2+sqrt((c/2)^2+8/rho*pin*A^2);
   end
   va = qp/2/A;
   vr = va;
   vrt= va*cosb*cosa;
   vat= vrt;
   m  = rho*qp*R*vat;
   if m>mt % Haftreibung überschritten?
% Iteration bis zum Momentengleichgewicht
     while abs(mdiff) > MaxFehler*abs(m)
        n     = omega/2/pi;
        msoll= mt+n*mf;
        varm = omega*R;
        % Energiebilanz des gesamten Rasensprengers
        pen  = pin-deltap-dpzul;
        if(pen < 0.01*pin)
         fprintf('Fehler: pen < 0.01*pin\n');
         pin,deltap,dpzul,msoll
         m0,m,mdiff,ominc,vr,varm,va
         va=0;
         break;
        end
        va=sqrt(2*pen/rho);
        if(va^2+varm^2*(cosa^2*cosb^2-1) < 0 )
         fprintf('Fehler: va^2+varm^2*(cosa^2*cosb^2-1)<0\n');
         va,vr,varm,vak
         break;
        end
        vr    = varm*cosa*cosb;
        vr    = vr+sqrt(va^2+varm^2*(cosa^2*cosb^2-1));
        vrt   = vr*cosb*cosa;
        vrr   = vr*cosa*sinb;
        vrv   = vr*sina;
        vat   = vrt-omega*R;
        var   = vrr;
        vav   = vrv;
        % Kontrolle der Komponentenzerlegung
        vak   = sqrt(vat^2+var^2+vav^2);
        m     = 2*rho*vr*A*R*vat;
        mdiff = m-msoll;
        ominc = 0.1*min(abs(mdiff/m),(0.5*pen/pin));
        % variable Schrittweite
        omega = omega*(1+ominc)^sign(mdiff);
        qp    = 2*vr*A;
        % Verlustleistung in Druck umgerechnet
        deltap= abs(msoll*omega)/qp;
        if dpzulVariante == 1
            dpzul= cvzul*qp^2;
        else
            vzul = qp/2/Azul; % qp/2 durch einen Arm
            Re   = abs(dzul*vzul/kinVis);
```

```
          dpzul= 64/Re*rho/2*R/dzul*vzul^2;
      end
      it=it+1;
      if it > 10000
        fprintf('Fehler: it > 10000\n');
        it,msoll,mdiff,ominc,alpha,beta
        A,d,mt,mf,vr,va,vrt,varm,vat,omega
       break;
      end
     if(omega < 0.0062 )
       fprintf('Fehler: omega < 0.0062\n');
       it,omega
       n=0;
       break;
     end
   end
 else
     omega=0; n=0;
 end
% Flugbahn
 dtropf = sqrt(4*A/pi);
 etaluft= 1.82e-5;
 nyluft = etaluft/1.25;
 v      = va;
 z      = 1.0e-3;
 sfl    = 0.0;
 vh     = va*cosa;
 vv     = va*sina;
 deltat = 0.005;
 mtr    = pi/6*dtropf^3*rho;
 while z > 0
  if(va<0.01)
   break;
  end
  Re   = va*dtropf/nyluft;
  % Abraham, The Physics of Fluids 13, S.2194
  zeta= 24/Re*(1+0.11*sqrt(Re))^2;
  Fwid= 1.25/2*va^2*pi/4*dtropf^2*zeta;
  atr = Fwid/mtr;
  sfl = sfl+vh*deltat;
  z   = z+vv*deltat;
  vh  = vh-atr*cosa*deltat;
  vv  = vv-g*deltat-atr*sina*deltat;
  va  = sqrt(vh^2+vv^2);
  cosa= vh/va;
  sina= vv/va;
 end;
 if sflVariante == 1
    sfl=sfl;
else
    sfl=sqrt((R+sinb*sfl)^2+(cosb*sfl)^2);
end
 qp    = 2*vr*A*60000;
 pverh= deltap/(rho*g*h);
```

```
% Ausgabe
   Amm2   = 1000000*A;
   dmm    = 1000*d;
   mtmm   = mt*1000;
   mfmm   = mf*1000;
   dzulmm= dzul*1e3;
   fprintf(ido0,'%6.2e %6.2e %6.2e %6.2e ',alpha,beta,Amm2,dmm);
   fprintf(ido0,'%6.2e %6.2e %6.2e %6.2e ',mtmm,mfmm,h,dzulmm);
   fprintf(ido0,'%10.8e %10.8e %10.8e \n',n,sfl,qp);
   fprintf(ido1,'%10.4f \n',n);
   fprintf(ido2,'%10.4f \n',sfl);
   fprintf(ido3,'%10.8f \n',qp);
   fprintf(ido4,'%10.8f %10.8f %10.8f \n',n,sfl,qp);
   fprintf(ido5,'%6.2e %6.2e %6.2e %6.2e ',alpha,beta,Amm2,dmm);
   fprintf(ido5,'%6.2e %6.2e %6.2e %6.2e \n',mtmm,mfmm,h,dzulmm);
end;
fclose(ido0);fclose(ido1);fclose(ido2);
fclose(ido3);fclose(ido4);fclose(ido5);
% Hilfsfunktionen
function Value=Norm0(MinVal,MaxVal,data,row,col)% ohne Kodierung
 if size(data,2) < col || size(data,1) < row
   Value = (MinVal+MaxVal)/2;
 else
   Value = data(row,col);
 end
function Value=Norm1(MinVal,MaxVal,data,row,col)% [-1;1]
 if size(data,2) < col || size(data,1) < row
   Value = (MinVal+MaxVal)/2;
 else
   Value = MinVal+(MaxVal-MinVal)*(data(row,col)+1)/2;
 end
function Value=Norm2(MinVal,MaxVal,data,row,col)% [0;1]
 if size(data,2) < col || size(data,1) < row
   Value = (MinVal+MaxVal)/2;
 else
   Value = MinVal+(MaxVal-MinVal)*data(row,col);
 end
function Value=Norm3(MinVal,MaxVal,data,row,col)% [1,2,...,ns]
 if size(data,2) < col || size(data,1) < row
   Value = (MinVal+MaxVal)/2;
 else
   minStufe=min(data(:,col));data(:,col)=data(:,col)-minStufe+1;
   maxStufe=max(data(:,col));diffStufe=maxStufe-1;
   if diffStufe == 0
     Value=(MinVal+MaxVal)/2;
   else
     Value=MinVal+(MaxVal-MinVal)*(data(row,col)-1)/diffStufe;
   end
 end
function [spalte,minus,plus]=SetD(Spalte,Minimal,Maximal)
 spalte=Spalte;minus=Minimal;plus=Maximal; % Set Factor Data
```

Anhang B
Computer-Experiment

B.1 Rasensprenger mit erweitertem Faktorraum

Zur weiteren Erläuterung der in den Kapiteln 7 bis 10 dargestellten Verfahren aus dem Bereich *Computer-Experiment*

- Testfelder
- Metamodelle
- Optimierung
- Sensitivitätsanalyse

wird eine Analyse des im Anhang A dargestellten Beispiels (Rasensprenger) mit erweitertem Faktorraum durchgeführt (4 Faktoren):

Faktor	Einheit	**Min**	**Max**
α	°	0	120
β	°	0	90
A	mm^2	2	4
d_{Arm}	mm	100	200

Faktor	Einheit	**Konstant**
$M_{trocken}$	Nm	0.015
$M_{flüssig}$	Nm/s	0.015
$Druck$	bar	1.5
$d_{Leitung}$	mm	8

Tabelle B.1 Faktoren

Der Haupteffekt eines Faktors x_j wird mittels mehrerer Monte-Carlo-Simulationen (Kapitel 7.3.1) mit jeweils 5000 Testpunkten ermittelt. Der zu analysierende Faktor x_j wird im Gegensatz zu allen anderen Faktoren während einer Monte-Carlo-Simulation konstant gehalten $x_{j_{konst}}$. Jede Monte-Carlo-Simulation liefert eine Approximation des Mittelwerts $\bar{y}$ bei gegebener Faktorstufe $x_{j_{\mathrm{konst}}}$.

$$\widehat{\bar{y}}_{x_{j_{\mathrm{konst}}}}\left(x_{-j}, x_{j_{\mathrm{konst}}}\right) = \frac{1}{n_r}\sum_{i=1}^{n_r} g\left(x_{-j}, x_{j_{\mathrm{konst}}}\right) \tag{B.1}$$

x_{-j} gibt dabei die Menge aller Faktoren ohne x_j an, welche durch die Monte-Carlo-Simulation zufällig variiert werden. Mittels Wiederholungen der Monte-Carlo-

Simulation mit unterschiedlichen konstanten Faktorstufen x_j wird der Haupteffekt des Faktors x_j abgeschätzt.

Zur Bestimmung des Interaktionseffekts zweier unabhängiger Faktoren x_j und x_k werden beide während einer Monte-Carlo-Simulation auf gewählte Faktorstufen konstant gehalten.

$$\widehat{\overline{y}}_{x_{j_{\text{konst}}},x_{k_{\text{konst}}}}\left(x_{-j,k},x_{j_{\text{konst}}},x_{k_{\text{konst}}}\right)=\frac{1}{n_r}\sum_{i=1}^{n_r}g\left(x_{-j,k},x_{j_{\text{konst}}},x_{k_{\text{konst}}}\right) \tag{B.2}$$

Für die Bestimmung der Haupt- und Interaktionseffekte werden im Folgenden die Faktoren im Bereich $x \in [-1;1]$ in den Stufen $\Delta x_{\text{Haupt}} = 0.1$ und $\Delta x_{\text{Inter}} = 0.2$ variiert.

Die Abbildungen B.1 bis B.4 zeigen die Haupt- und Interaktionseffekte bei Verwendung des 'komplexen' Simulationsmodells aus Anhang A, wobei die Berechnung mehrere Stunden beansprucht.

Drehzahl
Bei steigendem Winkel α und β sinkt das Antriebsmoment des Wasserstrahls soweit ab, dass die Trockenreibung nicht überschritten wird und sich somit keine Rotation einstellt $n = 0\frac{1}{s}$. Es bildet sich ein Plateau an den Rändern des Faktorraums aus (Abbildung B.1, links). Deutliche Interaktionen zeigen sich bei der Drehzahl zwischen den Winkeln α und β (Abbildung B.2, oben links).

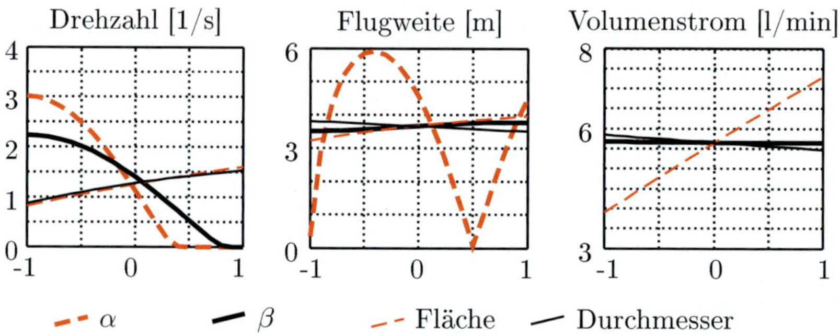

Abb. B.1 Rasensprenger, Haupteffekte, Originalmodell

Flugweite
Den stärksten Einfluss auf die Flugweite weist der Winkel α auf, wobei bei steigendem Winkel die Flugweite schnell ansteigt (Abbildung B.1, Mitte und Abbildung B.3). Durch die Interaktion mit der Rotationsgeschwindigkeit des Rasensprengers bildet sich die maximale Flugweite nicht bei $\alpha = 45°(x_\alpha = -0.25)$ sondern bereits bei ca. $\alpha = 36°(x_\alpha = -0.4)$. Bei $\alpha = 90°(x_\alpha = 0.5)$ wird ein lokales Minimum der Flugweite erzielt.

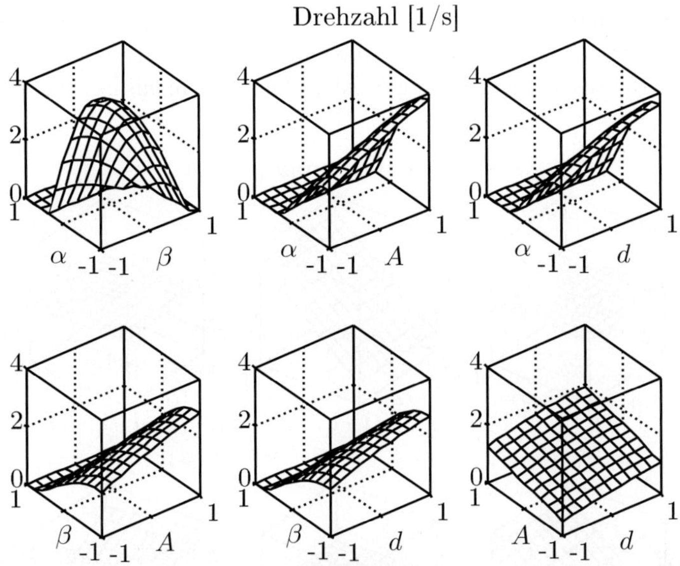

Abb. B.2 Rasensprenger, Interaktion, *Drehzahl*, Originalmodell

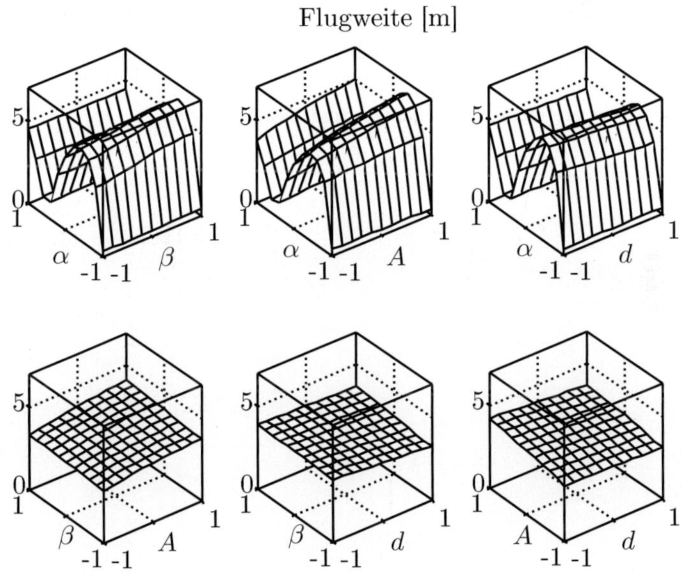

Abb. B.3 Rasensprenger, Interaktion, *Flugweite*, Originalmodell

Volumenstrom

Der Wasserverbrauch ist überwiegend vom Querschnitt A und nur leicht vom Durchmesser d des Rasensprengers abhängig (Abbildung B.1, rechts und Abbildung B.4).

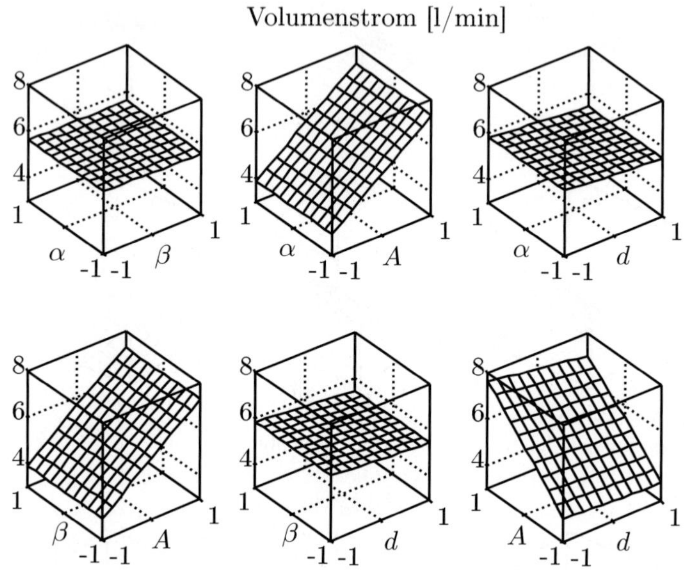

Abb. B.4 Rasensprenger, Interaktion, *Volumenstrom*, Originalmodell

B.2 Testfelder und Metamodelle

Auf Basis verschiedener Testfelder werden Metamodelle erzeugt, wobei folgende Typen berücksichtigt werden.

Testfelder

- Vollfaktorplan ($n_s = 2$, $n_r = 2^4 = 16$)
- Vollfaktorplan ($n_s = 3$, $n_r = 3^4 = 81$)
- Latin Hypercube, optimiert mit zentrierter Diskrepanz ($n_s = n_r = 81$)

Metamodelle

- Linare Regression
- Quadratisches Regressionsmodell (Response Surface)
- Spline Regression
- Künstliches Neuronales Netzwerk

Vollfaktorplan ($n_s = 2$, $n_r = 2^4 = 16$)
Der Vollfaktorplan mit 2 Stufen kann lediglich lineare Terme und Interaktionen berücksichtigen, so dass nur ein lineares Regressionsmodell sinnvoll einsetzbar ist. Abbildung B.5 zeigt die mit dem linearen Regressionsmodell ermittelten Haupteffekte für Drehzahl, Flugweite und Volumenstrom, wobei der Volumenstrom bereits durch das lineare Modell ausreichend genau abgebildet wird. Für die Drehzahl kann lediglich eine grundsätzliche Tendenz für die Faktoren erkannt werden. Die geschwungenen Formen sind nicht darstellbar (Vergleiche Abbildung B.1). Eine sinnvolle Vorhersage der Flugweite ist nicht möglich, da beide Extremwerte nicht abgebildet werden. Einerseits fehlen dazu durch die Verwendung von lediglich zwei Stufen die benötigten Informationen im Inneren des Faktorraums und andererseits ist das lineare Regressionsmodell nicht in der Lage die Komplexität des Zusammenhangs darzustellen. Gleiche Ergebnisse liefert die Analyse der Interaktionen, welche in Abbildungen B.6 bis B.8 dargestellt sind.

Vollfaktorplan ($n_s = 3$, $n_r = 3^4 = 81$)
Aus der Analyse des 2-stufigen Vollfaktorplans wird deutlich, dass eine Erhöhung der Stufenanzahl zur Abbildung der Funktionszusammenhänge notwendig ist. Klassisch kann hier ein 3-stufiger Vollfaktorplan mit bereits $n_r = 81$ Versuchsläufen verwendet werden. Basierend auf den Daten dieses Versuchsplans wird ein Regressionsmodell mit (maximal) quadratischen Termen und eine Spline Regression erstellt. Der Volumenstrom wird von beiden Modellen wie bereits im 2-stufigen Vollfaktorplan ausreichend genau dargestellt und wird in folgenden Analysen nicht weiter betrachtet, da keine Steigerung der Genauigkeit durch bessere Testfelder oder Metamodelle zu erwarten ist. Die Haupteffekte der Drehzahl zeigen bereits eine bessere Abbildung des wahren Verlaufs. Jedoch können die Plateaus am Rand und der geschwungene Zusammenhang zwischen der Drehzahl und den Winkeln α und β trotz der hohen Anzahl an Versuchsläufen nicht abgebildet werden. Die Vorhersage der Flugweite ist auch durch die neuen Metamodelle nicht sinnvoll verwendbar, da der komplexe Verlauf nicht dargestellt werden kann. Der Einsatz des Metamodells für komplexe Zusammenhänge (Spline Regression) bringt in Verbindung mit dem

3-stufigen Vollfaktorplan keine Vorteile, da benötigte Daten zur Abbildung des Verlaufs im inneren Faktorbereich fehlen. Die Abbildungen B.10 bis B.13 zeigen die Interaktionen für die Drehzahl und die Flugweite, welche mit den beiden Metamodellen (Quadratische- und Spline Regression) ermittelt werden. Auch hier bestätigen sich die Schlussfolgerungen, die bei der Betrachtung der Haupteffekte gefunden wurden.

Latin Hypercube, optimiert mit zentrierter Diskrepanz ($n_s = n_r = 81$)
Zum direkten Vergleich mit dem 3-stufigen Vollfaktorplan wird ein symmetrischer Latin Hypercube mit ebenfalls 81 Versuchsläufen verwendet, welcher mit dem Gütekriterium *zentrierte Diskrepanz* (Kapitel 7.2.4) optimiert wurde. Auf Basis der Daten dieses Testfelds werden die drei Metamodelle *Künstliches Neuronales Netzwerk* (KNN, $n_{vE1} = 3$, $n_{vE2} = 1$), *Spline Regression* (RS) und *Quadratische Regression* (QR) erstellt. Das Künstliche Neuronale Netzwerk und die Spline Regression nutzen die durch das LHC Testfeld ermittelten Informationen vollständig aus und bilden die Haupteffekte der Drehzahl und Flugweite mit hoher Genauigkeit ab (Vergleiche Abbildung B.1 und B.14). Neben den geschwungenen Verläufen und den Plateaus der Drehzahl kann ebenfalls die Flugweite von beiden Metamodellen richtig abgebildet werden. Eine Analyse und Optimierung des Systems ist somit mit beiden Metamodellen, im Gegensatz zu den vorherigen Metamodellen, erstmals möglich. Wird im Vergleich ein quadratisches Regressionsmodell verwendet, so können die gegebenen Informationen nicht sinnvoll verwendet werden, da das Metamodell durch seinen vorgegebenen Funktionszusammenhang nicht den komplexen Zusammenhang darstellen kann. Ein Großteil der vorhandenen Informationen geht dadurch verloren und steht zur weiteren Analyse nicht zur Verfügung. Identische Schlussfolgerungen können aus den Darstellungen der Interaktionen in Abbildungen B.15 bis B.20 ermittelt werden.

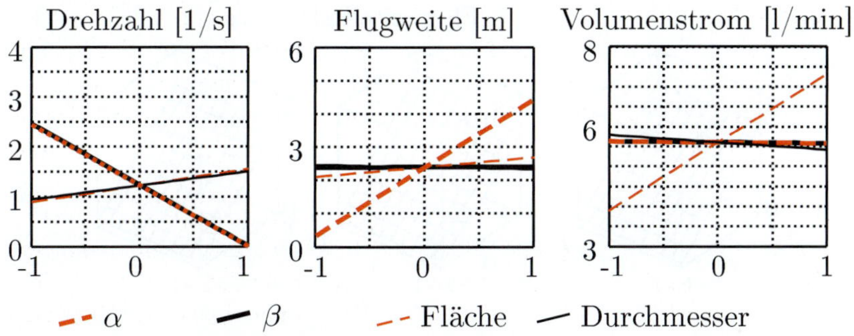

Abb. B.5 Vollfaktor, 2 Stufen, Haupteffekte

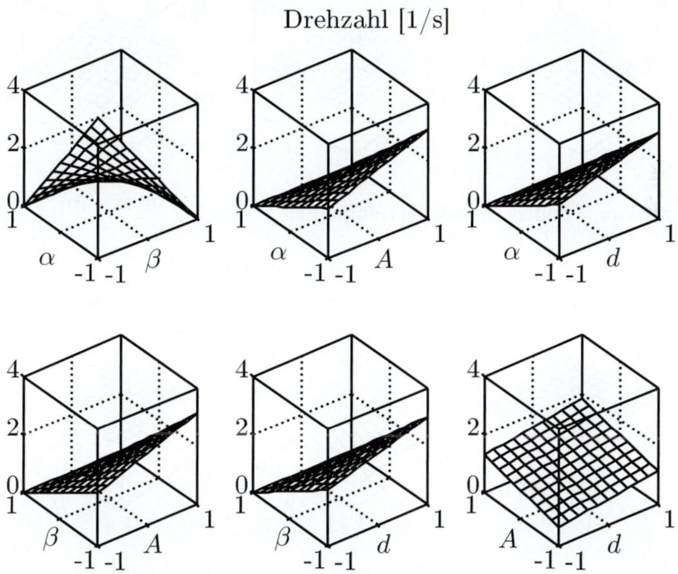

Abb. B.6 Vollfaktor, 2 Stufen, Interaktion (Drehzahl)

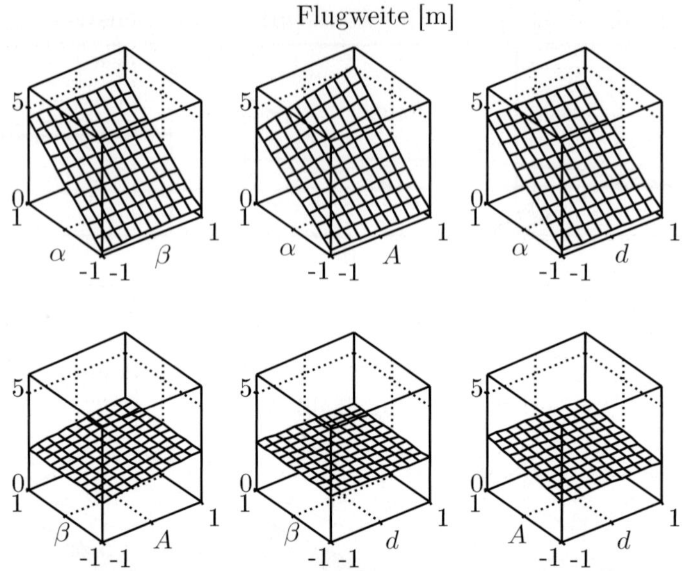

Abb. B.7 Vollfaktor, 2 Stufen, Interaktion (Flugweite)

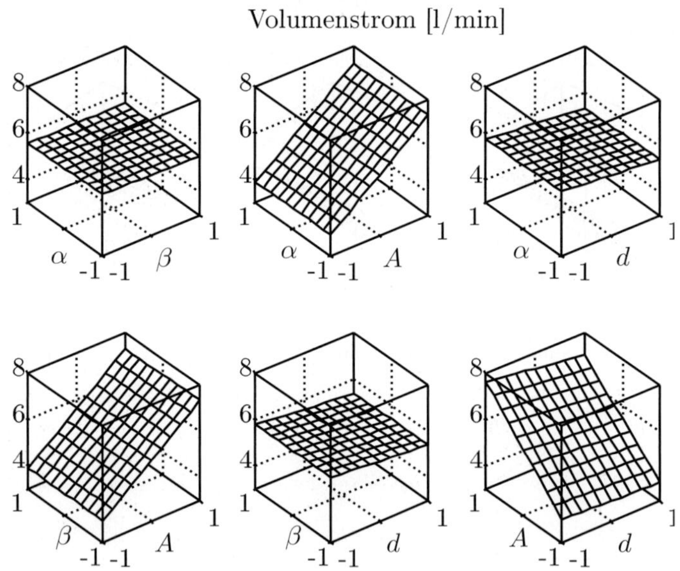

Abb. B.8 Vollfaktor, 2 Stufen, Interaktion (Volumenstrom)

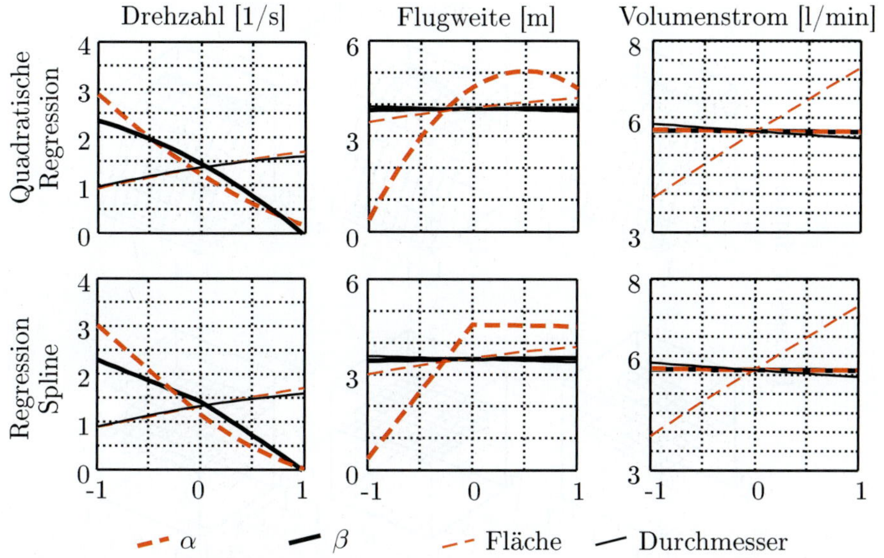

Abb. B.9 Vollfaktor, 3 Stufen, Haupteffekte

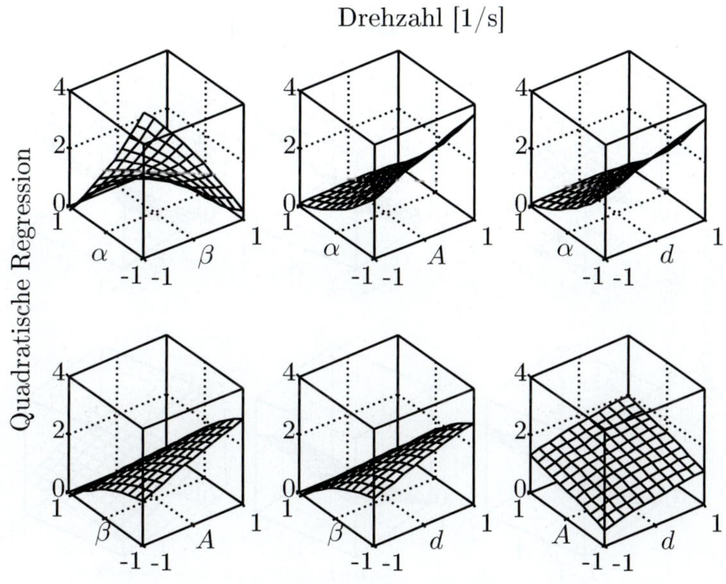

Abb. B.10 Vollfaktor, 3 Stufen, Interaktion (Drehzahl), Quadratische Regression

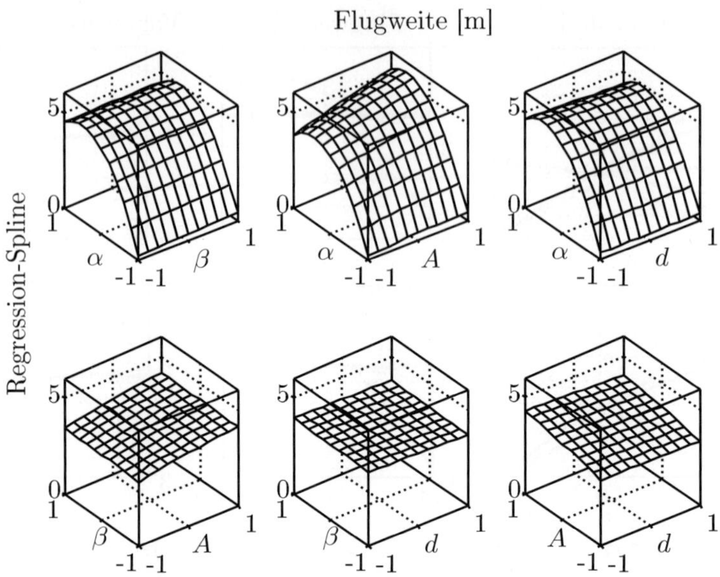

Abb. B.11 Vollfaktor, 3 Stufen, Interaktion (Flugweite), Quadratische Regression

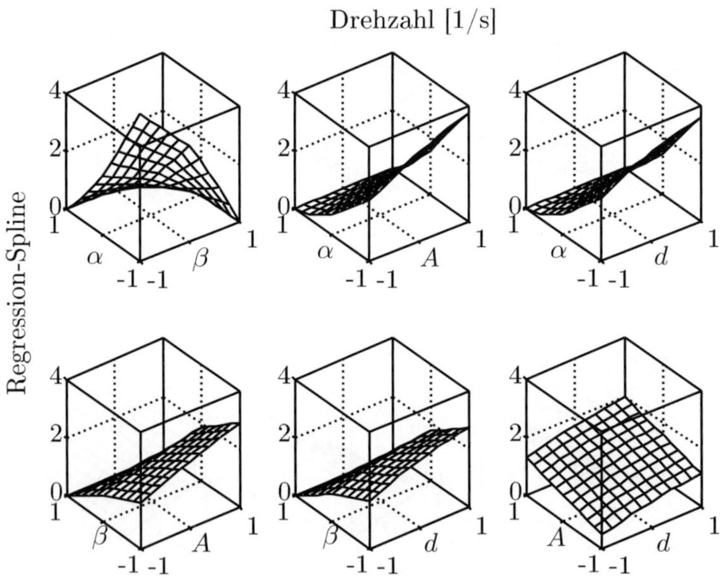

Abb. B.12 Vollfaktor, 3 Stufen, Interaktion (Drehzahl), Spline Regression

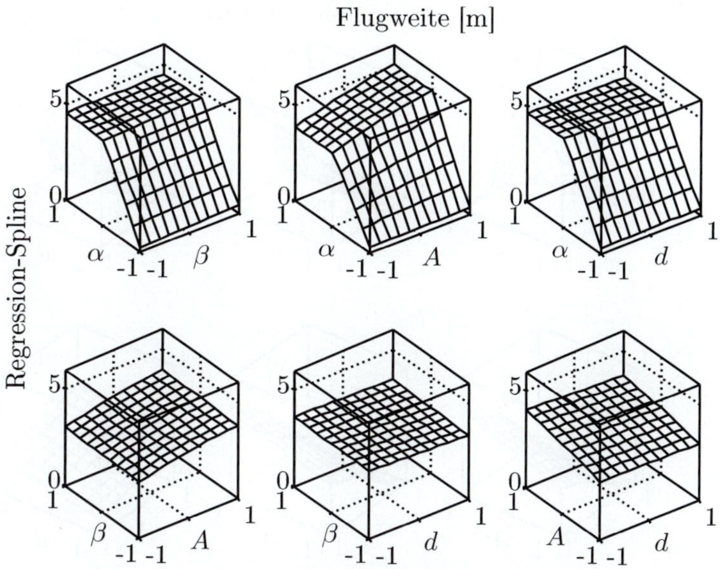

Abb. B.13 Vollfaktor, 3 Stufen, Interaktion (Flugweite), Spline Regression

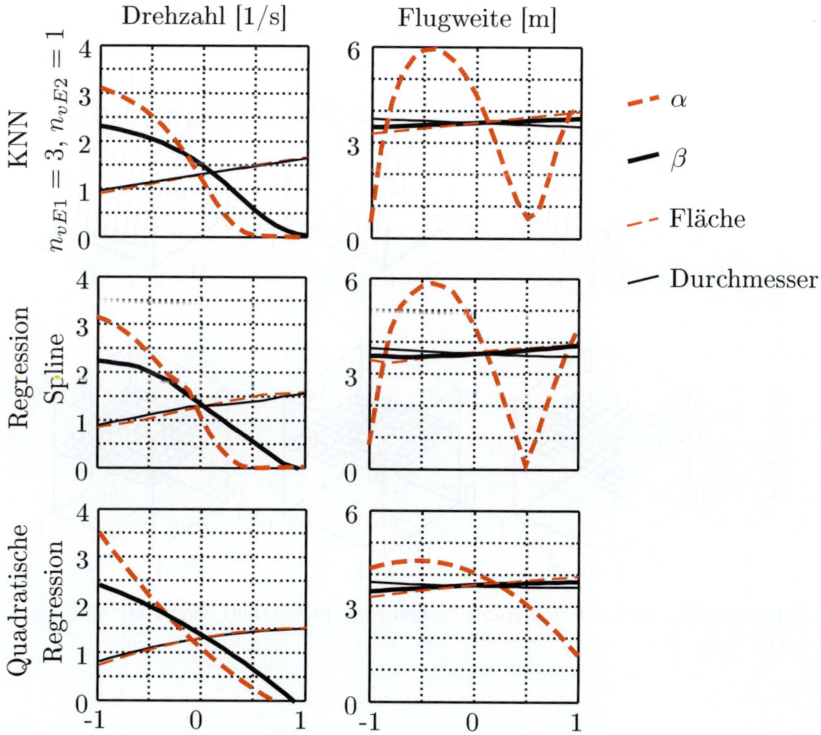

Abb. B.14 Symmetrisches LHC (zentrierte Diskrepanz) , Haupteffekte

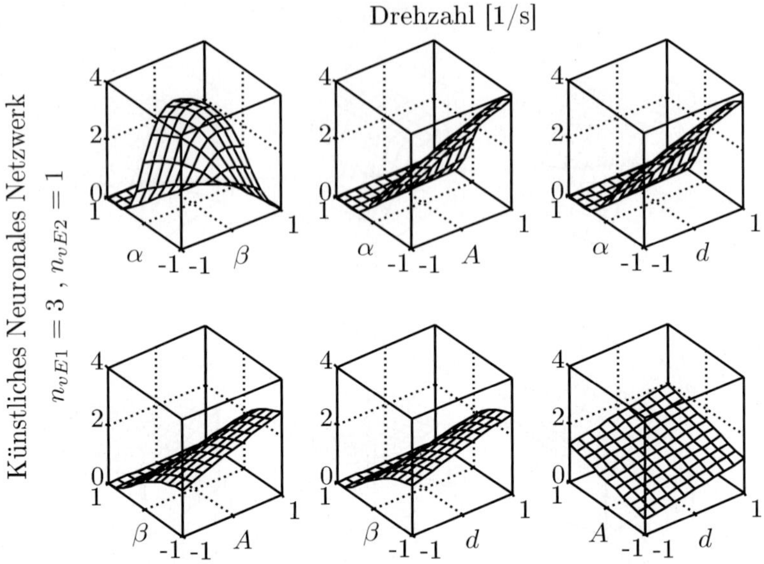

Abb. B.15 Symmetrisches LHC (zentrierte Diskrepanz) , Interaktion (*Drehzahl*), KNN ($n_{vE1} = 3$, $n_{vE2} = 1$)

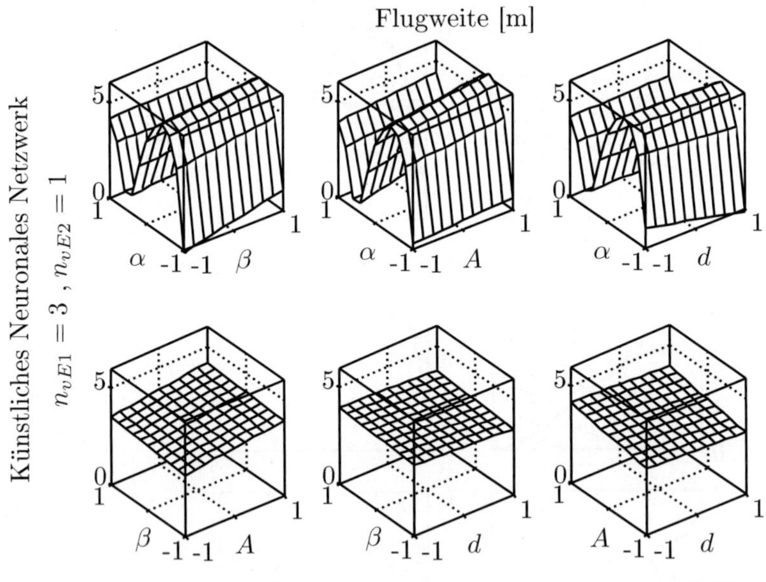

Abb. B.16 Symmetrisches LHC (zentrierte Diskrepanz) , Interaktion (*Flugweite*), KNN ($n_{vE1} = 3$, $n_{vE2} = 1$)

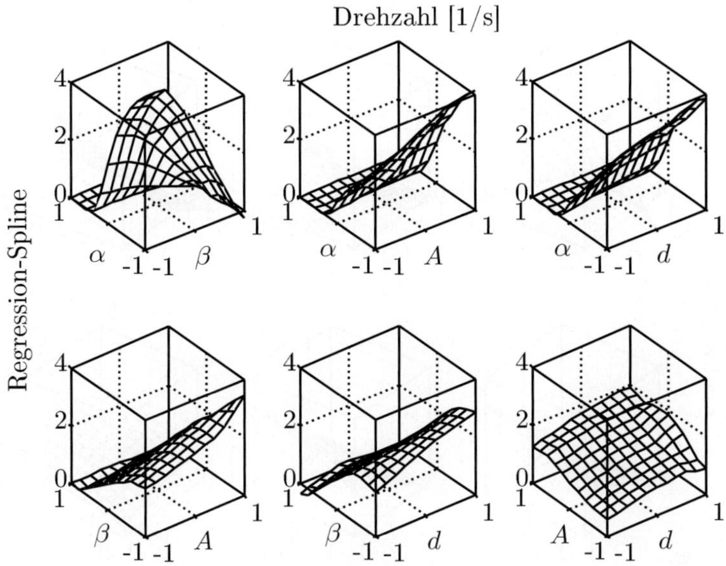

Abb. B.17 Symmetrisches LHC (zentrierte Diskrepanz) , Interaktion (*Drehzahl*), Spline Regression

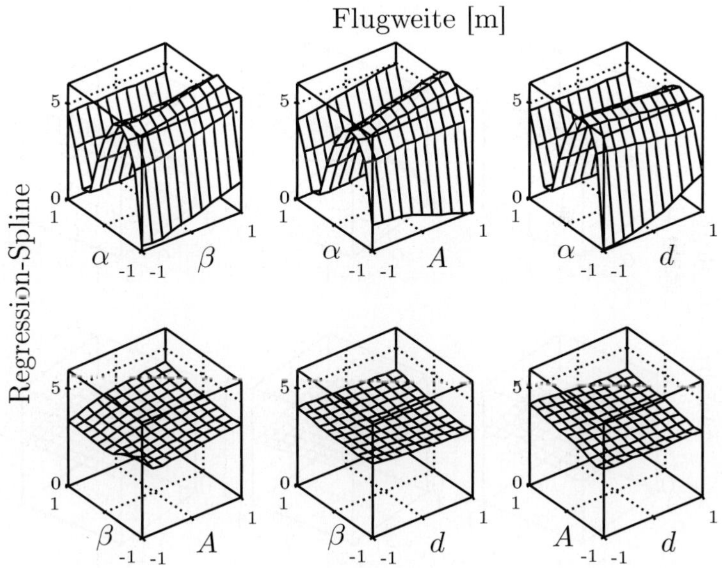

Abb. B.18 Symmetrisches LHC (zentrierte Diskrepanz) , Interaktion (*Flugweite*), Spline Regression

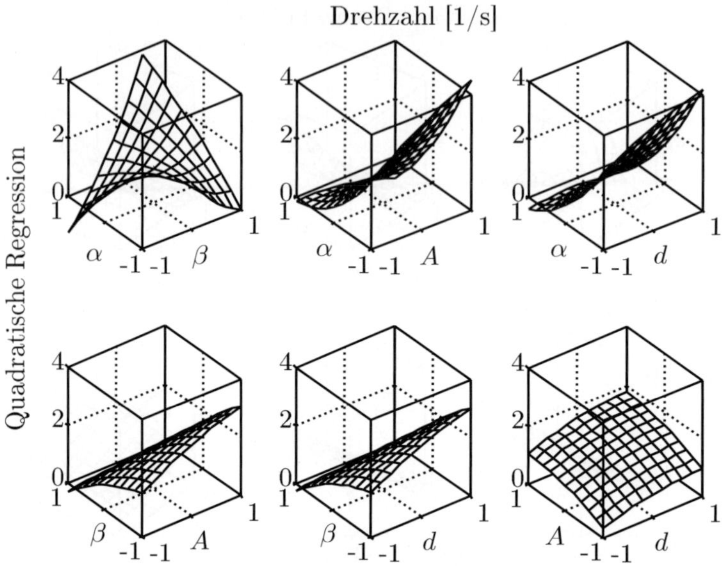

Abb. B.19 Symmetrisches LHC (zentrierte Diskrepanz) , Interaktion (*Drehzahl*), Quadratische Regression

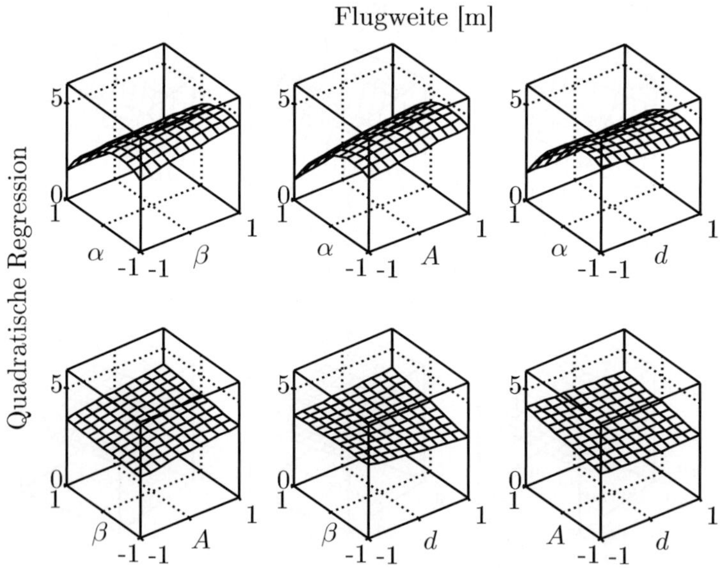

Abb. B.20 Symmetrisches LHC (zentrierte Diskrepanz) , Interaktion (*Flugweite*), Quadratische Regression

Qualität der Metamodelle

Zur Qualitätsprüfung der Metamodelle wird die Approximationsgenauigkeit an 30 zufällig im Faktorraum verteilten Testpunkten mit Hilfe des *Mean Square Error* (MSE) analysiert (Kapitel 7.2.3). Abbildung B.21 zeigt für die Ausgangsvariable Drehzahl eine deutliche Reduktion des MSE, wenn eine sinnvolle Kombination von Testfeld (LHC) und Metamodellansatz (KNN und RS) verwendet wird. Zusätzlich ist zum MSE ein direkter Vergleich von Originalmodell (x-Achse) und Approximation der Metamodelle (y-Achse) für die Testdaten dargestellt. Bei Betrachtung der Drehzahl weist das KNN einen leicht besseren MSE als die Spline Regression auf.

Abbildung B.22 zeigt die Analyse für die gleichen Testpunkte und die Vorhersage der Flugweite. Durch den komplexeren Zusammenhang ist der Vorteil der flexiblen Metamodelle (KNN und RS) in Kombination mit dem LHC gegenüber klassischen Verfahren noch deutlicher. Im Gegensatz zur Drehzahl ist das Metamodell basierend auf die Spline Regression leicht besser als das KNN. Dieses zeigt, dass keine allgemeine Empfehlung für ein spezielles Metamodell gegeben werden kann, da die erreichbare Qualität von dem jeweiligen zu approximierenden Zusammenhang und dem verwendeten Testfeld abhängt. Es ist jedoch deutlich, dass alle flexiblen Metamodellansätze gute Approximationensmodelle bei ausreichender Informationsmenge (gleichverteiltes Testfeld) erzeugen.

Resümee

Die Ermittlung der verschiedenen Metamodelle zeigt, dass klassische Testpläne mit wenige Faktorstufen keine ausreichenden Datenmengen liefern um komplexe Zusammenhänge zwischen Faktoren und Ausgangsvariablen abzubilden. Auch eine drastische Erhöhung der Testpunkte führt dabei nur zu einer geringen Verbesserung der Approximationsgenauigkeit, wenn die Stufenanzahl nicht deutlich erhöht. Werden die Testpunkte jedoch gleichförmig im Faktorraum verteilt, so werden Daten ermittelt, die zur Abbildung komplexer Zusammenhänge ausreichen.

Klassische Metamodelle mit fest vorgegebenen Zusammenhängen können die vorhandenen Informationen meistens nicht vollständig verwerten, so dass die Zusammenhänge auch bei ausreichenden Informationen nicht abgebildet werden können. Erst die Kombination von gleichverteilten Testfeldern und flexiblen Metamodellansätzen werden ausreichende Informationsmengen ermittelt und bei der Erstellung von Metamodellen vollständig berücksichtigt, wodurch komplexe Zusammenhänge ausreichend genau abgebildet werden.

Die in Kapitel 7 und Kapitel 8 dargestellten Versuchspläne und Metamodellansätze liefern in Abhängigkeit von der Analyseaufgabe zwar leicht unterschiedliche Approximationen jedoch sind die Unterschiede bei richtigem Einsatz gering und für die überwiegenden Anwendungen vernachlässigbar.

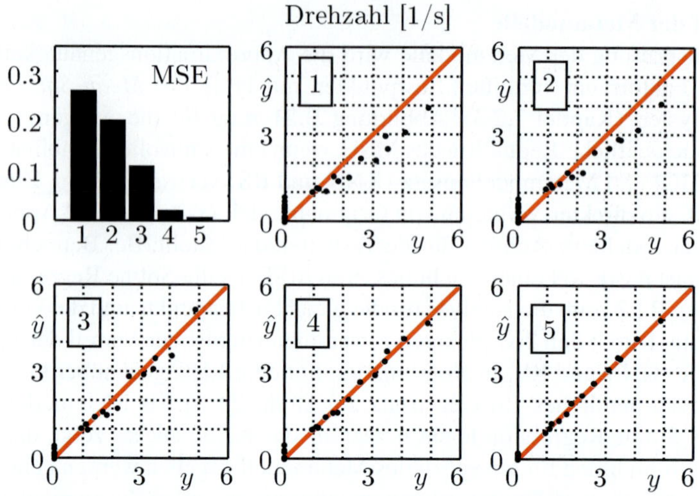

1: Vollfaktorplan, 2 Stufen, Lineare Regression

2: Vollfaktorplan, 3 Stufen, Quadratische Regression

3: Symmetrisches LHC (ZD), Quadratische Regression

4: Symmetrisches LHC (ZD), Regression-Spline

5: Symmetrisches LHC (ZD), Künstliches Neuronales Nezwerk

Abb. B.21 Mean Square Error (MSE), *Drehzahl*

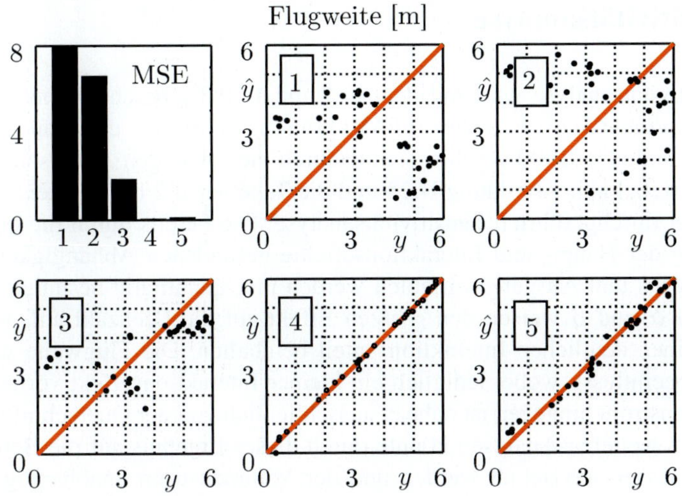

1: Vollfaktorplan, 2 Stufen, Lineare Regression

2: Vollfaktorplan, 3 Stufen, Quadratische Regression

3: Symmetrisches LHC (ZD), Quadratische Regression

4: Symmetrisches LHC (ZD), Regression-Spline

5: Symmetrisches LHC (ZD), Künstliches Neuronales Nezwerk

Abb. B.22 Mean Square Error (MSE), *Flugweite*

B.3 Sensitivitätsanalyse

Eine Sensitivitätsanalyse wird mit dem in Kapitel 10.3.4 beschriebenen *Extended Fourier Amplitude Sensitivity Test* (eFAST) durchgeführt. Mit den Randbedingungen $M = 4$ und $n_r = 1000$ ergeben sich dadurch die folgenden Analysefrequenzen ($\omega = \{124, 1, 6, 11\}$). Abbildung B.23 und die Tabellen B.2 bis B.4 zeigen die Ergebnisse der durchgeführten Sensitivitätsanalyse. Die bereits durch die qualitative Betrachtung der Haupt- und Interaktionseffekte gefundenen Abhängigkeiten zwischen Faktoren und Ausgangsvariablen werden hier quantitativ bestätigt. Die beiden Winkel α und β weisen den größten Effekt auf die Drehzahl auf, wobei sie ebenfalls einen deutlichen Interaktionsanteil beinhalten. Die Flugweite wird vom Winkel α beeinflusst, wobei lediglich ein kleiner Interaktionseffekt vorhanden ist. Der Volumenstrom hingegen ist nahezu ausschließlich von der Querschnittsfläche A abhängig. In weiteren Analysen könnte durch dieses Ergebnis auf die Betrachtung des Durchmessers verzichtet werden und der Volumenstrom unabhängig von der Drehzahl und der Flugweite optimiert werden.

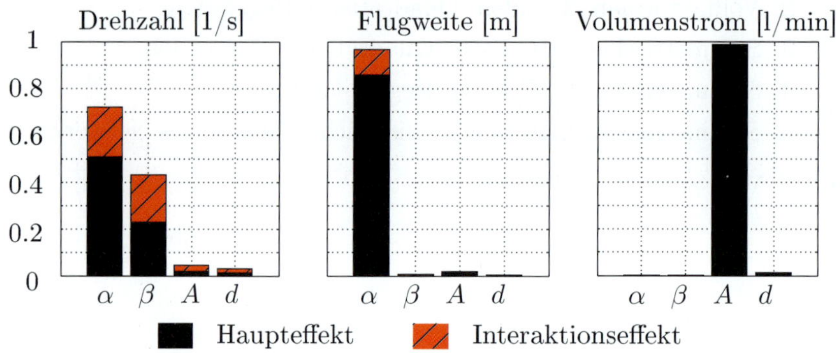

Abb. B.23 Sensitivitätsanalyse mit eFAST

Faktor	Haupt	Total
α	0.50675	0.72119
β	0.23015	0.43045
A	0.019677	0.044099
d	0.013867	0.030673

Tabelle B.2 *Drehzahl*: eFAST ($M = 4, n_r = 1000, \omega = \{124, 1, 6, 11\}$)

Faktor	Haupt	Total
α	0.8575	0.96736
β	0.0028821	0.0072416
A	0.014268	0.019433
d	0.0023869	0.0042988

Tabelle B.3 *Flugweite*: eFAST ($M = 4, n_r = 1000, \omega = \{124, 1, 6, 11\}$)

Faktor	Haupt	Total
α	0.00018509	0.00059931
β	0.000099	0.00046454
A	0.98427	0.98805
d	0.011474	0.013737

Tabelle B.4 *Volumenstrom*: eFAST ($M = 4, n_r = 1000, \omega = \{124, 1, 6, 11\}$)

B.4 Optimierung

Zur Optimierung des Rasensprengers soll die Drehzahl sowie die Flugweite maximiert werden. Die Nebenkosten (Wasserverbrauch) und somit der Volumenstrom ist jedoch zu minimieren.

Abbildung B.24 zeigt 1000 Ergebnisse für zufällige Faktorkombinationen welche eine große Variation im Zielgrößenraum aufweisen. Weiterhin ist die angenäherte Pareto Grenze dargestellt, welche durch eine NSGA2 Optimierung ermittelt wurde. Sie zeigt deutlich den erreichbaren Kompromiss zwischen den drei gewählten Zielgrößen.

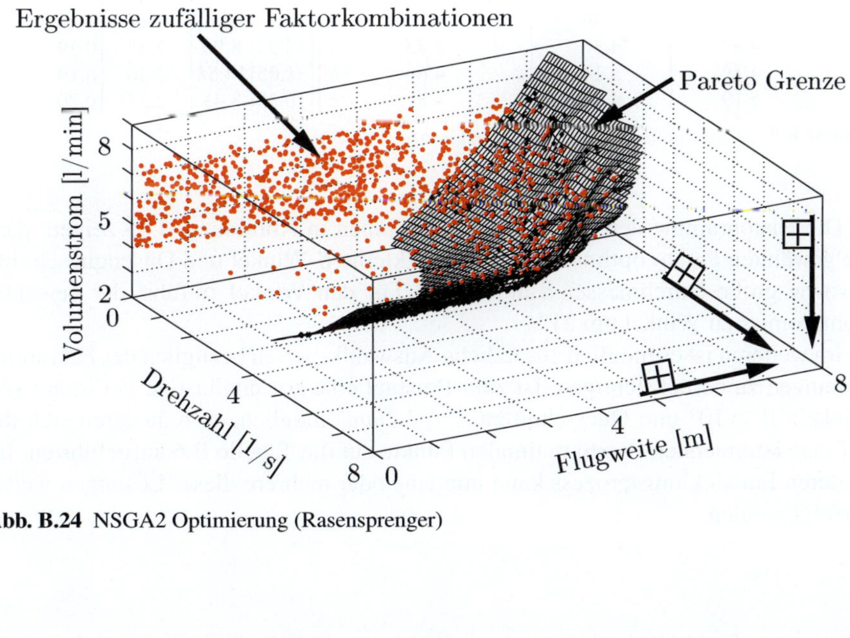

Abb. B.24 NSGA2 Optimierung (Rasensprenger)

Nachdem die erreichbaren Drehzahlen, Flugweiten und Volumenströme bekannt sind kann nun ein Kompromiss mit angepassten Randbedingungen für die Zielgrößen ermittelt werden:

$$\begin{aligned} Drehzahl &\geq 4\,[1/s] \\ Flugweite &\geq 4\,[m] \\ Volumenstrom &\leq 5\,[l/\min] \end{aligned}$$

Auf der ermittelten Paretogrenze finden sich 18 Faktoreinstellungen, die diese Randbedingungen erfüllen.

Drehzahl [1/s]	Flugweite [m]	Volumenstrom [l/min]	α [°]	β [°]	A [mm^2]	$d[m]$
4.09	4.77	4.06	28.66	6.01	2.12	0.20
4.70	4.28	4.47	17.95	10.09	2.35	0.19
4.27	4.66	4.12	25.44	5.02	2.15	0.20
4.02	4.09	3.95	15.42	5.18	2.04	0.17
5.05	4.23	4.70	18.17	2.59	2.48	0.20
4.36	4.74	4.27	26.18	5.46	2.24	0.20
4.22	4.62	4.09	23.95	11.38	2.14	0.20
4.22	5.03	4.77	24.32	4.71	2.49	0.16
4.45	4.38	4.20	19.85	12.13	2.20	0.20
4.16	4.68	4.11	24.26	11.11	2.14	0.19
4.48	4.59	4.34	22.27	6.19	2.27	0.19
5.38	4.19	5.00	18.17	0.10	2.65	0.20
4.11	5.20	4.74	30.50	9.40	2.49	0.17
4.82	4.84	4.99	23.48	2.27	2.63	0.18
5.15	4.03	4.78	15.97	5.07	2.52	0.19
4.52	4.51	4.34	21.16	5.89	2.27	0.19
4.86	4.34	4.71	18.10	8.27	2.48	0.19
4.38	4.46	4.16	20.95	12.13	2.17	0.20
4.67	4.36	4.45	18.95	8.96	2.33	0.19
4.12	5.14	4.66	31.05	14.58	2.46	0.19
5.19	4.09	4.81	16.70	3.45	2.54	0.20

Tabelle B.5 Ausgewählte Punkte der Pareto Grenze

Die Histogramme der 18 Faktorkombinationen in Abbildung B.25 zeigen, dass die gewählten Pareto optimalen Ergebnisse kleine β Winkel und Düsenqueschnitte A sowie große Durchmesser d aufweisen. Für den Winkel α führt der gewählte Kompromiss zu Winkel um 21°.

Im weiteren ist es möglich zusätzliche Auswahlkriterien bezüglich der Faktoreinstellungen zu berücksichtigen. Ist zum Beispiel eine kostengünstige Fertigung von Winkeln $\beta \geq 10°$ und Querschnitten $A \leq 2.2mm^2$ möglich, so reduzieren sich die in Frage kommenden Pareto optimalen Punkte auf die Tabelle B.6 aufgeführten. Im weiteren Entwicklungsprozess kann nun eine oder mehrere dieser Lösungen weiter verfolgt werden.

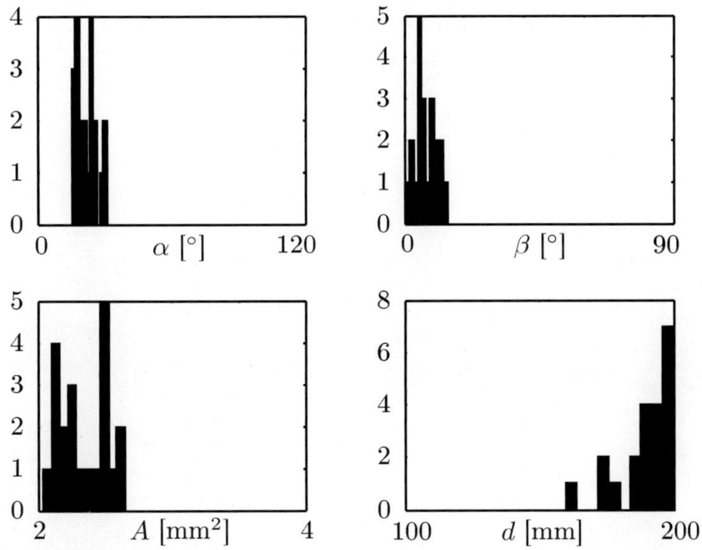

Abb. B.25 Histogramm ausgewählter Pareto optimaler Faktorkombinationen

Drehzahl [1/s]	Flugweite [m]	Volumenstrom [l/min]	α [°]	β [°]	A [mm^2]	$d[m]$
4.22	4.62	4.09	23.95	11.38	2.14	0.20
4.45	4.38	4.20	19.85	12.13	2.20	0.20
4.16	4.68	4.11	24.26	11.11	2.14	0.19
4.38	4.46	4.16	20.95	12.13	2.17	0.20

Tabelle B.6 Ausgewählte Punkte der Pareto Grenze mit Berücksichtigung der Faktoren

Nomenklatur

$\bar{v}$	Mittelwert der Variablen v
$\hat{v}$	Approximation der Variablen v
ε	Fehler
ε	Grenze (Zielgröße), Gitterbreite
σ	Standardabweichung
$\hat{\sigma}$	geschätzte Standardabweichung
$\hat{\sigma}_{(-i)}$	geschätzte Standardabweichung, ohne Berücksichtigung des Testwertes von Versuchslauf i
η^2	Korrelationsverhältnis
ω_j	Frequenz des Faktors j (FAST und eFAST)
b	Regressionskoeffizient (siehe auch c)
B	Basisfunktion
c	Konstante oder Regressionskoeffizient
$\mathbf{c}$	Vektor der Regressionskoeffizienten
c_0	Mittelwert (totaler)
c_j	Halber Haupteffekt von Faktor j $\hat{=} E_j/2$
c_{jk}	Halber Interaktionseffekt von Faktor j und k $\hat{=} E_{jk}/2$
c_{jj}	Halber quadratischer Effekt von Faktor j $\hat{=} E_{jj}/2$
D	Gesuchte Funktion
D	Menge von Abständen zwischen Testpunkten (MaxiMin)
D	Diskrepanz (Gleichverteilung)
d	Abstand zweier Testpunkte (eng: distance)
$DFFITS$	Difference in Fits
E	Effekt oder Erwartungswert
E_j	Effekt von Faktor j
E_{jj}	Quadratischer Effekt von Faktor j
E_{jk}	Interaktionseffekt von Faktor j und k
f	Wahre Funktion des Gütekriteriums oder der Ausgangsvariablen
g	geometrischer Mittelwert der Versuchsergebnisse y_1 bis y_{n_r}
G_j	Transformationsfunktion für Faktor j (FAST und eFAST)
G_i	i^{te} Generation (genetische Optimierung)

$\mathbf{H}$	Hutmatrix
h_{ii}	Hauptdiagonalenelement der Hutmatrix
i	Laufvariable (häufig für Versuchslauf)
j	Laufvariable (häufig für Faktor)
k	Laufvariable
k	Kind-Individuum (genetische Optimierung)
J_k	Anzahl gleicher Abstände d_k (MaxiMin)
n_a	Anzahl der Ausgangsvariablen (Künstliches Neurales Netzwerk)
n_b	Anzahl der Basisfunktionen, Anzahl Gewichte oder Anzahl Bits
n_c	Anzahl der Regressionskoeffizienten
n_e	Anzahl der Neuronen
n_{E1}	Anzahl der Neuronen in versteckter Ebene 1
n_f	Anzahl der Faktoren
n_g	Anzahl der Individuen in einer Generation (Genetische Optimierung)
n_l	Anzahl der Level $\hat{=} n_s$
n_m	Anzahl der Modellkonstanten
n_q	Anzahl der Qualitätsmerkmale
n_r	Anzahl der Versuchsläufe
n_s	Anzahl der Stufen $\hat{=} n_l$
n_y	Anzahl der Ausgangsgrößen eines Künstlichen Neuronalen Netzwerks
n_z	Anzahl der Zielgrößen
p	Anzahl Modellparameter
q_i	Rampenfunktion der i^{ten} Ausgangsvariable
R	Korrelationsmatrix
r	Residuum $y_i - \hat{y}_i$
S	Schwellwert
T	Testfeld
U	Cholesky-Zerlegung $R = U'U$
u	Zufallszahl
x	Eingangsvariable(n), Faktor(en)
x_{ij}	Faktor j aus Versuchslauf i
X	Matrix der Eingangsvariablen $X = \begin{pmatrix} x_{11} & \cdots & x_{1n_s} \\ \vdots & \ddots & \vdots \\ x_{n_r1} & \cdots & x_{n_rn_s} \end{pmatrix}$
V	Varianz
$\hat{V}$	Schätzwert der Varianz
VIF	Varianz-Inflations-Faktor
w	Gewichtungsfaktor
y	Ausgangsvariable, Gütekriterium, Qualitätsmerkmal
$\mathbf{y}$	Vektor der Ausgangsvariable für alle Versuchsläufe
$\bar{y}$	Mittelwert der Ausgangsvariable für alle Versuchsläufe
y_i	Ausgangsvariable (gemessen) des i^{ten} Versuchslauf
$\hat{y}$	Approximierte Ausgangsvariable Beispiel: $\hat{y} = c_0 + c_1 \cdot x_1 + c_2 \cdot x_2 + c_{11} \cdot x_1 + c_{22} \cdot x_2 + c_{12} \cdot x_1 \cdot x_2$

$\hat{y}_i$	Approximierte Ausgangsvariable für den Versuchslauf i
$\hat{y}_{i(-i)}$	Approximierte Ausgangsvariable für den Versuchslauf i, ohne Berücksichtigung des gemessenen Wertes y_i
$\hat{y}_{j(-i)}$	Approximierte Ausgangsvariable für den Versuchslauf j, ohne Berücksichtigung des gemessenen Wertes y_i von versuchslauf i.
Y	Vektor der Ausgangsvariablen $Y = (y_0, \cdots, y_n)'$
z	Zielgröße
z	transformiertes Qualitätsmerkmal (Box-Cox)

Abkürzungen und Markennamen

AIC	Akaike Informationskriterium
ANOVA	Analysis of Variance
BBD	Box Behnken Design
BIC	Bayesian information criterion
CCD	Central Composite Design
CD	Crowding Distance
CE	Computer Experiment
Cov	Kovarianz (covariance)
CPD	Coefficient of partial determination
CR	Correlation ratio
CV	Kreuzvalidierung (Cross-Validation)
Design Expert®	Statistikprogramm der Firma StatEase Inc.
DFFITS	Difference in Fits
DoE	Design of Experiment
DOE	Design of Experiment
FAST	Fourier Amplitude Sensitivity Test
FDS	Fraction of Design Space
FFT	Fast Fourier Transformation
ED	Einhüllende Diskrepanz (=WD)
eFAST	Erweitereter Fourier Amplitude Sensitivity Test
GLP	Good Lattice Point Method
GGM	Gute Gitter Punkt Methode (=GLP)
GGT	Größter Gemeinsamer Teiler
IMSE	Integrated Mean Squares Error
JMP®	"John's Macintosh Project", Statistikprogramm der Firma SAS
KV	Korrelationsverhältnis
LASSO	Least absolute shrinkage and selection operator
LCLS	Links Zyklisches LS (left cycle latin square)
LHC	Latin Hypercube
LHD	Latin Hypercube Design
LHS	Latin Hypercube Sampling

LS	Latin Square
LS	Lokale Suche (local search)
MARS®	Multi Adaptive Regression Splines
Minitab™	Statistikprogramm der Firma Minitab Inc.
MMSE	Maximum Mean Square Error
MSE	*mean squared error* (mittlere quadratische Approximationsfehler)
mod	Modulo (Eine Funktion, die den Rest aus der Division zweier ganzer Zahlen angibt.)
NOA	Nearly Orthogonal Array
OA	Orthogonal Array
OALHD	Orthogonal Array basierendes Latin Hypercube Design
OLHD	Orthogonal Latin Hypercube Design
PCC	Partial Correlation Coefficient
PDF	Probability Density Function
PRESS	Predictive Sum of Squares
PSS	partial sum of squares
RAND	Zufallszahl
RBF	Radial Basis Funktionen
RIC	Risiko Informationskriterium
RMSE	*root mean squared error* ($\sqrt{MSE}$)
RSS	Residual Sum of Squares
SA	Simuliertes Abkühlen (simulated annealing)
SE	Stochastisches Evolutionsmethode (stochastic evolutionary algorithm)
SI	Sensitivitätsindex
SI	Système International d'unités
SRC	Standardized regression coefficient
SSE	Error sum of squares
SSR	Regression sum of squares
SSTO	Total sum of squares
Statgraphics®	Statistikprogramm der Firma StatPoint Technologies Inc.
TA	Threshold Accepting
VCE	Variance Conditional Expectation
VIF	Varianz-Inflations-Faktor (variance inflation factor)
Vol	Volumen
WD	Wrap Around Discrepancy (=ED)
ZD	Zentrierte L_2 Diskrepanz

Sachverzeichnis